机电类专业高职单考单招系列丛书

机械基础学习辅导与训练

主　编　顾淑群
副主编　王　健
参　编　任　峰　张宏杰　尹　燕　康海珍
主　审　傅建中

机 械 工 业 出 版 社

本书共分四个部分，分别是基础练习、统测过关、高职考试和参考答案。与主教材中各单元内容相对应，包括绪论、杆件的静力分析、直杆的基本变形、机械工程材料、联接、机构、机械传动、支承零部件、机械的节能环保与安全防护、液压传动和气压传动等内容。

本书融工程力学、机械工程材料、机械传动、常用机构及轴系零件、液压传动和气压传动等内容为一体。

本书适合作为中等职业学校机械基础课程的教学用书和高职考试的复习用书，也适合作为培训学校的辅导用书。

图书在版编目（CIP）数据

机械基础学习辅导与训练/顾淑群主编. —北京：机械工业出版社，2014.9（2023.1 重印）

（机电类专业高职单考单招系列丛书）

ISBN 978-7-111-47925-3

Ⅰ.①机… Ⅱ.①顾… Ⅲ.①机械学－中等专业学校－教学参考资料 Ⅳ.①TH11

中国版本图书馆 CIP 数据核字（2014）第 209207 号

机械工业出版社（北京市百万庄大街 22 号 邮政编码 100037）
策划编辑：汪光灿 责任编辑：黎 艳
版式设计：霍永明 责任校对：刘志文
封面设计：张 静 责任印制：常天培
北京机工印刷厂有限公司印刷
2023 年 1 月第 1 版第 5 次印刷
184mm×260mm · 22 印张 · 538 千字
标准书号：ISBN 978-7-111-47925-3
定价：59.80 元

电话服务
客服电话：010-88361066
010-88379833
010-68326294

网络服务
机 工 官 网：www.cmpbook.com
机 工 官 博：weibo.com/cmp1952
金 书 网：www.golden-book.com
机工教育服务网：www.cmpedu.com

前　言

机械基础是中等职业学校机械类专业的重要技术基础课，它融工程力学、机械工程材料、机械传动、常用机构及轴系零件、液压传动和气压传动等内容为一体，既有一定的理论性，又有较强的实践性。为便于教师教学、学生练习及学生高职考试前的复习，在机械基础复习用书的基础上编写了这本与之配套的教材。

本书共分为四个部分，第一部分为基础练习，包括新课阶段的知识范围和学习目标、知识要点和分析，基本概念练习卷，巩固阶级的基础知识练习卷，章节复习阶段的复习卷和测试评价阶段的测试卷，是针对高职考试复习第一阶段要求进行编写的；第二部分为统测过关，包括统测阶段性测试卷（按单元进行编排）和10套统测综合卷（打破单元划分），是针对高职考试复习第二阶段进行编写的；第三部分为高职考试，有6套模拟试卷，适合高职考试复习第三阶段临考前的模拟练习；第四部分为参考答案。

本书由顾淑群统稿并任主编，王健任副主编，傅建中任主审，任峰、张宏杰、尹燕、康海珍参与编写。在本书的编写过程中得到了各级领导和相关学校老师的大力支持和帮助，在此一并表示衷心的感谢。

由于编者水平有限，书中难免存在不妥之处，敬请读者批评指正。

编　者

目录

第二部分　统测过关 …………… 149

注：考虑到有些单元内容为选修或避免内容重复，本书省略了部分内容，为了与主教材相对应，所以导致了本书目录顺序的不连续。

第一部分

基础练习

绪论

【考纲要求】

1. 了解机械的组成。
2. 了解机械零件的材料、结构和承载能力。
3. 掌握机械零件的摩擦、磨损规律和润滑方式。

【知识要点】

知识要点一：机械的组成。

常见题型

例1：机器通常由________、________、________和________组成，能直接完成具体工作任务的是其中的________。

参考答案：动力部分　执行部分　传动部分　控制部分　执行部分

知识要点二：机器的结构。

常见题型

例2：________是指相互之间能作相对运动的机件，它是________的单元，而________是制造的单元。

参考答案：构件　运动　零件

知识要点三：机械零件材料的选用原则。

常见题型

例3：机械零件在选择材料时主要考虑________、________和________。

参考答案：使用要求　工艺要求　经济性

知识要点四：机械中的摩擦。

常见题型

例4：干摩擦、边界摩擦、液体摩擦和混合摩擦是按________来划分的。

A. 运动状态　　B. 运动形式

C. 摩擦副的表面润滑状态　　D. 存在状态

参考答案：C

知识要点五：机械中磨损类型的知识点。

常见题型

例5：可以在无摩擦的条件下形成的是________。

A. 粘着磨损　　B. 疲劳磨损　　C. 冲蚀磨损　　D. 腐蚀磨损

参考答案：D

知识要点六：机械中磨损过程的知识点。

常见题型

例6：机械零件典型的磨损过程分为________、________和________。

参考答案：磨合阶段　稳定磨损阶段　剧烈磨损阶段

绪论练习卷

一、填空题

1. ________和________的总称是机械。

2. 把动力部分的________和________传递给执行部分的中间装置，称为传动部分。

3. 零件是机器的________单元，构件是机器的________单元。

4. 零件的表面强度包括________强度、________强度和________强度。

5. 按摩擦副的表面润滑状态和接触状态，摩擦一般可分为________摩擦、________摩擦、________摩擦和________摩擦四大类。

6. 机械零件磨损的三个阶段为________阶段、________阶段和________阶段。

二、选择题

1. 下列机械零件中，________属于构件，________属于零件。

A. 自行车前后轮整体　　B. 自行车车胎　　C. 钢圈　　D. 链条

2. 下列机械中，________属于机构，________属于机器。

A. 自行车　　B. 摩托车　　C. 机械手表　　D. 折叠椅

3. 人走路时，经过一段时间后可以看见鞋的后跟处磨损掉一个斜角，这说明鞋与地面产生________磨损。

A. 滑动　　B. 滚动　　C. 滚滑动　　D. 磨粒

4. 在化工设备中，与腐蚀介质接触的零部件的腐蚀属于________。

A. 粘着磨损　　B. 磨粒磨损　　C. 表面疲劳磨损　　D. 腐蚀磨损

5. 为了提高刀具的锋利程度，在用砂轮机磨削之后，还要用磨刀石进行磨削，这种磨削是应用________磨损的原理来实现的。

A. 粘着　　B. 磨粒　　C. 疲劳　　D. 腐蚀

三、判断题

1. 摩擦和磨损给机器带来能量的消耗，使零件产生磨损，机械工作者应当设计出没有摩擦的机器，以达到不磨损。（　　）

2. 在相对运动的零件间添加各种润滑剂的目的是减少零件间的相互磨损。（　　）

3. 滚动摩擦比滑动摩擦的磨损小。（　　）

4. 气垫导轨和磁垫导轨都属于无摩擦。（　　）

5. 火车的车轮与铁轨之间的摩擦属于滚动摩擦，所以铁轨不磨损，可长期使用。（　　）

四、简答题

1. 为什么在滑冰比赛中速滑运动员不在冰刀下安装滚轮来提高滑冰速度？

2. 磨损包括哪几种类型？

绪论复习卷

一、填空题

1. 根据主要用途的不同，机械的类型有________、________、________和________。

2. 交变应力作用下零件的失效形式是________。

3. 静应力作用下的零件，其主要失效形式是________和________。

4. 机构是完成传递________或________的构件系统。

5. 受化学或电化学作用，在相对运动中造成材料的损失称为________，其主要表现为________。

6. 摩擦是指两________的物体有相对运动或相对运动趋势时，在接触处产生________的现象。

7. 零件受载时，如果应力在较浅的表层产生，此时强度为________强度。

8. ________摩擦因直接接触而磨损严重，应尽量避免；而________摩擦是一种理想的摩擦状态。

二、选择题

1. 下列不是高副的是________。

A. 啮合的齿轮　B. 凸轮与从动件　C. 工作台与导轨　D. 车轮与地面

2. 接触应力超过材料的疲劳强度时，零件表层金属剥落形成小坑的现象称为________。

A. 磨损　B. 点蚀　C. 胶合　D. 断裂

3. 机器的________部分用以完成运动和动力的传递和转换。

A. 原动机　B. 执行　C. 传动　D. 操纵或控制

4. 关于磨粒磨损，下列说法正确的是________。

A. 材料硬度越高，磨粒磨损越严重　B. 磨粒硬度越高，磨粒磨损越严重

C. 磨粒尺寸越小，磨粒磨损越严重　D. 磨粒磨损是最普通的一种磨损形式

5. 零件的使用寿命主要取决于零件的________。

A. 摩擦　B. 磨合阶段　C. 稳定磨损阶段　D. 剧烈磨损阶段

三、判断题

1. 机构是由构件组成的，构件是由零件组成的。（　）

2. 疲劳点蚀属于失效形式中的表面失效。（　）

3. 简单的机器可以只包含一个机构。（　）

4. 混合摩擦状况比干摩擦好，但比液体和气体摩擦差。（　）

5. 实际中多数磨损都是复合出现的。（　）

四、简答题

1. 为什么高速公路的路面比一般公路表面粗糙得多，这不就增大了轮胎与地面的摩擦因数吗？

2. 机构与构件的区别是什么？

绪论测验卷

一、填空题（每空 1 分，共 28 分）

1. 根据摩擦副的运动状态可分为________和________。

2. 高副都是________接触或________接触，表层的局部应力很________。

3. 构件是________的单元，而________是制造的单元。

4. 机器通常由________、________、________和________组成，能直接完成具体工作任务的是其中的________。

5. 运动副间的摩擦将导致表面材料逐渐丧失或转移，形成________，磨损过程可分为________、________和________三个阶段。

6. 根据磨损机理，磨损可分为________、________、________和________，其中________是最普通的一种磨损形式。

7. 脆性材料比塑性材料抗粘着能力________，其表面粗糙度值越小，抗粘着能力________。

8. 如果材料内部某点应力超过其接触疲劳强度，就会形成________，随着材料扩展和连接，材料表面出现许多浅坑，称为________。

9. 磨损量一般可用________、________和________来衡量。

二、选择题（每题 4 分，共 24 分）

1. 下列措施中，可提高零件抗疲劳能力的是________。

A. 选择硬度低的材料　　B. 使润滑油压力低些

C. 选用高黏度的润滑油　　D. 尽量使摩擦副材料不同

2. 汽车中________是原动机部分，________是执行部分，________是传动部分，________是操纵或控制部分。

A. 转向盘　　B. 变速器　　C. 车轮　　D. 内燃机

3. 干摩擦、边界摩擦、液体摩擦和混合摩擦是按________来划分的。

A. 运动状态　　B. 运动形式　　C. 摩擦副的表面润滑状态　　D. 存在状态

4. 可以在无摩擦的条件下形成的是________。

A. 粘着磨损　　B. 疲劳磨损　　C. 冲蚀磨损　　D. 腐蚀磨损

5. 新买的汽车经过 5000km 的运行后一定要更换润滑油，以保证汽车的使用寿命，这个磨损阶段称为________阶段。

A. 磨合　　B. 稳定磨损　　C. 剧烈磨损　　D. 以上均不是

6. 自行车车胎与地面的接触磨损属于________磨损。

A. 滑动　　B. 滚动　　C. 滚滑动　　D. 动态

三、判断题（每题 3 分，共 18 分）

1. 在接触应力作用下零件的强度称为挤压强度。（　　）

2. 摩擦和磨损在日常生活中都是有害的。（　　）

3. 异类材料比同类材料更易粘着磨损。（　　）

4. 提高表面质量，可显著改善零件的疲劳寿命。（　　）

5. 宇宙飞船返回大气层时，要克服空气与外壳之间的干摩擦而产生的高温。（　　）

6. 机器的执行部分用来显示和反映机器的运行位置和状态。（　　）

四、简答题（本大题共3小题，共30分）

1. 请简单说说机器与机构的异同。（10分）

2. 机械零件的常用材料有哪些？在选择时主要考虑哪几点？（10分）

3. 机械中的润滑主要有哪几种？（10分）

第一单元

杆件的静力分析

【考纲要求】

1. 理解力的概念及基本性质。
2. 了解力矩、力偶、力的平移知识。
3. 掌握杆件的受力分析及作图方法。
4. 了解约束、约束力、力系，会计算简单的平面力系。

【知识要点】

知识要点一：静力学公理是力学中最基本、最普遍的客观规律。它包括二力平衡公理，加减平衡力系公理，力的平行四边形公理和作用与反作用公理。

常见题型

例1：作用力与反作用力总是同时存在，两力________相等，________相反，沿着________分别作用在________物体上。

参考答案：大小　方向　作用点连线方向　两个

知识要点二：受力分析及画受力图的步骤。

常见题型

例2：重为 $\boldsymbol{G}$ 的球用绳索 AB 固定，并靠在光滑的斜面上，如图1-1a 所示。试分析其受力情况，并画出受力图。

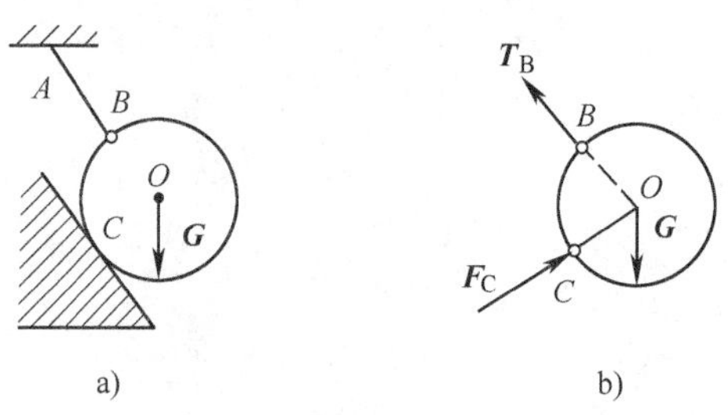

图　1-1

参考答案：

1）确定研究对象：将球从周围物体中分离出来，单独画出。

2）进行受力分析：球受到主动力 $\boldsymbol{G}$ 作用，作用于球心，方向铅垂向下。解除绳索约束，代之以拉力 $\boldsymbol{T}_B$。解除光滑斜面约束，代之以反力 $\boldsymbol{F}_C$，$\boldsymbol{F}_C$垂直于斜面而指向球心。

3）画出分离体所承受的全部主动力和约束力：根据平衡汇交定理，三力的作用线汇交于球心 O，如图 1-1b 所示。

知识要点三：了解平面汇交力系平衡条件及平衡方程。

常见题型

例3：力系在平面内任意一坐标轴上投影的代数和为零，则该力系是平衡力系。（ ）

参考答案：×

知识要点四：力矩、力偶的性质及基本概念。

常见题型

例4：试比较力矩和力偶矩两者的异同。

参考答案：

1）相同之处：都有力作用与物体上；转动效应用力矩大小来表示；单位相同；力和力偶是静力学中两个基本物理量。

2）不同之处：见表1-1。

表1-1 力矩和力偶矩的不同之处

名称	概念	矩心位置	等效情况
力矩	力对点的矩	有关	力可以平移，可用力及力偶等效，力矩也是如此
力偶矩	力偶（等值、反向、作用线平行而不重合的两个力）中的力与力偶臂的乘积	无关	无移动效应，不能用一力矩来平衡力偶矩

【巩固练习】

第一节　力的概念与基本性质练习卷

一、填空题

1. 力是________量，力的三要素可用一________来表示。

2. 力可以用图示表示，有向线段的矢量长度表示________。

3. 沿着力的方向引出的直线，称为________。

4. 只有两个着力点而处于平衡的构件称为________。其受力特点是：所受二力的作用线________。

二、选择题

1. 力对刚体的作用效果取决于________。

A. 力的大小、方向、作用线　　B. 力的大小、方向、作用点

C. 刚体的重量，力的大小、方向、作用点　　D. 刚体的质量，力的大小、方向、作用点

2. 下列哪个说法是正确的，即当将一个已知力分解成两个分力时，________。

A. 至少有一个分力小于已知力

B. 分力不可能与已知力垂直

C. 若已知两个分力的方向，则这两个分力的大小就是唯一确定的了

D. 若已知一分力的方向和另一分力的大小，则这两个分力的大小一定有两组值

3. 关于作用力和反作用力，下面说法中正确的是________。

A. 一个作用力和它的反作用力的合力等于零

B. 作用力和反作用力同时产生，同时消失

C. 作用力和反作用力可以是不同性质的力

D. 只有两个物体处于相对静止时，它们之间的作用力和反作用力的大小才相等

4. 力和物体的关系正确的是________。

A. 力不能脱离物体而独立存在　　B. 力能脱离物体而独立存在

C. 只有施力物体而没有受力物体　　D. 只有受力物体而没有施力物体

5. 如图1-2所示的结构中，*CD*杆不属于二力杆的是________。

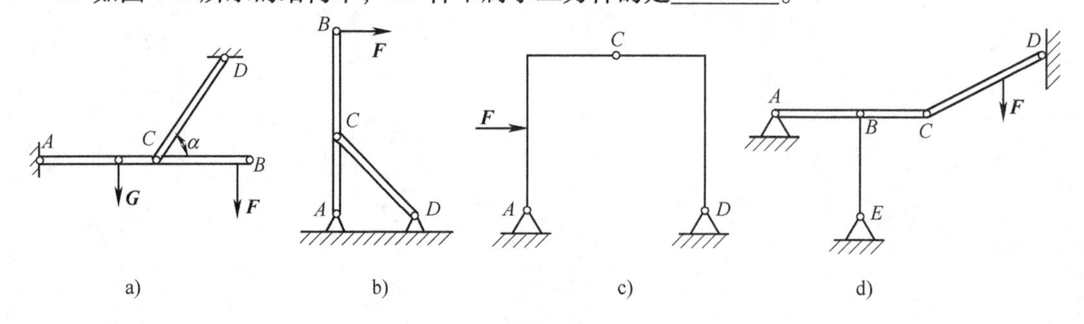

图　1-2

A. 图 a　　B. 图 b　　C. 图 c　　D. 图 d

三、判断题

1. 二力平衡公理的二力是分别作用在两个物体上的力。（　　）
2. 合力一定大于分力。（　　）
3. 力的三要素中只要有一个要素改变，则力对物体的作用效果就可能改变。（　　）
4. 力不可以脱离其他物体而单独存在于一个物体上。（　　）
5. 力可以在力的作用线上移动，而不改变其对刚体的作用效果。（　　）

四、综合题

1. 试用图表示 2kN 的力，方向与水平呈 60°夹角。

2. 判断图 1-3 所示的受力图是否正确，若有误，请改正。

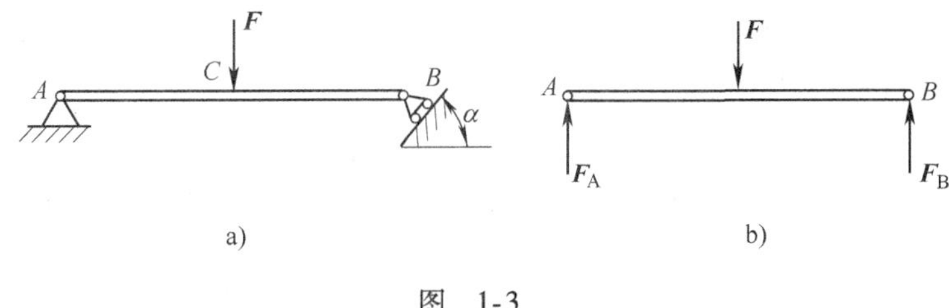

图　1-3

3. 汇交于同一点上的三个力一定平衡吗？什么是三力平衡汇交定理？

4. 如图 1-4 所示，能否在曲杆的 A、B 两点上施加二力，使曲杆处于平衡状态？如果能，请在图中画出。

5. 什么是二力平衡公理？它和作用与反作用公理有何异同？

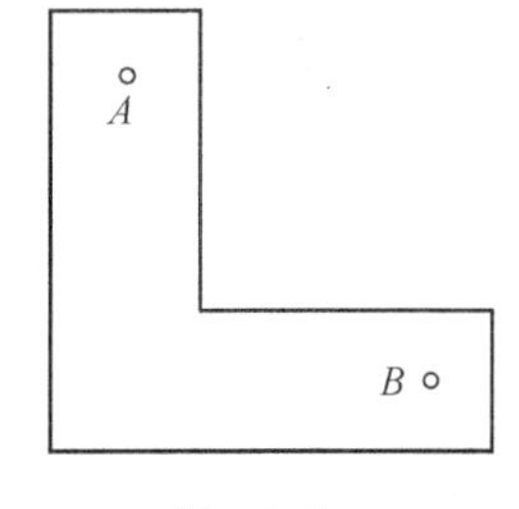

图　1-4

第二节 力矩、力偶、力的平移练习卷

一、填空题

1. 力矩为零的两种情况是________和________。

2. 力和________是静力学的两个基本物理量。

3. 力偶对物体的转动作用与________位置无关。

4. 利用________，可将同一平面内的一个力和一个力偶替换成一个力。

5. 平面汇交力系的合力对平面任一点的矩，等于力系中所有分力对该点力矩的________。

二、选择题

1. 如图1-5所示，用扳手紧固螺母，若 $F=400\text{N}$，$\alpha=30°$，则力矩 $M_O(\boldsymbol{F})$ 为________。

A. 120N · m　　B. －120N · m

C. 60N · cm　　D. －60N · m

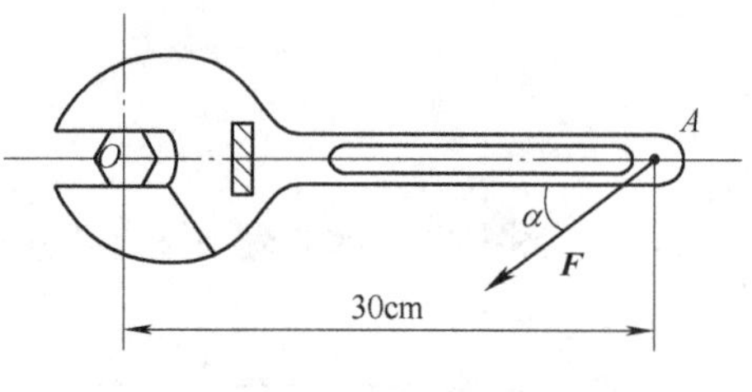

图 1-5

2. 一个力矩的矩心位置发生改变，一定会使________。

A. 力矩的大小改变，正负不变　　B. 力矩的大小和正负都可能改变

C. 力矩的大小不变，正负改变　　D. 力矩的大小和正负都不改变

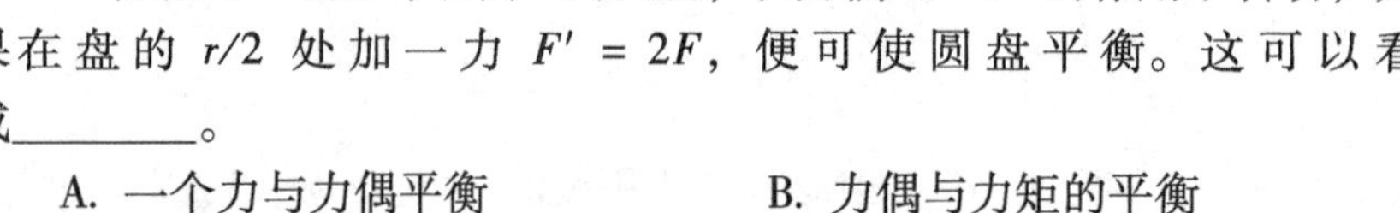

3. 如图1-6所示半径为 r 的圆盘，在力偶 $M=Fr$ 的作用下转动，如果在盘的 $r/2$ 处加一力 $F'=2F$，便可使圆盘平衡。这可以看成________。

A. 一个力与力偶平衡　　B. 力偶与力矩的平衡

C. 力矩平衡　　D. 力偶平衡

图 1-6

4. 将作用于物体上 A 点的力平移到物体上另一个点 A'，而不改变其作用效果，对于附加的力偶矩，下面说法正确的是________。

A. 大小和正负号与 A' 点无关　　B. 大小和正负号与 A' 点有关

C. 大小与 A' 点有关，正负号与 A' 点无关　　D. 大小与 A' 点无关，正负号与 A' 点有关

5. 如图1-7所示，各组力偶中的等效力偶组是________。

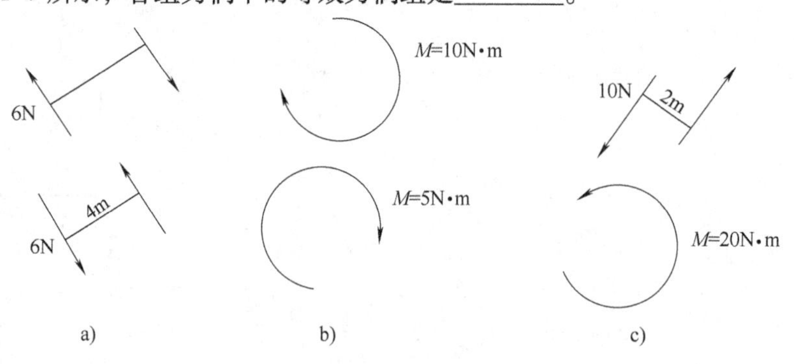

图 1-7

A. 图 a　　　　B. 图 b　　　　C. 图 c　　　　D. 都不是

三、判断题

1. 当力的作用线通过矩心时，物体不产生转动效果。（　　）

2. 一个力分解成两个共点力的结果是唯一的。（　　）

3. 力的合成和分解都可用平行四边形法则。（　　）

4. 合力的作用与它的各分力同时作用的效果相同时，合力一定大于每一个分力。（　　）

5. 根据力的平移定理，可以将一个力分解为一个力和一个力偶；反之，一个力和一个力偶也可以合成为一个单独力。（　　）

四、综合题

1. 简述在钳工课中用丝锥攻内螺纹时，需用双手转动丝锥手柄，而不允许仅用一只手操作，这是为什么？

2. 用手拔钉子不动，为什么用羊角锤就容易拔起？用手握钢丝钳，为什么不用很大的力就能剪断钢丝？

3. 制动踏板如图 1-8 所示。踏板上的作用力 $F_a=600\text{N}$，$a=0.4\text{m}$，$b=0.1\text{m}$，力 $\boldsymbol{F}_a$ 的作用点与制动踏板转动中心的连线垂直于力 $\boldsymbol{F}_b$，$\boldsymbol{F}_b$ 为推杆顶力，处于水平方向。试求踏板平衡时，推杆顶力 $\boldsymbol{F}_b$ 的大小。

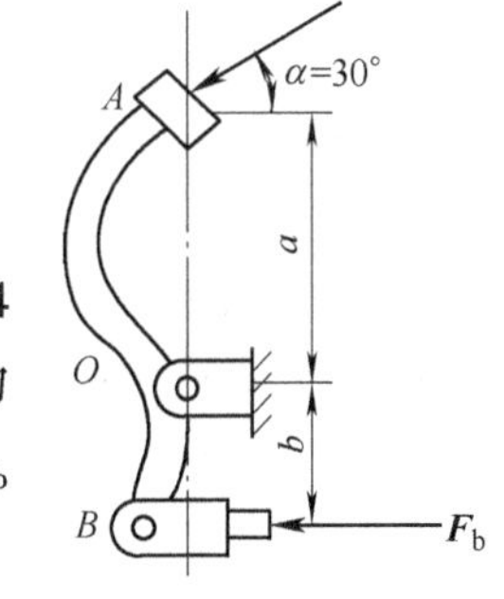

图　1-8

第三节 约束、约束力、力系和受力图的应用练习卷

一、填空题

1. 由非常光滑的接触表面所构成的约束称为________约束。
2. 柔性约束对物体的约束反力作用在________上，方向沿柔体的中心线________物体。
3. 约束反力方向可以确定的约束有________、________和活动铰链约束。
4. 平面力系指的是力的作用线均在________的力系。
5. 画受力图时，必须分析出________上的主动力与约束反力。

二、选择题

1. 如图 1-9 所示的悬臂梁上，作用有垂直于轴线的力 $\boldsymbol{F}$，主动力和约束反力一般构成平面________。

A. 汇交力系 B. 平行力系 C. 任意力系 D. 力偶系

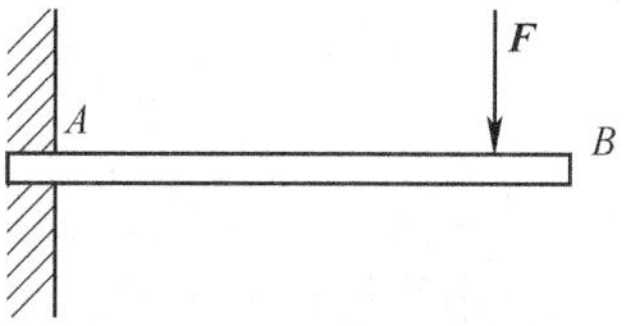

2. 约束反力的大小________。

A. 等于作用力 B. 可以采用平衡条件计算确定

C. 等于作用力，但方向相反 D. 小于作用力

图 1-9

3. 地面对电线杆的约束是________。

A. 柔性约束 B. 光滑面约束 C. 固定端约束 D. 铰链约束

4. 如图 1-10 所示，对固定端 A 的约束可用________代替。

A. 约束反力 $\boldsymbol{F}_A$ 和约束反力偶 M_A B. 约束反力 $\boldsymbol{F}_A$

C. 约束反力 $\boldsymbol{F}_A$ 和约束反力偶 $M_O(\boldsymbol{F})$ D. 无法判断

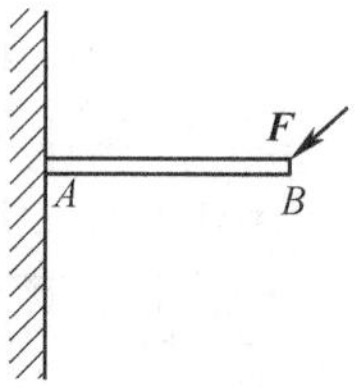

5. 以下说法中，属于画受力图一般步骤的是________。

A. 确定研究对象，画出它的简图

B. 无需进行受力分析，只要直接将所有力合在图上就好

C. 只需画出作用在研究对象上的主动力

D. 只需画出作用在研究对象上的约束反力

图 1-10

三、判断题

1. 柔性约束只能承受拉力。 ( )
2. 在作用着已知力系的刚体上，加上或减去任意的平衡力系，并不改变原力系对刚体的作用效果。 ( )
3. 若作用在物体上的力系都交于一点，则该力系不一定是平面汇交力系。 ( )
4. 平面任意力系中各力作用线必须在同一平面上任意分布。 ( )
5. 铰链约束与光滑面约束相同，其约束反力的作用线通过铰链中心，且方向垂直于支承面，指向受力物体。 ( )
6. 画受力图时，必须进行受力分析，研究清楚对象上的主动力与约束反力。 ( )

四、综合题

1. 什么是平面任意力系？它和平面汇交力系、平面平行力系和平面力偶系有什么联系？

2. 判断图 1-11 所示的受力图是否正确，若有误，请改正。

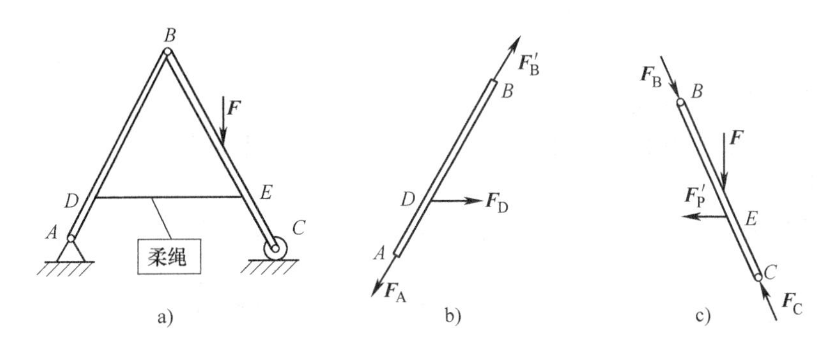

图　1-11

3. 如图 1-12 所示为三铰拱桥简图，*A*、*B* 为固定铰链支座，*C* 为链接左右半拱的中间铰链，在拱 *AC* 上作用载荷 ***P***，拱的自重不计，试分别作出拱 *AC* 和 *CB* 的受力图。

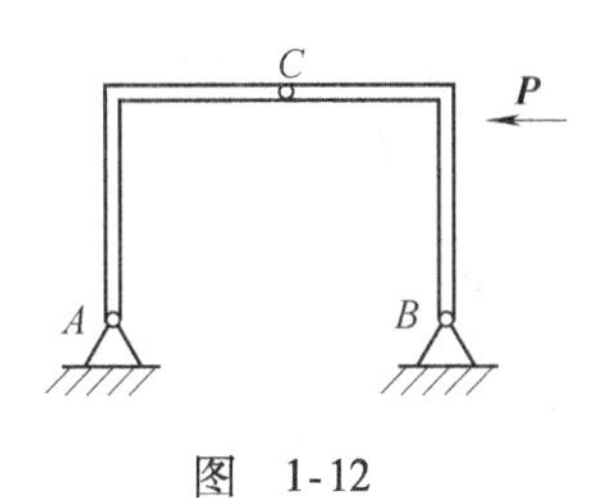

图　1-12

4. 铰链约束是什么？它有几种形式？各自特点如何？

第一单元　杆件的静力分析复习卷

一、填空题

1. 力对物体的作用效应决定于力的________、________、________。

2. 力系中各力的作用线都处于________内，既不汇交于一点，也________的力系称为平面任意力系。

3. 平面任意力系的平衡方程独立的方程数目有________个，可以求解________个未知量。

4. 合力在任意一个坐标轴上的投影，等于________在同一轴上投影的________，称为合力投影定理。

5. 在静力学中，需把研究对象抽象为________，它是指在外力作用下，大小和形状都保持不变的物体。

二、选择题

1. 已知某平面任意力系与某平面力偶系等效，则此平面任意力系向平面内任一点简化后是________。

A. 一个力　　B. 一个力矩　　C. 一个力与一个力偶　　D. 以上均不对

2. 单动卡盘对圆柱工件的约束是________。

A. 柔性约束　　B. 光滑面约束　　C. 固定端约束　　D. 铰链约束

3. 已知两个力 $\boldsymbol{F}_1$ 和 $\boldsymbol{F}_2$ 在同一坐标轴上的投影相等，则________。

A. $F_1 > F_2$　　B. $F_1 < F_2$　　C. $F_1 = F_2$　　D. 这两个力不一定相等

4. 如图 1-13 所示，A、B、C 三点都是铰接，A 点悬挂重量为 $\boldsymbol{G}$ 的重物，若不计杆的自重，则杆 AC 的受力应为________。

A. $G\cos30°$　　B. $G/\cos30°$　　C. $G\sin30°$　　D. $G/\sin30°$

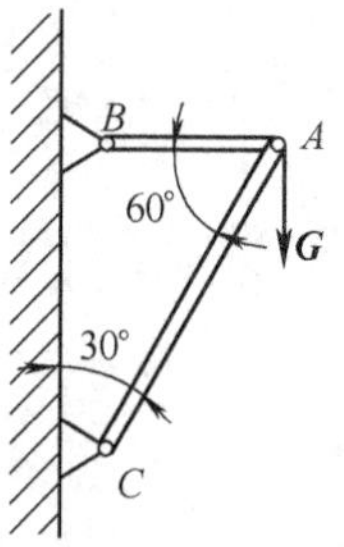

图 1-13

5. 下列动作属于力矩作用的是________。

A. 夯打地基　　B. 手指拧动墨水瓶盖子

C. 扳手拧紧螺母　　D. 螺钉旋具拧螺钉

三、判断题

1. 某平面力系的合力为零，其合力偶矩一定也为零。（　　）

2. 对平面力偶，力偶对物体的转动效应，应完全取决于力偶矩的大小和力偶的转向，而与矩心的位置无关。（　　）

3. 二力平衡的条件是二力等值、反向，沿着作用点连线方向作用在同一物体上。（　　）

4. 力可以在刚体上沿作用线移动，而不改变它的作用效果。（　　）

5. 如果物体相对于地面保持静止或匀速运动状态，则物体处于平衡状态。（　　）

6. 物体的平衡是绝对的平衡。（　　）

7. 加减平衡力系公理和力的可移性原理适用于任何物体。（　　）

8. 力可以脱离其他物体而单独存在于一个物体上。（　　）

9. 力在轴上的投影等于零，则该力一定与该轴平行。　　　　（　　）

四、综合题

1. 请解释力的平行四边形公理。

2. 受力图是什么？

3. 力矩的定义是什么？

4. 常见约束的类型有哪些？哪些约束方向是可确定的？哪些是不可确定的？

5. 简易起重机如图 1-14 所示。物体重 $\boldsymbol{G}$，吊在钢丝绳的一端，钢丝绳的另一端跨过光滑滑轮 B 连接在铰车上，不计滑轮、钢绳和杆的重量，给出滑轮 B 的受力图。

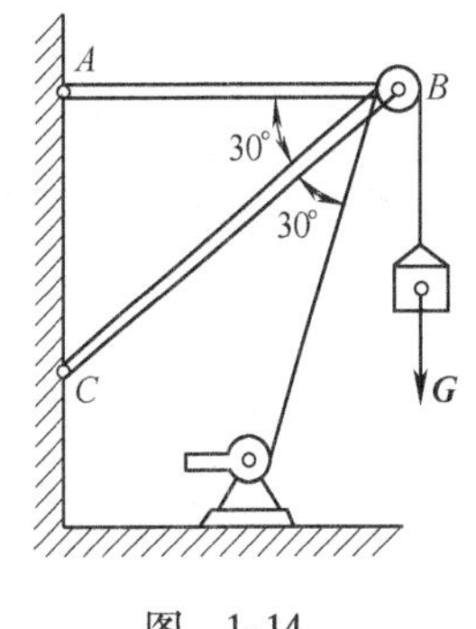

图　1-14

6. 试计算图 1-15 中力 $\boldsymbol{F}$ 对点 B 的矩。设 $F=100\text{N}$，$a=1\text{m}$，$\alpha=30°$。

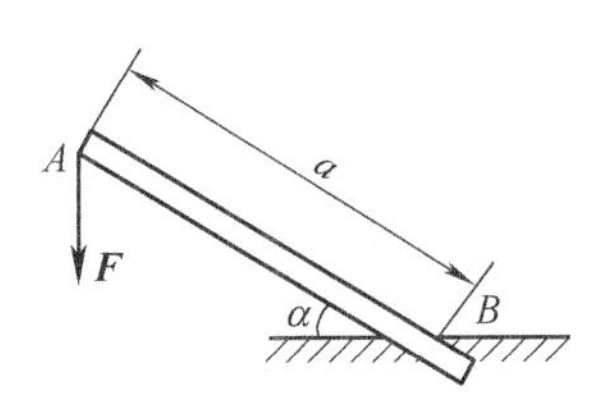

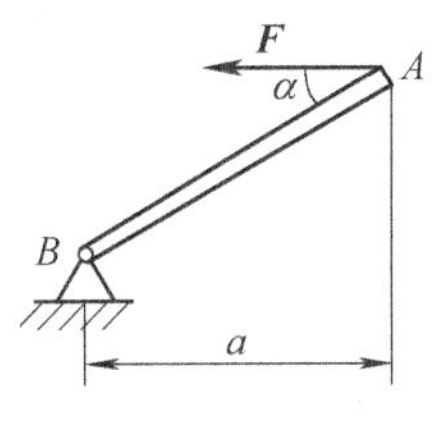

图　1-15

7. 如图 1-16 所示水平杆 AB，A 端为固定铰链支座，C 点用绳子系于墙上，已知铅直力 $P=1.8\text{kN}$，不计杆重，求绳子的拉力及铰链 A 的约束反力。

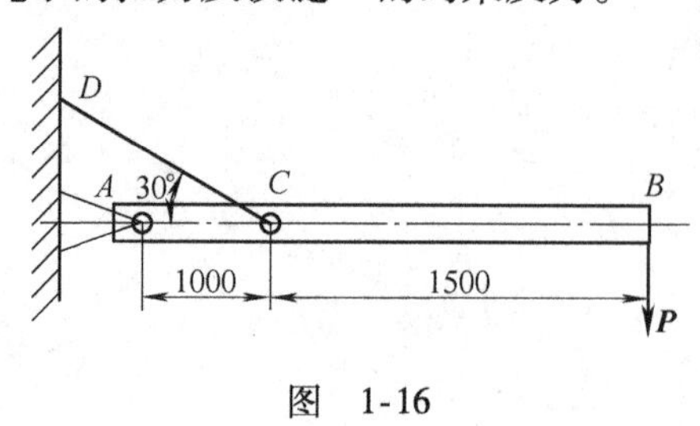

图 1-16

第一单元　杆件的静力分析测验卷

一、填空题（每空2分，共20分）

1. 平衡是指物体相对于地球处于________或作________运动。

2. 常见的约束类型有________、________、________等。

3. 若使刚体在力系作用下处于平衡，则作用在刚体上的力系必须满足________和________。

4. 力矩为零的两种情况是________和________。

5. 在已知力系的刚体上，加上或减去一个平衡力系，刚体保持原状态________。

二、选择题（每小题2分，共12分）

1. 地面对桌子的约束是________。

A. 铰链约束　　B. 光滑面约束　　C. 固定端约束　　D. 柔性约束

2. 下列动作中，属于力偶作用的是________。

A. 用手提重物　　B. 用羊角锤拔钉子

C. 汽车驾驶人双手握转向盘驾驶　　D. 以上都不是

3. 对作用力与反作用力的正确理解是________。

A. 作用力与反作用力同时存在

B. 作用力与反作用力是一对平衡力

C. 作用力与反作用力作用在同一物体上

4. 力矩在________的情况下不等于零。

A. 力等于零　　B. 力臂等于零　　C. 力通过转动中心　　D. 力和力臂均不为零

5. 图1-17所示是三铰拱架，若将作用于构件 AC 上的力偶 M 移到构件 BC 上，则 A、B、C 处的约束力________。

A. 都不变　　B. 只有 C 处的改变

C. 都变　　D. 只有 C 处的不改变

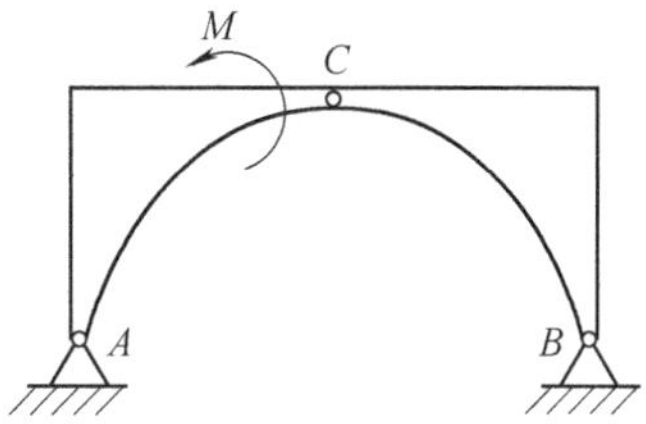

图　1-17

6. $F_1=30N$ 与 $F_2=20N$ 共同作用在同一物体上，它们的合力不可能是________。

A. 55N　　B. 50N　　C. 40N　　D. 20N

三、判断题（每小题2分，共22分）

1. 刚体在二力作用下平衡，此二力必定是作用力与反作用力。（　　）

2. 力偶既能对物体产生移动效应，又能对物体产生转动效应。（　　）

3. 各力作用线相互平行的力系，都是平面平行力系。（　　）

4. 作用力与反作用力大小相等、方向相反，沿着同一条直线，所以两力平衡。（　　）

5. 处于平衡状态的物体就可视为刚体。（　　）

6. 两个力在同一坐标轴上的投影相等，此两力必相等。（　　）

7. 列平衡方程求解，应尽量将已知力和未知力都作用的构件作为研究对象。（　）

8. 受平面力系作用的刚体只可能产生转动。（　）

9. 用扳手拧紧螺母时，用力越大，螺母就越容易拧紧。（　）

10. 力的平移原理既适用于刚体，也适用于变形体。（　）

11. 柔性约束的约束反力方向一定背离被约束物体。（　）

四、综合题（本大题共6小题，共46分）

1. 名词解释：力的三要素。(4分)

2. 名词解释：力偶。(4分)

3. 名词解释：约束。(4分)

4. 相同两根钢管 C 和 D 搁放在斜坡上，如图1-18所示，并用铅垂立柱挡住。设每根管子重 W，各接触处均光滑，画出管子 C 的受力图。(8分)

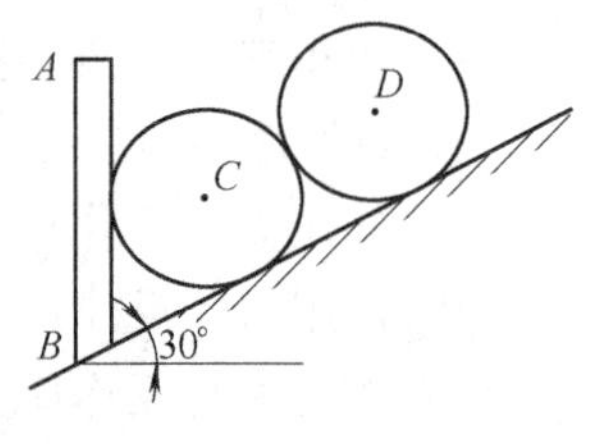

图 1-18

5. 铰链四杆机构 $ABCD$ 在图1-19所示位置平衡。已知 $AB=400\text{mm}$，$CD=600\text{mm}$，作用在 AB 上的力偶矩 $M_1=1\text{kN}\cdot\text{m}$，试求力偶矩 M_2 的大小及 BC 杆所受的力。(10分)

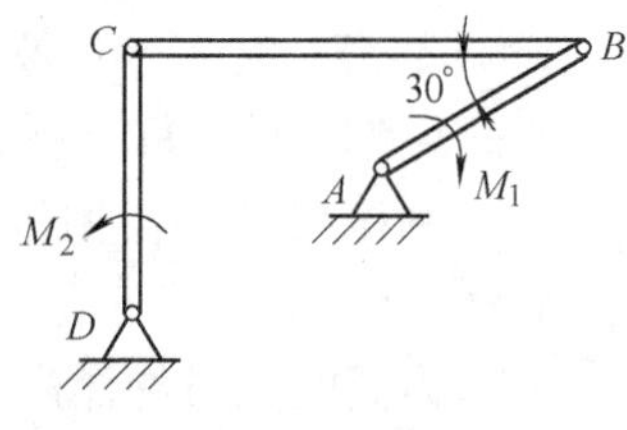

图 1-19

6. 如图1-20所示的塔式起重机，机架重力 $G=3000\text{kN}$，作用线通过塔架的中心，最大起重量 $W=600\text{kN}$，最大悬臂长为12m，轨道 A、B 的间距为4m，平衡块重 $\boldsymbol{P}$，到机身中心线距离为6m，为保证起重机在满载和空载时都不致翻倒，求平衡块的重量 $\boldsymbol{P}$ 应为多少？(16分)

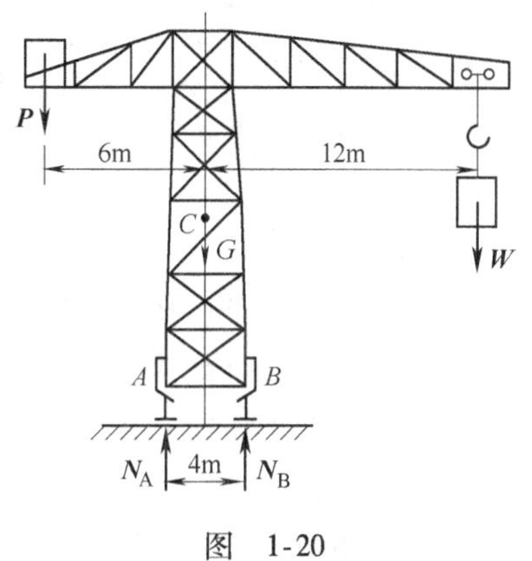

图 1-20

第二单元

直杆的基本变形

【考纲要求】

1. 理解直杆轴向拉压的概念。
2. 掌握连接件的剪切与挤压概念及其应用。
3. 掌握圆轴扭转和直梁弯曲的概念。
4. 了解内力、应力、变形、应变的概念，会用截面法分析内力。
5. 了解材料的力学性能及其应用；了解直杆轴向拉伸与压缩时的强度计算方法。
6. 了解圆轴扭转和纯弯曲变形及其应力分布，了解工程中提高抗扭能力采取的措施。
7. 了解组合变形和压杆稳定、交变应力、疲劳强度的概念。

【知识要点】

知识要点一：直杆轴向拉伸与压缩的概念。

常见题型

例1：杆件产生沿________方向伸长或缩短的变形，称为轴向拉伸与压缩。

参考答案：轴线

知识要点二：连接件的剪切与挤压及其受力面积的判断。

常见题型

例2：挤压面积按挤压面________面积计算。当挤压面为圆柱面时，用通过________的截面代替。

参考答案：正投影　直径

知识要点三：理解圆轴扭转和直梁弯曲的概念。

常见题型

例3：圆轴扭转的变形特点是各横截面绕________发生相对转动，而直梁的弯曲变形使梁的轴线由直线变成________。

参考答案：轴线　曲线

知识要点四：内力、应力、变形、应变的概念。

常见题型

例4：应变和变形的正负判断相同，单位也一致。(　　)

参考答案：×

知识要点五：了解材料的力学性能及其应用。

常见题型

例5：铸铁拉伸和低碳钢拉伸相比，都有________。

A. 弹性变形阶段　　B. 屈服阶段　　C. 强化阶段　　D. 以上均不是

参考答案：A

知识要点六：了解圆轴扭转和纯弯曲变形及其应力分布规律。

常见题型

例6：纯弯曲变形时横截面上各点的正应力大小与该点到中性轴的距离成反比。(　　)

参考答案：×

知识要点七：了解组合变形的概念及应用。

常见题型

例7：下列不属于组合变形的应用是________。

A. 旋紧的螺栓　　B. 建筑中的边柱不沿柱子轴线受力

C. 用压力机在钢板上冲孔　　D. 工作中的传动轴

参考答案：C

【巩固练习】

第一节　直杆轴向拉伸与压缩及其应力分析练习卷

一、填空题

1. 构件在外力的作用下，________的内力称为应力。

2. 用截面法求内力可按________、________和________三个步骤进行。

3. 杆件内部受外力作用而产生相互作用力称为________。在某一范围内，内力随着外力的增大而________。

4. 表示杆沿轴向伸长（或缩短）的量，称为________。

二、选择题

1. 如图 1-21 所示，构件中 AB 属于轴向拉伸的是________，属于轴向压缩的是________。

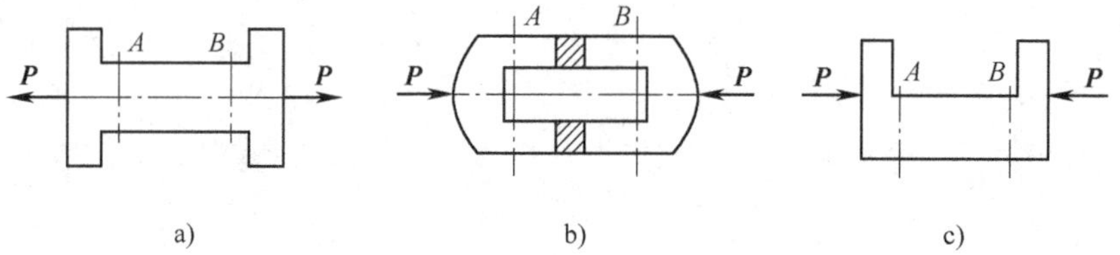

a)　　b)　　c)

图　1-21

A. 图 a、图 b 和图 c　　B. 图 a 和图 b、图 c

C. 图 a 和图 c、图 b　　D. 图 c、图 a 和图 b

2. 当杆件受拉伸时，变形与应变的正负为________。

A. 变形为正，应变为负　　B. 变形与应变均为正

C. 变形为负，应变为正　　D. 变形与应变均为负

3. 有关轴力的说法，下面不正确的是________。

A. 与杆件的材料无直接关系　　B. 与杆件的截面积无直接关系

C. 是杆件轴线上的内力　　D. 是杆件轴线上的外力

4. 等截面直杆在两个外力作用下发生拉伸变形，这对外力应等值且________。

A. 反向、共线　　B. 反向、过截面中心

C. 同向、共线　　D. 反向、作用线与轴线重合

5. 有 A、B 两杆，它们受相同的力 $\boldsymbol{F}_N$，已知 $\sigma_A = 2\sigma_B$，则两杆截面积 A 的关系为________。

A. $A_A = 2A_B$　　B. $A_A = A_B$　　C. $A_B = 2A_A$　　D. A_A与 A_B无关

三、判断题

1. 应力单位换算：$10\text{MPa} = 1\text{kN/mm}^2$。（　）

2. 用截面法求杆件的轴力，与截面处面积的大小无关。（　）

3. 长度相同、截面积不同的两直杆受相同的轴向外力，则内力和应力都相同。（　）

4. 拉伸、压缩变形时，求内力的大小通常用截面法。（　）

四、综合题

1. 什么是截面法？简述用此法求内力的步骤。

2. 什么是内力？它与外力的关系是什么？

3. 如图1-22所示，在铰接点 B 处受力25kN，杆件 AB 和 BC 间夹角为30°，试求杆件 AB 和 BC 的内力。

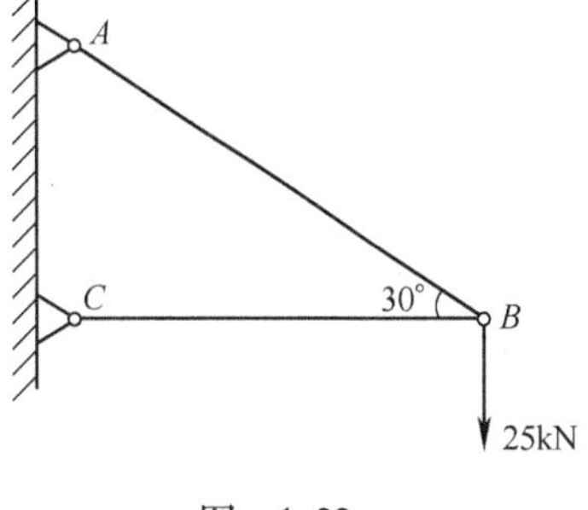

图 1-22

4. 如图1-23所示为阶梯轴的受力情况，已知 $F=50\text{kN}$，$A_{1-1}=2A_{2-2}=20\text{mm}^2$，试求两处截面的应力。

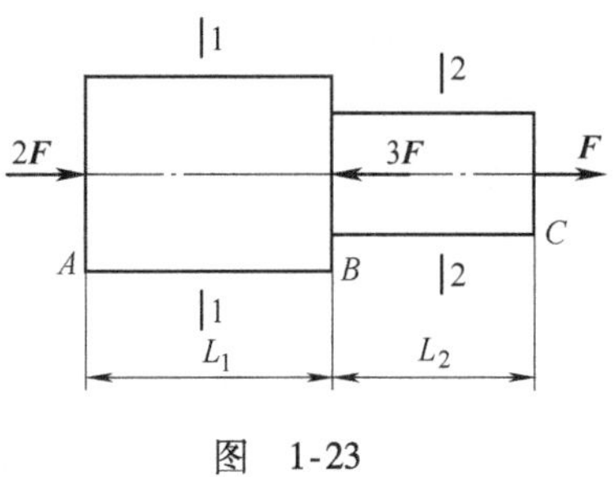

图 1-23

第四节 连接件的剪切与挤压练习卷

一、填空题

1. 剪切变形的受力特点是外力________相等、________相反和作用线平行且相距很近。

2. 螺栓、键、销等联接件，在实际工作中常受到剪力和挤压力，若超载，这些联接件先被破坏，从而________其他重要零件。

3. 平行于截面的应力称为________应力。

4. 挤压面是平面时，挤压面积按________面积计算。

5. 剪切时的________称为剪力；剪切时的截面应力称为________。

二、选择题

1. 工程中遇到受剪切变形的零件有________。

A. 销、铆钉、拉杆 B. 螺栓、铆钉、键 C. 销、螺栓、拉杆 D. 键、铆钉、拉杆

2. 如图 1-24 所示的铆接件，钢板的厚度为 t，铆钉的直径为 d，铆钉的切应力和挤压应力为________。

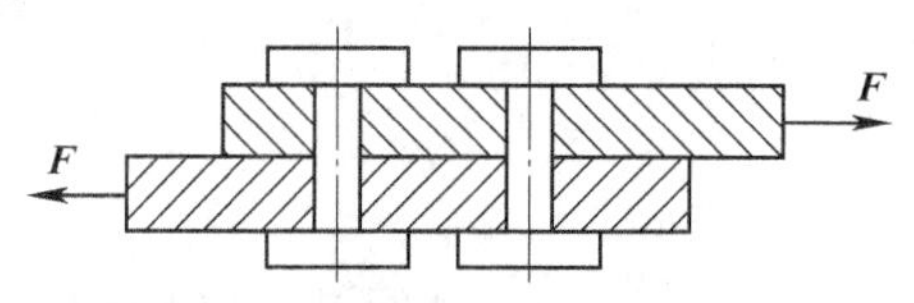

图 1-24

A. $\tau=2F/(\pi d^2)$ $\sigma_J=F/(2dt)$ B. $\tau=2F/(\pi d^2)$ $\sigma_J=F/(dt)$

C. $\tau=4F/(\pi d^2)$ $\sigma_J=F/(dt)$ D. $\tau=4F/(\pi d^2)$ $\sigma_J=2F/(dt)$

3. 校核图 1-25 所示结构中铆钉的剪切强度，挤压面积是________。

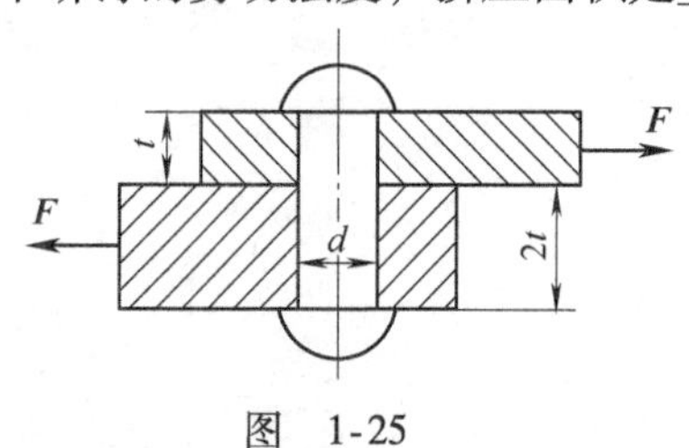

图 1-25

A. $\pi d^2/4$ B. dt C. $2dt$ D. $3dt$

4. 如图 1-26 所示，挤压面的形状及面积是________。

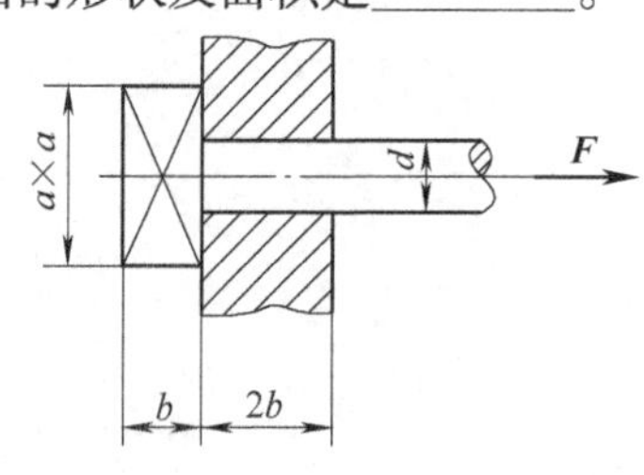

图 1-26

A. 圆 πbd B. 矩形 $\pi d^2/4$ C. 外方内圆 $a^2-\pi d^2/4$ D. 圆柱面 a^2

三、判断题

1. 构件受剪切时，剪力与剪切面一定垂直。　(　　)

2. 不管挤压面的实际形状如何，计算挤压面时总是平面。　(　　)

3. 切应力与拉应力都是内力除以面积，所以切应力与拉应力一样，实际上也是均匀分布的。　(　　)

4. 挤压应力的分布十分复杂，一般常假设挤压应力均匀分布。　(　　)

5. 挤压力 F_{jy} 同样是一种内力。　(　　)

6. 当挤压面为半圆柱面时，计算挤压面积按该面的正投影面积计算。　(　　)

四、综合题

1. 什么是切应力和挤压应力？

2. 如图 1-27 所示，用直径 $d=22$mm 的销把 5mm 厚的钢板固定在墙上，当受载 $F=22$kN 时，求销的切应力和挤压应力。

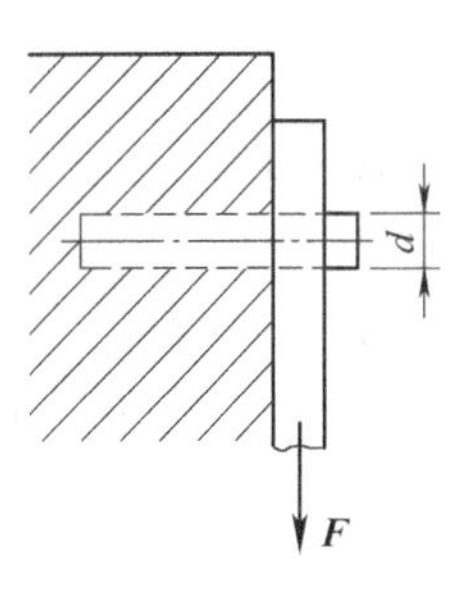

图　1-27

3. 简述挤压及其变形特点。

第五节 圆轴的扭转练习卷

一、填空题

1. 扭转就是构件在________作用下使相邻两个横截面绕轴线发生相对转动的现象。

2. 扭转的受力特点是垂直于杆件平面内，作用一对________、________的力偶。

3. 外力偶矩的公式 $M \approx 9550P/n$ 中，传递功率 P 的单位是________。

4. 在外力偶作用下发生扭转变形，其横截面将产生内力，称为________，其正负可用________法则判定。

5. 圆轴扭转时，横截面上某点的切应力与该点至圆心的距离成________比。

6. 空心圆轴扭转时，横截面上的最小切应力一定不为________。

二、选择题

1. 圆轴在扭转变形时，其截面上只受________。

A. 正压力　　B. 扭曲应力　　C. 切应力　　D. 弯矩

2. 实心圆轴扭转时，横截面上的最小切应力________。

A. 一定为零　　B. 一定不为零　　C. 可能为零，也可能不为零

3. 图 1-28 所示应力分布图中正确的是________。

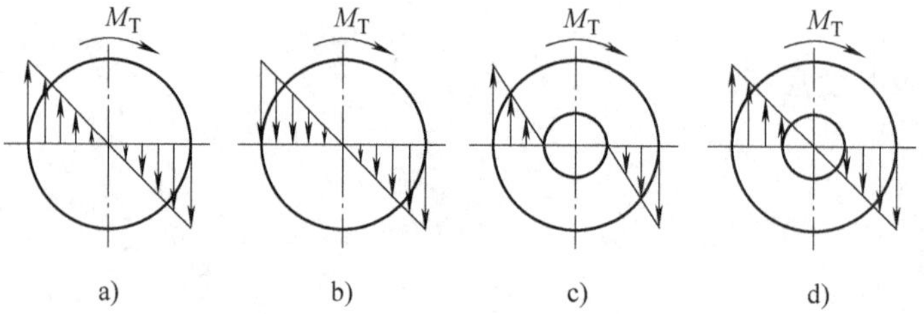

M_T M_T M_T M_T

a) b) c) d)

图 1-28

A. 图 a、d　　B. 图 b、c　　C. 图 c、d　　D. 图 b、d

4. 图 1-29 所示为一传动轴上的齿轮布置方案，其中对提高传动轴抗扭强度有利的是________。

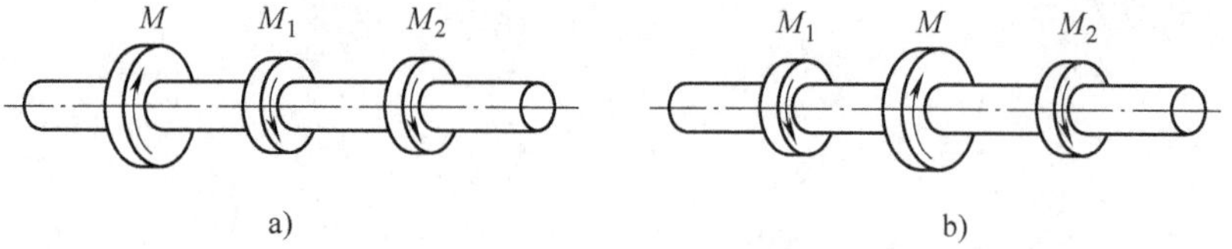

M M_1 M_2　　M_1 M M_2

a) b)

图 1-29

A. 图 a　　B. 图 b　　C. 以上都不是

三、判断题

1. 圆轴扭转时，横截面上有正应力和切应力，它们的大小均与截面直径成正比。（　）

2. 外径相同的空心圆轴和实心圆轴相比，空心圆轴承载能力要大些。（　）

3. 圆轴扭转时，横截面上的内力是扭矩。（　）

4. 圆轴扭转时，横截面上只有切应力，其大小与到圆心的距离成正比。 （ ）

四、综合题

1. 扭矩的方向如何判定？内力用什么方法求解？

2. 某实心圆轴，直径 $d=20\text{mm}$ ，受 $M_T=50\text{N}\cdot\text{m}$ 的扭矩作用，求其横截面上的最大切应力。

3. 某拖拉机的动力输出轴的转速 $n=300\text{r/min}$，输出功率为 1.2kW，求该轴的扭矩大小。

4. 简述提高轴抗扭能力的方法。

第六节　直梁的弯曲及*组合变形练习卷

一、填空题

1. 在中性轴处正应力为________，离中性轴越远的截面上正应力越大。

2. 直梁的弯曲是指受垂直于梁的轴线作用力发生变形，轴线由________变成________的现象。

3. 根据梁的支承方式不同，梁的受力有三种基本形式：________、________、________。

4. 梁弯曲横截面上的内力有两个分量，其中对梁的强度影响较大的是________。

5. 弯矩符号规定，在梁上截取一段，使梁弯曲时，________面向上为正，反之为负。

二、选择题

1. 如图1-30所示，梁*AB*上作用的载荷***F***大小相同，但作用点位置和作用方式不同，则图________所示梁*AB*产生的弯矩最大。

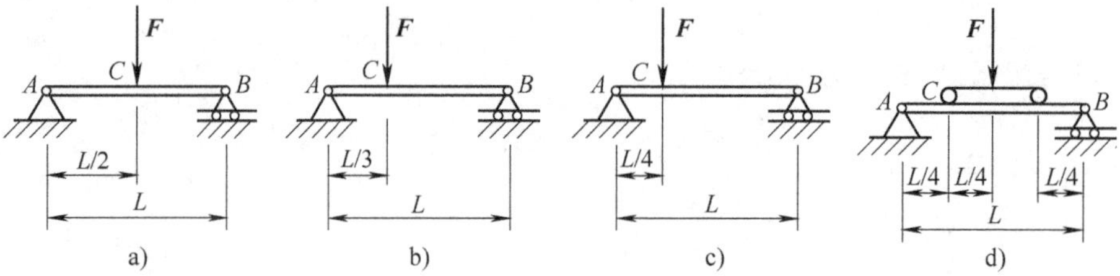

图　1-30

A. a　　B. b　　C. c　　D. d

2. 梁弯曲时横截面上的最大正应力在________。

A. 中性轴上　　B. 对称轴上

C. 离中性轴最远处的边缘上　　D. 以上都不是

3. 图1-31所示悬臂梁，在外力偶矩*M*的作用下，*N*—*N*截面应力分布图正确的是________。

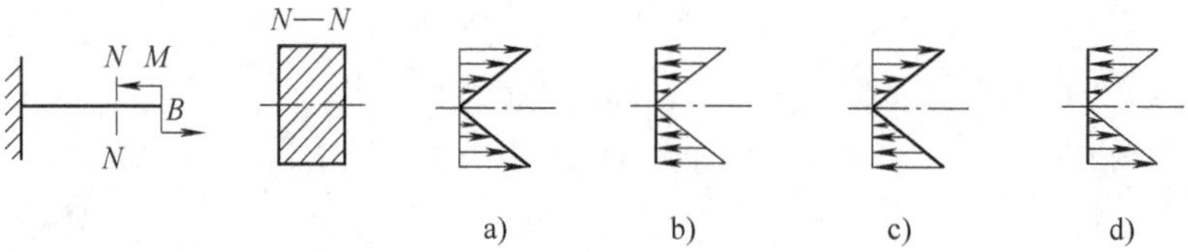

图　1-31

A. 图a　　B. 图b　　C. 图c　　D. 图d

4. 当梁的纵向对称平面内只有力偶作用时，梁将产生________。

A. 平面弯曲　　B. 一般弯曲　　C. 纯弯曲　　D. 以上都不是

三、判断题

1. 长期受交变载荷作用的构件，虽然其最大工作应力远低于材料静载荷作用下的极限应力，也会突然发生断裂。（　　）

2. 对于等截面梁，弯矩绝对值最大的截面就是危险截面。（　　）

3. 为保证承受弯曲变形的构件能正常工作，不但对它有强度要求，有时还要有刚度要求。（　）

4. 空心圆轴扭转时，横截面上的最小切应力可能为零，也可能不为零。（　）

5. 无论梁的截面形状如何，只要截面面积相等，则抗弯截面系数就相等。（　）

6. 抗弯截面系数是反映梁横截面抵抗弯曲变形的一个几何量，它的大小与梁的材料和截面形状有关。（　）

四、综合题

1. 什么是中性层和中性轴？弯曲变形时，梁的横截面是绕什么转动的？

2. 梁的基本结构形式有几种？梁上常见的载荷形式有哪几种？

3. 什么是梁的纯弯曲？它横截面上的正应力是如何分布的？

4. 什么是直梁弯曲？它的受力特点和变形特点是什么？

第二单元　直杆的基本变形复习卷

一、填空题

1. 轴向拉伸和压缩的变形特点是杆件沿轴线方向________或________。

2. 直梁弯曲的受力特点是杆件所受的力________于梁的轴线。

3. 剪切变形的变形特点是介于两作用力之间的各截面有沿作用力方向发生________的趋势。

4. 圆轴扭转时，切应力在________处为零。

5. 中性层与________的交线称为中性轴。

二、选择题

1. 如图 1-32 所示，一阶梯杆受拉力作用，试比较其截面 1—1、2—2、3—3 上的应力关系：________。

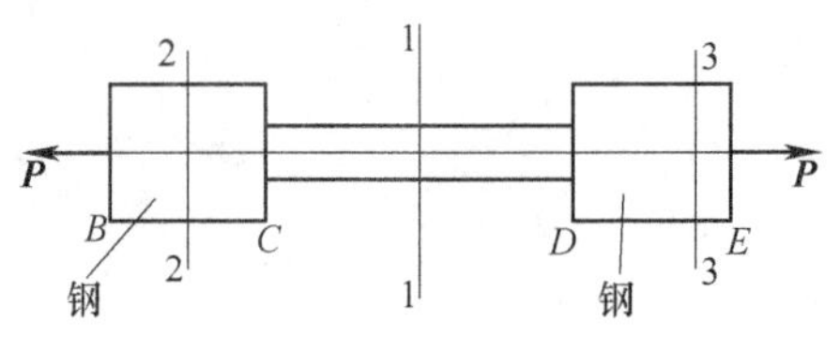

图　1-32

A. $\sigma_2=\sigma_3>\sigma_1$　　B. $\sigma_1<\sigma_2<\sigma_3$　　C. $\sigma_2=\sigma_3<\sigma_1$　　D. $\sigma_1>\sigma_2>\sigma_3$

2. 在图 1-33 所示的榫头连接中，剪切面积是________。

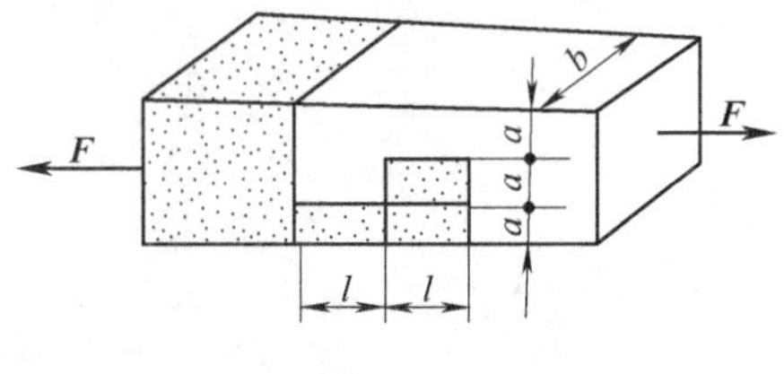

图　1-33

A. $2al$　　B. al　　C. $2bl$　　D. bl

3. 梁弯曲时，截面上的内力是________。

A. 弯矩　　B. 扭矩　　C. 剪力　　D. 剪力和弯矩

4. 在图 1-34 所示各梁中，属于纯弯曲的节段是________。

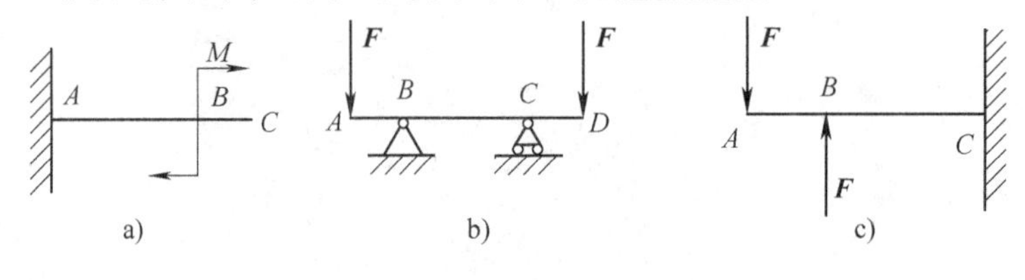

图　1-34

A. 图 a 中的 AB 段，图 b 中的 BC 段，图 c 中的 BC 段

B. 图 a 中的 AC 段，图 b 中的 AD 段，图 c 中的 BC 段

C. 图 a 中的 AB 段，图 b 中的 AC 段，图 c 中的 AB 段

三、判断题

1. 长度相同、截面积不同的两直杆受相同的轴向外力，则内力相同，应力不同。 (　　)

2. 当挤压面是平面时，挤压面积就按实际面积计算。 (　　)

3. 梁弯曲时，横截面的中性轴不一定过截面形心。 (　　)

4. 弯矩的作用面与梁的横截面垂直时，它们的大小及正负由截面一侧的外力确定。 (　　)

5. 悬臂梁的一端固定，另一端可以为自由端，也可以为固定端。 (　　)

6. 梁弯曲时的内力有剪力和弯矩，剪力的方向总是和横截面相切，而弯矩的作用面总是垂直于横截面。 (　　)

四、综合题

1. 什么是轴力？它的正负号是怎样规定的？

2. 圆轴扭转和弯曲直梁的变形特点各是什么？

3. 圆轴扭转横截面上切应力与纯弯曲正应力的分布规律是什么？各有何特点？

4. 什么是组合变形？并举例说明（至少两例）。

第二单元 直杆的基本变形测验卷

一、填空题（每空3分，共24分）

1. 应力的正负号规定与________相同，________时的符号为正，压缩为负。

2. 切应力和挤压应力分布较复杂，在工程上近似认为切应力在剪切面上是________分布的，挤压应力在挤压面上是________分布的。

3. 汽车发动机曲轴的功率不变，当曲轴转速提高时，产生的转矩________；当转速下降时，转矩________。

4. 构件受单一的拉伸（压缩）、剪切、扭转、弯曲变形称为________。

5. 材料弯曲变形后________长度不变。

二、选择题（每小题3分，共15分）

1. 有 A、B 两杆的应变 ε 相同，但杆长 $\Delta L_A = 2\Delta L_B$，则 L_A 与 L_B 的关系是________。

A. $L_A = L_B$　　B. $L_A = 2L_B$　　C. $L_B = 2L_A$　　D. L_A 与 L_B 无关

2. 如图1-35所示，悬臂梁的 B 端作用一集中力，使梁产生平面弯曲的是________。

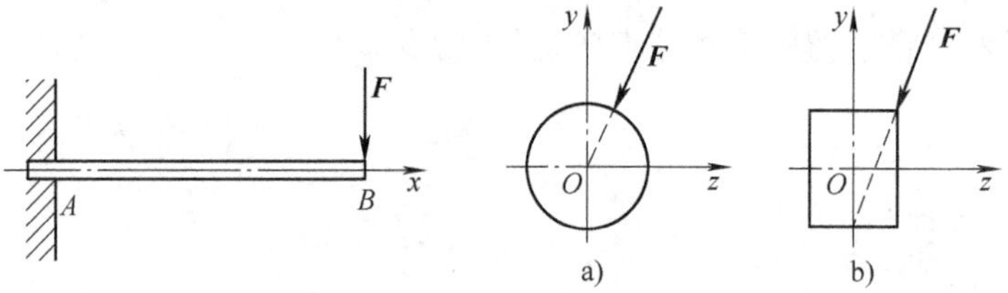

图 1-35

A. 图a　　B. 图b　　C. 全不是

3. 在图1-36所示的榫头连接中，挤压面积是________。

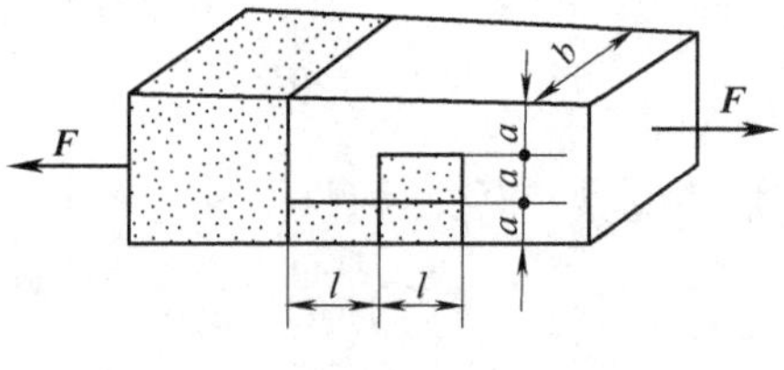

图 1-36

A. $2ab$　　B. ab　　C. $2bl$　　D. bl

4. 中性轴是梁的________的交线。

A. 纵向对称面与横截面　　B. 纵向对称面与中性层

C. 横截面与中性层　　D. 横截面与顶面或底面

5. 悬臂梁受力如图1-37所示，其中________。

A. AB 段是纯弯曲，BC 段是剪切弯曲　　B. 全梁均为剪切弯曲

C. 全梁均是纯弯曲　　D. AB 段是剪切弯曲，BC 段是纯弯曲

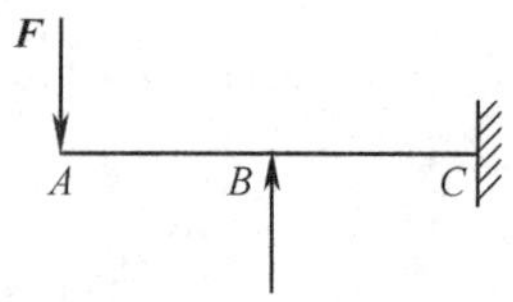

图 1-37

三、判断题（每题3分，共15分）

1. 一端（或两端）向支座外伸出的简支梁称为外伸梁。（ ）

2. 为简化计算，挤压时无论零件间的实际挤压面形状如何，其计算挤压面总是假定为平面。（ ）

3. 挤压应力实质就是在挤压面上的压力。（ ）

4. 如图1-38所示，外伸梁*BC*段受力***F***作用而发生弯曲变形，*AB*段无外力而不产生弯曲变形。（ ）

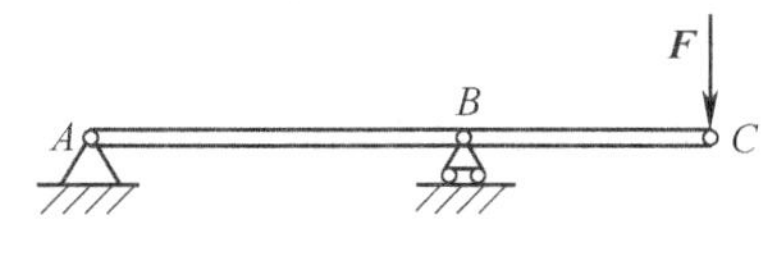

图 1-38

5. 当杆件受压缩时，应变为负值。（ ）

四、综合题（本大题共4小题，共46分）

1. 杆件变形的基本形式有哪4种？（8分）

2. 梁的内力有几个分量？它们的正负是如何规定的？（10分）

3. 如图1-39所示，作用于圆形截面上的力，其方向随时间不断变化。试画出三种状态的中性轴。（12分）

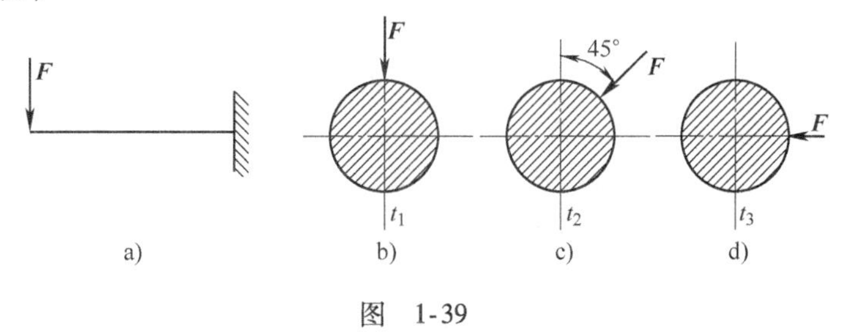

图 1-39

4. 在厚度 $t=10\text{mm}$ 的钢板上冲出一个长圆孔，已知压力机的冲剪力 $F_Q=150\text{kN}$，长圆孔的尺寸如图1-40所示。求其剪切面积和切应力。（16分）

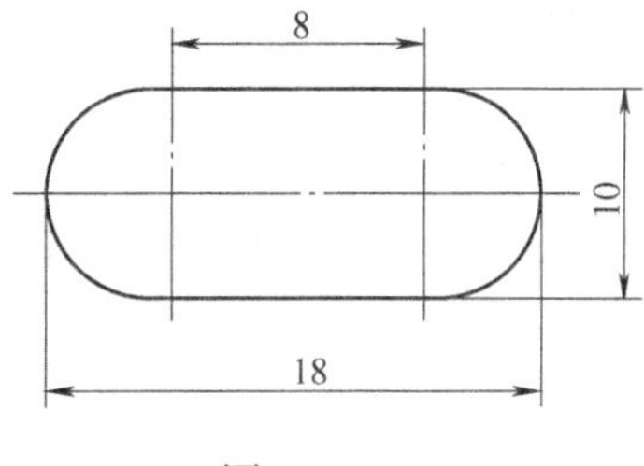

图 1-40

第三单元

机械工程材料

【考纲要求】

1. 掌握金属材料的性能。
2. 了解碳素钢、合金钢、铸铁及铸钢的分类、牌号、性能和用途。
3. 了解钢的热处理方法及其目的。
4. 了解常用非铁金属材料的分类、牌号、性能和用途。
5. 了解常用非金属材料的性能、分类和用途。
6. 了解新材料的性能、分类和用途。
7. 掌握材料的选用和资料的查阅方法。

【知识要点】

知识要点一：金属材料的性能包括强度、塑性、硬度、冲击韧性和疲劳强度。

常见题型

例1：硬度是指金属抵抗________压入其表面的能力，是衡量金属材料________的一个指标，常用的硬度有________、________和________。

参考答案：其他更硬物体　力学性能　布氏硬度　洛氏硬度　维氏硬度

知识要点二：碳钢的性能和分类。

常见题型

例2：T12A钢按用途分类属于________钢，按含碳量分类属于________钢，按质量分类属于________钢。

参考答案：工具　高碳　高级优质

知识要点三：合金钢的性能和用途。

常见题型

例3：制造屈服强度要求较高的螺旋弹簧应选用________。

A. 40Cr　　B. 60Si2Mn　　C. 20CrMnTi　　D. GCr15

参考答案：B

知识要点四：特殊性能钢的分类和用途。

常见题型

例4：高锰钢ZGMn13具有高耐磨性的原因是________。

A. 热处理提高了硬度和耐磨性　　B. 表面受到冲击产生硬化

C. 因有较多的Fe_3C存在　　D. 含碳量高

参考答案：B

知识要点五：铸铁的分类。

常见题型

例5：根据碳在铸铁中的存在形式，铸铁可分为________、________、________、________。

参考答案：灰铸铁　可锻铸铁　球墨铸铁　蠕墨铸铁

知识要点六：非铁金属的铜及铜合金。

常见题型

例6：有关材料H62，下列说法正确的是________。

A. 普通黄铜，铜的质量分数是38%　　B. 普通黄铜，锌的质量分数是38%

C. 特殊黄铜，铜的质量分数是62%　　D. 特殊黄铜，锌的质量分数是62%

参考答案：B

知识要点七：硬质合金的分类和用途。

常见题型

例7：2Cr13等不锈钢材料宜采用________硬质合金来进行切削。

A. YG8　　B. YT5　　C. YT15　　D. YW1

参考答案：D

知识要点八：了解常用非金属材料的性能、分类和用途。

常见题型

例8：按塑料受热后的性质变化分为________和________。其中________是可以反复通过加热软化、冷却硬化的塑料。

参考答案：热塑性塑料　热固性塑料　热塑性塑料

知识要点九：了解新材料的性能、分类和用途。

常见题型

例9：医学上所用的骨折固定板是用下列________合金来制造的。

A. 铜系合金　　B. Ti－Ni系合金　　C. 铁系合金　　D. 高温合金

参考答案：B

第一节 金属材料的性能练习卷

一、填空题

1. 金属材料的性能分为________和________。
2. 金属材料的工艺性能包括________、________、________和________。
3. 金属材料在________作用下，抵抗________和________的能力称为强度。
4. 载荷分为________、________和________；变形分为________和________。
5. 金属材料在________作用下产生________而不________的能力称为塑性，塑性指标是________和________，其值越大表示材料的塑性越________。
6. 淬火钢常用________硬度试验法，铜、铝等非铁金属常用________硬度试验法。
7. 金属材料抵抗________作用而不破坏的能力称为韧性。
8. 材料在无限多次________作用下而不被破坏的________称为疲劳强度。
9. 铸造性主要取决于________和________，可锻性与________及________有关。
10. 灰铸铁的铸造性________，可锻性________。

二、选择题

1. 下列属于力学性能指标的是________。

A. 热膨胀性　B. 化学稳定性　C. 疲劳强度　D. 可锻性

2. 下列属于材料化学性能的是________。

A. 密度　B. 抗氧化性　C. 硬度　D. 铸造性

3. 拉伸试验时，试样拉断前能承受的最大应力称为材料的________。

A. 比例极限　B. 抗拉强度　C. 屈服强度　D. 弹性极限

4. 重型锻压机主要要求锤头材料具有较高的________值。

A. a_k　B. R_m　C. A　D. HRC

5. 在交变应力的作用下，零件的失效形式是________。

A. 屈服　B. 缩颈　C. 磨损　D. 疲劳断裂

三、判断题

1. 轻、重金属是按质量的大小来分类的。（　）
2. 灰铸铁的硬度测定可用布氏硬度试验法。（　）
3. 金属材料在受到大能量一次冲击时，其冲击抗力主要取决于硬度。（　）
4. 硬度很高的材料可加工性差，而硬度很低的材料可加工性好。（　）
5. 材料的断后伸长率、断面收缩率越大，表明其塑性越好。（　）

第二节　钢铁材料练习卷

一、填空题

1. 钢铁材料包括________和________，它们的区别是________不同。

2. 钢的质量是根据________和________的含量划分的，其中________使钢冷脆。

3. T12A 按用途分类属于________钢，按含碳量分类属于________钢，按质量分类属于________钢。

4. 中碳钢的碳的质量分数是________；合金弹簧钢的碳的质量分数是________。

5. 40Cr 是________钢，主要用于在________受________条件下工作的零件。

6. GCr15SiMn 是________钢，铬的质量分数________；Q235AF 是________钢；50CrVA 是________钢；14MnMoV 是________钢；Cr12 是________钢；3Cr13 是________钢。

7. 合金刃具钢分为________和________；合金模具钢分为________和________；不锈钢分为________和________；耐热钢分为________和________。

8. W18Cr4V 是________钢，其切削温度高达 600℃时，它仍能保持高________和________，即具有高的________。

9. ZGMn13 是________钢，基本上都是________成形。

10. HT150 中碳以________形式存在，KTH300－06 中碳以________形式存在，06 表示________。

11. 灰铸铁的力学性能________，它具有良好的________、________、________、________。

12. 可锻铸铁是用________经过________处理，使________分解而得到的。

13. ZG200－400 是________材料，200 表示________，为提高其流动性常采用________的方法，但会造成________及组织缺陷，为此可采用________或________热处理。

二、选择题

1. 为下列零件选择材料：齿轮________；焊接、铆接构件________；冷冲压件________；手工锯条________。

A. T10　　B. 45　　C. 08F　　D. Q235A　　E. T13

2. 为下列零件选择材料：钢筋________；锉刀________；弹簧________；曲轴________。

A. 65Mn　　B. T8　　C. T12A　　D. 40Cr　　E. Q235A

3. 为下列零件选择材料：主轴________；轴承内圈________；弹簧________；热锻模________。

A. 40Cr　　B. 60Si2Mn　　C. 20CrMnTi　　D. GCr15　　E. 5CrNiMo

4. 下列材料中，________较适宜制造麻花钻。

A. W18Cr4V　　B. 20CrMnTi　　C. 40Cr　　D. GCr15　　E. 16Mn

5. 下列属于高级优质钢的是________。

A. Q235A　　B. T8　　C. 60Si2Mn　　D. 9SiCr

6. 高锰钢 ZGMn13 具有高耐磨性的原因是________。

A. 热处理提高了硬度和耐磨性　B. 表面受到冲击产生硬化

C. 因有较多的 Fe_3C 存在　　　D. 含碳量高

7. 为下列零件选择材料：三通管接头________；柴油机曲轴________；机床床身________。

A. HT200　　B. KTH350－10　　C. QT500－7　　D. RuT420

8. 4Cr9Si2 是________材料。

A. 合金结构钢　　B. 不锈钢　　C. 抗氧化钢　　D. 热强钢

三、判断题

1. 钢和铸铁都是铁碳合金，但钢的含碳量低。（　）
2. 合金调质钢的碳的质量分数是 0.25%～0.5%。（　）
3. 从球墨铸铁的牌号上可看出它的抗拉强度和伸长率。（　）
4. 碳素工具钢、低合金刃具钢、高速钢的热硬性依次降低。（　）
5. 压铸模是冷作模具钢。（　）
6. ZGMn13 是耐磨钢，它经热处理后具有很高的耐磨性。（　）
7. 球墨铸铁的力学性能比灰铸铁和可锻铸铁都高，常用于制造薄壁铸件。（　）
8. 铸铁中石墨数量越多，尺寸越大，铸铁的力学性能越差。（　）
9. 白口铸铁难于切削的特点限制了它的应用。（　）
10. 铸钢的力学性能比铸铁好，但其铸造性较差。（　）

四、简答题

1. 说明下列牌号的具体含义。

Q235AF

45

T12A

20CrMnTi

W6Mo5Cr4V2

1Cr13

QT400－18

2. 根据碳在铸铁中的存在形式，铸铁可以分为哪几类？

第三节　铁碳合金状态图练习卷

一、填空题

1. 碳在奥氏体中的溶解度随温度而变化，在 1148℃时溶碳量可达________，在 727℃时溶碳量为________。

2. w_C小于________的铁碳合金称为钢，根据室温组织的不同，钢可分为________、________和________。

3. 在铁碳合金状态图中，*ECF* 为________线，*PSK* 为________线。

4. 根据铁碳合金状态可知，随着含碳量的增加，________和________增加，________和________下降。

5. 铁碳合金状态图在生产实践中具有重大的意义，主要应用在________和________两方面。

二、选择题

1. 共晶转变的产物是________。

A. 奥氏体　B. 渗碳体　C. 珠光体　D. 莱氏体

2. 共析钢的碳的质量分数为________。

A. $w_C=0.77\%$　B. $w_C>0.77\%$　C. $w_C<0.77\%$　D. $w_C=2.11\%$

3. 铁碳合金状态图中的 A_{cm}线是________。

A. 共析转变线　B. 铁碳合金在缓慢冷却时奥氏体转变为铁素体的开始线

C. 共晶转变线　D. 碳在奥氏体中的溶解度曲线

4. 为了保证工业上使用的钢具有足够的强度，并具有一定的塑性和韧性，钢中的 w_C 一般不能超过________。

A. 0.8%　B. 1.4%　C. 2.11%　D. 4.3%

5. 铁碳合金状态图中，*S* 点是________。

A. 纯铁熔点　B. 共晶点　C. 共析点　D. 纯铁同素异构转变点

三、判断题

1. 在钢中，渗碳体以不同形态和大小的晶体出现在组织中，对钢的力学性能影响不大。（　）

2. 一般来说，含碳量越高，钢的强度和硬度越高，但当 $w_C>0.8\%$ 时，由于网状渗碳体的出现，使钢的强度有所降低。（　）

3. 铁碳合金的性能与合金中渗碳体的数量、形状、大小和分布状况无太大关系。（　）

4. 根据铁碳合金状态图，对于形状复杂的箱体、机器底座等可选用熔点低、流动性好的共晶白口铸铁材料。（　）

5. 奥氏体的强度和硬度不同，但具有良好的塑性，是绝大多数钢在高温时进行锻造和轧制时所要求的组织。（　）

四、综合分析题

1. 画出简化的铁碳合金状态图，并分析45钢（$w_C=0.45\%$）由液态缓冷至室温所得的平衡组织。

2. 为什么要把钢材加热到高温（1000～1250℃）下进行锻轧加工？

第四节　钢的热处理练习卷

一、填空题

1. 热处理是指采用适当的方式将钢或钢制件进行________、________和________，以获得所需要的________与________的工艺。

2. 根据热处理________和________方法的不同，热处理可分为________热处理、________热处理和________热处理。

3. 表面淬火包括________和________。

4. 正火只适用于________及合金元素含量较________的合金钢。

5. 低碳钢采用________作为预备热处理，可________硬度，改善________。

6. 40Cr的预备热处理是________，最终热处理是________。

7. GCr15做量具，预备热处理是________，最终热处理是________。

8. 淬硬性取决于________，淬透性取决于________和________。

9. 化学热处理是将工件置于适当的________中，通过________、________、________的方法，使一种或几种元素渗入钢件________，以改变钢件表层的________、________和________的热处理工艺。

10. 根据渗入元素的不同，化学热处理可分为________、________和________。

二、选择题

1. 完全退火主要用于________的铸件、锻件、热轧钢材和焊接件。

A. 中高合金钢　　B. 高碳钢　　C. 中低碳钢　　D. 以上都不是

2. 所谓调质处理，也就是________。

A. 渗碳　　B. 加入有利合金成分

C. 淬火+高温回火　　D. 淬火+中温回火

3. 20CrMnTi按用途和热处理特点划分属于________。

A. 合金渗碳钢　　B. 合金调质钢　　C. 合金弹簧钢　　D. 合金工具钢

4. 淬火时，下列冷却介质中冷却速度最快的是________。

A. 水　　B. 油　　C. 油水混合　　D. 空气

5. 汽车变速齿轮等承受交变载荷且摩擦较大的零件，可选用________。

A. 中碳钢或中碳合金钢，调质处理

B. 高碳钢和高碳合金钢，淬火、低温回火

C. 中碳合金钢，正火或调质、表面淬火、低温回火

D. 低碳合金钢，渗碳后淬火、低温回火

6. 制造手工锯条应采用________。

A. 45钢淬火+低温回火　　B. 65Mn淬火+中温回火

C. T10钢淬火+低温回火　　D. 9SiCr淬火+低温回火

7. 高温回火的温度范围是________。

A. 150~250℃　　B. 250~350℃　　C. 250~500℃　　D. 500~650℃

8. 金属材料化学热处理与其他热处理方法的根本区别是________。

A. 加热温度　　B. 组织变化　　C. 成分变化　　D. 性能变化

三、判断题

1. 任何热处理都由加热、保温和冷却三个阶段组成。（　）
2. 退火可提高工件的强度和硬度。（　）
3. 调质处理即是淬火后进行中温回火。（　）
4. 一般情况下，优先选用正火。（　）
5. 化学热处理与其他热处理方法的主要区别是化学热处理将改变工件表面的化学成分。（　）
6. 合金钢淬火时，冷却介质一定是水才能获得马氏体。（　）
7. 回火时组织不发生变化。（　）
8. 零件渗氮后，需经热处理，表层才具有很高的硬度和耐磨性。（　）
9. 淬硬性高的材料，淬透性一定好。（　）
10. 感应淬火频率越高，淬硬层越深。（　）

四、简答题

1. 什么是正火？正火的目的是什么？

2. 什么是淬火？淬火的目的是什么？

3. 什么是回火？高温回火的目的是什么？

五、综合分析题

1. 用45钢制造车床传动齿轮，工艺路线如下：毛坯→锻造→热处理1→粗加工→热处理2→精加工→热处理3→精磨。试写出热处理1、热处理2和热处理3的名称及其作用。

2. 用T12钢制造锉刀，工艺路线如下：毛坯→锻造→热处理1→粗加工→热处理2→精加工。试写出热处理1和热处理2的名称及其作用。

第五节 非铁金属材料和硬质合金练习卷

一、填空题

1. 非铁金属材料是除________以外的金属材料。

2. 铝合金按其成分和工艺特点可分为________和________。常用的日用器具是用________制造的。

3. 白铜是________合金；黄铜是以________为主加元素的铜合金，它分为________黄铜和________黄铜。普通黄铜中，强度最高的一种黄铜是________。

4. 常见的轴承合金有________基、________基和________基轴承合金，其中________基轴承合金因为价格便宜，在尽可能的情况下优先选用。

5. 轴承合金的组织具有________________或________________的特点。

6. 硬质合金的性能特点是________、________和________。

7. 钨钴类硬质合金由 WC 和 Co 组成，牌号为________，主要用于加工________材料。

8. YW 类硬质合金目前主要用于加工________、________、________等难加工材料。

二、选择题

1. HSn80－3 中 Sn 的质量分数是________。

A. 80%　　B. 3%　　C. 17%　　D. 20%

2. 有关材料 H70，下列说法正确的是________。

A. 普通黄铜，铜的质量分数是 30%　　B. 普通黄铜，锌的质量分数是 30%

C. 特殊黄铜，铜的质量分数是 70%　　D. 特殊黄铜，锌的质量分数是 30%

3. 青铜是铜与________元素的合金。

A. Zn　　B. Ni　　C. Zn、Ni 以外　　D. 以上均不是

4. 制造在腐蚀条件下工作的气阀、滑阀等一般用________材料。

A. 铅黄铜　　B. 锰黄铜　　C. 锡青铜　　D. 硅黄铜

5. 属于热处理不能强化的铝合金是________。

A. 防锈铝　　B. 锻铝　　C. 硬铝　　D. 超硬铝

6. 飞机大梁是用________铝合金制造的。

A. LF　　B. LC　　C. LY　　D. LD

7. 在低速柴油机的轴承上，一般应用________。

A. 铝基轴承合金　　B. 锡基轴承合金　　C. 铅基轴承合金　　D. 铜合金

8. 焊接车刀刀头采用 YT15 硬质合金，牌号中 15 表示________的质量分数。

A. 钴　　B. 钛　　C. 碳化钨　　D. 碳化钛

三、判断题

1. 纯铝的导电性仅次于银和铜。（　　）

2. T1～T4 表示的是 1～4 号工业纯铜。（　　）

3. LF11 是适用于制造高强度结构件的铝合金。（　　）

4. ZL102 是铝－硅系铸造铝合金。（　　）

5. 锡基轴承合金一般应用于重要的轴承。 (　　)
6. 汽车发动机缸体一般选用的是铸造铝合金。 (　　)
7. 人类历史上应用最早的一种合金是青铜合金。 (　　)
8. 钨钴类硬质合金用于加工铸铁等脆性材料。 (　　)

第六节 非金属材料和新型工程材料练习卷

一、填空题

1. 按受热后的表现，塑料分为________和________，其中________塑料可多次重复使用；按照使用范围也将塑料分为________、________和________，其中________应用最广。

2. 橡胶是一种________材料。橡胶最主要的性能特点是有高的________。

3. 复合材料由________或________性质不同的材料组合而成，其基体类型可分为________和________。

4. 复合材料的比强度________，化学稳定性________。

5. 传统陶瓷经过________、________和________制成。

6. 新型的高温材料是指在550℃以上温度条件下能承受一定应力并具有________和抗________的材料。

7. 1911年________国的物理学家海克·坎默林·奥尼斯首先发现了世界上有________的存在。超导性是在________、________和________条件下电阻趋于零的材料特性。

8. 日常生活中，眼镜框架就是采用________来获得非常好的记忆效应和超弹性的。

9. 非晶态合金又称________。由于其耐蚀性非常优越，因而获得了________的名称，可以用于海洋和医学领域。

10. 纳米材料的力学性能表现为________、________、________和________。

二、选择题

1. 常用的有机玻璃属于________的一种。

A. 塑料　B. 陶瓷　C. 复合材料　D. 橡胶

2. 玻璃钢属于________复合材料。

A. 颗粒　B. 层状　C. 纤维增强　D. 骨架

3. 传统陶瓷材料的主要原料有________。

A. 树脂　B. 生胶　C. 粘土　D. 塑料

4. PVC（聚氯乙烯）是一种________塑料。

A. 通用　B. 工程　C. 特种　D. 生活

5. 煤气灶电打火装置中的关键材料是一种________材料。

A. 塑料　B. 橡胶　C. 陶瓷　D. 复合材料

6. 尼龙是________。

A. 工程塑料　B. 橡胶　C. 复合材料　D. 陶瓷

7. 零电阻现象和完全抗磁性是________的两个最基本、互相独立的特性。

A. 高温材料　B. 形态记忆材料　C. 超导材料　D. 纳米材料

8. 机械工业中，为提高机械设备的耐磨性、硬度和使用寿命，经常采用________对机械关键零部件进行金属表面涂层处理。

A. 高温材料技术　B. 形态记忆材料技术　C. 超导材料技术　D. 纳米材料技术

9. 医学上所用的骨折固定板是用下列________合金来制造的。

A. 铜系合金　　B. Ti－Ni 系合金　　C. 铁系合金　　D. 高温合金

10. 电冰箱、空调机外壳里的抗菌除味塑料是采用________制成的。

A. 高温材料　　B. 形态记忆材料　　C. 超导材料　　D. 纳米材料

三、判断题

1. 热固性塑料可反复加热、回收利用。　　(　　)
2. 复合和胶粘的材料性质可以相同也可以不同。　　(　　)
3. 陶瓷抗拉强度大，但急冷急热时性能较差。　　(　　)
4. 塑料是一种高分子材料。　　(　　)
5. 包装用的塑料属于工程塑料。　　(　　)
6. 现在的钓鱼竿常用纤维增强复合材料制造。　　(　　)
7. 医学上所用的脊椎矫正棒是用铜系形状记忆合金来制造的。　　(　　)
8. 超导体的两个最基本性质是电性质和磁性质。　　(　　)

第七节 材料的选择及应用练习卷

一、填空题

1. 零件的失效是指零件不能保证________或达不到________。

2. 零件的失效形式主要有________、________和________三种。

3. 根据断裂的性质和原因，断裂可分为________、________、________和________等。

4. 表面损伤失效主要包括________、________和________。

5. 机床变速箱齿轮一般都采用________和________。

二、选择题

1. 机械零件的主要失效形式是________。

A. 断裂失效　B. 过量变形　C. 表面损伤　D. 冲击破坏

2. 零件失效与________有关。

A. 方案设计　B. 材料选择　C. 加工工艺和安装使用　D. 都有关系

3. 选材的原则与下列________有关。

A. 满足使用性能　B. 兼顾材料的工艺性能　C. 充分考虑经济性　D. 都有关系

4. CA6140 车床主轴用下列________材料制造。

A. 16Mn　B. 40Cr　C. W18Cr4V　D. 3Cr13

5. 20CrMnTi 主要用于制造________。

A. 机床主轴　B. 机床变速箱齿轮　C. 汽车齿轮　D. 汽车弹簧

第三单元　机械工程材料复习卷

一、填空题

1. 常用的硬度试验法有________硬度试验法、________硬度试验法和________硬度试验法三种。

2. 45 钢的平均碳的质量分数为________，按含碳量分属于________钢，按质量分属于________钢，按用途分属于________钢。

3. 热处理是将固态金属或合金采用适当方式进行________、________和冷却，以获得所需的________与________的一种工艺方法。

4. 根据工艺不同，钢的热处理方法可分为________、________、________、________和表面热理 5 种。

5. 铸铁是碳的质量分数________的铁碳合金，根据铸铁中石墨形态的不同，铸铁可分为________、________、________和蠕墨铸铁。

6. 金属材料的工艺性能是指金属材料从________到________的生产过程中在各种加工条件下表现出的性能，包括________、________、________和________。

7. 40Cr 是一种________钢，其最终热处理是________，以获得________性能。

二、判断题

1. 1kg 钢和 1kg 铝的体积是相同的。（　）
2. 所有金属材料在拉伸实验时都会出现显著的屈服现象。（　）
3. 炮弹钢中加入较多的磷，使其易爆，磷是钢中的有益元素。（　）
4. 正火比退火冷却速度快，组织细，强度、硬度高。（　）
5. 灰铸铁的硬度测定可用布氏硬度试验法。（　）
6. 若钢中含有铁、碳以外的其他合金元素，则该钢就称为合金钢。（　）
7. 可锻铸铁比灰铸铁塑性好，可进行锻压加工。（　）
8. 调质处理即是淬火后进行低温回火。（　）
9. 3Cr2W8V 钢的平均碳的质量分数为 0.3%，它是合金模具钢。（　）
10. 陶瓷抗拉强度大，但急冷急热时性能较差。（　）

三、选择题

1. 金属材料抵抗塑性变形或断裂的能力称为________。

A. 塑性　　B. 硬度　　C. 强度　　D. 韧性

2. 做疲劳试验时，试样承受的载荷为________。

A. 静载荷　　B. 冲击载荷　　C. 交变载荷　　D. 过载荷

3. 为下列零件选择材料：冷冲压件________；齿轮________；手工锯条________；钢筋________。

A. T10　　B. 45　　C. 08F　　D. Q235A

为下列零件选择材料：錾子________；锉刀________；弹簧________；曲轴________。

A. 65Mn　　B. T8　　C. T12A　　D. 40Cr

4. ZG310－570 中的 310 表示________。

A. 抗拉强度　　B. 断后伸长率　　C. 硬度　　D. 屈服强度

5. 合理选用下列工具的材料：长铰刀________；医用手术刀________；麻花钻________；冷冲模________。

A. 40Cr13　　B. CrWMn　　C. Cr12MoV　　D. W18Cr4V

6. 45 钢退火与正火后强度的关系是________。

A. 退火＞正火　　B. 退火＜正火　　C. 退火＝正火　　D. 无法确定

7. 合金钢在淬火冷却时，冷却介质常用________。

A. 矿物油　　B. 水　　C. 10%的盐水　　D. 空气

8. 化学热处理与其他热处理方法的基本区别是________。

A. 加热处理　　B. 组织变化　　C. 改变表面化学成分　　D. 温度变化

9. 材料 ZPbSb10Sn16Cu2 是________。

A. 合金铸铁　　B. 锡基轴承合金　　C. 铅基轴承合金　　D. 铜合金

10. 可锻铸铁中石墨的形态是________。

A. 片状　　B. 团絮状　　C. 球状　　D. 蠕虫状

四、简答题

1. 铸铁有什么特点？

2. 钢淬火后回火的种类有哪几种？各种回火后工件的性能如何？分别适用于什么零件的热处理？

3. 名词解释：GCr15

4. 用 65Mn 钢制造弹簧，工艺路线如下：毛坯→轧制→热处理 1→机加工→热处理 2。试写出热处理 1 和热处理 2 的名称及其作用。

第三单元　机械工程材料测验卷

一、填空题（每空1分，共40分）

1. 金属材料抵抗________作用而不被破坏的能力称为韧性。

2. T12A按用途分属于________钢，按含碳量分类属于________钢，按质量分类属于________钢。

3. 刃具钢有________、________、________三大类，其中________具有最高的热硬性，适用于制造切削速度较高的刃具。

4. 特殊性能钢包括________、________和________。

5. HT150中碳以________形式存在，它常用的热处理工艺有________和________。

6. 淬火的目的是提高钢的________、________和________。

7. 20CrMnTi制作齿轮，应进行________后淬火加________的热处理。

8. 表面淬火适用于________钢和________钢；渗碳适用于________钢和________钢。

9. 氮化后工件的硬度________，氧化变形________，氮化的最大缺点是________。

10. 如果热处理的目的是降低工件硬度、改善可加工性，应采用________或________处理。

11. 生产轴类零件要选用碳的质量分数为________的钢，此类钢称为________钢。轴类零件使用的最终热处理为________，热处理后的性能特点是________。

12. 形变铝合金按性能、用途分为________、________、________和________。生产形状复杂的锻件要用________。

13. ZSnSb11Cu6表示________的质量分数为11%，________的质量分数为6%的________合金。

二、选择题（每小题2分，共20分）

1. 拉伸试验时，试样拉断前能承受的最大应力称为材料的________。

A. 比例极限　　B. 抗拉强度　　C. 屈服强度　　D. 弹性极限

2. 下列属于高级优质钢的是________。

A. Q235A　　B. T8　　C. 60Si2Mn　　D. 9SiCr

3. 制造切削速度较高的刃具选用下列钢中的________。

A. T13A　　B. 9SiCr　　C. W18Cr4V　　D. 3Cr13

4. 发动机曲轴可选用________制造。

A. RuT300　　B. KTH350－10　　C. QT900－2　　D. HT200

5. 要求高硬度的零件，淬火后需________回火。

A. 低温　　B. 中温　　C. 高温　　D. 不需要

6. 淬火的冷却方式是________。

A. 随炉冷却　　B. 空冷　　C. 快速冷却　　D. 风冷

7. 回火的加热温度是________。

A. 低于727℃　　B. 高于727℃　　C. 低于768℃　　D. 高于768℃

8. 有关材料 H62，下列说法正确的是________。

A. 普通黄铜，铜的质量分数是 38%　　B. 普通黄铜，锌的质量分数是 38%

C. 特殊黄铜，铜的质量分数是 62%　　D. 特殊黄铜，锌的质量分数是 62%

9. 属于热处理不能强化的铝合金是________。

A. 防锈铝　　B. 锻铝　　C. 硬铝　　D. 超硬铝

10. 机械工业中，为提高机械设备的耐磨性、硬度和使用寿命，经常采用________对机械关键零部件进行金属表面涂层处理。

A. 高温材料技术　B. 形态记忆材料技术　C. 超导材料技术　　D. 纳米材料技术

三、判断题（每小题 1 分，共 10 分）

1. 轻、重金属是按质量的大小来分类的。（　）
2. 金属材料在受到大能量一次冲击时，其冲击抗力主要取决于硬度。（　）
3. 40Cr 钢的最终热处理一般是淬火后进行中温回火。（　）
4. 压铸模是冷变形模具。（　）
5. W6Mo5Cr4V2 是常用的高速钢，有高的热硬性。（　）
6. 可锻铸铁塑性比灰铸铁好，所以可以锻造。（　）
7. 石墨的存在破坏了基体组织的连续性，所以石墨在铸铁中是有害无益的。（　）
8. 回火是热处理的最后一道工序。（　）
9. 对性能要求不高的中碳钢零件，可采用正火代替调质处理。（　）
10. 热固性塑料可反复加热回收利用。（　）

四、简答题（共 3 题，每小题 10 分，共 30 分）

1. 什么是退火？退火的目的是什么？

2. 什么是淬透性？什么是淬硬性？淬透性与淬硬性有什么关系？

3. 说出下列材料的类别，并解释其牌号。

20CrMnTi

T13A

QT700－2

HPb59－1

LF11

第四单元

联　　接

【考纲要求】

1. 掌握键联接、销联接的功用、类型、特点及应用。
2. 掌握平键联接的结构、标准及选用；还有花键联接的特点及分类。
3. 掌握螺纹及螺纹联接的主要类型及应用；还有螺纹联接的预紧及防松方法。
4. 区分联轴器和离合器的类型、特点和应用。
5. 了解弹簧的类型、特点及应用；了解联接件的拆装方法。

【知识要点】

知识要点一：键联接、销联接的功用、类型、特点及应用。

常见题型

例1：键联接的主要作用是轴和轴上零件间的________并传递________；有时可作导向零件。

参考答案：周向固定　转矩

例2：销联接的主要作用是_________、_________和安全。

参考答案：定位　连接

知识要点二：平键联接的结构及标准。

常见题型

例3：A 型圆头普通平键 $b \times h \times L = 20 \times 12 \times 63$，标记为________________。

参考答案：GB/T 1096 键 $20 \times 12 \times 63$

知识要点三：螺纹及螺纹联接的主要类型。

常见题型

例4：矩形螺纹是用于单向受力的传力螺纹。(　　)

参考答案：×

知识要点四：螺纹联接的预紧及防松方法。

常见题型

例5：螺纹联接预紧的目的是什么？螺纹联接的常用防松方法有哪些？

参考答案：螺纹联接预紧的目的：增强联接的刚性，提高紧密性和防松能力，确保联接安全。螺纹联接的常用防松方法：摩擦力和机械防松。

知识要点五：联轴器和离合器的类型、特点和应用。

常见题型

例6：可随时分离或接合两轴的装置是_________。

A. 安全联轴器　　B. 弹性联轴器　　C. 离合器　　D. 制动器

参考答案：C

【巩固练习】

第一节 键联接和销联接练习卷

一、填空题

1. 键联接的作用是实现________和________间的固定并________。
2. 平键的主要尺寸是键________、键________和键________。
3. 销联接的主要作用是固定零件间的________位置。
4. 常用紧键联接有________和________联接。
5. 圆头普通平键 $b\times h\times L=14\times9\times70$ 的标记为________________。

二、选择题

1. 普通平键联接的主要用途是使轴与轮毂之间________。

A. 沿轴向固定并传递转矩　B. 沿轴向可作相对滑动并具有导向作用
C. 沿周向固定并传递转矩　D. 对中性好，可在高速重载中应用

2. 平键的截面尺寸主要是依据________来选择的。

A. 传递转矩的大小　B. 轮毂的长度　C. 轴的直径　D. 键的剖面尺寸

3. 能够构成紧键联接的两种键是________。

A. 半圆键和切向键　B. 平键和切向键　C. 楔键和切向键　D. 楔键和平键

4. 对轴强度削弱最大的键是________。

A. 平键　B. 半圆键　C. 楔键　D. 花键

5. 可以承受不大的单方向的轴向力，上、下两面是工作面的联接是________。

A. 普通平键联接　B. 楔键联接　C. 半圆键联接　D. 花键联接

6. 下列几组联接中，________均属于可拆联接。

A. 铆钉连接，螺纹联接、键联接　B. 键联接、螺纹联接、销联接
C. 粘结连接、螺纹联接、销联接　D. 键联接、焊接、铆钉连接

7. 如图 1-41 所示为轴的端部键槽，应采用________进行加工。

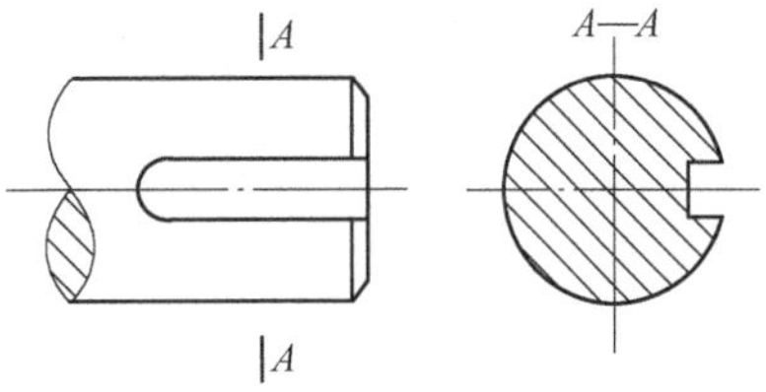

A　A—A

A

图　1-41

A. 用宽刃刨刀刨削　B. 用三面刃圆盘铣刀铣削
C. 用键槽面铣刀铣削　D. 用插刀插削

8. 圆头平键和平头平键相比较，对轴的应力集中影响，________较大。

A. 圆头平键　B. 平头平键　C. 这两种键的影响相同　D. 视具体情况而定

9. 下列________属于松键联接。

A. 楔键联接和半圆键联接　B. 平键联接和半圆键联接

C. 半圆键联接和切向键联接　　　　D. 楔键联接和切向键联接

10. 如图 1-42 所示的键联接是________。

A. 楔键联接　　　　B. 切向键联接

C. 平键联接　　　　D. 半圆键联接

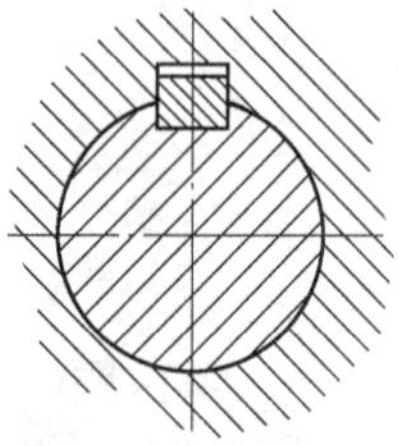

图 1-42

三、判断题

1. 销联接用来固定零件间的相对位置，由于销尺寸较小，不能用来传递载荷。（　　）

2. 楔键联接不可用于高速转动零件的联接。（　　）

3. 普通平键联接工作时，键的主要失效形式为键的拉伸破坏。（　　）

4. 花键联接通常用于要求定心精度要求较高和载荷较大的场合。（　　）

5. 半圆键对轴强度的削弱大于平键对轴强度的削弱。（　　）

四、综合题

1. 简述销的功用及常用类型。

2. 选用平键联接的一般步骤是什么？

3. 为什么载货汽车的后轮与传动轴采用花键联接，而不采用普通平键联接？

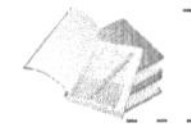

第二节 螺纹联接练习卷

一、填空题

1. 按螺纹的用途分为________和________。
2. 增大摩擦力防松方法常见的有________和________。
3. 常用的螺纹联接件有螺栓、________、________和紧定螺钉。
4. 普通螺纹的牙型角为________，梯形螺纹的牙型角为________。
5. 普通螺纹的公称直径为________。

二、选择题

1. ________的牙根较厚，牙根强度较高，自锁性能好。

A. 滚珠形螺纹　B. 普通螺纹　C. 粗牙普通螺纹　D. 细牙普通螺纹

2. 管螺纹的牙型角为________。

A. 50°　B. 55°　C. 60°　D. 65°

3. 常见的联接螺纹是________。

A. 单线左旋　B. 单线右旋　C. 双线左旋　D. 双线右旋

4. 机械上采用的螺纹当中，自锁性最好的是________。

A. 锯齿形螺纹　B. 梯形螺纹　C. 普通细牙螺纹　D. 矩形螺纹

5. 如果用车刀沿螺旋线车出梯形沟槽，就会形成________螺纹。

A. 三角形　B. 梯形　C. 矩形　D. 滚珠形

6. ________螺纹无国家标准，故应用较少。

A. 三角形　B. 矩形　C. 锯齿形　D. 梯形

7. 螺纹按用途不同，可分为________。

A. 外螺纹和内螺纹　B. 左旋螺纹和右旋螺纹

C. 粗牙螺纹和细牙螺纹　D. 联接螺纹和传动螺纹

8. 在千斤顶的螺旋副机构中，常用的是________螺纹牙型。

A. 三角形　B. 梯形　C. 矩形　D. 锯齿形

9. 螺栓联接防松装置中，下列________是不可拆防松的。

A. 开口销与开槽螺母　B. 对顶螺母拧紧　C. 止动垫片与圆螺母　D. 冲点

10. 螺栓联接的主要特点是________。

A. 按结构需要在较厚的联接件上制出不通孔，多次拆装不损坏被联接件

B. 在被联接件上钻出比螺纹直径略大的孔，装拆不受被联接材料的限制

C. 适用于被联接件较厚且不需经常装拆的场合

D. 用于轴与轴上零件的联接

三、判断题

1. 一般螺纹联接都有自锁性，在静载荷和工作温度变化不大时不会自行脱落。（　）
2. 水、油和气的管路螺纹联接通常选用55°密封管螺纹。（　）
3. 通常用于联接的螺纹是单线管螺纹。（　）

4. 螺纹的牙型角越大，螺纹副就越容易自锁。 (   )

四、综合题

1. 为什么联接螺纹多为三角形牙型?

2. 通常螺纹具有自锁性能，为什么还要采取防松措施？常用的防松措施有哪些?

3. 螺纹联接的基本类型有哪 4 种？用于被联接件厚度不大且能从两面进行装配的场合，应选用哪一种联接?

第四节 联轴器与离合器练习卷

一、填空题

1. 联轴器用于________两轴共同转动，但只能在________后才能将两轴分开。
2. 安全联轴器结构简单，常用于偶然性________机器上。
3. 联轴器一般分成三大类：________、________和安全联轴器。
4. ________联轴器常用于两轴有角度的场合，且成对使用。

二、选择题

1. 对于工作中载荷平稳，不发生相对位移，转速稳定且对中性好的两轴，宜选________。

A. 固定式联轴器　B. 可移式联轴器　C. 弹性联轴器　D. 以上都不是

2. 对于轴线相交的两轴，宜选用________。

A. 滑块联轴器　B. 弹性柱销联轴器　C. 万向联轴器　D. 刚性凸缘联轴器

3. 适用低速或停机时接合的离合器是________。

A. 嵌合式离合器　B. 牙嵌离合器　C. 摩擦离合器　D. 超越离合器

4. 下列 4 种工作情况中，________适合于选用弹性联轴器。

A. 工作平稳，两轴线严格对中　B. 工作平稳，两轴线对中性差

C. 经常反转，频繁起动，两轴线不严格对中　D. 转速稳定，两轴线严格对中

5. 弹性柱销联轴器属于________联轴器。

A. 刚性　B. 无弹性　C. 有弹性　D. 以上都不是

6. 对被连接两轴对中性要求高的联轴器是________。

A. 凸缘联轴器　B. 十字滑块联轴器　C. 弹性柱销联轴器　D. 以上都不是

7. 对被连接两轴间的偏移具有补偿能力的联轴器是________。

A. 凸缘联轴器　B. 弹性联轴器　C. 安全联轴器　D. 以上都不是

8. 起重机、轧钢机等重型机械中应选用________。

A. 齿式联轴器　B. 万向联轴器　C. 弹性柱销联轴器　D. 滑块联轴器

三、判断题

1. 挠性联轴器可以补偿两轴之间的偏移。（　　）
2. 离合器和联轴器一样，只有在停车时才能分离或连接。（　　）
3. 联轴器和离合器都是用来连接两轴且传递转矩的。（　　）
4. 弹性套柱销联轴器常用于高速、起动频繁、回转方向需要常改变的两轴连接。（　　）
5. 自行车后飞轮采用了超越离合器，因此可以蹬车、滑行但不能回链。（　　）
6. 联轴器与离合器都是依靠啮合来连接两轴、传递回转运动和转矩的装置。（　　）

四、综合题

1. 摩擦离合器分为哪些种类？它们各有什么特点？如何应用？

2. 凸缘联轴器、套筒联轴器、滑块联轴器和万向联轴器各适用于什么场合？

第四单元　联接复习卷

一、填空题

1. 单圆头平键 $b \times h \times L = 18 \times 11 \times 63$，标记为________________。

2. 常用的键联接有________、________、________和楔键联接。

3. 刚性联轴器常见的有________和________。

二、选择题

1. 如图 1-43 所示的键联接是________。

A. 楔键联接　　B. 平键联接

C. 切向键联接　　D. 半圆键联接

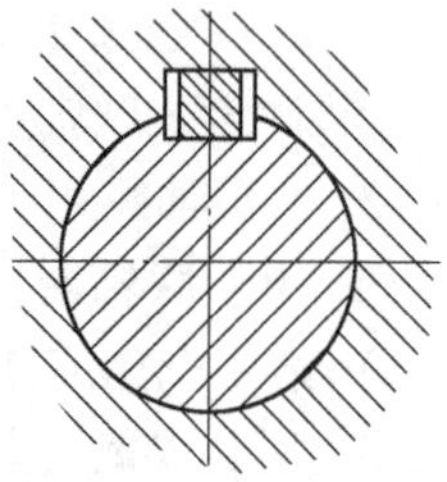

图　1-43

2. 楔键联接有________的缺点。

A. 键的斜面加工困难　　B. 键安装容易损坏

C. 传递转矩较小　　D. 轴和轴上零件的对中性较差

3. 圆锥销用来固定两零件的相互位置，具有如下特点：1）能传递较大的载荷；2）便于安装；3）联接牢固；4）多次装拆对联接质量影响甚小。上述________是正确的。

A. 1 条［1）］　　B. 两条［1）、2）］

C. 3 条［2）、3）、4）］　　D. 4 条［1）、2）、3）、4）］

4. 一般采用________加工半圆键的轴上键槽。

A. 指状铣刀　　B. 圆盘铣刀　　C. 模数铣刀　　D. 插刀

5. 楔键与平键相比，既能传递转矩，又能传递单向轴向力，这是因为________。

A. 楔键的工作表面有斜度而轮毂键槽没有斜度，接触时可以夹紧

B. 楔键端部具有钩头

C. 楔面摩擦力大于平面摩擦力

D. 楔键上表面和轮毂键底面均有 1∶100 的斜度，安装时楔键可沿轴向楔紧

6. 键的剖面尺寸通常根据________来选择。

A. 传递转矩的大小　　B. 传递功率的大小　　C. 轮毂的长度　　D. 轴的直径

7. 在联接长度相等的条件下，下列键联接中________的承载能力最低。

A. 平键联接　　B. 切向键联接　　C. 半圆键联接　　D. 楔键联接

8. 普通平键联接的主要用途是使轴与轮毂之间________。

A. 沿轴向固定并传递轴向力　　B. 沿轴向可做相对滑动并具有导向作用

C. 沿周向固定并传递转矩　　D. 安装与拆卸方便

9. 密封要求高的管件联接，应选用________。

A. 55°密封管螺纹　　B. 普通粗牙螺纹　　C. 普通细牙螺纹　　D. 55°非密封管螺纹

10. 螺纹联接是一种________联接。

A. 不可拆　　B. 可拆

C. 具有自锁性能的不可拆　　D. 具有防松装置的可拆

11. 梯形螺纹与锯齿形螺纹、矩形螺纹相比较，具有的优点是________。

A. 传动效率高　B. 获得自锁性大　C. 应力集中小　D. 工艺性和对中性好

12. 在螺旋压力机的螺旋副机构中，常用的是________。

A. 锯齿形螺纹　B. 梯形螺纹　C. 普通螺纹　D. 矩形螺纹

13. 在载荷比较平稳、冲击不大但两轴轴线具有一定程度的相对偏移量的情况下，通常宜采用________。

A. 套筒联轴器　B. 凸缘联轴器　C. 夹壳联轴器　D. 滑块联轴器

14. 对于嵌合式离合器，在________场合下宜选用较少的牙数。

A. 传递转矩较大，要求接合时间短　B. 传递转矩较小，要求接合时间短

C. 传递转矩较大，要求接合时间长　D. 传递转矩较小，要求接合时间长

15. 牙嵌离合器中，应用最广的是________牙型。

A. 三角形　B. 梯形　C. 矩形　D. 锯齿形

16. 牙嵌离合器中，________牙型具有牙根强度高、牙磨损后能自动补偿、接合冲击小等优点，应用广泛。

A. 矩形　B. 三角形　C. 梯形　D. 以上都不是

三、判断题

1. 键是标准零件。（　）

2. 花键联接是由带多个纵向凸齿的轴和带有相应齿槽的轮毂孔组成的。（　）

3. 梯形螺纹容易切削、工艺性好、牙根强度高、对中性好，采用剖分螺母时，可以补偿磨损间隙，是最常见的传动螺纹。（　）

4. 螺纹联接中，预紧就等于防松。（　）

5. 摩擦离合器没有安全保护作用。（　）

6. 牙嵌安全离合器的牙型有梯形、锯齿形、矩形和三角形。（　）

四、综合题

1. 名词解释：销联接的定位。

2. 名词解释：离合器。

3. 常用平键的类型及应用特点是什么？

4. 弹性联轴器的常见类型有哪些？它们各有什么特点？如何应用？

第四单元　联接测验卷

一、填空题（每空 2 分，共 22 分）

1. 螺纹按旋向分为________和________。

2. 止动垫片属于________防松。

3. 销联接的主要作用是________________、________________和安全。

4. 常用松键联接有________、________和________联接。

5. 离合器一般可分为________、________、________和安全式。

二、选择题（每小题 3 分，共 30 分）

1. 在图 1-44 所示工作图样上表达普通平键联接时，图中________是正确的。

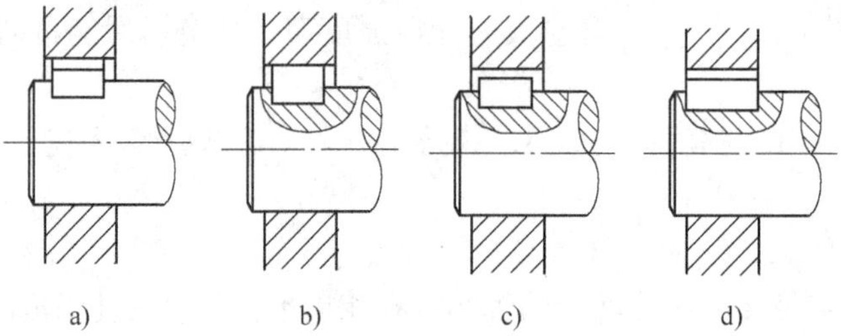

a)　　b)　　c)　　d)

图　1-44

A. 图 a　　B. 图 b　　C. 图 c　　D. 图 d

2. 楔键与________保持接触，其两者的接触面均有 1∶100 的斜度。

A. 轴上键槽底面　　B. 轮毂上键槽底面

C. 轴上键槽两侧面　　D. 轮毂上键槽两侧面

3. 常用________材料制造键。

A. Q235　　B. 45 钢

C. T8A　　D. HT200

4. 图 1-45 所示为某一销联接，其中圆锥销起________作用。

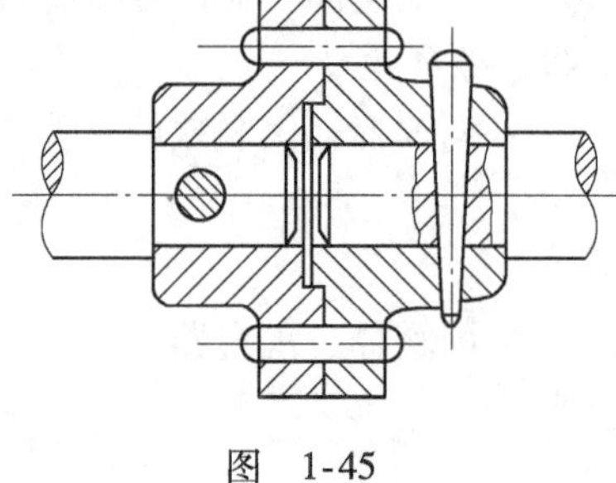

图　1-45

A. 用以传递轮毂与轴间的较大转矩

B. 用以传递轮毂与轴间的较小转矩

C. 确定零件间的相互位置

D. 充当过载剪断元件

5. 花键联接主要用于________场合。

A. 定心精度要求低和载荷较大　　B. 定心精度要求一般，载荷较大

C. 定心精度要求低和载荷较小　　D. 定心精度要求高和载荷较大

6. 某齿轮通过 B 型平键与轴联接，并作单向运转来传递转矩，则此平键的工作面是________。

A. 两侧面　B. 一侧面　C. 两端面　D. 上、下两面

7. 在螺栓联接中，采用弹簧垫圈防松属于________。

A. 粘结法防松　B. 锁住防松　C. 冲点法防松　D. 摩擦防松

8. 螺纹的常用牙型有：1）三角形；2）矩形；3）梯形；4）锯齿形。其中有________用于联接。

A. 1 种　B. 2 种　C. 3 种　D. 4 种

9. 齿式联轴器的特点是________。

A. 可补偿两轴的综合偏移　B. 可补偿两轴的径向偏移

C. 可补偿两轴的角偏移　D. 有齿顶间隙，能缓冲吸振

10. 自行车后轮的棘轮机构相当于一个离合器，它是________。

A. 牙嵌离合器　B. 摩擦离合器　C. 超越离合器　D. 安全离合器

三、判断题（每小题 3 分，共 15 分）

1. 万向联轴器只要成对使用，就可以得到主、从动轴达到等角速比传动。（　）

2. 圆柱销和圆锥销都是依靠过盈配合固定在销孔中的。（　）

3. 细牙普通螺纹用于管道的联接，如自来水管和煤气管道等利用细牙普通螺纹联接。（　）

4. 当采用平头普通平键时，轴上的键槽是用面铣刀加工出来的。（　）

5. 由于楔键在装配时被打入轴与轮毂之间的键槽内，所以造成轮毂与轴的偏心与偏斜。（　）

四、综合题（本大题共 5 小题，共 33 分）

1. 名词解释：联轴器。（4 分）

2. 名词解释：螺纹联接。（4 分）

3. 写出 A 型平键 $b \times h \times L = 18 \times 11 \times 63$ 和 B 型平键 $b \times h \times L = 14 \times 9 \times 45$ 的标记。（8 分）

4. 螺钉联接和紧定螺钉联接各有什么特点？如何应用？（8 分）

5. 联轴器和离合器有何相同与不同之处？（9 分）

第五单元
机　　构

【考纲要求】

1. 认识平面运动副及其分类。

2. 学习平面四杆机构的概念、常见类型及运动副的特点；学习凸轮从动件常用的运动规律。

3. 掌握铰链四杆机构三种类型的判定方法。

4. 了解平面机构的概念；了解铰链四杆机构的组成及分类。

5. 了解平面四杆机构的基本特性；了解常见的含一个移动副的四杆机构的特点和应用。

6. 了解凸轮机构的组成、特点、类型和应用；了解凸轮机构的基本参数、凸轮轮廓曲线的画法及凸轮常用的材料和结构。

7. 了解棘轮机构、槽轮机构的组成、特点和应用。

【知识要点】

知识要点一：认识平面机构、运动副及其分类。

常见题型

例1：平面机构的组成要素有________和在同一平面或相互平行的平面内的________。

参考答案：构件　运动副

知识要点二：平面四杆机构的概念、常见类型及运动副的特点。

常见题型

例2：铰链四杆机构是平面四杆机构中常用的机构，它的运动副都是________。

参考答案：转动副

知识要点三：铰链四杆机构三种类型的判定方法。

常见题型

例3：铰链四杆机构中只要“最长杆＋最短杆≤其余两杆之和”，就有曲柄存在。(　　)

参考答案：×

知识要点四：平面四杆机构的基本特性及常见的含一个移动副的四杆机构的特点和应用。

常见题型

例4：滑块只能绕点摆动的含一个移动副的四杆机构是________。

A. 曲柄滑块机构　　B. 导杆机构　　C. 曲柄摇块机构　　D. 摇杆滑块机构

参考答案：D

知识要点五：凸轮机构概述及规律。

常见题型

例 5：凸轮机构是一种________副机构。其中，凸轮为主动件，________决定从动件的运动规律。

参考答案：高　凸轮轮廓

例 6：等加速等减速运动规律适用于低速、轻载或特殊需要的凸轮机构中。(　　)

参考答案：×

知识要点六：常见间歇运动机构的组成、特点和应用。

常见题型

例 7：常见的间歇运动机构有哪两种？请举例（每种至少两例）。

参考答案：常见的间歇运动机构有棘轮机构和槽轮机构。自行车的飞轮机构、运输机中防机构逆转的停止器（棘轮机构实例）；电影放映机的卷片机构、转塔自动车床刀架转位机构（槽轮机构实例）。

【巩固练习】

第一节 平面机构的组成练习卷

一、填空题

1. 机构由许多构件组成且之间具有确定的________________。
2. 机构运动简图与________________无关。
3. 运动副就是使两构件________而又能产生相对运动的联接。
4. 低副是指两构件之间作________接触的运动副。

二、选择题

1. 运动副的作用是联接两构件，使其有一定的________运动。

A. 绝对　　B. 相对　　C. 无规则　　D. 以上都不是

2. 判断图 1-46 中的物体 1、2 之间的运动副有________。

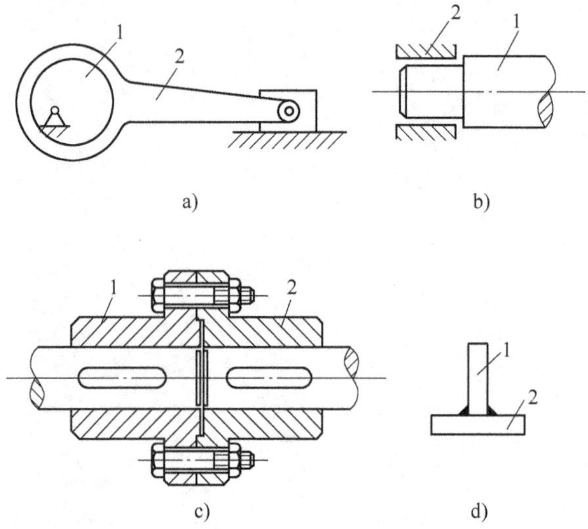

a)　b)

c)　d)

图 1-46

A. 1 个（图 a）　B. 2 个（图 a、b）　C. 3 个（图 a、b、c）　D. 4 个（图 a ~ d）

3. 机构运动简图与________有关。

A. 构建数目和运动副的结构形状　　B. 运动副数目和类型

C. 运动副以及构件的结构形状　　D. 运动副的相对位置以及构件的结构形状

4. 下列运动副属于低副的是________。

A. 螺旋副　　B. 移动副　　C. 转动副　　D. 以上都是

三、判断题

1. 根据组成运动副的两构件的接触形式不同，平面运动副可分为低副和移动副。（　）
2. 低副机构的两构件间的接触面大，压强小，不易磨损。（　）

3. 车床的床鞍与导轨组成移动副。 (　　)

4. 铁链联接是移动副的一种具体方式。 (　　)

四、综合题

1. 什么是机构？它和机器有何区别？

2. 低副各类型的特点是什么？

3. 什么是高副？它的特点是什么？

第二节　平面四杆机构练习卷

一、填空题

1. 在铰链四杆机构中能作整周旋转运动的构件称为________；反之，不能作整周旋转运动，只能作一定范围的摆动的构件称为________。

2. 行程速比系数是描述________运动快慢的参数。

3. 将滑块的往复直线运动与曲柄的连续转动相互转化，是________的特点。

4. 连架杆和连杆都是________机构的组成部分。

二、选择题

1. 有一对曲柄滑块机构，曲柄长为100mm，滑块的最大行程是________。

A. 50mm　B. 100mm　C. 200mm　D. 400mm

2. 如图1-47所示的曲柄摇杆机构中，C_1D 与 C_2D 是摇杆 CD 的极限位置，C_1、C_2 连线通过曲柄转动中心 A，该机构的行程速比系数 K 是________。

A. $K=1$　B. $K<1$　C. $K>1$　D. $K=0$

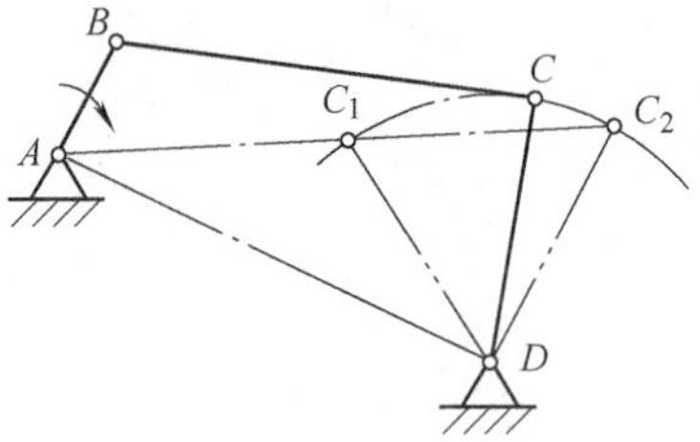

图　1-47

3. 下列________不是平面连杆机构的优点。

A. 运动副是面接触，故压强低，便于润滑，磨损小

B. 运动副制造方便，容易获得较高的制造精度

C. 容易实现转动、移动的基本运动形式及其转换

D. 容易实现复杂的运动规律

4. 如图1-48所示的汽车前窗刮水器机构是________。

A. 双曲柄机构　B. 双摇杆机构　C. 曲柄摇杆机构　D. 摆动导杆机构

5. 如图1-49所示的雷达天线机构应用了________。

A. 曲柄摇杆机构　B. 摆动导杆机构　C. 双曲柄机构　D. 曲柄摇块机构

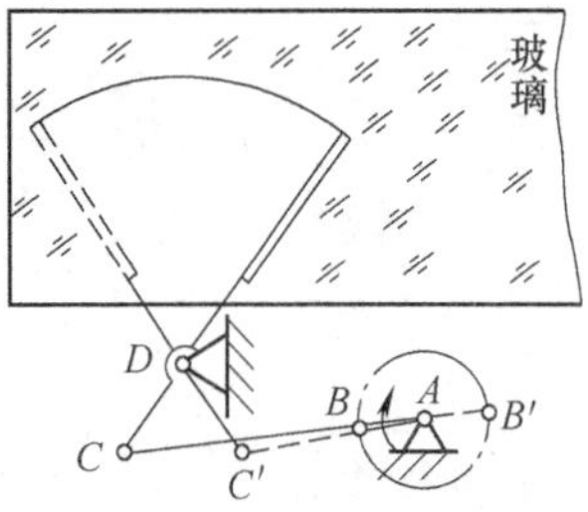

图　1-48

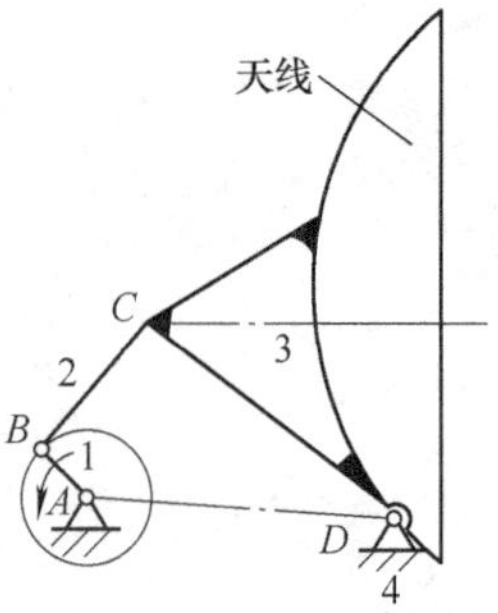

图　1-49

6. 如图1-50所示的简易剪板机机构应用了________。

A. 双摇杆机构　B. 曲柄摇杆机构　C. 双曲杆机构　D. 曲柄滑块机构

7. 如图1-51所示的物理实验室所用天平机构采用了________。

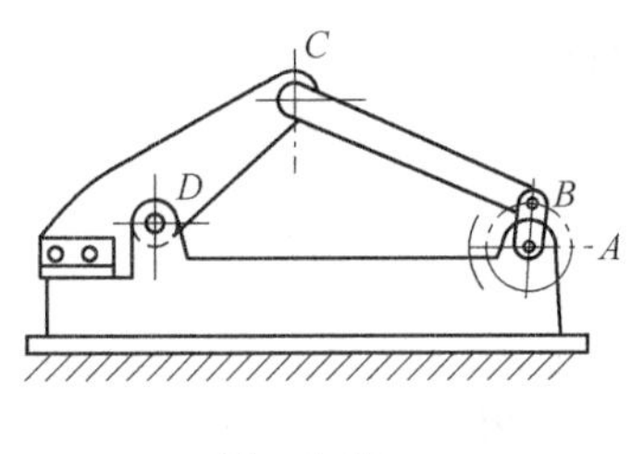

图　1-50

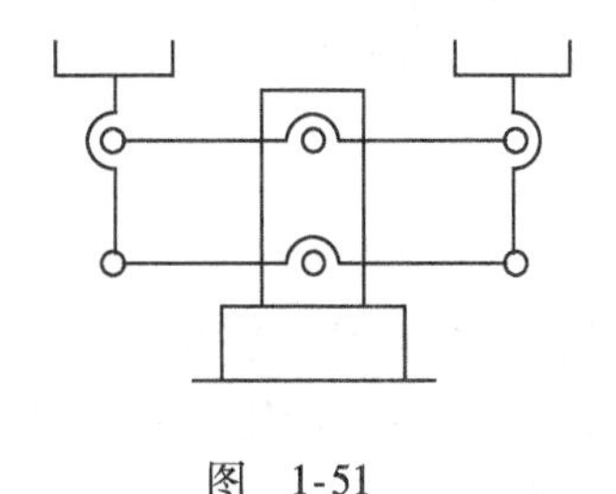
图　1-51

A. 双摇杆机构　　B. 曲柄摇杆机构　　C. 摇动导杆机构　　D. 平行双曲柄机构

8. 如图 1-52 所示的客车车门开闭机构是________。

A. 双摇杆机构　　　　B. 平行双曲柄机构

C. 反向双曲柄机构　　D. 曲柄摇杆机构

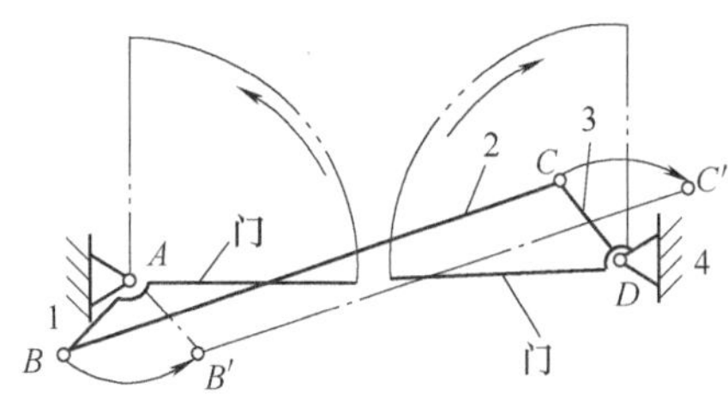

图　1-52

9. 杆长不相等的铰链四杆机构，下列叙述中________是正确的。

A. 凡是以最短杆为机架的，均为双曲柄机构

B. 凡是以最短杆为连杆的，均为双摇杆机构

C. 凡是以最短杆相邻的杆为机架的，均为曲柄摇杆机构

D. 凡是以最长杆为机架的，均为双摇杆机构

10. 曲柄摇杆机构中，曲柄作等速运动时，摇杆摆动的空程（回程）的平均速度大于工作行程的平均速度，这种性质称为________。

A. 机构的急回特性　　　　B. “死点”位置性质

C. 等加速等减速运动　　　D. 机构的运动不确定性

三、判断题

1. 在铰链四杆机构中，曲柄和连杆都是连架杆。　（　）

2. 对于铰链四杆机构，当最短杆与最长杆长度之和小于或等于其余两杆长度之和时，若取最短杆为机架，则该机构为双摇杆机构。　（　）

3. 曲柄摇杆机构中，只有当曲柄与机架共线时，传动角才可能出现最小角。　（　）

4. 铰链四杆机构是平面低副组成的四杆机构。　（　）

5. 在铰链四杆机构中，如存在曲柄，则曲柄一定为最短杆。　（　）

6. 在实际生产中，机构的“死点”位置对工作都是不利的，处处都要考虑克服。　（　）

7. 连杆机构任一位置的传动角与压力角之和恒等于 90°。　（　）

8. 在曲柄摇杆机构中，无论在何种情况下，极位夹角 θ 越大，机构的行程速比系数 K 值越大。　（　）

9. 牛头刨床中刀具的退刀速度大于其切削速度，就是应用了急回特性的原理。　（　）

10. 在铰链四杆机构中，曲柄和连杆必有一个是最短杆。　（　）

四、综合题

1. 什么是“死点”位置？在实际中有什么应用（正反各一例）？

2. 什么是行程速比系数 K？它与极位夹角 θ 有何关系？

3. 图 1-53 所示机构的构件长度如下：$L_{BC}=50mm$，$L_{CD}=35mm$，$L_{AD}=40mm$，欲使该机构成为曲柄摇杆机构，构件 AB 的长度 L_{AB} 的取值范围是多少？

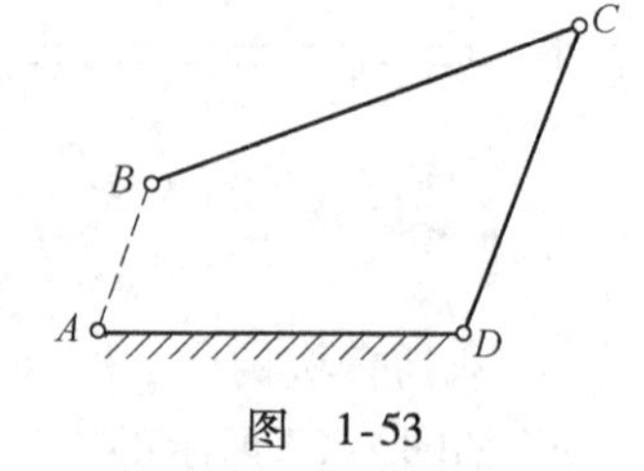

图 1-53

第三节　凸轮机构练习卷

一、填空题

1. 凸轮机构的主要组成部分包括________、________和机架。

2. 润滑性能好，但不能与内凹的轮廓接触的，按从动件的形状分类是________从动件。

3. 盘形凸轮中以最小半径所作的圆称为________，该半径称为________。

4. 从动件的作用力方向与从动件的运动方向之间的夹角称为________。

5. 等速运动规律位移曲线为________，等加速等减速运动规律位移曲线为________。

二、选择题

1. 凸轮机构从动件的运动规律是由________决定的。

A. 凸轮转速　　B. 凸轮轮廓曲线　　C. 凸轮形状　　D. 凸轮基圆半径

2. 凸轮与从动件接触处的运动副属于________。

A. 高副　　B. 转动副　　C. 移动副　　D. 以上都不是

3. 使常用凸轮机构正常工作，必须让凸轮________。

A. 做从动件并匀速转动　　B. 做从动件并变速转动

C. 做主动件并变速转动　　D. 做主动件并匀速转动

4. 与凸轮接触面较大，易于形成油膜，所以润滑较好、磨损较小的是________。

A. 尖顶式从动杆　　B. 直动式从动杆　　C. 平底式从动杆　　D. 滚子式从动杆

5. 按等速运动规律工作的凸轮机构________。

A. 会产生“刚性冲击”　　B. 冲击较小

C. 适用于作高速转动的场合　　D. 以上都不是

6. 传动要求不高，承载能力较大的场合常应用的从动件形式为________。

A. 尖顶式　　B. 滚子式　　C. 平式　　D. 曲面式

7. 从动件作等速运动的凸轮机构，适用于________条件下工作。

A. 轻载低速　　B. 中载中速　　C. 轻载高速　　D. 重载低速

8. 反转法绘制凸轮轮廓线，是给________加上一个与凸轮的角速度等值反向并绕凸轮轴心转动的角速度。

A. 凸轮　　B. 从动件　　C. 整个机构　　D. 以上都不是

9. 如图1-54所示的凸轮机构中，凸轮轮廓只能是外凸的有________。

A. 1种　　B. 2种

C. 3种　　D. 4种

10. 如图1-55所示的凸轮副中，有________是封闭的。

A. 1种　　B. 2种

C. 3种　　D. 4种

a)　b)　c)　d)

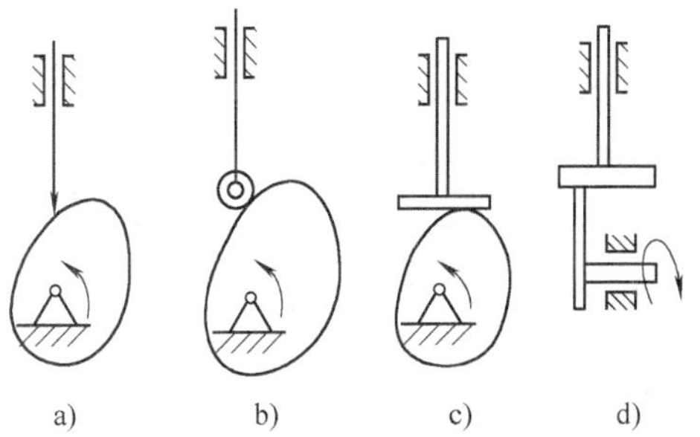

图　1-54

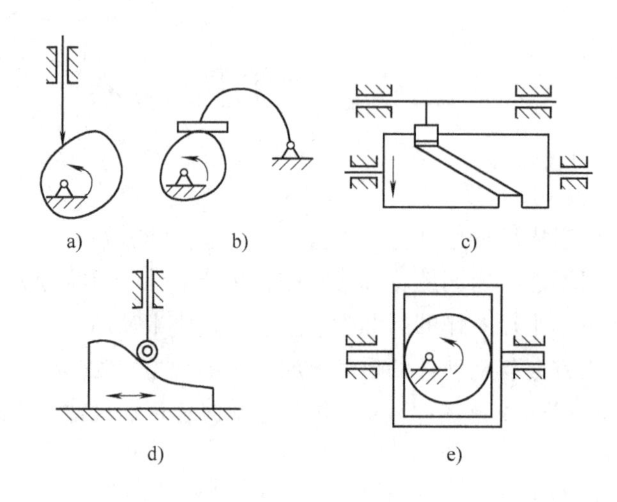

图 1-55

三、判断题

1. 盘形凸轮的机构尺寸与其基圆半径成正比。 ( )

2. 具有等加速等减速运动规律的凸轮机构，从动件运动速度逐步增大又逐步减小，避免了运动速度的突变，改善了从动件在速度转折点处的惯性冲击，但仍有一定程度的刚性冲击存在。 ( )

3. 盘形和移动凸轮机构属于平面凸轮机构，圆柱凸轮机构属于空间凸轮机构。 ( )

4. 凸轮精度要求较高，制造不复杂，普通机床就可以进行加工。 ( )

5. 凸轮机构是高副机构，易磨损，因此只适用于传递动力不大的场合。 ( )

6. 按凸轮的理论，以轮廓曲线的最小半径所作的圆称为凸轮的基圆。 ( )

7. 用反转法绘制凸轮轮廓曲线，凸轮从动件运动轨迹可以是直线，也可以是弧线。 ( )

8. 呈内凹形轮廓的凸轮机构选择平底从动件时，也可实现预期的运动规律。 ( )

四、综合题

1. 凸轮轮廓曲线画法及其步骤是什么?

2. 已知凸轮机构中从动件的位移规律见表 1-2，请画出位移曲线图。

表 1-2 题 2 表

凸轮转角 δ	0°~90°	90°~180°	180°~360°
从动件运动	等速上升 h	停止不动	等加速、等减速降回原处

3. 凸轮机构的组成部分是什么？凸轮机构的特点是什么（列举 4 条即可）?

第五单元　机构复习卷

一、填空题

1. 平面四杆机构的基本形式为________机构。

2. 根据运动副中两构件的接触形式不同，运动副可分为________副和________副。

3. 高副是指两构件之间作________或________接触的运动副。

4. 家用缝纫机踏板机构属于________机构；惯性筛属于________机构。

5. 图1-56所示铰链四杆机构中，杆 a 最短，杆 d 最长，则要成为双摇杆机构，需满足：1）________________；或2）以________________为机架。

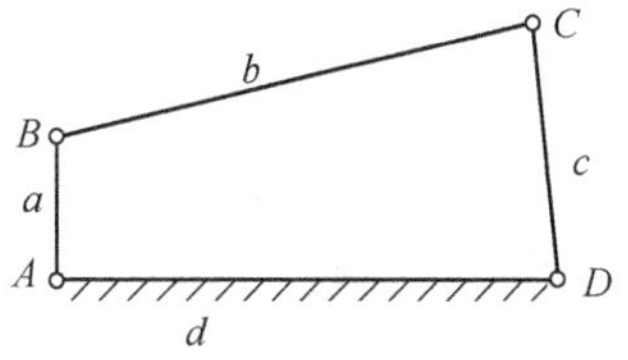

图　1-56

6. 用________表示从动件的位移 s 与凸轮转角 δ 的关系。

7. ________是指从动件从最低点上升到最高点的升距。

8. 凸轮机构按从动件的运动形式分类，可以分为________和________两类。

9. 只要对凸轮的________进行适当设计，就能使从动件获得任意预定的运动规律。

二、选择题

1. 下列运动副属于高副的是________。

A. 螺旋副　　B. 移动副　　C. 转动副　　D. 以上都不是

2. 下列利用急回运动特性提高工作效率的是________。

A. 机车车轮联动机构　　B. 惯性筛机构　　C. 飞机起落架　　D. 以上都不是

3. 为了使机构能顺利通过“死点”位置继续正常运转，可以采用的办法有________。

A. 机构错位排列　　B. 加大重量　　C. 增大极位夹角　　D. 以上都不是

4. 曲柄摇杆机构中，以曲柄为主动件时，“死点”位置为________。

A. 曲柄与连杆共线时　　B. 摇杆与连杆共线时　　C. 不存在

5. 有急回运动特性的平面连杆机构，其行程速比系数 K 为________。

A. $K=1$　　B. $K>1$　　C. $K\geqslant 1$　　D. $K<1$

6. 有下列机构：1）对心曲柄滑块机构；2）偏置曲柄滑块机构；3）平行双曲柄机构；4）摆动导杆机构。当原动件均为曲柄时，其中________个机构具有急回运动特性。

A. 1　　B. 2　　C. 3　　D. 4

7. 欲改变曲柄摇杆机构中摇杆的摆角大小，一般采取________方法。

A. 改变曲柄长度　　B. 改变连杆长度

C. 改变摇杆长度　　D. 改变机架长度

8. 如图1-57所示的自动卸货卡车，其货箱翻斗机构 $ABCD$ 属于________。

A. 曲柄摇杆机构　　B. 双摇杆机构

C. 双曲柄机构　　　　D. 转动导杆机构

9. 如图 1-58 所示的汽车转向机构属于________。

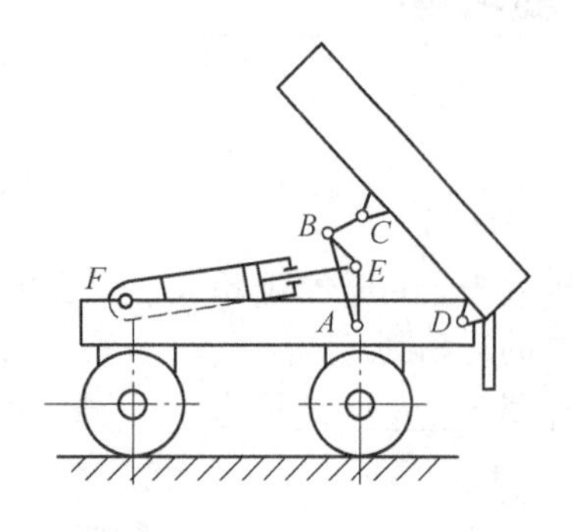

图 1-57

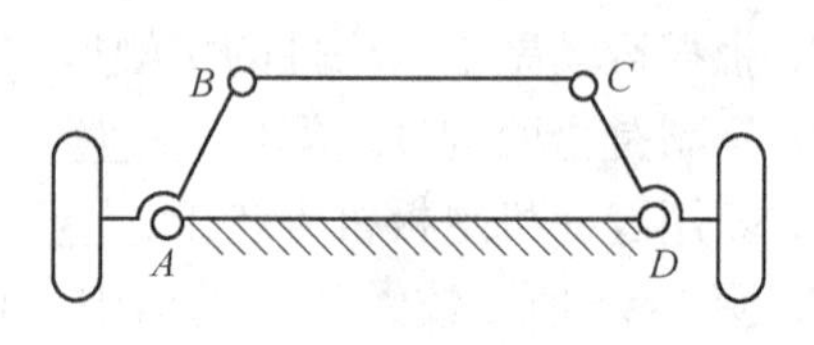

图 1-58

A. 曲柄摇杆机构　　　　B. 曲柄滑块机构

C. 双曲柄机构　　　　D. 双摇杆机构

10. 如图 1-59 所示的简易手动剪板机机构采用________。

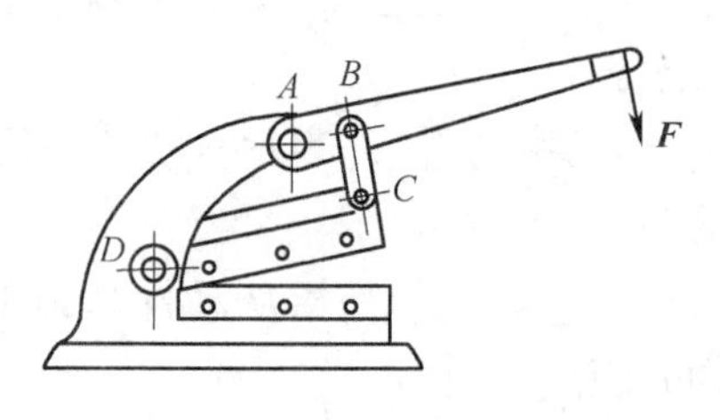

图 1-59

A. 曲柄滑块机构　　　　B. 曲柄摇杆机构

C. 双摇杆机构　　　　D. 双曲柄机构

11. 如图 1-60 所示，图中所注的凸轮机构压力角，________是正确的。

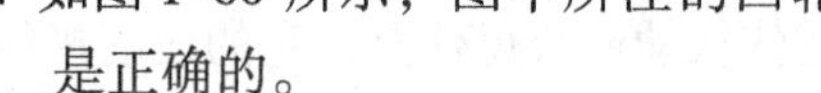

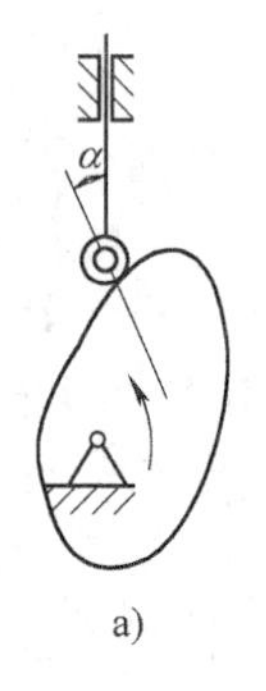

a)

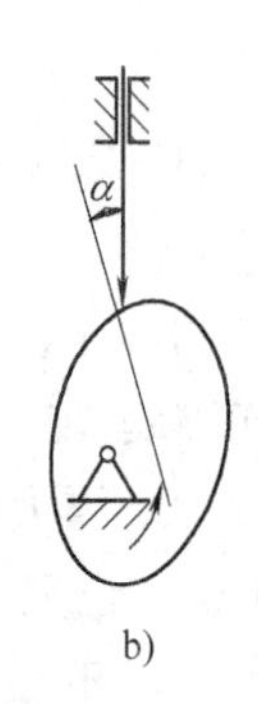

b)

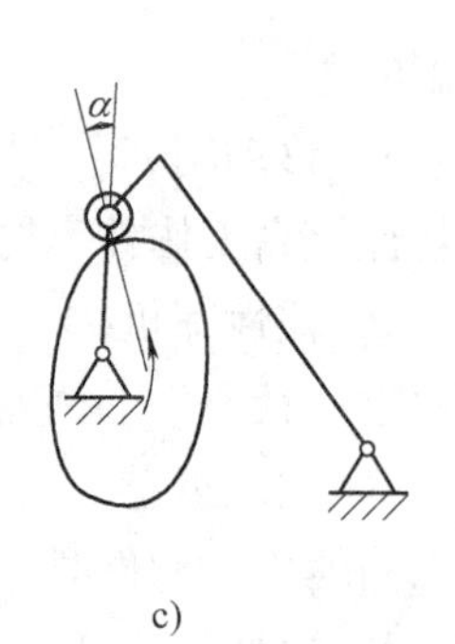

c)

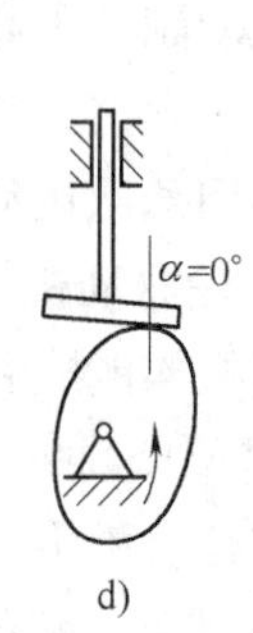

d)

图 1-60

A. 图 a、b、c　　　　B. 图 a、b　　　　C. 图 a、b、d　　　　D. 图 b、c、d

12. 某凸轮机构的滚子损坏后换上一个较大的滚子，该机构的压力角和从动件运动规律是________。

A. 压力角不变，运动规律不变　　　　B. 压力角改变，运动规律改变

C. 压力角不变，运动规律改变　　　　D. 压力角改变，运动规律不变

三、判断题

1. 自行车的车轮与地面接触属于低副连接。（　　）

2. 极位夹角 $\theta>0°$ 的四杆机构，一定有急回特性。（　　）

3. 曲柄摇杆机构中，只有当曲柄与机架共线时，传动角才可能出现最小角。 ( )

4. 在曲柄长度不等的双曲柄机构中，主动曲柄作等速回转运动，从动曲柄作变速回转运动。 ( )

5. 铰链四杆机构中的最短杆就是曲柄。 ( )

6. 铰链四杆机构中，当最长杆与最短杆之和大于其余两杆之和时，无论以哪一杆为机架，都得到双摇杆机构。 ( )

7. 曲柄摇杆机构的摇杆，在两极限位置之间的夹角 θ 称为摇杆的摆角。 ( )

8. 曲柄摇杆机构的急回特性用行程速比系数 K 表示，K 越小，急回特性越明显。 ( )

9. 在曲柄摇杆机构中，极位夹角 θ 越大，机构的行程速比系数 K 值越大。 ( )

10. 当行程速比系数 $K=1$ 时，表示该机构具有急回运动特性。 ( )

11. 通常把曲柄摇杆机构中的曲柄和连杆称为连架杆。 ( )

12. 凸轮的基圆半径就是凸轮理论轮廓线上的最小半径。 ( )

13. 因为从动件按等速运动规律运动，所以自始至终工作平稳，不会产生刚性冲击。 ( )

四、综合题

1. 名词解释。

(1) 运动副

(2) 急回特性

(3) 基圆半径

(4) 压力角

2. 测绘平面运动副运动简图的一般步骤是什么？

3. 如图 1-61 所示的铰链四杆机构中，杆 a 最短，杆 d 最长，则：

1) 要成为双曲柄机构，需满足什么条件？

2) 如果 $a=30\text{cm}$，$b=60\text{cm}$，$c=40\text{cm}$，欲使该机构成为曲柄摇杆机构，求杆 d 的取值范围是什么？

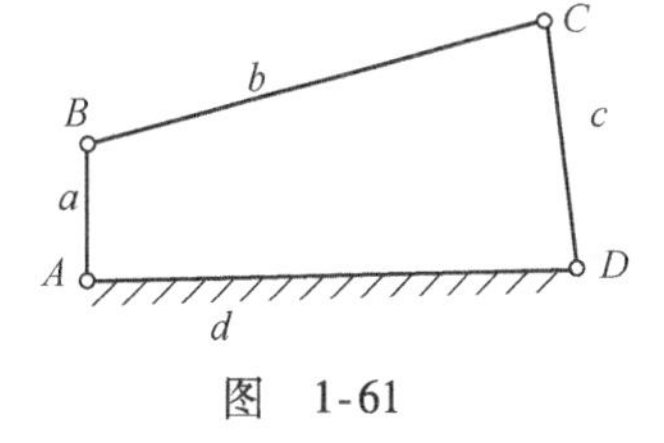

图 1-61

第五单元　机构测验卷

一、填空题（每空 1 分，共 19 分）

1. 平面四杆机构由________副和________副将一些刚性构件连接而成。

2. 运动副就是使两构件________而又能产生________的连接，按接触形式不同，运动副可分为________副和________副。

3. 当曲柄摇杆机构的摇杆为主动件，________为从动件，并且连杆与曲柄处于________时，机构将处于________位置。

4. 根据铰链四杆机构中两个连架杆的类型不同，可以分为________机构、________机构和________机构。

5. 连架杆是________机构的组成部分，而不是凸轮机构的组成部分。

6. 平面运动副的运动简图是用简单符号表示________的类型，并按________确定运动副的相对位置及与运动有关尺寸的图形。

7. 剪刀机属于________机构；汽车离合器操作机构属于________机构。

8. 如图 1-62 所示的铰链四杆机构中，杆 a 最短，杆 d 最长，则要成为曲柄摇杆机构，需满足：1）________；2）以________为机架，则________为曲柄。

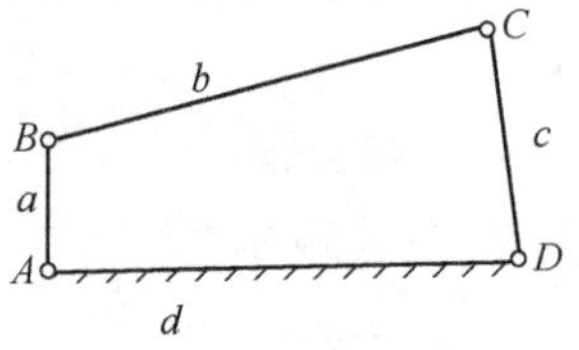

图　1-62

二、选择题（每小题 2 分，共 24 分）

1. 图 1-63 中，________的运动副 A 是低副。

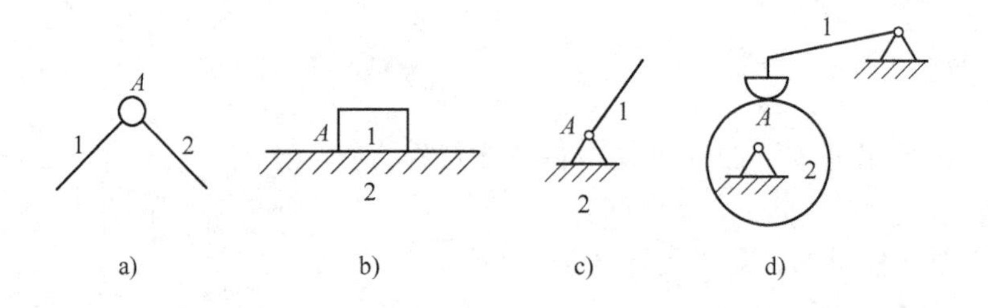

图　1-63

A. 图 a、d　　B. 图 b、d　　C. 图 c、d　　D. 图 a、b

2. 行程速比系数 K 与极位夹角 θ 的关系为：$K=$________。

A. $(180°-\theta)/(180°+\theta)$　　B. $(\theta+180°)/(\theta-180°)$

C. $(180°+\theta)/(180°-\theta)$　　D. 以上都不是

3. 牛头刨床主体运动机构采用的是________。

A. 曲柄摇杆机构　　B. 双曲杆机构　　C. 导杆机构　　D. 以上都不是

4. 冲压机采用的是________机构。

A. 移动导杆　　B. 曲柄滑块　　C. 摆动导杆　　D. 以上都不是

5. 下列机构中能把转动转换成往复直线运动，也可以把往复直线运动转换成转动的是________。

A. 曲柄摇杆机构　　B. 曲柄滑块机构　　C. 双摇杆机构　　D. 以上都不是

6. 能产生急回运动的平面连杆机构有________。

A. 双曲柄机构　　B. 双摇杆机构　　C. 曲柄摇杆机构　　D. 以上都不是

7. 图1-64所示的自卸卡车翻斗机构属于________。

A. 曲柄摇杆机构　　B. 曲柄摇块机构　　C. 曲柄滑块机构　　D. 双摇杆机构

8. 图1-65所示的汽车车窗升降装置采用了________。

图 1-64

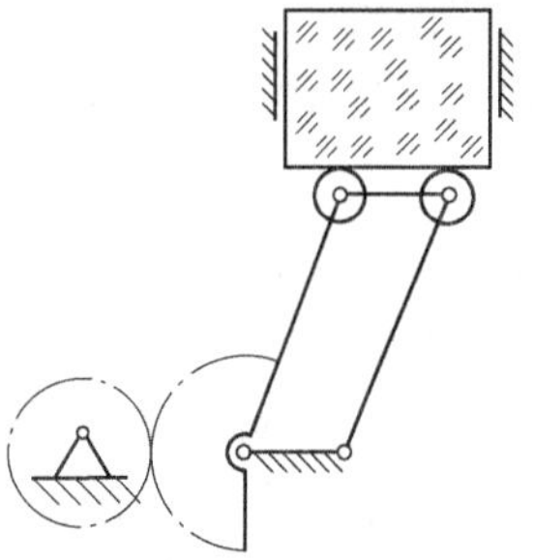

图 1-65

A. 曲柄摇杆机构　　B. 双摇杆机构

C. 平行双曲柄机构　　D. 转动导杆机构

9. 当凸轮从图1-66所示位置顺时针方向转过90°时，从动件的位移是________。

A. 11mm　　B. 15mm

C. 20mm　　D. 25.8mm

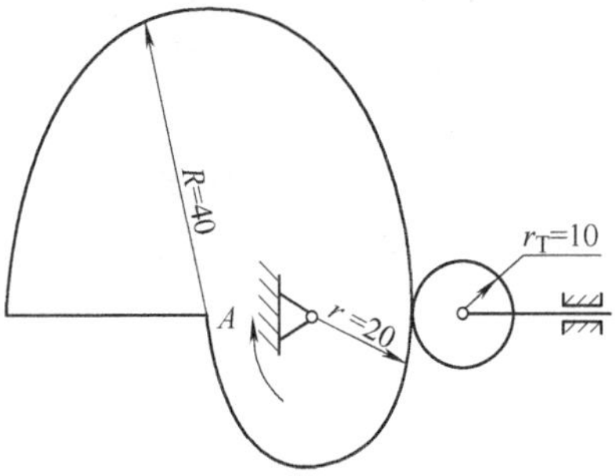

图 1-66

10. 实际运行中，凸轮机构从动件的运动规律是由________确定的。

A. 凸轮转速

B. 从动件与凸轮的锁合方式

C. 从动件的结构

D. 凸轮的工作轮廓曲线

11. 组成凸轮机构的基本构件有________。

A. 3个　　B. 4个　　C. 5个　　D. 6个

12. 图1-67所示的机构中，________是空间凸轮机构。

A. 图a　　B. 图b　　C. 图c　　D. 图d

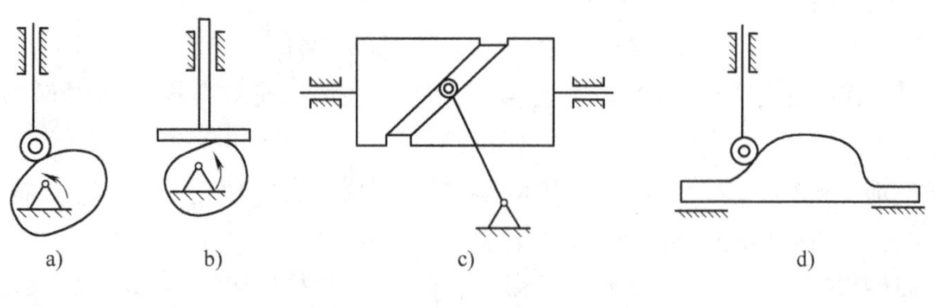

图 1-67

三、判断题（每小题 2 分，共 30 分）

1. 点、线接触的高副，由于接触面大，故承受的压强小。（　）

2. 反向双曲柄机构可用于车门启闭机构。（　）

3. 在曲柄长度不相等的双曲柄机构中，主动曲柄作等速回转运动，从动曲柄作变速回转运动。（　）

4. 家用缝纫机的踏板机构采用了双摇杆机构。（　）

5. 铰链四杆机构是由一些刚性构件用低副相互连接而成的机构。（　）

6. 把铰链四杆机构的最短杆作为固定机架，就一定可得到双曲柄机构。（　）

7. 曲柄摇杆机构与双曲柄机构的区别在于前者的最短杆是曲柄，后者是机架。（　）

8. 盘形和移动凸轮机构属于空间凸轮机构，圆柱凸轮机构属于平面凸轮机构。（　）

9. 凸轮机构是高副机构，易磨损，但可用于传递动力较大的场合。（　）

10. 凸轮精度要求较高，制造较复杂，有时需要在数控机床上进行加工。（　）

11. 移动凸轮可以相对机架作直线往复运动。（　）

12. 曲柄滑块机构是由曲柄摇杆机构演化而来的。（　）

13. 铰链四杆机构的改变可通过选择不同的构件作机构的固定件来实现。（　）

14. 在实际生产中，机构的“死点”位置对工作都是不利的，处处都要考虑克服。（　）

15. 铰链四杆机构如有曲柄存在，则曲柄一定是最短杆。（　）

四、综合题（本大题共有 5 小题，共 27 分）

1. 名词解释。

机构（2 分）

行程（2 分）

“死点”位置（2 分）

从动件位移曲线 $s-\delta$ 曲线（2 分）

2. 分别分析图 1-68 中物体 1、2 之间的运动副。（4 分）

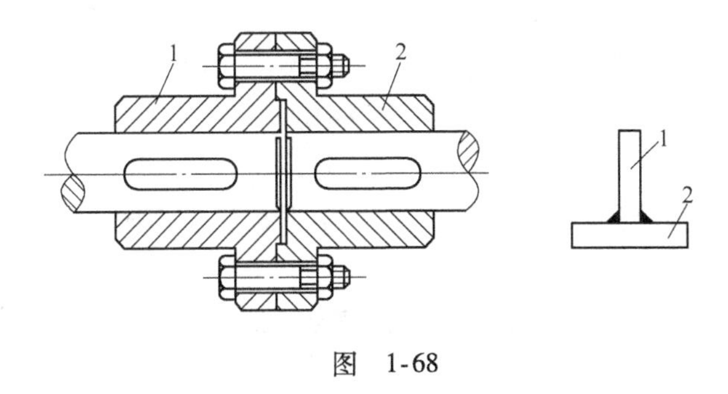

图 1-68

3. 简述圆柱凸轮在实际应用中的特点。（4 分）

4. 现在有一曲柄摇杆机构，已知连杆、机架、摇杆的长度分别为 $b=70\text{cm}$，$c=100\text{cm}$，$d=150\text{cm}$，试问最短杆是哪根杆？并求曲柄 a 的长度值的范围。（5 分）

5. 已知盘形凸轮中从动件的位移规律见表 1-3，试画出位移曲线图。（6 分）

表 1-3 题 5 表

凸轮转角	0° ~180°	180° ~270°	270° ~360°
从动件运动规律	等速上升 40mm	等速下降	停止不动

第六单元 机械传动

【考纲要求】

1. 了解带传动的工作原理、特点、类型和应用。

2. 了解平带传动的形式及使用特点。

3. 了解 V 带的结构、型号、使用特点，选用、安装、张紧和维护办法。

4. 了解同步带传动的原理和使用特点。

5. 了解链传动的工作原理、特点、类型和应用。

6. 了解齿轮传动的分类和应用特点。

7. 熟悉渐开线齿轮各部分名称、主要参数；掌握标准直齿圆柱齿轮的基本尺寸的计算方法。

8. 理解渐开线的性质、渐开线齿轮传动的啮合条件；理解齿轮的根切、最少齿数、精度和失效形式。

9. 了解蜗杆传动的类型、特点和应用；了解蜗杆传动的失效形式。

10. 掌握轮系的分类及其应用；会计算定轴轮系的传动比。

11. 了解减速器的类型、结构、标准和应用。

【知识要点】

知识要点一：带传动的工作原理、特点、类型和应用。

常见题型

例 1：带传动是由________、________和________组成，靠带的________与带轮轮槽侧面的摩擦力或带轮的啮合来________的。

参考答案：主动轮　从动轮　传动带　两侧面　传递运动和动力

知识要点二：了解平带传动的形式及使用特点。

常见题型

例 2：根据两带轮的相对位置和转动方向的不同，平带传动可分为________传动、________传动和________传动三种形式。

参考答案：开口式　交叉式　半交叉式

知识要点三：了解 V 带的结构、型号和使用特点。

常见题型

例 3：标准 V 带有两种结构：________结构和________结构，一般场合主要采用________结构。

参考答案：帘布芯　线绳芯　帘布芯

知识要点四：了解V带传动的选用办法。

常见题型

例4：V带型号的选择是根据________和________，以及由V带选型图确定的。

参考答案：计算功率　主动轮的转速

知识要点五：了解V带传动的安装、张紧和维护办法。

常见题型

例5：在普通V带传动中，张紧轮的放置位置是在________。

A. 松边内侧，靠近主动轮处　　B. 松边外侧，靠近从动轮处

C. 紧边内侧，靠近主动轮处　　D. 紧边外侧，靠近从动轮处

参考答案：A

知识要点六：了解同步带传动的原理和使用特点。

常见题型

例6：同步带传动和V带传动都属于摩擦传动，不能保证精确的传动比。(　　)

参考答案：×

知识要点七：了解链传动的工作原理、特点、类型和应用。

常见题型

例7：下列（　　）是链传动的优点。

A. 所需张紧力大，作用于轴上的压力小　B. 传递功率大，过载能力弱

C. 能在高温、潮湿、多尘、有污染等恶劣环境中工作

参考答案：C

知识要点八：了解齿轮传动的分类和应用特点。

常见题型

例8：对齿轮传动的基本要求是________和________。

参考答案：传动要平稳　承载能力强

知识要点九：熟悉渐开线齿轮各部分名称、主要参数；掌握标准直齿圆柱齿轮的公称尺寸的计算方法。

常见题型

例9：已知一对标准直齿齿轮传动，其传动比 $i=4$，主动轮转速 $n_1=1600\text{r/min}$，中心距 $a=120\text{mm}$，$m=3\text{mm}$，试求1）从动轮转速 n_2；2）齿数 z_1 和 z_2；3）这对齿轮以下尺寸：分度圆直径、齿顶圆直径、齿根圆直径、基圆直径、齿距、齿厚、槽宽、基圆齿距和齿高。

参考答案：

解：1）$i=\dfrac{n_1}{n_2}=4$

$$n_2=\frac{n_1}{4}=\frac{1600}{4}\text{r/min}=400\text{r/min}$$

2) $i=\frac{z_2}{z_1}=4$

$z_2=4z_1$

$a=\frac{m(z_1+z_2)}{2}=120\text{mm}$

$z_1+z_2=80$

得：$z_1=16$，$z_2=64$

3) 分度圆直径$d_1=mz_1=3\times16\text{mm}=48\text{mm}$

$d_2=mz_2=3\times64\text{mm}=192\text{mm}$

齿顶圆直径$d_{a1}=m(z_1+2)=3\times(16+2)\text{mm}=54\text{mm}$

$d_{a2}=m(z_2+2)=3\times(64+2)\text{mm}=198\text{mm}$

齿根圆直径$d_{f1}=m(z_1-2.5)=3\times(16-2.5)\text{mm}=40.5\text{mm}$

$d_{f2}=m(z_2-2.5)=3\times(64-2.5)\text{mm}=184.5\text{mm}$

基圆直径　$d_{b1}=d_1\cos\alpha=mz_1\cos\alpha=3\times16\times\cos20°\text{mm}=45.12\text{mm}$

$d_{b2}=d_2\cos\alpha=mz_2\cos\alpha=3\times64\times\cos20°\text{mm}=180.48\text{mm}$

齿距　$p_1=p_2=\pi m=3.14\times3\text{mm}=9.42\text{mm}$

齿厚　$s_1=s_2=\frac{\pi m}{2}=\frac{3.14\times3}{2}\text{mm}=4.71\text{mm}$

槽宽　$e_1=e_2=\frac{\pi m}{2}=\frac{3.14\times3}{2}\text{mm}=4.71\text{mm}$

基圆齿距　$p_{b1}=p_{b2}=\pi m\cos\alpha=3.14\times3\cos20°\text{mm}=8.85\text{mm}$

齿高　$h_1=h_2=2.25m=2.25\times3\text{mm}=6.75\text{mm}$

知识要点十：理解渐开线的性质。

常见题型

例10：渐开线上各点的压力角________，离基圆越远压力角________，基圆上的压力角等于________。

参考答案：不相等　越大　零

知识要点十一：熟悉一对渐开线齿轮传动的啮合条件。

常见题型

例11：直齿圆柱齿轮的正确啮合条件是：两齿轮的________和________都必须相等。

参考答案：模数　压力角

知识要点十二：理解齿轮的根切、最少齿数、精度和失效形式。

常见题型

例12：不论用何种方法加工标准齿轮，当齿数小于17齿时，将发生根切现象。(　　)

参考答案：×

知识要点十三：了解蜗杆传动的类型、特点和应用。

常见题型

例13：下列传动中，传动比大而且准确的传动是________。

A. 齿轮传动　　B. V带传动　　C. 同步带传动　　D. 蜗杆传动

参考答案：D

知识要点十四：了解蜗杆传动的失效形式。

常见题型

例 14：所谓蜗杆传动机构自锁，就是只能由________带动________，反之就无法传动。

参考答案：蜗杆 蜗轮

知识要点十五：轮系的分类。

常见题型

例 15：由一系列相互啮合齿轮组成的传动系统称为________，可分为所有齿轮轴线都固定的________和至少有一个或若干个齿轮的轴线绕另一个齿轮旋转的________。

参考答案：轮系 定轴轮系 周转轮系

知识要点十六：会计算定轴轮系的传动比。

常见题型

例 16：如图 1-69 所示为定轴轮系，已知 $z_1=25$，$z_2=50$，$z_3=22$，$z_4=66$，$z_5=22$，$z_6=22$，$z_7=50$，求传动比 i_{17}。若 n_1 如图 1-69 所示，试求定轮 7 的转向。

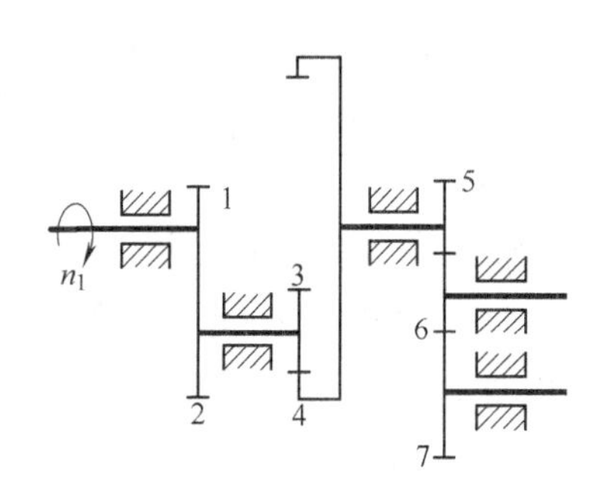

图 1-69

参考答案：

解：$i_{17}=\dfrac{n_1}{n_7}=(-1)^3\times\dfrac{\text{所有从动轮齿数连乘积}}{\text{所有主动轮齿数连乘积}}$

$$i_{17}=-\frac{z_2z_4z_6z_7}{z_1z_3z_5z_6}=-\frac{50\times66\times50}{25\times22\times22}=-13.64$$

因此，轮 7 与轮 1 转向相反。

知识要点十七：轮系的计算。

常见题型

例 17：如图 1-70 所示，已知输入轴 $n_1=900\text{r/min}$，已知 z_1 为双头蜗杆，右旋，蜗轮 $z_2=60$，$z_3=32$，$z_4=32$，$z_5=40$，$z_6=60$。求：1）输出轴 n_6；2）输出轴 n_6的转向。

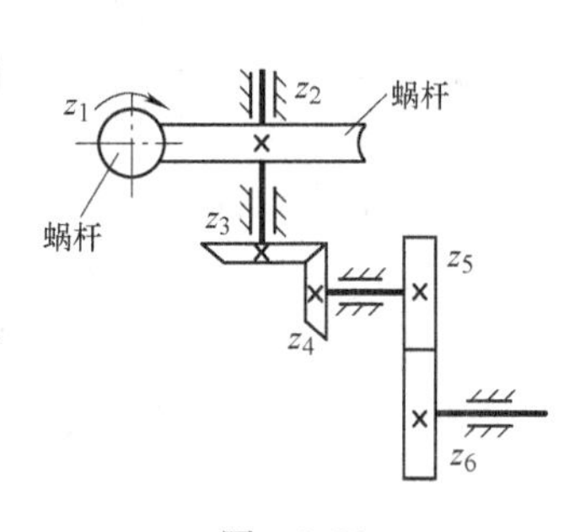

图 1-70

参考答案：

解：1）$n_6=n_1(z_1z_3z_5)/(z_2z_4z_6)=900\times(2\times32\times40)/(60\times32\times60)\text{r/min}=20\text{r/min}$

2）输出轴 n_6 方向向下。

知识要点十八：减速器的类型、结构、标准和应用。

常见题型

例 18：减速器一般由________、________、________、________和________组成。

参考答案：箱体 轴承 轴 轴上零件 附件

【巩固练习】

第一节　带传动练习卷

一、填空题

1. 带传动可分为________和________两大类。

2. 按传动带的截面形状不同，带传动可分为________、V 带传动、________和同步带传动等，以________和________使用最多。

3. 同步带传动是一种________带传动，是靠带上的齿与带轮上的齿槽的________来传递运动和动力的，工作时带与带轮之间不会产生相对滑动。

4. V 带是靠________与带轮之间的________来传递动力和运动的。

5. V 带由________、________、________和________构成。

6. V 带按截面尺寸由小到大有________________ 7 种型号。

7. 带轮由________、________和________三部分组成，带轮的结构形式由________决定。

8. V 带的张紧方式有________________和________________。

9. 安装带轮时，两轮的轴线应________，端面与中心应________，且两带轮在轴上不得晃动。

二、选择题

1. 张紧轮的作用是________。

A. 减轻带的弹性滑动　　B. 提高带的使用寿命

C. 改变带的运动方向　　D. 调节带的张紧力

2. 与链传动相比较，带传动的优点是________。

A. 工作平稳，基本无噪声　　B. 承载能力大

C. 传动效率高　　D. 使用寿命长

3. 与平带传动相比较，V 带传动的优点是________。

A. 传动效率高　　B. 带的使用寿命长　　C. 带的价格便宜　　D. 承载能力大

4. 带轮是采用轮辐式、腹板式还是实心式，主要取决于________。

A. 带的横截面尺寸　　B. 传递的功率　　C. 带轮的线速度　　D. 带轮的直径

5. V 带的工作两侧面夹角为________。

A. 60°　　B. 45°　　C. 40°　　D. 30°

6. 若带轮的直径为 380mm，那么该带轮结构形式为________。

A. 实心带轮　　B. 腹板带轮　　C. 孔板带轮　　D. 轮辐带轮

7. 当 V 带轮速度 $v<30\text{m/s}$ 时，V 带轮材料可选用________。

A. 铸钢　　B. 灰铸铁　　C. 轻合金　　D. 铸铝或塑料

8. 图 1-71 中 V 带是________。

A. 图 a　　B. 图 b　　C. 图 c　　D. 图 d

9. 图 1-72 中 V 带安放正确的是________。

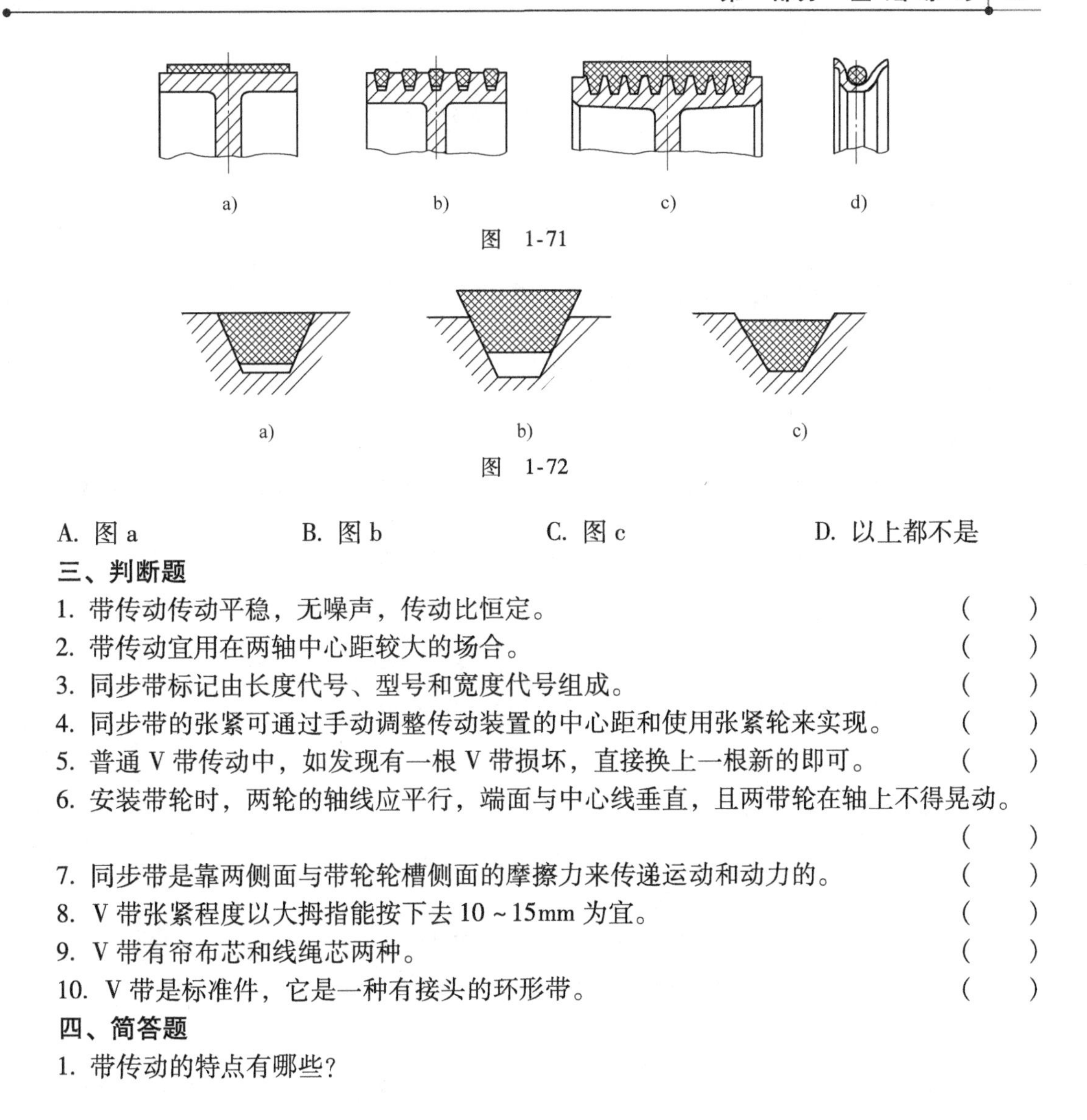

图 1-71

图 1-72

A. 图 a　　B. 图 b　　C. 图 c　　D. 以上都不是

三、判断题

1. 带传动传动平稳，无噪声，传动比恒定。（　）
2. 带传动宜用在两轴中心距较大的场合。（　）
3. 同步带标记由长度代号、型号和宽度代号组成。（　）
4. 同步带的张紧可通过手动调整传动装置的中心距和使用张紧轮来实现。（　）
5. 普通 V 带传动中，如发现有一根 V 带损坏，直接换上一根新的即可。（　）
6. 安装带轮时，两轮的轴线应平行，端面与中心线垂直，且两带轮在轴上不得晃动。（　）
7. 同步带是靠两侧面与带轮轮槽侧面的摩擦力来传递运动和动力的。（　）
8. V 带张紧程度以大拇指能按下去 10 ~ 15mm 为宜。（　）
9. V 带有帘布芯和线绳芯两种。（　）
10. V 带是标准件，它是一种有接头的环形带。（　）

四、简答题

1. 带传动的特点有哪些?

2. 带传动的工作原理是什么?

3. V 带的安装和维护要求有哪些?

第二节　链传动练习卷

一、填空题

1. 根据用途不同，链可分为________、________和________三大类。

2. 当套筒滚子链的链节数为偶数时，大链节的接头采用________，小链节的接头采用________；当链节数为奇数时，采用________。

3. 链传动是通过________将具有特殊齿形的________的运动和动力传递到具有特殊齿形的________的一种传动方式。

4. 链传动是一种________传动，________传动比是准确的。

5. 齿形链由许多冲压而成的齿形链板用________连接而成，它最主要的特点是噪声小。

6. 常用的传动链主要有________和________两种。

7. 滚子链结构中的内链板与套筒、外链板与销轴之间采用的是________配合，而销轴与套筒、滚子与套筒之间则为________配合。

8. 链条上相邻销轴的轴间距称为________。

9. 链轮轮齿应有足够的________和________，故齿面多经热处理。

10. 小直径链轮可制成________；中等直径的链轮可制成________；直径较大的链轮可设计成________。

二、选择题

1. 链传动是________传动。

A. 啮合　　B. 摩擦　　C. 滚动　　D. 移动

2. 链条长度以链________来表示。

A. 节数　　B. 段数　　C. 齿数　　D. 内周长

3. 链传动由________部分组成。

A. 1　　B. 2　　C. 3　　D. 4

4. 链传动是啮合传动，________是准确的。

A. 平均移动比　　B. 平均传动比　　C. 平均摩擦比　　D. 瞬时传动比

5. 链节数最好取为________。

A. 奇数　　B. 偶数　　C. 以上两者均可　　D. 没要求

6. ________不宜用在急速反向的传动中。

A. 摩擦传动　　B. 链传动　　C. 齿轮传动　　D. 蜗杆传动

7. ________是链传动的优点。

A. 所需张紧力大，作用于轴上的压力小

B. 传递功率大，过载能力弱

C. 能在高温、潮湿、多尘、有污染等恶劣环境中工作

D. 能保证瞬时传动比恒定

8. 链传动的两链轮旋转平面应在________。

A. 水平平面内　　B. 倾斜平面内　　C. 铅直平面内　　D. 任意位置上

9. 滚子链的链片一般制造成“8”字形，其目的是________。

A. 使链片美观　　B. 使链片各横截面抗拉强度相等，减轻链片质量

C. 使其转动灵活　　D. 使链片减少摩擦

10. 重要的链轮可采用________。

A. 碳素钢　　B. 不锈钢　　C. 合金钢　　D. 铸铁

三、判断题

1. 起重链主要用于起重机械中提起重物，其工作速度 $v \leqslant 0.25\text{m/s}$。　　(　　)
2. 传动链有齿形链和滚子链两种。　　(　　)
3. 齿形链是利用特定齿形的链片和链条相啮合来实现传动的。　　(　　)
4. 用于动力传动的链主要有牵引链。　　(　　)
5. 滚子链的链条与链轮的啮合主要为滑动摩擦。　　(　　)
6. 齿形链用销轴将多对具有60°角的工作面的链片组装而成。　　(　　)
7. 传动链用于重要机械中传递运动和动力。　　(　　)
8. 齿形链又称无声链传动。　　(　　)
9. 常用的链轮材料有碳素钢、合金钢等。　　(　　)
10. 小链轮的啮合次数比大链轮多，所受冲击力也大，故所用材料一般应优于大链轮。　　(　　)

四、简答题

1. 滚子链由哪些结构组成？

2. 链传动的失效形式主要有哪几种？

第三节　螺旋传动练习卷

一、填空题

1. 螺旋传动由________、________和________组成。
2. 当螺杆为左旋顺时针方向旋转时，可判定出螺杆向________移动。
3. 滚动螺旋传动的循环方式可分为________和________两种。
4. 滚珠丝杠的传动间隙是________间隙。
5. 滚动螺旋传动由________、________、________和________组成。
6. 滑动螺旋传动按用途可分为________、________、________三种。
7. 滑动螺旋传动按螺旋副数目可分为________和________。
8. 双螺旋机构按两个螺旋副的旋向不同可分为________和________。
9. 螺旋传动可方便地把主动件的________运动转变为从动件的________运动。
10. 普通螺旋传动机构具有________能力强的特点。
11. 滚珠丝杠的传动间隙是________间隙，消除间隙采用________机构，使两个螺母产生相对________，以消除它们之间的________。

二、选择题

1. 普通螺旋传动机构________。

A. 结构复杂　　B. 传动效率高　　C. 传动精度低　　D. 承载能力强

2. 滚动螺旋传动的特点是________。

A. 结构简单　　B. 用滚动摩擦代替滑动摩擦

C. 运动不具有可逆性　　D. 摩擦损失严重

3. 在螺旋压力机的螺旋副机构中，常用的是________。

A. 锯齿形螺纹　　B. 梯形螺纹　　C. 普通螺纹　　D. 矩形螺纹

4. 普通螺纹传动中，和从动件作直线运动的方向无关的因素是________。

A. 螺纹的旋向　　B. 螺纹的回转方向　　C. 螺纹的导程　　D. 均无关

5. 台虎钳属于________。

A. 螺母不动，螺杆回转并作直线运动　　B. 螺杆不动，螺母回转并作直线运动

C. 螺杆原地回转，螺母作直线运动　　D. 螺母原地回转，螺杆往复运动

三、判断题

1. 千分尺中的螺旋机构属于螺母不动、螺杆转动并作直线运动的情况。（　　）
2. 各种螺旋传动均能实现回转运动与直线运动之间的相互转换。（　　）
3. 差动螺旋传动中，螺杆的 a 段和 b 段的螺旋方向无论相同还是相反，都可以实现微量调节。（　　）
4. 螺旋传动中，螺杆一定是主动件。（　　）
5. 机床上的丝杠及螺旋千斤顶等螺纹都是矩形的。（　　）

四、简答、计算题

1. 简述滑动螺旋传动的特点。

2. 简述滚动螺旋传动的特点。

3. 普通螺旋传动的运动方式有哪些？

4. 如图 1-73 所示，有一对螺旋副的旋向为右旋，螺距为 1.5mm，螺杆按图示方向旋转并作直线移动，那么螺杆的移动方向是什么？手柄转一圈时螺杆移动的距离是多少？

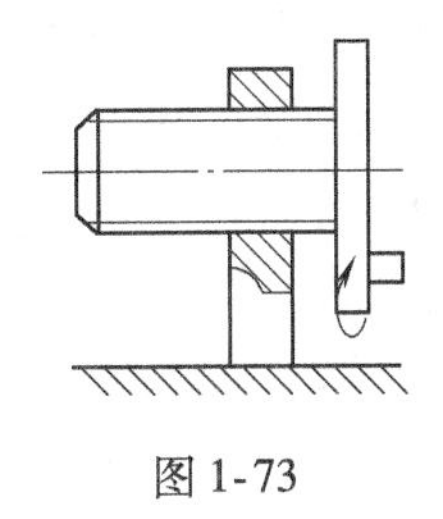

图 1-73

5. 如图 1-74 所示，固定螺母的导程为 $P_{h1}=1.5$mm，活动螺母的导程为 $P_{h2}=2$mm，螺纹均为左旋。问当螺杆回转 1.5 转时，活动螺母的移动距离是多少？移动方向是什么？

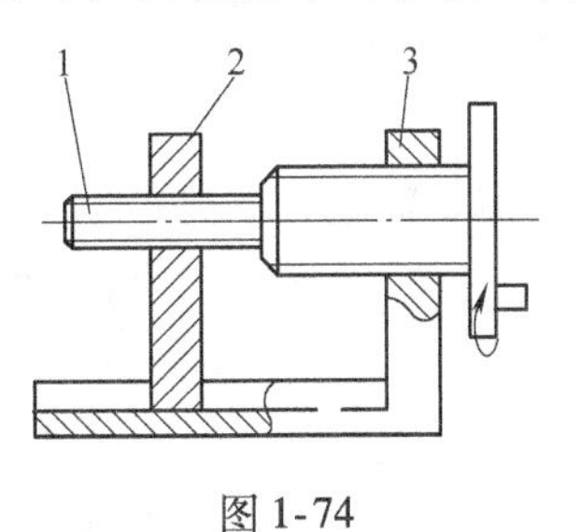

图 1-74

1—螺杆　2—活动螺母　3—机架

第四节　齿轮传动练习卷

一、填空题

1. 有一对直齿圆柱齿轮传动，已知主动齿轮的转速 $n_1=960\text{r/min}$，齿数 $z_1=20$，这对齿轮的传动比为 $i_{12}=2.5$，则从动齿轮的转速 $n_2=$________ r/min，齿数 $z_2=$________。

2. 齿轮传动根据两轴相对位置可分为________和________两大类。

3. 目前最常用的齿廓曲线是________，标准齿轮正确安装时，节圆与________重合。

4. 标准直齿圆柱齿轮的压力角 $\alpha=$________，齿顶高系数 $h_a^*=$________，顶隙系数 $c^*=$________。

5. 标准压力角是指________上的压力角，其大小为________。

6. 标准直齿圆柱齿轮，其模数 $m=2\text{mm}$，齿数 $z=26$，则分度圆直径 $d=$________ mm。

7. 渐开线直齿圆柱齿轮的正确啮合条件是两轮的________和________相等。

8. 外啮合的一对标准直齿圆柱齿轮，$z_1=20$，$z_2=50$，中心距 $a=280\text{mm}$，则分度圆直径 $d_1=$________ mm，$d_2=$________ mm。

9. 齿距是在齿轮上两个相邻且________的端面齿廓之间的________。

10. 加工齿轮的方法按切齿原理分为________和________两种。

11. 标准直齿圆柱齿轮不发生根切的最少齿数为________。

12. 直齿锥齿轮的几何尺寸通常都以________作为基准。

13. 常见的圆柱齿轮结构形式有________、________、________和________。

14. 闭式齿轮传动的主要失效形式是________，开式齿轮传动的主要失效形式是________。

二、选择题

1. 下列传动中，可以用于两轴相交的场合的是________。

A. 链传动　　B. 直齿圆柱齿轮传动
C. 直齿锥齿轮传动　　D. 蜗杆传动

2. 机械手表中的齿轮传动属于________传动。

A. 开式齿轮　　B. 闭式齿轮　　C. 半开式齿轮　　D. 圆弧齿轮传动

3. 下列传动中，________润滑条件良好，灰沙不易进入，安装精确，是应用最广泛的传动。

A. 开式齿轮传动　　B. 闭式齿轮传动　　C. 半开式齿轮传动　　D. 圆弧齿轮传动

4. 齿轮传动的特点有________。

A. 传递的功率和速度范围大　　B. 使用寿命长，但传动效率低
C. 制造和安装精度要求不高　　C. 能实现无级变速

5. 能保持瞬时传动比恒定的传动是________。

A. 摩擦轮传动　　B. 带传动　　C. 链传动　　D. 渐开线齿轮传动

6. 一对齿轮要正确啮合，它们的________必须相等。

A. 直径　　B. 宽度　　C. 齿数　　D. 模数

7. 齿轮的渐开线形状取决于它的________直径。

A. 齿顶圆　B. 分度圆　C. 基圆　D. 齿根圆

8. 一对直齿圆柱齿轮的中心距________等于两分度圆半径之和，但________等于两节圆半径之和。

A. 一定　不一定　B. 不一定　一定　C. 一定不　不一定　D. 一定　一定不

9. 以下 4 个直齿圆柱齿轮，________和________可以啮合传动。

A. $m_1=4\text{mm}$、$z_1=40$、$\alpha_1=20°$　B. $m_2=4\text{mm}$、$z_2=40$、$\alpha_2=15°$

C. $m_3=5\text{mm}$、$z_3=20$、$\alpha_3=20°$　D. $m_4=4\text{mm}$，$z_4=20$、$\alpha_4=20°$

10. 有一齿顶圆直径为 600mm 的圆柱齿轮，应采用________结构制造该齿轮。

A. 齿轮轴式　B. 实体式　C. 轮辐式　D. 腹板式

11. 当齿轮的半径 R 为________ mm 时，齿轮就转化为齿条。

A. 100　B. 1000　C. 10000　D. 无穷大

12. 斜齿圆柱齿轮的螺旋角取得越大，则传动的平稳性________。

A. 越低　B. 越好　C. 没有影响　D. 变差

13. 斜齿轮传动有________特点。

A. 传动不平稳，冲击、噪声、振动大　B. 能作变速滑移齿轮使用

C. 承载能力强　D. 使用寿命较短

14. 标准直齿锥齿轮的几何参数标准值在齿轮的________。

A. 小端　B. 中间

C. 大端　D. 槽宽与齿厚相等处

15. 锥齿轮传动一般用于________场合。

A. 重载、高速　B. 轻载、高速　C. 重载、低速　D. 轻载、低速

三、判断题

1. 齿轮传动是靠轮齿的直接啮合来传递运动和动力的。（　）
2. 当模数一定时，齿轮齿数越多，其几何尺寸越小，承载能力也越小。（　）
3. 齿轮的标准压力角和标准模数都在分度圆上。（　）
4. 一对直齿圆柱齿轮啮合传动，重合度越大，传动平稳性越好，齿轮的承载能力越高。（　）
5. 一对能正确啮合的渐开线直齿圆柱齿轮传动，其啮合角一定为 20°。（　）
6. 一般齿轮材料多为锻钢。（　）
7. 锥齿轮传动一般用于重载、高速场合。（　）
8. 斜齿轮传动以端面参数为标准值。（　）
9. 齿轮传动常用的设计准则是接触疲劳强度和弯曲疲劳强度足够满足要求。（　）
10. 锥齿轮传动的正确啮合条件是两锥齿轮大端的模数和压力角分别相等。（　）

四、综合分析题

1. 已知一对渐开线标准外啮合圆柱直齿轮传动的中心距 $a=200\text{mm}$，若其中一个丢失，测得另一个齿轮的齿顶圆直径 $d_{a1}=80\text{mm}$，齿数 $z_1=18$，试求丢失齿轮的齿数 z_2、分度圆直径 d_2 及齿根圆直径 d_{f2}。

2. 齿轮传动中常见的失效形式有哪些?

3. 平行轴斜齿圆柱齿轮传动的正确啮合条件是什么?

第五节　蜗杆传动练习卷

一、填空题

1. 蜗杆传动机构主要由________、________和________三部分组成。其中主动件是________，用于传递________两轴之间的运动和转矩。

2. 常用的圆柱蜗杆有________、________和法向直廓蜗杆等多种。

3. 蜗杆传动中开式传动的主要失效形式是________，闭式传动的主要失效形式是________。

4. 蜗轮旋转方向的判断不仅与蜗杆的________有关，还与蜗杆的________有关。

5. 当蜗杆的头数为 2 时，蜗杆转动一周，蜗轮转过________齿。

6. 一蜗杆传动中，已知蜗杆头数 $z_1=2$，转速 $n_1=1450\text{r/min}$，蜗轮齿数 $z_2=58$，则蜗轮转速 $n_2=$________ r/min。

7. 手动葫芦起重装置是利用________特性制作的。

8. 实际生产中为使刀具标准化，减少________，除规定标准模数外，还规定________与________之比为蜗杆直径系数，并用 q 表示。

9. 蜗杆传动用于传递________的两轴之间的运动和转矩，沿蜗杆轴线并垂直于蜗轮轴线剖切的平面称为________。

10. 蜗杆螺纹部分的直径不大时，一般蜗杆与________做成一体，蜗轮的结构形式有________、________、________和________等类型。

二、单项选择题

1. 蜗杆的直径系数 q 值越大，则________。

A. 传动效率低且刚性较差　　B. 传动效率低但刚性较好

C. 传动效率高且刚性较好　　D. 传动效率高但刚性差

2. 在中间平面内，普通蜗杆传动相当于________传动。

A. 齿轮齿条　　B. 丝杠螺母　　C. 斜齿轮　　D. 螺旋

3. 当传动的功率较大时，为提高效率，蜗杆头数可取________。

A. $z_1=1$　　B. $z_1=2$　　C. $z_1=3$　　D. $z_1=4$

4. 设计蜗杆传动时，制造蜗轮通常选用的材料是________。

A. 钢　　B. 可锻铸铁　　C. 青铜　　D. 非金属材料

5. 比较理想的蜗杆与蜗轮的材料组合是________。

A. 钢和青铜　　B. 钢和钢　　C. 钢和铸铁　　D. 青铜和青铜

6. 开式蜗杆传动的主要失效形式是________。

A. 齿面点蚀　　B. 齿面磨损　　C. 齿面胶合　　D. 轮齿折断

7. 与齿轮传动相比，蜗杆传动的主要优点是________。

A. 传动比小，结构紧凑　　B. 传动平稳无噪声

C. 传动效率高　　D. 可自锁，有安全保护作用

8. 直径小于 100mm 的蜗轮，一般制成________。

A. 整体式　　B. 齿圈式　　C. 螺栓联接式　　D. 镶铸式

9. 润滑良好的闭式蜗杆传动的主要失效形式是________。

A. 齿面点蚀　　B. 齿面磨损　　C. 齿面胶合　　D. 轮齿折断

三、判断题

1. 蜗杆传动因传动效率较高，常用于功率较大或连续工作的场合。（　　）
2. 蜗杆传动的传动比是蜗轮齿数与蜗杆头数之比。（　　）
3. 蜗杆螺旋线的旋向有左旋和右旋两种，在传动中多用左旋。（　　）
4. 当蜗轮为主动件时，蜗杆传动具有自锁作用。（　　）
5. 在蜗杆传动中，当其他条件相同时，若增加蜗杆的头数，则传动效率将提高。（　　）

四、简答题

1. 简述蜗杆传动的正确啮合条件。

2. 已知蜗杆直径系数 $q=8$，蜗杆头数 $z_1=1$，求蜗杆导程角 γ。

3. 根据图 1-75 所给的条件，判定蜗轮、蜗杆的转向或螺旋方向。

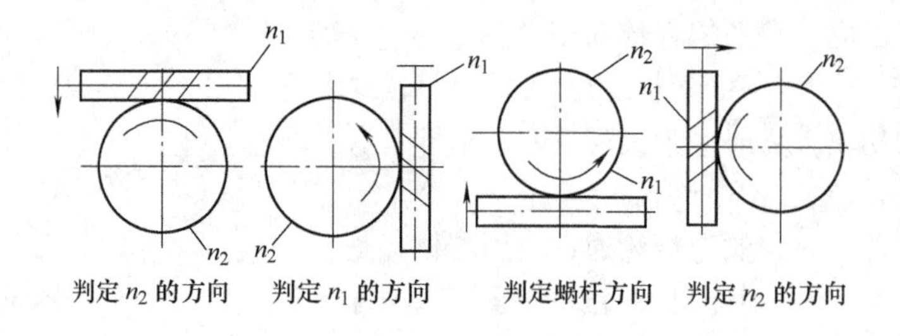

图 1-75

第六节 轮系与减速器练习卷

一、填空题

1. 轮系可分为________和________两大类。

2. 定轴轮系的传动比是指________之比。

3. 惰轮在轮系中只能改变________，而不能改变________。

4. 轮系的传动比为正是指首末两齿轮的旋转方向________。

5. 定轴轮系旋转方向可用________和________来确定。

6. 常用的减速器类型有________、________、________、摆线针轮减速器和谐波齿轮减速器。

7. 减速器是________和________之间独立的闭式传动装置，用来降低转动轴的转速，以适应工作的需要。

8. 减速器的结构一般包括________、________、________、轴和附件。

二、选择题

1. 轮系________。

A. 不可获得很大的传动比　B. 不可实现变速变向要求

C. 不可作远距离传动　D. 可合成运动和分解运动

2. 变速且传动比准确的传动方式可用________。

A. 带传动　B. 链传动　C. 轮系传动　D. 蜗杆传动

3. 定轴轮系传动比与轮系中使用惰轮的数量之间的关系为________。

A. 与轮系传动比的大小有关

B. 与轮系传动比的大小无关

C. 使用奇数个惰轮会改变轮系传动比的方向

D. 使用偶数个惰轮会改变轮系传动比的方向

4. 汽车前进和倒退的实现是利用了轮系的________。

A. 主动轮　B. 从动轮　C. 惰轮　D. 末端齿轮

5. 下列画箭头标注轮系旋转方向不正确的画法为________。

A. 一对外啮合圆柱齿轮箭头方向画相反　B. 同一轴上齿轮的箭头方向画相反

C. 锥齿轮箭头画相对同一点或相背同一点　D. 一对内啮合齿轮箭头方向画相同

6. 减速器箱盖上的通气器是为了________。

A. 保证箱内外气压平衡　B. 观察内部是否缺油

C. 观察减速器内部运行情况　D. 观察齿轮或蜗轮的啮合情况

7. 如图1-76所示的多刀自动化车床主轴箱的传动系统，输出轴Ⅲ有________转速。

A. 2种　B. 4种　C. 6种　D. 8种

三、判断题

1. 由一系列相互啮合的齿轮组成的系统称为轮系。　(　　)

2. 轮系中的某一个中间齿轮，可以既是前级的从动齿轮，又是后级的主动齿轮。（　　）

3. 轮系可以分为定轴轮系和周转轮系。其中，差动轮系属于定轴轮系。（　　）

4. 若加11个惰轮，则主、从动齿轮的转向相反。（　　）

5. 含滑移齿轮的定轴轮系输出的转速种数等于各级传动比种数的连乘积。（　　）

6. 轮系传动比计算公式中（－1）的指数 m 表示轮系中相啮合圆柱齿轮的对数。（　　）

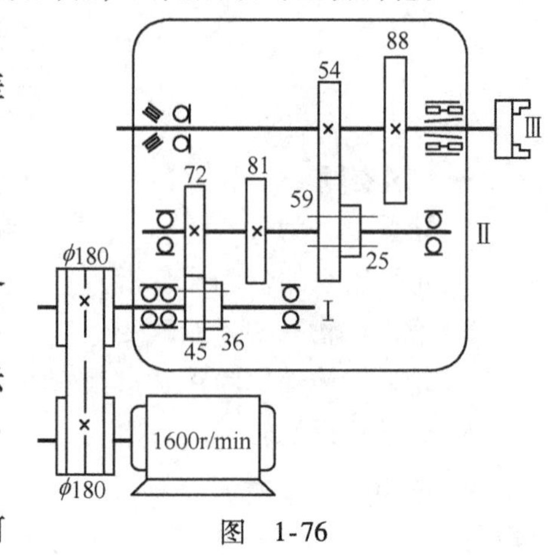

图　1-76

四、综合分析题

1. 简述什么是定轴轮系？它与周转轮系有何区别？

2. 减速器有何特点？其中蜗杆减速器有几种配置形式？

3. 图1-77所示的定轴轮系，若 n_1 如图所示，分别用计算和画箭头法求定轮7的转向。

4. 如图1-78所示的机床传动图，计算并回答问题。

1）主轴有几种转速？

2）求齿条的最高速度和最低速度。

3）标示图1-78所示齿条移动的方向。

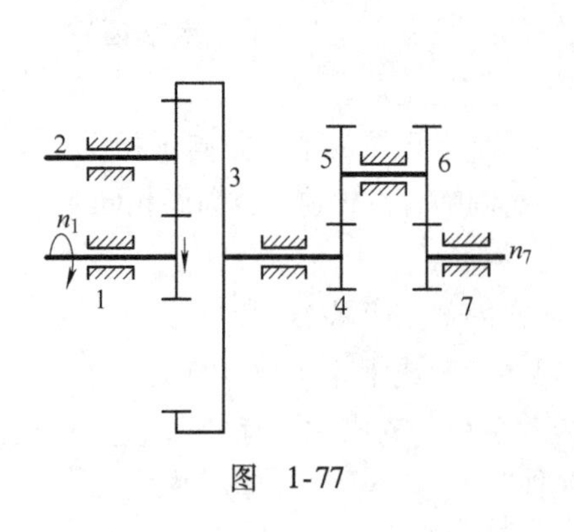

图　1-77

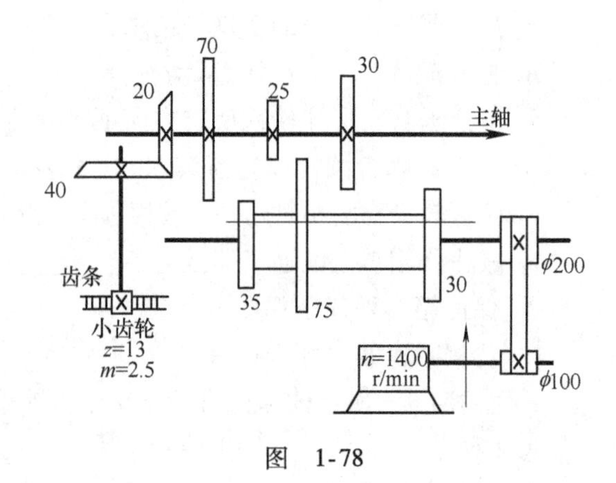

图　1-78

第六单元 机械传动复习卷

一、填空题

1. 一般带传动要求包角 α 大于或等于________。

2. V 带的横截面形状为________形，工作面是________，夹角等于________。

3. 标准 V 带有两种结构：________结构和________结构，一般场合主要采用________结构。

4. 带传动超载时，带会在轮上________，可防止机构中薄弱零件的________，起________作用。

5. 当套筒滚子链的链节数为奇数时，必须采用________，当套筒滚子链的链节数为偶数时，接头处可采用________或________来固定。

6. 齿形链又称________链，它适宜于________传动。

7. 按轮齿齿廓曲线的不同，齿轮可分为________、________和________等。

8. 渐开线上各点的压力角________，离基圆越远压力角________，基圆上的压力角等于________。

9. 标准斜齿圆柱齿轮的正确啮合条件是：两齿轮的________相等，________相等，________大小相等且________相反。

10. 直齿锥齿轮的正确啮合条件是：两齿轮的________和________分别相等。

11. 按加工原理的不同，齿轮加工可分为________和________两种。

12. 当蜗杆头数 z_1 确定后，q 值越小，则________越大，________越高。

13. 轮齿折断是________和________时齿轮失效的另一主要形式。

14. 当蜗杆的螺旋线升角小于材料的________时，蜗杆传动就能自锁。

15. 由一系列相互啮合齿轮组成的传动系统称为________，按其传动时各齿轮在空间的相对位置是否________，可分为________和________两大类。

二、选择题

1. 平带与 V 带传动的共同特点是________。

A. 适用于两轴中心距较近的场合，结构简单　　B. 工作时有噪声
C. 过载时能打滑，可起安全保护作用　　D. 能保证准确的传动比

2. 平带传动中的张紧轮应放在________。

A. 在带松边外侧并靠近小带轮　　B. 在带松边外侧并靠近大带轮
C. 在带松边内侧并靠近大带轮　　D. 在带松边内侧并靠近小带轮

3. 链轮采用实心式、孔板式或组合式结构，主要取决于________。

A. 链轮的转速　　B. 链条的平均速度　　C. 链轮的直径　　D. 传递的功率

4. 在尘土飞扬而又要求传动效率比较高的场合，应选择________。

A. V 带传动　　B. 平带传动　　C. 链传动　　D. 齿轮传动

5. 两轴平行，传动平稳，存在一定轴向力的传动是________。

A. 直齿圆柱齿轮传动 B. 齿轮齿条传动 C. 锥齿轮传动 D. 斜齿轮传动

6. 当两轴相距较远，并要求传动比较大且准确时，应采用________传动。

A. V 带 B. 蜗轮蜗杆

C. 轮系 D. 螺纹

7. 图 1-79 所示滑移齿轮变速机构输出轴Ⅴ的转速有________。

A. 18 种 B. 16 种

C. 12 种 D. 9 种

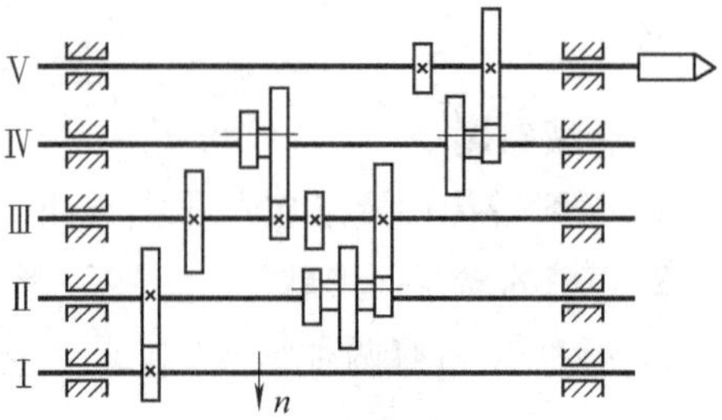

图 1-79

三、判断题

1. 摩擦传动能保持准确的传动比。 ( )
2. V 带张得越紧，摩擦力越大，传动的效果也就越好。 ( )
3. 链传动能在高温、低速、重载以及有泥浆、灰砂的恶劣条件下工作。 ( )
4. V 带传动带速过高，可增大小带轮直径重新计算。 ( )
5. 安装 V 带时，V 带的内圈应牢固紧夹槽底。 ( )
6. V 带张紧程度在一般的中心距情况下，以大拇指能按下 15mm 左右为宜。 ( )
7. 一对齿轮的中心距稍有变化，其传动比不变，对正常的传动没有影响。 ( )
8. 齿轮传动能保持平均传动比的准确性，但不能保持瞬时传动比的恒定。 ( )
9. 蜗杆的头数越多，螺纹升角越小，蜗杆传动效率越低。 ( )
10. 基圆半径越大，渐开线越弯曲。 ( )
11. 蜗杆传动具有自锁作用，且传动比大而准确。 ( )
12. 斜齿轮常用来作为变速的滑移齿轮。 ( )
13. 根据轮系运转时齿轮的轴线位置相对于机架是否固定，可分为定轴轮系和周转轮系两大类。 ( )
14. 若加 13 个惰轮，主、从动齿轮转向相反。 ( )

四、综合分析题

1. 常用的带张紧方法有哪几种？张紧轮应装在什么位置？

2. 已知一对标准直齿圆柱齿轮传动，其传动比 $i_{12}=2$，主动齿轮转速 $n_1=400\text{r/min}$，中心距 $a=168\text{mm}$，模数 $m=4\text{mm}$，试求：1）从动齿轮转速 n_2；2）齿数 z_1 和 z_2；3）齿距 p 和齿高 h。

3. 如图 1-80 所示轮系中，已知 $z_1=18$，$z_2=36$，$z_3=20$，$z_4=40$，$z_5=2$，$z_6=40$，若 $n_1=800\text{r/min}$，求蜗轮转速 n_6。若鼓轮直径 $D=100\text{mm}$，则重物的移动方向和速度是多少？

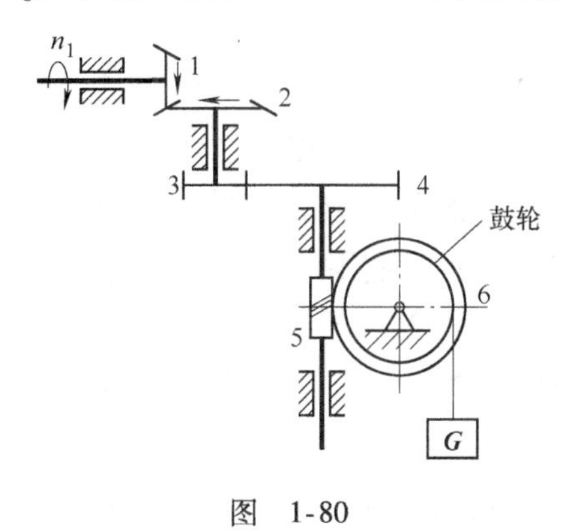

图　1-80

第六单元　机械传动测验卷

一、填空题（每空1分，共40分）

1. 带传动以传动带作为________，利用带与带轮之间的________来传递运动和动力。

2. V带是横截面为________的传动带，其工作面为________，标准V带的结构有________和________两种，我国生产和使用的V带有________7种型号。

3. 通常带传动的张紧使用两种方法，即________和________。

4. 链传动是具有中间挠性件的________传动，常用的传动链主要有________和________两种。

5. 套筒滚子链接头有三种形式，当链节总数为偶数时，可采用________式或________式；当链节总数为奇数时，可采用________式。

6. 对于渐开线齿轮，通常所说的压力角是指________上的压力角，该压力角已标准化，规定用α表示，且$\alpha=$________。

7. 已知一标准直齿圆柱齿轮的齿距$p=12.56$mm，分度圆直径$d=300$mm，则齿轮的齿数$z=$________，齿顶圆直径$d_a=$________。

8. 按加工原理不同，齿轮轮齿的切削加工方法可分为________和________两类。

9. 常见的圆柱齿轮结构有齿轮轴、________、________和________4种。

10. 直齿圆柱齿轮副的正确啮合条件是________、________。

11. 斜齿圆柱齿轮规定________模数和压力角为采用标准值，直齿锥齿轮规定________模数采用标准值。

12. 齿轮在传动过程中，由于载荷的作用使轮齿发生折断、齿面损坏，从而使齿轮过早失去正常工作能力的现象称为________。齿轮的常见失效形式有轮齿折断、________、________、________和________5种。

13. 蜗杆传动是利用________与________啮合来传递运动和动力的一种机械传动。手动葫芦起重装置是利用蜗杆传动________特性制作的。

14. 惰轮在轮系中只能改变________，而不能改变________。

15. 减速器是原动机和工作机之间独立的________，用于降低________，以适应工作的需要。

二、单项选择题（每小题2分，共20分）

1. 某机床的V带传动中有4根带，工作较长时间后，有一根产生疲劳撕裂而不能继续使用，正确的更换方法是________。

A. 更换已撕裂的一根　　B. 更换两根　　C. 更换三根　　D. 全部更换

2. V带传动采用张紧轮的目的是________。

A. 减轻带的弹性滑动　　B. 提高带的寿命

C. 改变带的运动方向　　D. 调节带的张紧力

3. 在相同的条件下，V 带的传递能力是平带的________。

A. 1 倍　　B. 1/2　　C. 2 倍　　D. 3 倍

4. 在尘土飞扬而又要求传动效率比较高的场合，应选择________。

A. V 带传动　　B. 平带传动　　C. 链传动　　D. 齿轮传动

5. 套筒滚子链由内链板、外链板、销轴、套筒及滚子组成，其中属于过盈配合连接的是________。

A. 销轴与套筒　　B. 内链板与套筒

C. 外链板与滚子　　D. 滚子与套筒

6. 下列哪种齿轮传动不能保证良好的润滑：________。

A. 开式齿轮传动　　B. 圆弧齿轮传动

C. 半开式齿轮传动　　D. 闭式齿轮传动

7. 斜齿轮传动________。

A. 能用做变速滑移齿轮

B. 因承载能力不高，不适宜用于大功率传动

C. 传动中产生轴向力

D. 传动平稳性差

8. 当传动的功率较大时，为提高效率，蜗杆的头数可取________。

A. $z_1=1$　　B. $z_1=2$　　C. $z_1=3$　　D. $z_1=4$

9. 图 1-81 所示的三星轮换向机构传动中，轮 1 为主动轮，轮 4 为从动轮，图示传动位置________。

A. 有 1 个惰轮，主、从动轮旋转方向相同

B. 有 1 个惰轮，主、从动轮旋转方向相反

C. 有两个惰轮，主、从动轮旋转方向相同

D. 有两个惰轮，主、从动轮旋转方向相反

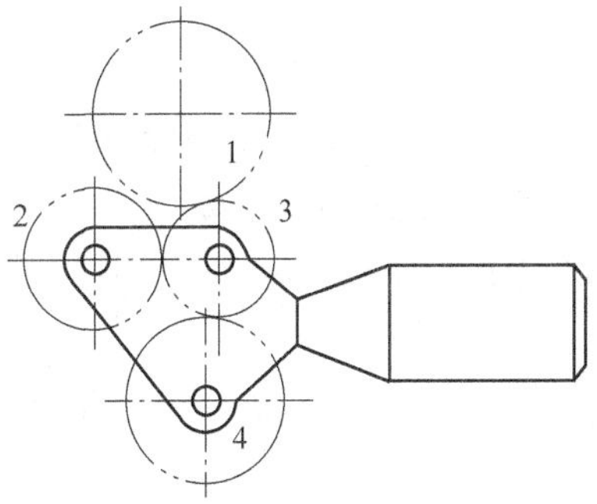

图 1-81

10. 减速器箱盖上的通气器是为了________。

A. 保证箱内外气压平衡

B. 观察内部是否缺油

C. 观察减速器内部运行情况

D. 观察齿轮或蜗轮的啮合情况

三、判断题（每小题 1 分，共 10 分）

1. 带传动中，弹性滑动和打滑都是可以避免的。（　）

2. 滚子链中，滚子的作用是保证链条与轮齿间的良好啮合。（　）

3. 链传动与带传动相比较，主要优点是平均传动比准确。（　）

4. 在中间平面内，普通蜗杆传动相当于斜齿轮传动。（　）

5. 两个压力角相同，而模数和齿数均不相同的标准直齿圆柱齿轮，其中轮齿大的齿轮模数较大。（　）

6. 蜗轮用锡青铜或铸铁制造后，蜗轮的主要损坏形式是胶合。（　）

7. 蜗杆传动中，一般由蜗轮作为主动件带动蜗杆。 (   )
8. 减速器常用于原动机与工作机之间，作为减速的传动装置。 (   )
9. 加奇数个惰轮，主、从动齿轮的转向相反。 (   )
10. 轮系中的某一个中间齿轮，可以既是前级的从动齿轮，又是后级的主动齿轮。 (   )

四、综合分析题（本大题共4小题，共30分）

1. 链传动的特点有哪些?（6分）

2. 一对啮合的标准直齿圆柱齿轮传动，已知：主动齿轮转速 $n_1=840\text{r/min}$，从动齿轮转速 $n_2=280\text{r/min}$，中心距 $a=270\text{mm}$，模数 $m=5\text{mm}$，求：（10分）

1）传动比 i_{12}；

2）齿数 z_1、z_2；

3）小齿轮分度圆直径 d_1和齿距 p。

3. 在图1-82所示的轮系中，已知各轮齿数 $z_1=20$，$z_2=50$，$z_3=38$，$z_4=28$，$z_5=45$，$z_6=35$，$z_7=52$，$z_8=42$，$z_9=80$，$z_{10}=25$，$n_1=500\text{r/min}$，试求当轴Ⅲ上的三联齿轮分别与轴Ⅱ上的3个齿轮啮合时，轴Ⅳ的3种转速。（6分）

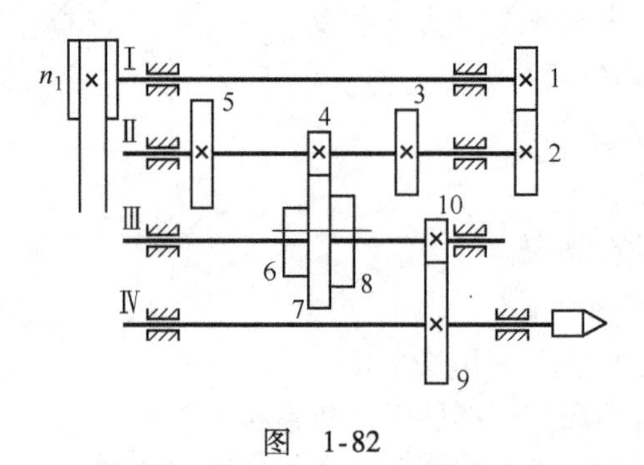

图 1-82

4. 如图1-83所示的定轴轮系中，已知各齿轮的齿数 $z_1=20$，$z_2=40$，$z_{2'}=20$，$z_3=60$，

$z_{3'}=18$，$z_4=18$，$z_7=20$，齿轮 7 的模数 $m=3\text{mm}$，蜗杆头数为 1，蜗轮齿数 $z_6=40$。齿轮 1 为主动齿轮，转向如图所示，转速 $n_1=200\text{r/min}$，试求齿条 8 的移动速度和方向。（8 分）

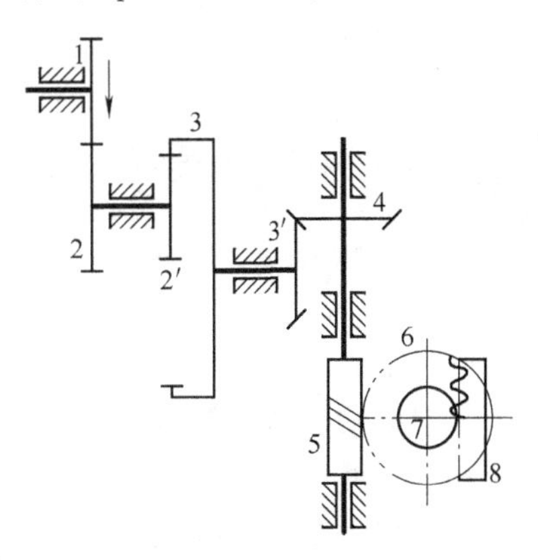

图　1-83

第七单元

支承零部件

【考纲要求】

1. 掌握轴的分类和应用特点；掌握轴的常用材料。
2. 理解轴的常用结构；了解轴的强度计算方法。
3. 掌握滑动轴承和滚动轴承的类型、主要结构和应用。
4. 掌握滚动轴承的代号含义。
5. 了解滑动轴承的润滑、失效形式及常用材料。
6. 了解滚动轴承的选用原则。

【知识要点】

知识要点一：轴的分类和应用特点。

常见题型

例1：铁路机车的轮轴及滑轮轴按轴承受的载荷分是________轴。

参考答案：心

知识要点二：轴的常用结构。

常见题型

例2：图1-84为一阶梯轴，请指出结构1、2、3的名称及作用。

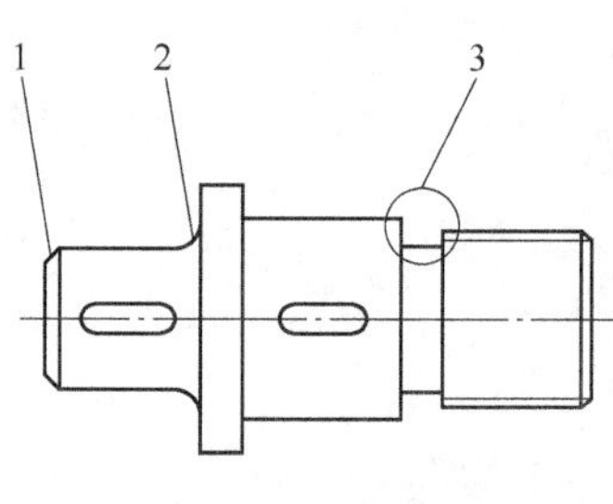

图　1-84

参考答案：1——倒角，便于导向及避免擦伤零件配合表面；2——圆角，消除和减小应力集中，提高轴的疲劳强度；3——螺尾退刀槽，便于退出刀具，保证加工到位及装配时相配合零件的端面靠紧。

知识要点三：滑动轴承的类型、主要结构和应用。

常见题型

例3：剖分式滑动轴承的特点是________。

A. 刚度大　　B. 装拆方便、间隙可调　　C. 价廉　　D. 结构简单

参考答案：B

知识要点四：滑动轴承的润滑、失效形式及常用材料。

常见题型

例4：为使润滑油能分布到轴承整个工作表面上，油槽应开通。(　　)

参考答案：×

知识要点五：滚动轴承的类型、代号含义、主要结构及应用。

常见题型

例 5：滚动轴承主要由________、________、________和________4 部分组成。

参考答案：内圈　外圈　滚动体　保持架

例 6：代号为 31708、31208、31308 的滚动轴承中________。

A. 外径相同　　B. 内径相同　　C. 类型不同　　D. 精度不同

参考答案：B

知识要点六：滚动轴承的选用原则。

常见题型

例 7：选用滚动轴承时，主要考虑哪些因素？

参考答案：主要考虑：1）轴承承载大小、方向和性质；2）轴承的转速；3）经济性；4）某些特殊要求。

【巩固练习】

第一节　轴练习卷

一、填空题

1. 轴的主要功用一是支承________，二是传递________。
2. 既承受弯矩又承受转矩作用的轴称为________轴，如自行车踏脚处中间轴。
3. 根据轴所受力的情况，可将轴分为 3 类：________、________和转轴。
4. 轴上零件用圆螺母固定，它能承受较大的轴向力，因此属于________固定方式。
5. 轴上零件的固定形式有两种：________固定和________固定。
6. 轴的直径均要符合________系列，而且还需符合________的直径标准。

二、选择题

1. 既支承回转零件又传递动力的轴称为________。

A. 心轴　　B. 传动轴　　C. 转轴　　D. 以上都不是

2. 电动机、减速器的输出轴属于________。

A. 转轴　　B. 心轴　　C. 传动轴　　D. 软轴

3. 与轴承配合的部分称为________。

A. 轴头　　B. 轴环　　C. 轴颈　　D. 轴肩

4. 下列轴中，________是转轴。

A. 自行车前轮轴　　B. 减速器中的齿轮轴
C. 汽车的传动轴　　D. 铁路车辆的轴

5. 轴肩与轴环的作用是________。

A. 对零件进行轴向定位和固定　　B. 对零件进行周向固定
C. 使轴外形美观　　D. 有利于轴的加工

6. 结构简单、定位可靠、能承受较大的轴向力的轴向定位方法是________。

A. 弹性挡圈定位　　B. 轴肩或轴环定位
C. 轴套或圆螺母定位　　D. 圆锥销定位

三、判断题

1. 结构简单，定位可靠的轴上零件轴向固定方法有轴肩和轴环。（　）
2. 为了便于加工定位，必要时轴的两端应设中心孔。（　）
3. 转轴在工作时既承受弯曲载荷又传递转矩，但轴本身并不转动。（　）
4. 传动轴在工作时只传递转矩而不承受或仅承受很小的弯曲载荷作用。（　）
5. 心轴在工作时只承受弯曲载荷作用。（　）
6. 根据心轴是否转动，可分为固定心轴和转动心轴两种。（　）

四、综合题

1. 轴上零件的固定类型有哪些？请举例说明（每种类型至少举两例）。

2. 自行车的前、中、后轴各属于哪种类型的轴?

3. 轴的结构工艺性主要考虑哪两个方面?简述其要求。

第二节 滑动轴承练习卷

一、填空题

1. 按轴系和拆装需要分为整体式和________。

2. 常用的润滑剂是________、________和固体润滑剂。

3. 向心轴承只承受径向力，推力轴承只承受________力。

4. 常用轴瓦的结构有________和________。

5. 既承受径向力又承受轴向力的轴承是________轴承。

二、选择题

1. ________滑动轴承能自动适应轴或机架工作时的变形及安装误差造成的轴颈与轴瓦不同心的现象。

A. 整体式 B. 剖分式 C. 调心式 D. 以上都不是

2. 整体式滑动轴承的特点是________。

A. 结构简单、制造成本低 B. 拆装方便

C. 磨损后可调整径向间隙 D. 比剖分式滑动轴承应用广泛

3. 计算不完全液体润滑滑动轴承时，限制轴承压强的目的是________。

A. 使轴承不被破坏 B. 使轴承不产生塑性变形

C. 限制轴承的温升

D. 保证润滑油不被挤出，防止轴瓦发生过度磨损

4. 按________不同，径向滑动轴承可以分为整体式、剖分式和调心（自位）式三种。

A. 结构形式 B. 摩擦性质 C. 尺寸大小 D. 以上都不是

5. 不完全液体润滑滑动轴承适用于________的工作场合。

A. 工作性能要求不高、转速低 B. 工作性能要求高、载荷变动大

C. 高速、重载 D. 旋转精度高

三、判断题

1. 润滑油的黏度越大，则摩擦阻力越小。 ( )

2. 两摩擦面间不存在液面润滑剂的摩擦状态，统称为非液体摩擦状态。 ( )

3. 在选择向心滑动轴承的结构类型时，若仅考虑结构简单、成本低廉，应优先选用整体式滑动轴承。 ( )

4. 安装滑动轴承时要保证轴颈在轴承孔内转动灵活、准确、平稳。 ( )

5. 推力滑动轴承将轴颈端部挖空的目的是使压强分布比较均匀。 ( )

四、综合题

1. 简述向心滑动轴承的分类及在生产实践中的应用。

2. 简述润滑的目的及润滑剂的种类。

3. 滑动轴承的常用材料有哪些？（至少 3 种）

第三节　滚动轴承练习卷

一、填空题

1. 滚珠轴承基本是由________、________、________和________4 种零件所组成的。

2. 滚动轴承按一个轴承中滚动体的列数可分为________、________和多列轴承。

3. 在滚动轴承的尺寸系列代号中，________代号表示具有同一内径而外径不同的轴承系列。

4. 滚动轴承中类型代号“5”表示________轴承。

5. 适用于刚性较大的轴上，常用于机床齿轮箱、小功率电动机等的滚动轴承是________。

二、选择题

1. 若轴上承受平稳且不大的双向轴向载荷，转速不高时，图 1-85 所示轴承内圈的固定宜采用________方法。

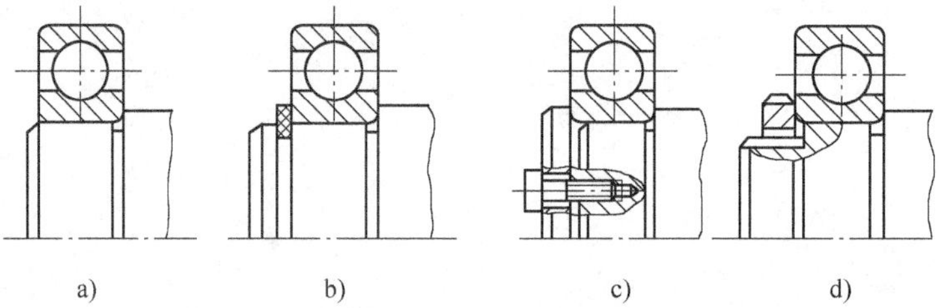

a)　　b)　　c)　　d)

图　1-85

A. 图 a　　B. 图 b　　C. 图 c　　D. 图 d

2. 轴承预紧的目的是________。

A. 提高轴承的寿命　　B. 增加轴承的刚度

C. 提高轴承的强度　　D. 提高轴承的旋转精度和刚度

3. 深沟球轴承宽度系列为正常，直径系列为轻，内径为 30mm，代号是________。

A. 61206　　B. 6206　　C. 6006　　D. 6306

4. 某锥齿轮减速器，中等转速，载荷有冲击，宜选________。

A. 圆锥滚子轴承　　B. 角接触球轴承　　C. 圆柱滚子轴承　　D. 调心滚子轴承

5. 深沟球轴承主要应用在________场合。

A. 有较大的冲击　　B. 同时承受较大的轴向载荷和径向载荷

C. 长轴或变形较大的轴　　D. 主要承受径向载荷且转速较高

6. 滚动轴承 6103 的内径为________。

A. 103mm　　B. 10mm　　C. 15mm　　D. 以上都不是

7. 一批在同样载荷和同样工作条件下运转的型号相同的滚动轴承，________。

A. 使用寿命应相同　　B. 90% 的使用寿命相同

C. 最低使用寿命应相同　　D. 使用寿命不同

8. 滚动轴承的基本零件是：1）内圈，2）外圈，3）滚动体，4）保持架。不可缺少的零件是________。

A. 1） B. 2） C. 3） D. 4）

9. 为适应不同承载能力的需要，规定了滚动轴承的宽（高）度系列。不同宽（高）度系列的轴承，区别在于：________。

A. 内径和外径相同，轴承宽（高）度不同

B. 内径相同，轴承宽（高）度不同

C. 外径相同，轴承宽（高）度不同

D. 内径和外径都不相同，轴承宽（高）度不同

10. 角接触球轴承承受轴向载荷的能力主要取决于________。

A. 轴承宽度 B. 滚动体数目 C. 轴承精度 D. 公称接触角大小

11. 向心角接触球轴承类型代号为________。

A. 30000 及 70000 B. 10000 及 20000 C. 50000 及 60000 D. 60000 及 70000

12. 图 1-86 中，有________轴承只能承受轴向载荷。

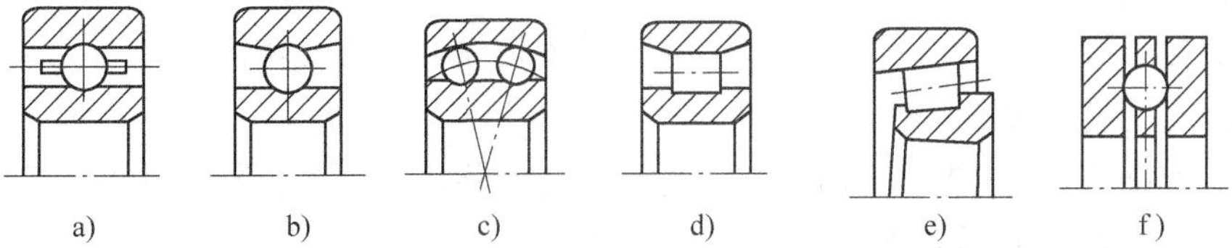

a) b) c) d) e) f)

图 1-86

A. 1 种 B. 2 种 C. 3 种 D. 4 种

三、判断题

1. 轴承代号 3312 中的“2”表示内径。 （ ）

2. 滚动轴承与滑动轴承相比，其优点是起动及运转时摩擦力矩小，效率高。 （ ）

3. 滚动轴承的精度比滑动轴承的精度要低。 （ ）

4. 滚动轴承的主要失效形式是疲劳点蚀和塑性变形，因此对正常载荷和转速下工作的轴承，都应进行使用寿命计算和静载荷计算。 （ ）

5. 角接触球轴承的公称接触角越大，承受轴向载荷的能力也越大。 （ ）

6. 圆锥滚子轴承的内、外圈可以分离，安装调整方便，一般应成对使用。 （ ）

四、综合题

1. 简述滚动轴承的应用特点。

2. 按可承受的外载荷分，滚动轴承有哪几类？

3. 简述滑动轴承常见的失效形式。（至少 4 种）

第七单元　支承零部件复习卷

一、填空题

1. 轴上零件的________目的是保证轴上零件有一确定的轴向位置，并承受________向力。

2. 轴径除按________计算外，还可用________来估算。如一般减速器的高速输入轴的轴径，可按其相连的电动机轴径来估算，$d=(0.8\sim1.2)\ d_{电动机}$。

3. 用于确定轴承、齿轮等轴上零件的轴向位置的部位是________，安装轴承的部位是________。

4. ________轴有非常好的挠性，可以将回转运动和动力灵活地传送到任何空间位置，如牙科医生修牙用的磨削砂轮。

5. 轴的常用材料有________、________、球墨铸铁和高强度铸铁。

6. ________是滑动轴承的重要零件。

7. 滑动轴承的常用材料有________、________、粉末冶金材料和非金属材料。

8. 为使润滑油能分布到轴承的整个工作面上去，轴瓦上要开________和________，一般应开在非承载区，或压力较小的区域。

9. 滚动轴承按所能承受载荷的方向分为________轴承、________轴承和________轴承。

10. 滚动轴承的公差等级有________级，如滚动轴承“6203”的标准公差等级为6级，表示为________。

11. 圆锥滚子轴承3312B的直径系列为________系列，宽度为________型，轴承内径为________mm。

12. ________轴承的特点：主要承受径向载荷，也能承受一定的双向轴向载荷，极限转速高，常用于机床齿轮箱、小功率电动机等。

二、选择题

1. 自行车的前轴是________。

A. 固定心轴　　B. 转动心轴　　C. 传动轴　　D. 转轴

2. 尺寸较大的轴及重要的轴，应采用________。

A. 铸造件　　B. 锻制毛坯　　C. 轧制圆钢　　D. 焊接件

3. 轴上零件的周向固定方法有：1）键联接；2）花键联接；3）过盈配合；4）紧定螺钉或销联接等。当传递较大转矩时，可采用________方法。

A. 1种　　B. 2种　　C. 3种　　D. 4种

4. 某轴用45钢制造，刚度不够，可采用下列________方法。

A. 改用合金钢　　B. 增大轴的横截面积

C. 改用球墨铸铁　　D. 进行调质处理

5. 尺寸较小的一般轴，应采用________。

A. 锻制毛坯　　B. 轧制圆钢　　C. 铸造件　　D. 焊接件

6. 如果轴承较宽或轴的刚性较差，当轴受径向力时，要求轴承能自动适应轴的变形，应选________轴承。

A. 整体式径向滑动轴承　　B. 剖分式径向滑动轴承

C. 调心径向滑动轴承　　D. 止推滑动轴承

7. 滚动轴承与滑动轴承相比，其优点是________。

A. 承受冲击载荷能力好　　B. 高速运转时噪声小

C. 起动及运转时摩擦力矩小　　D. 径向尺寸小

8. 下列轴承中，________不宜用来同时承受径向载荷和轴向载荷。

A. 深沟球轴承　　B. 角接触球轴承　　C. 调心球轴承　　D. 圆锥滚子轴承

9. 6312 轴承内圈的内径是________。

A. 12mm　　B. 312mm　　C. 6312mm　　D. 60mm

10. 角接触球轴承宽度系列为窄，直径系列为中，内径为 45mm，公称接触角 $\alpha = 25°$，代号是________。

A. 7309AC　　B. 7209AC　　C. 6309B　　D. 6409B

11. 若轴上承受冲击、振动及较大的单向轴向载荷，轴承内圈的固定应采用图 1-87 中的________方法。

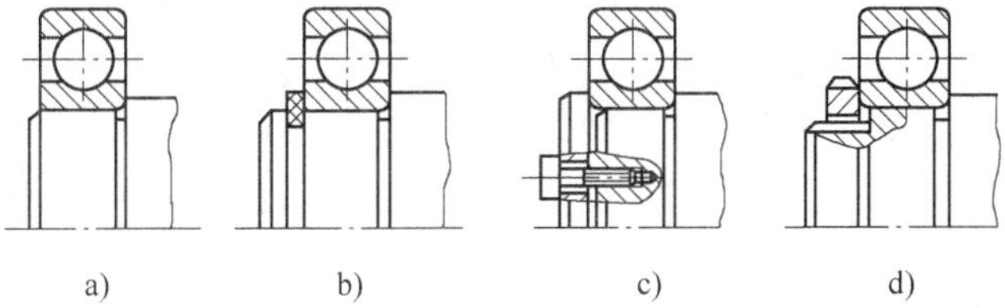

a)　b)　c)　d)

图　1-87

A. 图 a　　B. 图 b　　C. 图 c　　D. 图 d

12. 图 1-88 所示的轴承组合结构中，________结构容易拆卸轴承。

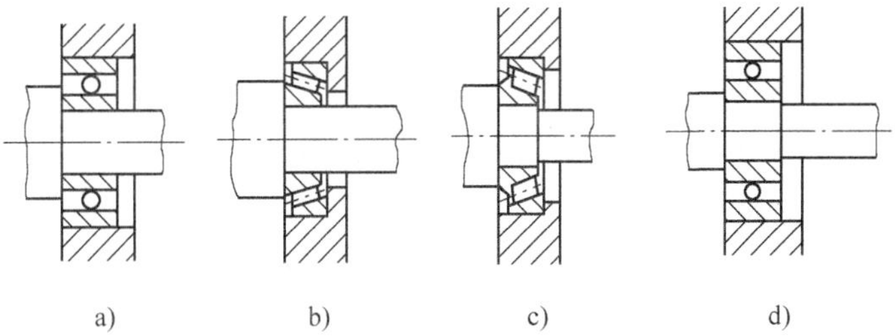

a)　b)　c)　d)

图　1-88

A. 图 a　　B. 图 b　　C. 图 c　　D. 图 d

13. 图 1-89 所示的结构是依靠________保证轴的轴向固定的。

A. 轴肩　　B. 轴承盖　　C. 挡油板　　D. 套筒

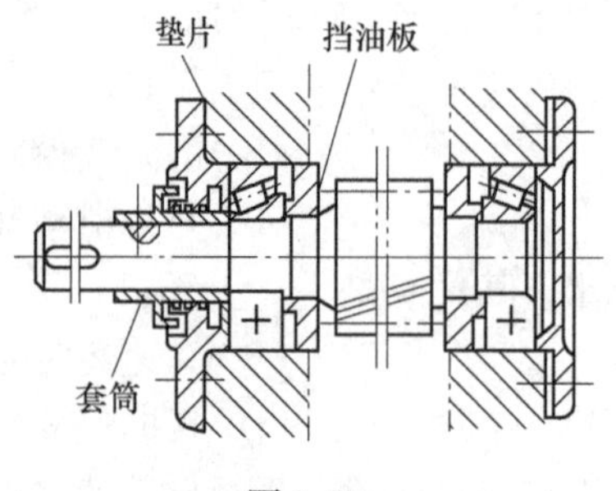

图 1-89

三、判断题

1. 轴的常用材料主要是碳钢和合金钢。 ( )

2. 轴肩或轴环能对轴上零件起准确定位作用。 ( )

3. 阶梯轴上安装传动零件的轴段称为轴颈。 ( )

4. 按轴线形状不同，轴能分为直轴、曲轴和软轴。 ( )

5. 按直轴承受载荷的不同，轴可以分为心轴、传动轴和转轴三种。 ( )

6. 滚动轴承的直径系列是指在外径相同时，内径的大小不相同的各轴承。 ( )

7. 当轴的支点跨度较大或两轴承孔的同轴度误差较大时，应选择调心轴承。 ( )

8. 调心滚动轴承既能承受轴向载荷，又能承受径向载荷。 ( )

9. 为了使滚动轴承可以拆卸，套筒外径不能小于轴承内圈外径。 ( )

10. 在滚动轴承的尺寸系列代号中，后置代号表示在内部结构、密封、公差等级等方面的补充。 ( )

四、综合题

1. 名词解释。

（1）轴

（2）转轴

（3）代号 7310C 的含义

2. 基本代号依次排列的顺序是什么？调心球轴承和圆柱滚子轴承的类型代号各是什么？

3. 滑动轴承按不同的要求是如何分类的？

4. 图1-90所示为一输出轴的一端。请：1）指出零件1、2、3、4、5的名称；2）说明齿轮在轴上的固定方式及所采用的结构；3）说明图中为何齿轮孔长要大于轴长，零件2的孔径要大于轴的直径？

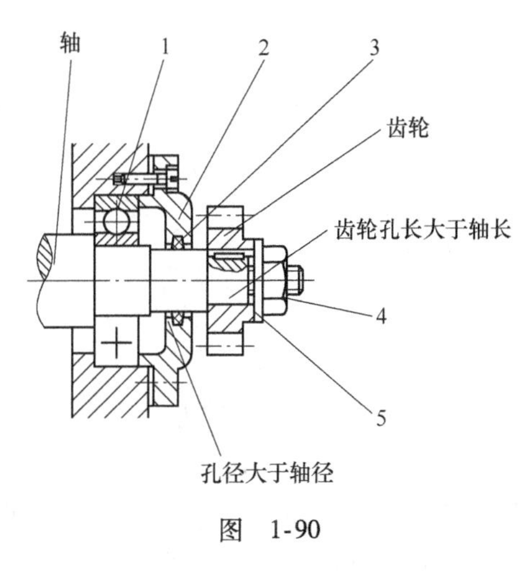

图　1-90

5. 对轴的材料有哪些基本要求？轴常见的材料有哪些？

第七单元　支承零部件测验卷

一、填空题（每空 1 分，共 36 分）

1. 轴是组成________中最基本和主要的零件，其功用有两点：一是支承________；二是传递________。

2. 轴的结构中，要求轴的受力合理，以利于提高轴的________和________。

3. 轴根据轴心线形状分为：________轴、________轴、________轴。

4. 轴的材料应具有足够的________，较小的应力集中敏感性和良好的________。

5. 圆螺母可作轴上零件的________固定，花键可作轴上零件的________固定。

6. 轴的强度计算目的是防止轴的________和________。

7. 轴的组成部分为：轴________、轴________、轴________、轴身和轴肩。

8. 应用于高速重载的轴承的供油方式是________。

9. 轴承按所受载荷的方向分为________轴承、________轴承、________轴承。

10. 润滑的目的是减少摩擦和磨损，降低________，________，________、吸振。

11. 滚珠轴承的组成部分主要有________、________、滚动体和保持架，其中常见的滚动体形状有________、________等。

12. 滚动轴承中类型代号“3”表示________轴承；类型代号“7”表示________轴承。

13. 滚动轴承主要有摩擦阻力________、起动灵敏、效率________、寿命比滑动轴承________等特点。

14. 滚动轴承代号的构成，依次排列为________、________和________。

二、选择题（每小题 1 分，共 15 分）

1. 将轴的结构设计成阶梯形的主要目的是________。

A. 便于轴的加工　B. 装拆零件方便　C. 提高轴的刚度　D. 为了外形美观

2. 一根较重要的轴在常温下工作，应选下列________材料。

A. Q135　B. 45 钢　C. Q255　D. 非铁金属

3. 轴上零件的定位方法有：1）轴肩和轴环；2）圆螺母；3）套筒；4）轴端挡圈等。其中有________方法是正确的。

A. 1 种　B. 2 种　C. 3 种　D. 4 种

4. 下列各轴中，________轴是心轴。

A. 自行车前轮的轴　B. 自行车的中轴

C. 减速器中的齿轮轴　D. 车床的主轴

5. 下列各轴中，________是传动轴。

A. 带轮轴　B. 蜗轮轴

C. 链轮轴　D. 汽车变速器与后桥之间的轴

6. ________滑动轴承能自动适应轴或机架工作时的变形及安装误差造成的轴颈与轴瓦

不同心的现象。

A. 整体式　　B. 剖分式　　C. 调心式　　D. 以上都不是

7. 整体式滑动轴承的特点是________。

A. 结构简单、制造成本低　　B. 拆装方便

C. 磨损后可调整径向间隙　　D. 比剖分式滑动轴承应用广泛

8. 为了引入润滑油并使其均匀分配到轴颈上，油槽应开设在________。

A. 承载区　　B. 非承载区

C. 端部　　D. 轴颈与轴瓦的最小间隙处

9. 下列________轴承可通过装配调整游隙。

A. 30000 型及 70000 型　　B. 10000 型及 20000 型

C. 10000 型及 30000 型　　D. 20000 型及 70000 型

10. 图 1-91 所示的起重机吊钩应选________。

A. 推力角接触球轴承　　B. 推力球轴承

C. 角接触球轴承　　D. 深沟球轴承

F=5000N

图 1-91

11. 若轴的转速高且承受较大的双向轴向载荷时，轴承内圈的固定采用图 1-92 ________所示的方法。

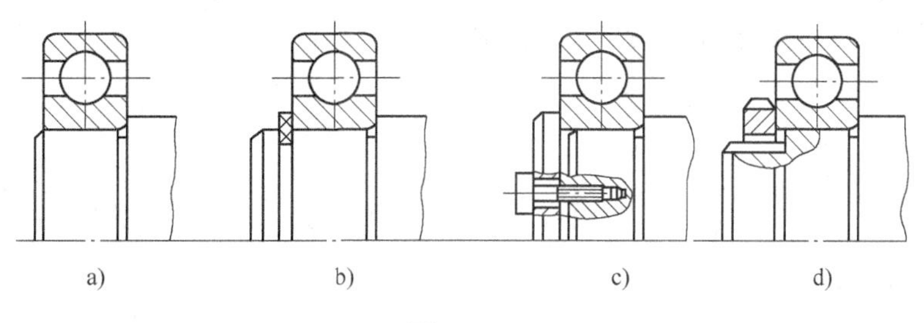

图 1-92

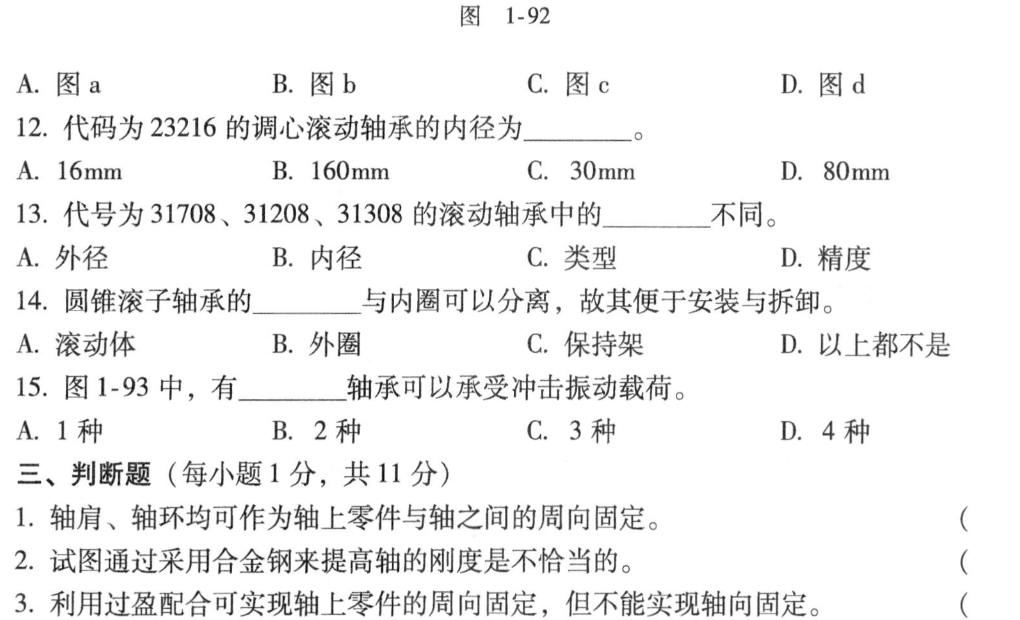

A. 图 a　　B. 图 b　　C. 图 c　　D. 图 d

12. 代码为 23216 的调心滚动轴承的内径为________。

A. 16mm　　B. 160mm　　C. 30mm　　D. 80mm

13. 代号为 31708、31208、31308 的滚动轴承中的________不同。

A. 外径　　B. 内径　　C. 类型　　D. 精度

14. 圆锥滚子轴承的________与内圈可以分离，故其便于安装与拆卸。

A. 滚动体　　B. 外圈　　C. 保持架　　D. 以上都不是

15. 图 1-93 中，有________轴承可以承受冲击振动载荷。

A. 1 种　　B. 2 种　　C. 3 种　　D. 4 种

三、判断题（每小题 1 分，共 11 分）

1. 轴肩、轴环均可作为轴上零件与轴之间的周向固定。　　(　　)

2. 试图通过采用合金钢来提高轴的刚度是不恰当的。　　(　　)

3. 利用过盈配合可实现轴上零件的周向固定，但不能实现轴向固定。　　(　　)

4. 用弹性挡圈实现轴上零件的轴向固定时，零件受到的轴向力较小。　　(　　)

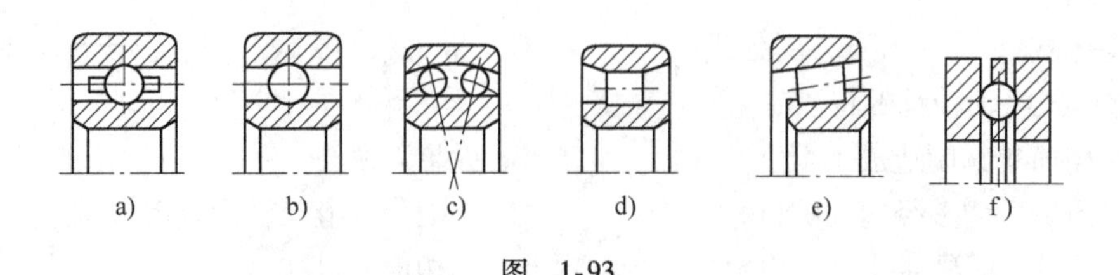

图 1-93

5. 心轴用来支承回转零件，只承受弯矩而不传递动力。 ( )

6. 非液体摩擦滑动轴承的主要失效形式是磨损与胶合。 ( )

7. 为使润滑油均匀分布在轴承工作表面上，应在轴瓦的承载区内开设油孔和油沟。 ( )

8. 圆锥滚子轴承能够承受一定的轴向载荷。 ( )

9. 结构尺寸相同时，球轴承比滚子轴承承载力强。 ( )

10. 滚动轴承基本代号右起第一、二位数表示轴承内径尺寸，其值为该两位数乘以5，但00~03除外。 ( )

11. 为首先满足使用的基本要求，尽可能选用材料好的球轴承。 ( )

四、综合题（本大题共7小题，共38分）

1. 名词解释

（1）心轴（4分）

（2）轴瓦（4分）

（3）代号23123/P5的含义（4分）

2. 以直轴为例，列出轴的结构有何要求（至少3条）？（6分）

3. 按一个轴承中滚动体的列数分，滚动轴承有哪几类？（6 分）

4. 简述润滑的目的，并列出动压轴承常用的供油方式（至少3 种）。（6 分）

5. 图 1-94 中 1、2、3、4 处轴的结构是否合理？不合理之处请提出解决方案。（8 分）

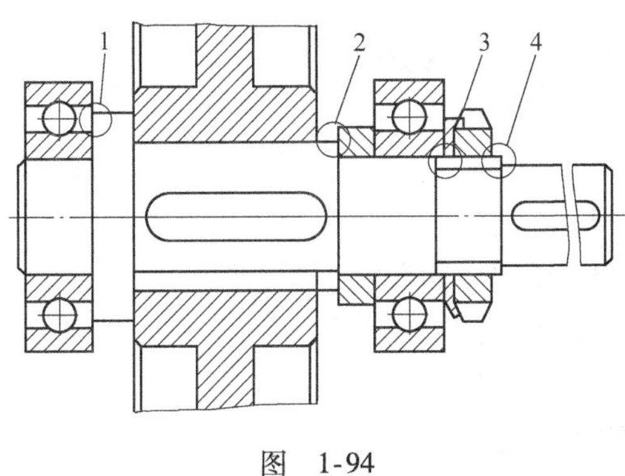

图 1-94

第八单元

机械的节能环保与安全防护

【考纲要求】

1. 了解机械润滑常识，掌握油润滑的6种方式。
2. 掌握机械的密封常识，密封的目的和旋转动密封的分类。
3. 了解机械环保与安全防护常识。

【知识要点】

知识要点一：机械润滑剂的作用与分类。

常见题型

例1：润滑剂是指用于________、________和________机械摩擦部分的物质，常用的工业润滑剂一般有________和________。

参考答案：润滑　冷却　密封　润滑油　润滑脂

知识要点二：润滑油的主要性能指标。

常见题型

例2：润滑剂最重要的性质是________。

A. 压力　　B. 黏度　　C. 压缩性　　D. 密度

参考答案：B

知识要点三：油润滑的方法。

常见题型

例3：常用的油润滑方式有________、________、________、________、________和________6种。

参考答案：手工加油润滑　滴油润滑　油环润滑　油浴和飞溅润滑　喷油润滑　压力强制润滑

知识要点四：密封的分类。

常见题型

例4：密封可分为________和________两大类。

参考答案：静密封　动密封

知识要点五：机械环保的“三废”。

常见题型

例5：常说的“三废”是指________、________和________。

参考答案：废气　废水　固体废弃物

【巩固练习】

第八单元 机械的节能环保与安全防护练习卷

一、填空题

1. 润滑的方式有________和________。

2. 润滑管理的“五定”主要是指________、________、________、________和________。

3. 密封的目的在于阻止________和________的泄漏，防止灰尘、水分等杂物侵入机器。

4. 旋转动密封可分为________和________两类。

5. 接触式密封可分为________、________和________3种，非接触式密封可分为________和________。

6. 降低机械振动和抑制噪声的方法主要有________、________、________、________和________。

二、选择题

1. 常用于高速滚动轴承、齿轮传动的润滑方式为________。

A. 油绳、油垫润滑　　B. 针阀式注油油杯润滑

C. 油浴、溅油润滑　　D. 油雾润滑

2. 滚动轴承有80%采用________润滑。

A. 润滑脂　　B. 润滑油　　C. 乳化油　　D. 矿物油

3. 主要用于轴线速度 $v<20\text{m/s}$、工作温度低于100℃的油润滑的密封是________。

A. 毡圈密封　　B. 唇形密封圈密封　　C. 机械密封　　D. 沟槽密封

三、判断题

1. 通常在转速低、载荷高时采用黏度较低的润滑油。 (　　)

2. 油绳、油垫润滑用于载荷、速度较大的场合。 (　　)

3. 密封的目的主要是防止杂物侵入机械。 (　　)

4. 密封方式一般都是独立使用的，不可组合使用。 (　　)

5. 机械的“三废”一般都是无用的废弃物，已没有回收的价值了。 (　　)

6. 对于要求不高、不易损坏的机械，可采用简易包装；对于要求较高的机械产品采用木箱包装，还要求防水、防潮。 (　　)

四、简答题

1. 润滑油的主要性能指标有哪几项？

2. 以保证人身安全为前提条件，合理使用机械设备，可以从哪几方面入手？

第八单元　机械的节能环保与安全防护复习卷

一、填空题

1. 用于润滑、冷却和密封机械________的物质称为________。

2. 润滑油最主要的性能指标是________，国家标准把温度在________时的整数值作为其牌号。

3. 润滑脂是________与________、________等的膏状混合物。

4. 润滑系统是机器或机组的多个摩擦点供送润滑剂的系统，包括将润滑剂________、________、________、以一定压力输送和分配到各润滑点进行润滑，并对润滑情况进行________、________、________等的整套装置。

5. 两零件结合面间没有相对运动的密封称为________。

二、选择题

1. 常用于闭式齿轮传动、蜗杆传动和内燃机的润滑方式为________。

A. 油环润滑　　B. 针阀式注油油杯润滑

C. 油浴、溅油润滑　　D. 油雾润滑

2. 定期加油将设备的油杯、手泵、手按油阀和机床导轨、光杠等处________加油 1 ~ 2 次。

A. 每班　　B. 每星期　　C. 每月　　D. 每年

3. 主要用于轴线速度 $v<10\text{m/s}$、工作温度低于 125℃的油润滑的密封是________。

A. 毡圈密封　　B. 唇形密封圈密封　　C. 机械密封　　D. 沟槽密封

三、简答题

1. 常用的润滑剂分为哪几种？各有哪些性能指标？

2. 机械“三废”的减少及回收的方法主要有哪些？

第八单元 机械的节能环保与安全防护测验卷

一、**填空题**（每空2分，共60分）

1. 在一般机械中，常用的润滑剂有________、________。

2. 润滑油最主要的性能指标是________，国家标准把温度在________时的整数值作为其牌号。

3. 常用的油润滑方式有________、________、________、________、________和________6种。

4. 润滑脂的加脂方式有________、________和集中润滑系统供脂。

5. 密封的目的在于阻止________和________泄漏，防止________、________等杂物侵入机器。

6. 静密封有________、________、________3种密封方式。动密封有________、________和________3种。

7. 接触式密封可分为________、________和________3种，非接触式密封可分为________和________。

8. 常说的“三废”是指________、________和________。

二、**选择题**（每小题4分，共20分）

1. 滚动轴承有80%用________润滑。

A. 润滑脂　　B. 润滑油　　C. 乳化油　　D. 矿物油

2. 衡量润滑油黏度随温度变化程度的指标是________。

A. 黏度　　B. 闪点　　C. 黏度指数　　D. 凝点

3. 下面不是机械密封的特点的是________。

A. 密封性能好　　B. 结构简单，易于更换

C. 摩擦损耗小　　D. 工作寿命长

4. 机械对环境的污染会产生________。

A. 化学污染　　B. 物理污染　　C. 生物污染　　D. 以上三种

5. 以下________是在操作机械设备时违反安全制度建设的。

A. 必须穿工作服上班　　B. 不留长辫子

C. 不穿高跟鞋　　D. 戴手套操作旋转机床

三、**简答题**（每小题10分，共20分）

1. 选用润滑油要考虑哪些方面的因素？

2. 润滑管理的“五定”内容是什么？

第九单元

液压传动

【考纲要求】

1. 了解液压传动的工作原理、基本参数和传动特点。
2. 理解液压传动系统的组成及元件符号。
3. 了解液压动力元件、执行元件、控制元件和辅助元件的结构，理解其工作原理。
4. * 了解液压传动基本回路的组成、特点和应用。
5. * 能识读一般液压传动系统图。
6. 能用液压元件搭建简单常用回路。

【知识要点】

知识要点一：液压传动的工作原理及特点。

常见题型

例 1：液压传动的工作原理是以________作为工作介质，依靠________的变化来传递________，依靠________来传递________。

参考答案：油液　密封容积　运动　油液内部的压力　动力

知识要点二：液压传动的基本参数。

常见题型

例 2：液压传动的两个重要参数是________和________。液流连续性原理是指____________________。

参考答案：压力　流量　液体流过无分支管道时在任一截面上的流量是相等的

知识要点三：液压传动系统的组成及元件符号。

常见题型

例 3：一般液压传动系统除油液外，应由哪些部分组成？各部分的功用是什么？

参考答案：见表 1-4。

表 1-4　题 3 表

名　　称	功　　用
动力部分（液压泵）	输入的机械能转换为液压能，是系统的能源
执行部分（液压缸或液压马达）	将液压能转换为机械能，输出直线运动或旋转运动
控制部分（控制阀）	控制液体压力、流量和方向
辅助部分（油箱、管路等）	输送液体、储存液体、过滤液体、密封等，以保证液压系统正常工作所必需的部分

知识要点四：液压泵的结构和工作原理。

常见题型

例4：液压泵是将原动机输出的________转换成________的________装置，属于________元件。按结构形式的不同，常见的液压泵有________、________、________。

参考答案：机械能　液压能　能量转换　动力　齿轮泵　叶片泵　柱塞泵

知识要点五：液压缸的结构和工作原理。

常见题型

例5：差动液压缸________。

A. 推力等于液压缸工作压力与活塞面积的乘积

B. 总是向无杆腔方向移动

C. 速度快、推力大，适于快速进给系统

D. 推力等于液压缸工作压力与活塞杆面积的乘积

参考答案：D

知识要点六：液压控制阀的结构和工作原理。

常见题型

例6：当液压系统中某一分支油路需要低于主油路压力时，则需在分支油路上安装________。

A. 溢流阀　　B. 减压阀　　C. 顺序阀　　D. 调速阀

参考答案：B

知识要点七：液压辅件的结构和工作原理。

常见题型

例7：下列液压元件中，________不是液压辅助元件。

A. 过滤器　　B. 焊接钢管　　C. 压力表　　D. 溢流阀

参考答案：D

知识要点八：液压传动基本回路的组成、特点和应用。

常见题型

例8：液压基本回路按功能分为________、________、________和________4类。

参考答案：方向控制回路　压力控制回路　速度控制回路　多执行元件控制

知识要点九：简单液压传动系统的分析。

常见题型

例9：如图1-95所示的液压系统，回答下列问题：1）说明图中各序号元件的名称及作用；2）分析本系统由哪些基本回路组成。

参考答案：

1）图中各序号元件的名称及作用为：

1——油箱：储油、散热、分离油液中的气体和沉淀油液中的杂质等。

2——精过滤器：滤清油液中的杂质，保证系统管路畅通，以提高系统工作的可靠性和液压元件的寿命。

3——单向定量泵：将原动机输出的机械能转换为液压能，以驱动执行元件运动。

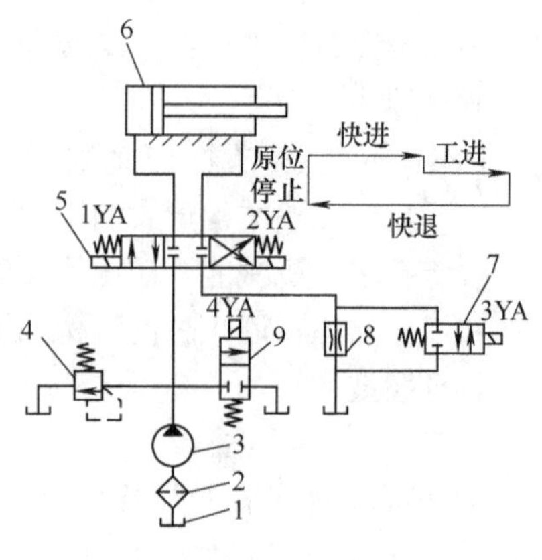

图 1-95

4——溢流阀：溢流、稳压，保证系统压力恒定；限压保护，防止系统过载。

5——三位四通电磁换向阀：换向、闭锁作用。

6——单出杆活塞式液压缸：将液压能转换为机械能，输出直线运动。

7——二位二通电磁阀：卸载作用。

8——节流阀：控制工进速度。

9——二位二通电磁阀：换向（快进、快退控制）。

2）基本回路包括换向回路、闭锁回路、调压回路、卸载回路、回油节流调速回路和快慢速度换接回路。

【巩固练习】

第一节　液压传动的基本知识练习卷

一、填空题

1. 液压传动的工作原理是以________作为工作介质，依靠密封容积的________来传递运动，依靠油液内部的________来传递动力。

2. 液压传动装置实质是一种________，它先将________转换成________，然后再将________转换为________。

3. 液压油是液压系统的________，也是液压元件的________和________。

4. 液压系统中某处油液压力的大小取决于________；当活塞的有效作用面积一定时，活塞的运动速度决定于流入液压缸中的________。

5. 在液压传动中，油液的压力与负载成________比。

6. 油液通过不同截面积的通道时，各截面油液的平均流速与通道的截面积成________比，即面积小的截面，油液的平均流速________；面积大的截面，油液的平均流速________。

二、选择题

1. 活塞有效作用面积一定时，活塞的运动速度取决于________。

A. 液压泵的输出流量　　B. 液压缸中油液的压力

C. 负载阻力的大小　　D. 进入液压缸的流量

2. 液压系统的控制元件是________。

A. 电动机　　B. 液压阀　　C. 液压缸或液压马达　　D. 液压泵

3. 密封容器中静止油液受压时________。

A. 任意一点受到各个方面的压力均不等

B. 内部压力不能传递动力

C. 压力方向不一定垂直于受压面

D. 能将一处受到的压力等值传递到液体的各个部位

4. 液压传动可以实现大范围的________。

A. 无级调速　　B. 调速　　C. 有级调速　　D. 分级调速

5. 下列油液特性错误的提法是________。

A. 在液压传动中，油液可近似看做不可压缩

B. 粘性是油液流动时内部产生摩擦力的性质

C. 液压传动中，压力的大小对油液的流动性影响不大，一般不予考虑

D. 油液的黏度与温度变化有关，油温升高，黏度变大

6. 液压传动的特点是________。

A. 可与其他传动方式联合使用，但不易实现远距离操纵和自动控制

B. 速度、转矩、功率均可作无级调节

C. 能迅速转向、变速，传动准确、效率高

D. 不能实现系统过载保护与保压

7. 液压传动与机械传动、电气传动比较，不属于其优点的是________。

A. 易于获得很大的力　　B. 易于在较大范围内实现无级变速

C. 传动比较恒定、准确　　D. 便于频繁换向和自动防止过载

8. 液压泵吸油过程中，下列说法正确的是________。

A. 油箱必须和大气相通　　B. 油箱必须密封，不能和大气相通

C. 负载必须大于油路阻力　　D. 负载必须小于油路阻力

9. 油液流过不同截面积的通道时，各个截面积处的压力与通道的截面积________。

A. 成反比　　B. 成正比　　C. 相等　　D. 无关

10. 当负载不变时，若液压缸活塞的有效工作面积增大，液压缸中油液的压力________。

A. 变大　　B. 变小　　C. 不变

D. 随活塞的运动速度的变化而变化

三、判断题

1. 液压传动具有良好的自润滑和实现自动过载保护的特点。（　）
2. 液压传动系统中，油液流动必然引起能量损失。（　）
3. 液压传动可作大范围无级调速。（　）
4. 液压系统中，动力元件是液压缸，执行元件是液压泵，控制元件是油箱。（　）
5. 油液流经无分支的管道时，管道截面积小的地方平均流速大。（　）
6. 液压千斤顶中，作用在小活塞上的力越大，大活塞的运动速度越快。（　）
7. 活塞的运动速度和油液的压力有关。压力越大，活塞的移动速度越大。（　）
8. 驱动液压泵的电动机所需的功率比液压泵的输出功率大。（　）
9. 活塞有效作用面积一定时，活塞的运动速度取决于液压泵的输出流量。（　）

四、简答题

1. 简述液压传动的工作原理。

2. 简述液压传动的优点。

第二节　液压元件练习卷

一、填空题

1. 液压缸是将________转变为________的________转换装置，属于________元件，按结构特点的不同，可分为________式、________式和________式3种。

2. 液压泵是靠________的变化来实现________和________的，所以称为容积泵。

3. 叶片泵工作压力比齿轮泵________，流量脉动________，工作________。

4. 外啮合齿轮泵具有承受________力，磨损________，泄漏________，工作压力提高________的缺点。

5. 柱塞泵分为________柱塞泵和________柱塞泵。与齿轮泵和叶片泵相比，柱塞泵工作压力________。

6. 液压缸由________和________，________和________，________、________与________组成。

7. 活塞式液压缸分为________活塞式液压缸和________活塞式液压缸。

8. 双出杆活塞式液压缸左右移动时的________和________均相等，这主要是由于两腔________相等而实现的。

9. 两腔同时通压力油，利用________进行工作的________称为差动液压缸。

10. 液压缸常用的密封方法为________和________两类。

11. 液压缸差动连接使工作台快进和快退的速度相等，则活塞直径 D 与活塞杆直径 d 之间的关系是 $D=$________ d。

12. 液压控制阀是液压系统的________元件，是用来控制液压系统中油液的________，并调节其________和________的液压阀。根据用途和工作特点的不同，液压阀可分为三大类：________、________和________。

13. 方向控制阀是控制________的阀，包括________和________两种。

14. 压力控制阀是利用________和________相平衡的原理来实现系统压力的控制的，常见的有________、________和________。

15. 流量控制阀依靠改变阀口________的大小来调节通过阀口的________，从而调节________的运动速度，常见的有________和________等。

16. 溢流阀在液压系统中的作用主要是________和________。

17. 直动式溢流阀用于________压系统，先导式溢流阀常用于________、________压系统或远程控制系统。

18. 溢流阀起安全保护作用时，其调定压力通常比系统的最高工作压力高出________。

19. 顺序阀的主要作用是使两个以上的执行元件按________实现顺序动作。

20. 减压阀的________压力低于________压力，减压阀串联在支系统中，使支系统的压力________主系统的压力，并起到稳压的作用。

21. 在液压传动中，要降低整个系统的工作压力应使用________，而要降低局部系统的压力一般使用________。

二、选择题

1. 外啮合齿轮泵的特点是________。

A. 结构紧凑、流量调节方便

B. 噪声较小，输油量均匀，体积小，质量轻

C. 不存在径向不平衡力

D. 价格低廉，工作可靠，自吸能力弱，多用于低压系统

2. 柱塞泵的特点是________。

A. 流动量大且均匀，一般用于低压系统　　B. 结构复杂，对油液质量要求不高

C. 价格便宜，应用较广　　D. 工作压力高，流量范围较大，效率高

3. 叶片泵的特点是________。

A. 流动量小且均匀，一般用于低压系统

B. 结构复杂，对油液质量要求高

C. 工作平稳，噪声高，寿命长，易于实现变量

D. 以上都是

4. 不可以实现变量的液压泵有________。

A. 外啮合齿轮泵　　B. 叶片泵　　C. 径向柱塞泵　　D. 轴向柱塞泵

5. 将单出杆活塞式液压缸的左右两腔接通，同时引入压力油，可使活塞获得________。

A. 快速移动　　B. 慢移动　　C. 停止不动　　D. 不确定

6. 液压系统中的控制元件是________。

A. 电动机　　B. 液压阀　　C. 液压缸　　D. 液压泵

7. 减压阀________。

A. 在常态下阀口是常闭的

B. 依靠其自动调节节流的大小，使被控压力保持恒定

C. 不能看做稳压阀

D. 出口压力高于进口压力并保持恒定

8. 溢流阀________。

A. 阀口常开　　B. 进、出口均通压力油

C. 安装在液压缸回油路上

D. 阀芯随系统压力变动而移动，使压力稳定

9. 顺序阀________。

A. 出油口一般通往油箱

B. 内部泄漏时无单独泄油口，可直接通过出油口回油箱

C. 阀打开后油压可继续升高

D. 当进口压力低于调定压力时，阀开启

10. 调速阀是由________组成的。

A. 可调节流阀与单向阀串接　　B. 减压阀与可调节流阀串接

C. 减压阀与可调节流阀并接　　D. 可调节流阀与单向阀并接

11. ________是利用液压力与弹簧力相平衡的原理工作的。

A. 换向阀　　B. 溢流阀　　C. 节流阀　　D. 调速阀

12. 在液压系统中，________可用于防止系统过载的安全保护。

A. 单向阀　　B. 顺序阀　　C. 节流阀　　D. 溢流阀

13. 高压液压系统应当选用________。

A. 橡胶软管　　B. 尼龙管　　C. 无缝钢管　　D. 焊接钢管

三、判断题

1. 液压泵输出的是液压能。（　）
2. 输出流量可以调节的液压泵是变量泵。（　）
3. 齿轮泵多用于高压系统，柱塞泵多用于中压系统。（　）
4. 齿轮泵、叶片泵和柱塞泵都可以实现变量。（　）
5. 外啮合齿轮泵中，齿轮不断进入啮合一侧的油腔是吸油箱。（　）
6. 实心的双出杆活塞式液压缸，采用的是杆固定。（　）
7. 单出杆活塞式液压缸，活塞往返运动速度不同，推力相同。（　）
8. 油箱必须与大气相通或采用密闭的冲压油箱。（　）
9. 液压传动系统中，采用密封装置的主要目的是为了防止灰尘的进入。（　）
10. 缓冲装置常用于大型、高压或高精度的液压设备中。（　）
11. 单向阀可变换液流流动方向，接通或关闭油路。（　）
12. 只有在高压下，单向阀才能开启工作。（　）
13. 当控制口有压力油时，液控单向阀油液就可实现双向通油。（　）
14. 溢流阀安装在液压泵的出口处，起稳压和安全保护作用。（　）
15. 溢流阀作安全阀时，控制的是系统的超载压力。（　）
16. 通常减压阀的出口压力近于恒定。（　）
17. 减压阀的作用是为了降低整个系统的压力。（　）
18. 顺序阀打开后，油液压力不再继续升高。（　）
19. 蓄能器和油箱一样，都是存储液压油的装置。（　）
20. 过滤器应当安装在系统的回油管上，以防止油液中的杂质流入油箱。（　）

四、简答题

1. 简述要保证液压泵正常工作必须满足的条件。

2. 画出下列液压元件的图形符号（表1-5）。

表1-5　题2表

单向定量泵	溢流阀	减压阀	单向阀	顺序阀

3. 简述溢流阀与顺序阀的区别之处。

第三节 液压基本回路及液压系统练习卷

一、填空题

1. 液压基本回路是由一些________组成并能完成________的典型油路结构，按其功能可以分为________回路、________回路、________回路和________回路。

2. 控制液流的________、________和________的回路称为方向控制回路。

3. 换向阀的作用是利用________的运动，使油路________或________，使液压执行元件实现________、________或变换运动方向。

4. 三位四通换向阀阀芯处于________时，各油口的连接关系称为________。常用的形式有________、________、________、________、________。

5. 换向阀常用的操纵控制方式有________、________、________、________和________。

6. 卸荷回路一般采用________控制，能起卸荷作用的滑阀机能有________和________两种。

二、选择题

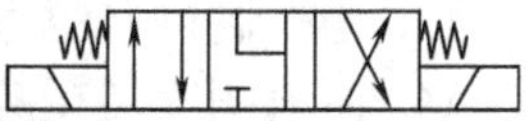

1. 如图 1-96 所示的图形符号表示________。

图 1-96

A. 三位四通电磁换向阀　　B. 四位三通电磁换向阀

C. 三位四通“P”型电磁换向阀　　D. 三位五通电磁换向阀

2. 卸荷回路________。

A. 不能用换向阀来实现卸荷

B. 可采用滑阀机能为“P”或“M”型换向阀来实现

C. 可节省动力消耗，减少系统发热，延长液压泵使用寿命

D. 可使系统获得较低的工作压力

3. 下面属于方向控制回路的是________。

A. 换向和闭锁回路　　B. 调压和卸荷回路

C. 减压和顺序回路　　D. 调速和速度换接回路

4. 下面属于压力控制回路的是________。

A. 调压和卸荷回路　　B. 换向和闭锁回路

C. 减压和调速回路　　D. 节流和容积调速回路

5. 闭锁回路所采用的主要液压元件是________。

A. 顺序阀和溢流阀　　B. 减压阀和压力继电器

C. 换向阀和液控单向阀　　D. 溢流阀或调速阀

三、判断题

1. 换向阀可控制工作台前进、后退或启停。（　　）

2. 闭锁回路属于方向控制回路，可采用滑阀机能为“O”型或“M”型换向阀来实现。（　　）

3. 节流调速回路调速性能好，速度稳定性高。（　　）

4. 用调速阀代替节流阀，可使节流调速回路活塞的运动速度不随负载变化而产生波动。 ( )

5. 用压力控制的顺序动作回路动作可靠性较好，在同一系统中可多次使用。 ( )

四、简答题

1. 根据图 1-97 所示的液压系统，回答下列问题：1）说明图中各序号元件的名称；2）分析该系统由哪些基本回路组成。

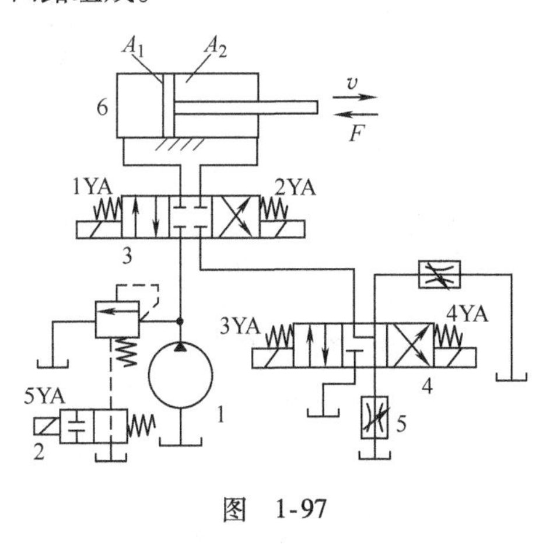

图 1-97

2. 将图 1-98 所示的管路连接图中的液压元件组成能实现“快进→工进→快退→停止卸荷”工作循环的液压系统。

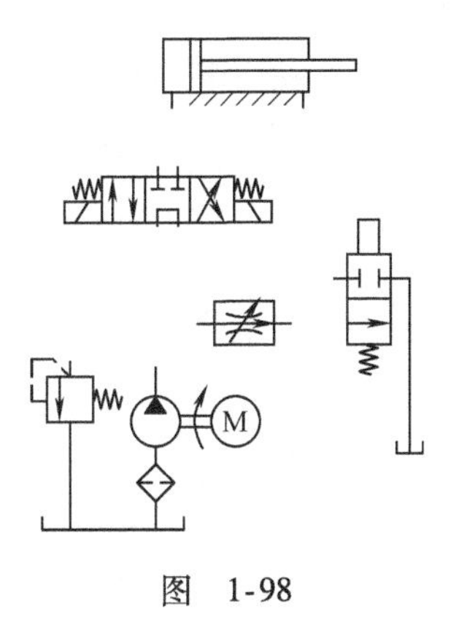

图 1-98

3. 图 1-99 所示液压系统可实现“快进→工进→快退→原位停止及液压泵卸荷”的工作循环，请填写电磁铁的动作顺序表 1-6。

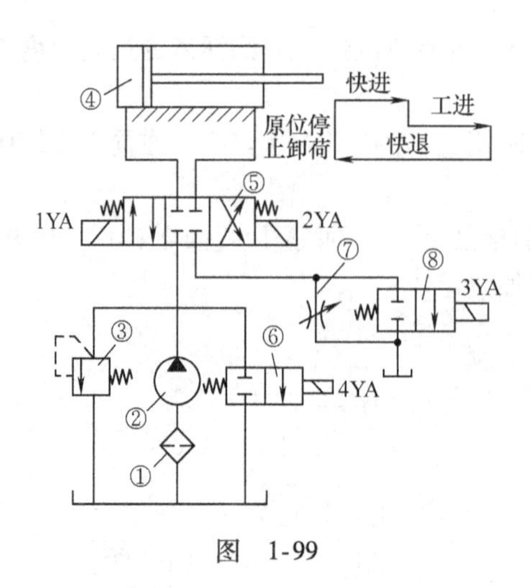

图 1-99

表 1-6 电磁铁的动作顺序表

电磁铁 动作	1YA	2YA	3YA	4YA
快进				
工进				
快退				
原位停止				
液压泵卸荷				

第九单元 液压传动复习卷

一、填空题

1. 液压传动除油液外，由________、________、________和________组成。

2. 液压泵是靠________的变化来实现________和________的，所以称为容积泵。

3. 按结构形式分，液压泵可分为________、________、________等。

4. 两腔同时通压力油，利用________进行工作的________称为差动液压缸。

5. 减压阀串联在支系统中，使支系统的压力________主系统的压力，并保持其近于恒定。

6. 根据用途不同，液压控制阀可分为三大类，即________、________和________。

7. 方向控制阀是用来________________，包括________和________。

8. 辅助元件主要包括________、________、________和________等。

9. 调速回路主要有________、________和________三种方式。

10. 压力控制回路包括________、________、________和________等。

11. 方向控制回路包括________和________，它们的作用是控制液流的________、________和流动方向。

二、选择题

1. 液压系统的动力元件是________。

A. 液压阀　B. 液压泵　C. 电动机　D. 液压缸或液压马达

2. 双作用叶片泵________。

A. 定子与转子间有偏心距　B. 为变量泵

C. 转子每转一周，每个密封容积完成两次吸油和两次压油过程

D. 是非卸荷泵

3. 液压传动与机械传动、电气传动比较，不属于其优点的是________。

A. 能随时进行大范围无级调速　B. 可自动实现过载保护

C. 传动比较恒定、准确　D. 易于获得很大的力

4. 绘制液压系统图一般采用元件________。

A. 实物图　B. 图形符号　C. 原理图　D. 结构图

5. 液压传动的特点是________。

A. 结构紧凑，不能在低速下稳定运动　B. 不能随时进行大范围无级调速

C. 不能实现远距离操纵和自动控制　D. 速比不如机械传动准确

6. 液压系统的执行元件是________。

A. 液压阀　B. 液压泵　C. 电动机　D. 液压缸

7. 要实现工作台往复运动速度不一致，可采用________。

A. 双出杆活塞式液压缸　B. 单出杆活塞式液压缸

C. 差动液压缸（当 $D=\sqrt{2}d$ 时）　　D. 组合柱塞缸

8. 按下述要求选择适当的三位滑阀。

中位时实现差动连接________；中位时各油口封闭、液压缸锁紧，液压泵不卸荷________；中位时液压缸两端油口封闭，液压缸锁紧，液压泵卸荷________。

A. “P”型　B. “O”型　C. “H”型　D. “M”型

9. 当液压系统中某一分支油路需要低于主油路压力时，则需在分支油路上安装________。

A. 溢流阀　B. 减压阀　C. 顺序阀　D. 调速阀

10. 下列液压元件中，________不是液压辅助元件。

A. 过滤器　B. 焊接钢管　C. 压力表　D. 溢流阀

11. 卸载回路________。

A. 可采用中位机能为“P”型或“M”型换向阀来实现

B. 可节省动力消耗，减少系统发热，延长液压泵使用寿命

C. 可使系统获得较低的工作压力

D. 不能用换向阀来实现卸载

12. 为了能使执行元件在任意位置上停止及防止其停止后发生窜动，可采用________。

A. 调压回路　B. 卸载回路　C. 闭锁回路　D. 回油节流调速回路

三、简答题

1. 简述液压泵的工作原理、类型及液压泵的图形符号。

2. 简述液压缸的功用及液压缸的主要类型。

3. 方向阀在系统中的作用是什么？单向阀、换向阀的工作原理是什么？单向阀、换向阀的图形符号如何表示？

4. 识读表 1-7 中换向阀的符号，并写出阀的名称。

表 1-7　题 4 表

图形符号	名称	图形符号	名称
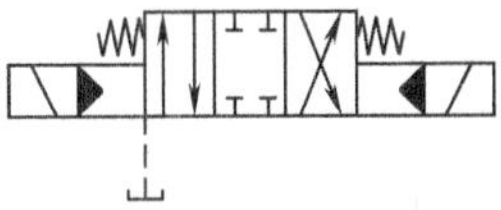		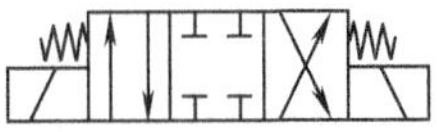	
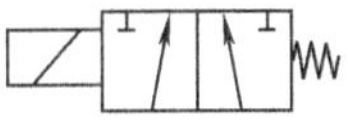		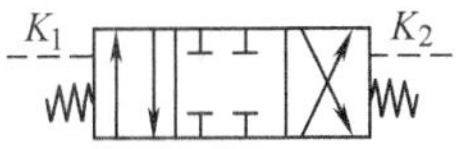 K_1 K_2	
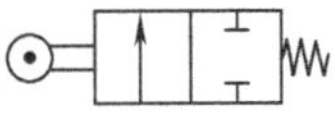		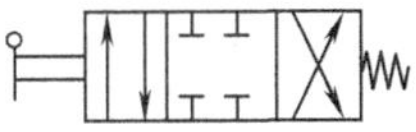	

5. 压力控制阀在系统中的作用是什么？常用的压力控制阀包括哪些？

6. 节流阀在系统中的作用是什么？简述节流阀、调速阀的工作原理，节流阀与调速阀图形符号如何表示？

7. 液压系统中的主要辅件有哪些？它们的主要功用分别是什么？

8. 何谓液压基本回路？常用的基本回路按用途可分为哪几类？

9. 对图 1-100 所示的组合机床动力滑台液压系统进行分析，并回答如下问题：1）说明图中各序号元件的名称；2）分析本系统由哪些基本回路组成。

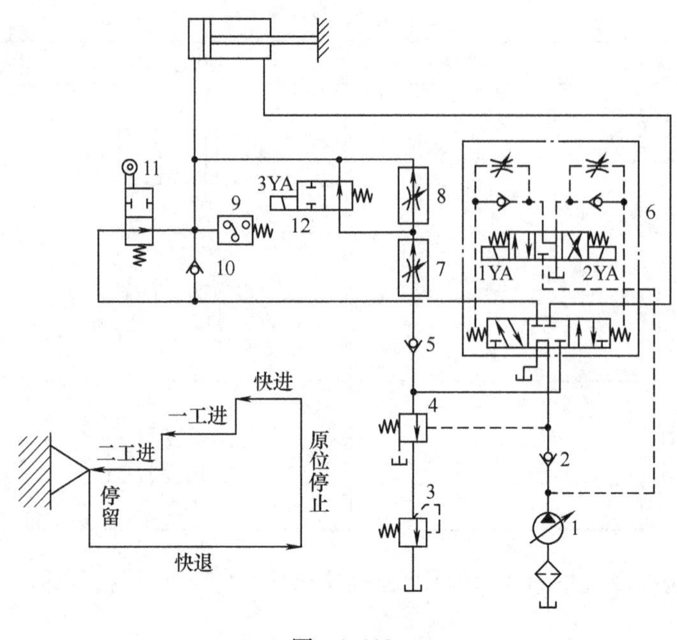

图 1-100

第九单元　液压传动测验卷

一、填空题（每空 1 分，共 43 分）

1. 液压传动的工作原理是以________作为工作介质，依靠密封容积的________来传递运动，依靠油液内部的________来传递动力。

2. 液压系统主要由________、________、________和________组成。

3. 液压泵是将原动机输出的________转换成________的装置，属于________元件。

4. 液压缸是将________转变为________的转换装置，属于________元件，按结构特点的不同，可分为________式、________式和________式 3 种。

5. 液压控制阀是液压系统的________元件，用来控制液压系统中油液的________，并调节其________和________；根据用途和工作特点的不同，可分为 3 大类：________、________和________。

6. 溢流阀在液压系统中的作用主要是________和________。

7. 常用的液压基本回路按功能分为________、________、________和________。

8. 换向阀的作用是利用________的运动，使油路________或________，使液压执行元件实现________、________或变换运动方向。

9. 三位四通换向阀阀芯处于________时，各油口的连接关系称为________。常用的形式有________、________、________、________、________。

10. 压力控制阀的共同特点是利用作用在阀芯上的________和________相平衡的原理来进行工作的。

二、选择题（每小题 2 分，共 20 分）

1. 液压系统的控制元件是________。

A. 电动机　　B. 液压阀　　C. 液压缸或液压马达　　D. 液压泵

2. 活塞有效作用面积一定时，活塞的运动速度取决于________。

A. 液压泵的输出流量　　B. 液压缸中油液的压力

C. 负载阻力的大小　　D. 进入液压缸的流量

3. 密封容器中静止油液受压时________。

A. 任一点受到各个方面的压力均不等　B. 内部压力不能传递动力

C. 压力方向不一定垂直于受压面

D. 能将一处受到的压力等值传递到液体的各个部位

4. 液压传动可以实现大范围的________。

A. 无级调速　　B. 调速　　C. 有级调速　　D. 分级调速

5. 油液流过不同截面积的通道时，各个截面的流速与截面积成________。

A. 正比　　B. 反比　　C. 无关

6. 减压阀________。

A. 在常态下阀口是常闭的
B. 依靠其自动调节节流的大小，使被控压力保持恒定
C. 不能看做稳压阀
D. 出口压力高于进口压力并保持恒定
7. 溢流阀________。
A. 阀口常开　　B. 进、出口均通压力油
C. 安装在液压缸回油路上　　D. 阀芯随系统压力变动使压力稳定
8. 采用滑阀机能为“O”或“M”型的换向阀能使________锁紧。
A. 液压泵　　B. 液压缸　　C. 油箱　　D. 溢流阀
9. 闭锁回路所采用的主要液压元件是________。
A. 换向阀和液控单向阀　　B. 溢流阀和减压阀
C. 顺序阀和压力继电器
10. 柱塞泵的特点是________。
A. 流动量大且均匀，一般用于低压系统
B. 结构复杂，对油液质量要求不高
C. 价格便宜，应用较广
D. 工作压力高，流量范围较大，效率高

三、判断题（每小题 1 分，共 10 分）

1. 液压系统压力的大小取决于液压泵的额定工作压力。（　）
2. 活塞有效作用面积一定时，活塞的运动速度取决于液压泵的输出流量。（　）
3. 齿轮泵多用于高压系统，柱塞泵多用于中压系统。（　）
4. 液压传动系统中，采用密封装置的主要目的是为了防止灰尘的进入。（　）
5. 单向阀可变换液流流动方向，接通或关闭油路。（　）
6. 静止油液中，油液的压力方向不总是垂直于受压面。（　）
7. 液压系统中，动力元件是液压缸，执行元件是液压泵，控制元件是油箱。（　）
8. 换向回路、卸荷回路均属于速度控制回路。
9. 液压千斤顶中，作用在小活塞上的力越大，大活塞的运动速度越快。（　）
10. 差动连接的单出杆活塞缸，可使活塞实现快速运动。（　）

四、画出表 1-8 中液压元件的图形符号（每小题 2 分，共 10 分）

表 1-8　题四表

单向定量泵	溢流阀	减压阀	单向阀	三位四通“O”型电磁阀

五、分析、计算题（本大题共 2 题，共 17 分）

1. 如图 1-101 所示的液压系统中，液压泵的铭牌参数 $q=18\text{L/min}$，$p=6.3\text{MPa}$，假设活塞直径 $D=90\text{mm}$，活塞杆直径 $d=60\text{mm}$，在不计压力损失且 $F=28000\text{N}$ 时，求在各图示情况下压力表的指示压力。（9 分）

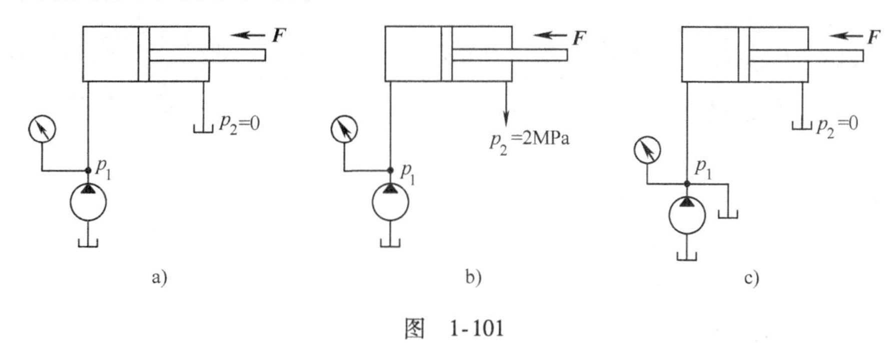

图　1-101

2. 根据图 1-102 所示的液压系统，说明图中各序号元件的名称。（8 分）

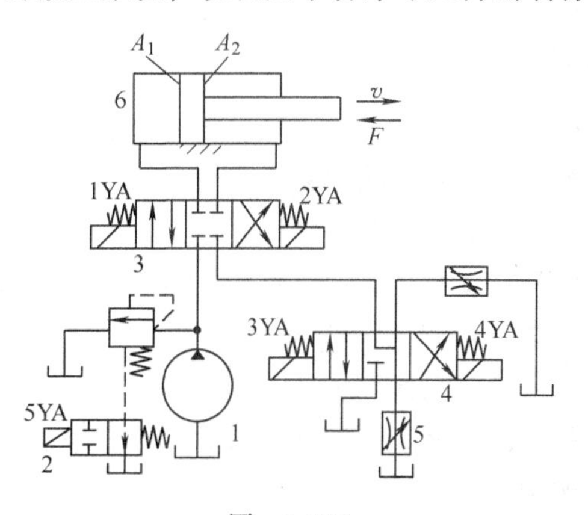

图　1-102

第十单元

气压传动

【考纲要求】

1. 了解气压传动的工作原理和传动特点。
2. 理解气压传动系统的组成及元件符号。
3. 了解气压动力元件、执行元件、控制元件和辅助元件的结构，理解其工作原理。
4. * 了解气压传动基本回路的组成、特点和应用。
5. * 能识读一般气压传动系统图。
6. 用气压元件搭建简单常用回路。

【知识要点】

知识要点一：气压传动的工作原理及特点。

常见题型

例1：气压传动工作原理是利用________把电动机或其他原动机输出的________转换为________，然后在控制元件的控制下，通过执行元件把________转换为__________________，从而完成__________________。

参考答案：空气压缩机　机械能　空气的压力能　压力能　直线运动或回转运动形式的机械能　各种动作并对外做功

知识要点二：气压传动系统的组成。

常见题型

例2：一般气压传动系统除空气外，由哪些部分组成？各部分的功用是什么？

参考答案：见表1-9。

表1-9　例2表

名称	功用
气源装置	将原动机的机械能转变为气体的压力能
执行元件	将气体的压力能转变为机械能
控制元件	用以控制系统中空气的压力、流量和流动方向以及执行元件的工作程序，以便使执行机构完成预定的动作
辅助元件	保证气压系统正常工作所必需的部分

知识要点三：气压传动图形符号。

常见题型

例3：图1-103 ________所示图形符号表示储气罐。

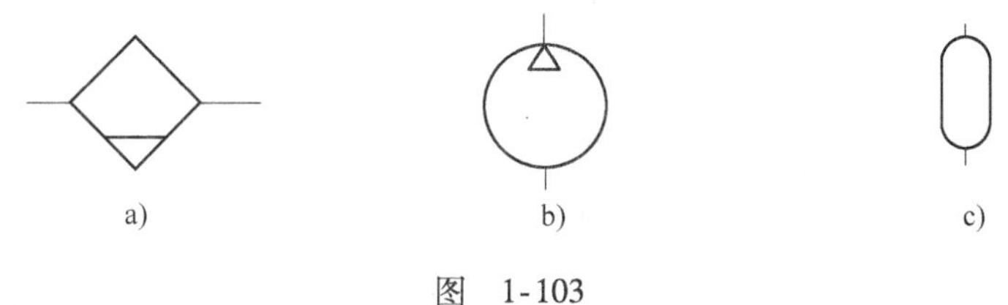

图 1-103

A. a) B. b) C. c)

参考答案：C

知识要点四：气压元件的工作原理。

常见题型

例4：空气压缩机是将________转变为________的装置，它属于________。

参考答案：原动机提供的机械能 气体压力能 动力元件

知识要点五：气压元件的类型。

常见题型

例5：气缸的种类很多，常见的分类方法有：1）按气缸活塞受压状态不同，可分为________和________气缸；2）按气缸结构不同，可分为________、________、________、________、________气缸；3）按有无缓冲装置，可分为________和________气缸；4）按气缸的安装方式不同，可分为________、________、________、________等；5）按气缸的功能不同，可分为________和________。

参考答案：单作用式 双作用式 活塞式 柱塞式 膜片式 叶片式 齿轮齿条式 摆动 缓冲式 无缓冲式 固定式 轴销式 回转式 嵌入式气缸 普通气缸 特殊功能气缸

知识要点六：气压元件的作用。

常见题型

例6：减压阀（调压阀）的作用是____________________。

参考答案：将较高的输入压力调到符合设备使用要求的压力并输出，且保持输出压力的稳定

知识要点七：简单气压传动系统的分析。

常见题型

例7：图1-104所示车门气压传动装置中先导阀8是怎么工作的？有何作用？

参考答案：车门关闭过程中如果碰到障碍物，便会推动先导阀8，此时压缩空气经阀8把控制信号通过阀3送到阀4的a侧，使阀4向车门开启方向切换，可以起到防夹的作用。

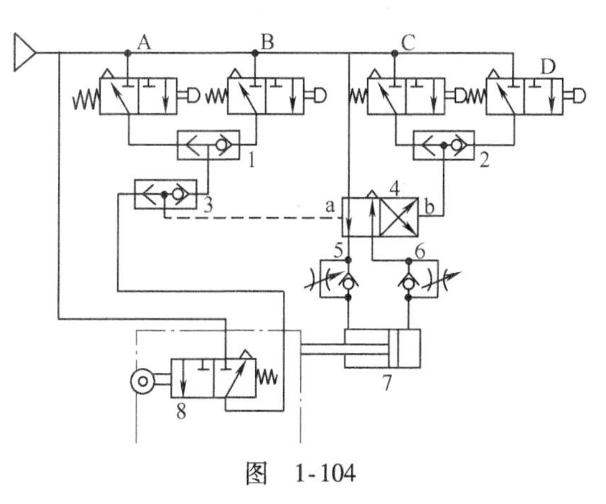

图 1-104

【巩固练习】

第十单元　气压传动练习卷

一、填空题

1. 气压传动是以________为工作介质进行________ 和________ 的一种传动方式。

2. 数控加工中心的气动系统由四个部分组成，即________、________ 、________和辅助元件。

3. 空气压缩机的额定排气压力分为________、________、________和________，可根据实际需求来选择。

4. 常用的气马达是容积式气马达，它是利用工作腔的________ 来做功的，有________、________ 和________ 等类型。

5. 气压基本回路是由一定的________和________组合起来用以完成某些功能的基本气路结构。按其控制目的和功能可分为________ 回路、________ 回路和________ 回路等。

二、选择题

1. 常见空气压缩机的使用压力一般为________。

A. 1～10MPa　　B. 10～100MPa　　C. 0.7～1.25MPa

2. 选择空气压缩机的主要依据是________。

A. 工作环境要求　　B. 工作压力和流量　　C. 考虑经济性原则

3. 气动系统中的执行元件是________。

A. 空气压缩机　　B. 气缸和气马达　　C. 气压控制阀

三、判断题

1. 选择空气压缩机的主要依据是气动系统的工作压力和流量。（　）

2. 储气罐提供的空气压力高于每台装置所需的压力，且压力波动较大。（　）

3. 气马达工作适应性强，适用于无级调速、起动频繁、经常换向及可能过载的场合。（　）

4. 气压传动调节速度是有级调速。（　）

四、简答题

1. 压缩空气和其他能源相比具有哪些明显特点？

2. 容积式气马达的工作原理是什么？它包括哪些类型？

第十单元　气压传动复习卷

一、填空题

1. 空气压缩站的主要装置有________、________和________等。

2. 空气压缩机是将电动机的________转化为________的装置，是压缩空气的气体发生装置。

3. 后冷却器的作用是将空气压缩机出口的高压空气冷却至________℃以下，且把大量的________和________冷凝成液态水滴和油滴，从空气中分离出来。

4. 气缸种类很多，按气缸的结构及功能可以分为________气缸和________气缸；按安装形式可分为________气缸和________气缸。

5. 气压控制阀控制和调整压缩空气的________和________，依靠________来控制执行元件顺序动作，可分为________、________和________。

6. 气动流量控制阀主要有________、________和________等，是通过改变控制阀的________来实现流量控制的元件。

二、选择题

1. 为保证压缩空气的质量，气缸和气马达前必须安装________。

A. 分水滤气器　　B. 减压阀　　C. 油雾器

2. 以下不属于气压传动特点的是________。

A. 工作压力高，传递功率大

B. 易于实现自动控制

C. 工作介质处理方便

3. 以下设置在气动装置的入口处有降低空气压力，并有稳压作用的是________。

A. 节流阀　　B. 溢流阀　　C. 减压阀

三、判断题

1. 后冷却器是用以储存压缩空气、稳定压力并除去部分油分和水分的装置。（　）

2. 国内外最常用的压缩机是螺杆式压缩机。（　）

3. 流量控制阀都是通过改变控制阀的通流面积来实现流量控制的。（　）

4. 气压传动只能控制执行元件完成直线运动。（　）

四、简答题

简述气压传动的特点。

第十单元　气压传动测验卷

一、填空题（每空 1 分，共 37 分）

1. 气压传动是以________为工作介质，利用________把电动机或其他原动机输出的________转换为________，然后在控制元件的控制下，通过执行元件把________转换为________或________的机械能，从而完成各种动作并对外做功。

2. 气压传动系统由________、________、________和________四部分组成。

3. 空气压缩机是将________转变为________的装置，它属于________元件。

4. 汽车上制动系统常用的空气压缩机是________式，按缸数可分为________和________两种。

5. 气动控制阀主要有________、________和________三大类。

6. 气缸是将________转换为________并驱动工作机构作________或________的装置，它属于________元件。

7. 压力控制阀按功能不同可分为________、________和________等形式。

8. ________、________和________这三种元件合称为气动三大件。

9. 气动辅助元件主要有________、________、________和________装置。

10. 消声器的作用是________________，一般装在________。

二、选择题（每小题 2 分，共 20 分）

1. 汽车上使用的空气压缩机采用的散热方式一般为________。

A. 水冷　　B. 油冷　　C. 不冷却　　D. 风冷

2. 顺序阀属于________元件。

A. 动力　　B. 执行　　C. 控制　　D. 辅助

3. 气压传动是以________作为工作介质的。

A. 煤气　　B. 油　　C. 空气　　D. 水

4. ________可控制两个或两个以上的气动执行元件的顺序动作。

A. 调压阀　　B. 顺序阀　　C. 安全阀　　D. 缓冲阀

5. ________的作用主要是贮藏一定量的气体。

A. 储气罐　　B. 油雾器　　C. 空气过滤器　　D. 空气压缩机

6. 汽车制动系统常采用的空气压缩机为________。

A. 动力式　　B. 液压式　　C. 容积式　　D. 辅助式

7. 安全阀属于________元件。

A. 动力　　B. 控制　　C. 执行　　D. 辅助

8. 膜片式制动气缸的工作行程________。

A. 任意变化　　B. 可调　　C. 较短　　D. 较长

9. ________的结构主要是由缸体、膜片、复位弹簧、顶盘和推杆等零件组成的。

A. 减压阀　　B. 膜片式制动气缸　　C. 空气压缩机　　D. 安全阀

10. ________过滤效率较高，过滤面积大，压力损失小，应用较广。

A. 油雾器　　B. 分水过滤器　　C. 油水分离器　　D. 精过滤器

三、判断题（每小题1分，共10分）

1. 气压传动装置噪声较小。（　）
2. 气压传动系统中元件的润滑利用工作介质。（　）
3. 油雾器是一种特殊的注油装置，它以压缩空气为动力，将润滑油油雾化后注入空气流中，随压缩空气流入到需要润滑的气动元件，以达到润滑的目的。（　）
4. 空气过滤器常用的有油水分离器和分水过滤器，其中后者用于两次分离。（　）
5. 气压传动反应快，动作迅速。（　）
6. 气动装置动作稳定性好，当外载变化时，对速度影响较小。（　）
7. 压力控制阀按功能不同可分为安全阀、单向阀和顺序阀。（　）
8. 液压控制阀与气压同类阀类似，故可相互替代。（　）
9. 由于空气黏度很小，故管道压力损失较大。（　）
10. 气压传动系统工作压力较高，一般为4～8MPa。（　）

四、简答题（本大题共5小题，共33分）

1. 气压传动有何优缺点？（8分）

2. 气压传动系统由哪几类元件组成？（6分）

3. 减压阀、顺序阀、安全阀各起什么作用？（6分）

4. 方向控制阀有何作用？其控制方式有哪几种？（6分）

5. 气缸可分为哪几种类型？（7分）

第二部分

统测过关

绪论阶段性统测试卷

班级＿＿＿＿＿＿ 学号＿＿＿＿＿＿ 姓名＿＿＿＿＿＿ 成绩＿＿＿＿＿＿

题号	一	二	三	四	总分
满分	48	24	12	16	100
得分					

一、填空题（每空 2 分，共 48 分）

1. 机器通常由＿＿＿＿部分、＿＿＿＿部分、＿＿＿＿部分和＿＿＿＿部分组成。

2. 构件是指相互之间能作相对＿＿＿＿的单元，零件是指构成机器的不可拆的＿＿＿＿单元，机构是用来传递＿＿＿＿和＿＿＿＿的构件系统。

3. 选择零件的材料时主要考虑＿＿＿＿、＿＿＿＿和＿＿＿＿。

4. 影响机械结构工艺性的因素有＿＿＿＿、＿＿＿＿和＿＿＿＿等方面。

5. 机械零件丧失工作能力或达不到要求的性能时，称为＿＿＿＿。

6. 高副都是＿＿＿＿接触或＿＿＿＿接触，表层的局部应力很＿＿＿＿。

7. 根据工作条件的不同，机械零件的强度可以分为＿＿＿＿和＿＿＿＿，根据破坏部和破坏形式的不同，机械零件的强度可分为＿＿＿＿和＿＿＿＿。

8. 单位时间内材料的磨损量称为＿＿＿＿。

9. 受化学或电化学作用，在相对运动中造成材料的损失称为＿＿＿＿。

二、选择题（每小题 3 分，共 24 分）

1. 机器和机构的主要区别是＿＿＿＿。

A. 由更多的构件组合而成　　B. 能都实现机械能和其他能力的转换

C. 能够传递运动和动力　　D. 能够改变运动形式

2. 飞机的客舱、车床的刀架应属于机器的＿＿＿＿部分。

A. 原动机　　B. 执行　　C. 传动　　D. 操纵或控制

3. 机器的执行部分需完成机器的预定动作，且处于整个传动的＿＿＿＿。

A. 终端　　B. 任何位置　　C. 始端　　D. 中间位置

4. 由零件和构件组成的、构件之间能够实现运动和动力的传递，但不能实现机械能和其他形式能量转换的，称为＿＿＿＿。

A. 机构　　B. 零件　　C. 部件　　D. 半产品

5. 机械的种类繁多，按照机械主要用途的不同，可分为＿＿＿＿。

A. 动力机械　加工机械　运输机械　信息机械

B. 动力机械　农用机械　通用机械　工程机械

C. 动力机械　化工机械　轻工机械　石油机械

D. 动力机械　交通运输机械　农用机械　农业机械

6. 接触应力超过材料的疲劳强度时，零件表层金属剥落形成小坑的现象称为＿＿＿＿。

A. 磨损　　B. 点蚀　　C. 胶合　　D. 断裂

7. 摩擦中，摩擦副的表面不直接接触，摩擦因数很小，是一种理想的摩擦状态的摩擦是指________。

A. 干摩擦　　B. 边界摩擦　　C. 液体摩擦　　D. 混合摩擦

8. 新买的汽车经过 5000km 的运行后，进入到一个比较稳定、时间较长的磨损过程，这个磨损阶段称为________阶段。

A. 磨合　　B. 稳定磨损　　C. 剧烈磨损　　D. 以上都不是

三、判断题（每小题 2 分，共 12 分）

1. 摩擦和磨损给机器带来能量的消耗，使零件产生磨损，机械工作者应当设计出没有摩擦的机器，以达到不磨损。　　(　　)

2. 机构是由构件组成的，构件是由零件组成的。　　(　　)

3. 一般地说，磨损随着载荷和工作时间的增加而增加，软的材料比硬的材料磨损严重。　　(　　)

4. 混合摩擦是所有摩擦润滑状态中磨损状况最好的。　　(　　)

5. 在机械运动中，总有摩擦力存在，因此，机械功总有一部分消耗在克服摩擦力上。　　(　　)

6. 提高表面质量，可显著改善零件的疲劳寿命。　　(　　)

四、简答题（每小题 8 分，共 16 分）

1. 根据摩擦副的表面润滑状态，摩擦可以分为哪几种？机械零件的磨损过程分为哪几个阶段？

2. 润滑的主要作用是什么？机械中的润滑主要有哪几种？

第一单元　杆件的静力分析阶段性统测试卷 1

班级__________　学号__________　姓名__________　成绩__________

题号	一	二	三	四	总分
满分	42	12	15	31	100
得分					

一、填空题（每空 3 分，共 42 分）

1. 力的三要素是力的________、________和________，所以说力是________。

2. 力________脱离其他物体而单独存在于一个物体上。

3. 画出分离体上所有________和________的图，称为受力图。

4. 柔性约束只承受________力，不承受________力。

5. 力偶矩的大小等于________与________的乘积。正负号表示力偶的________，并规定逆时针转向为________，顺时针转向为________。

二、选择题（每题 3 分，共 12 分）

1. 静止在水平地面上的物体受到重力 $\boldsymbol{G}$ 和支持力 $\boldsymbol{F}_N$ 的作用，物体对地面的压力为 $\boldsymbol{F}$，则以下说法中正确的是________。

A. $\boldsymbol{F}$ 和 $\boldsymbol{F}_N$ 是一对平衡力　　B. $\boldsymbol{G}$ 和 $\boldsymbol{F}_N$ 是一对平衡力

C. $\boldsymbol{F}_N$ 和 $\boldsymbol{F}$ 的性质相同，都是弹力　　D. $\boldsymbol{G}$ 和 $\boldsymbol{F}_N$ 是一对作用力和反作用力

2. 力偶中的两个力对作用面内任一点的矩的代数和等于________。

A. 零　　B. 力　　C. 力偶矩　　D. 不定值

3. $F_1=40\text{N}$ 与 $F_2=20\text{N}$ 共同作用在同一物体上，它们的合力不可能是________。

A. 10N　　B. 20N　　C. 30N　　D. 60N

4. 约束反力的大小________。

A. 等于作用力　　B. 小于作用力

C. 等于作用力，但方向相反　　D. 可以采用平衡条件计算确定

三、判断题（每题 3 分，共 15 分）

1. 柔性约束的约束反力方向不一定背离被约束物体。（　　）

2. 若作用在物体上的力系都交于一点，那么该力系就是平面汇交力系。（　　）

3. 平面任意力系不一定存在合力。（　　）

4. 力偶的位置可以在其作用面内任意移动，而不会改变它对物体的作用效果。（　　）

5. 合力不一定大于分力。（　　）

四、简答及作图分析题（本大题共 4 小题，共 31 分）

1. 根据三力平衡汇交定理，汇交于同一点上的三个力一定平衡吗？需要什么条件？（6 分）

2. 解释在钳工用丝锥攻螺纹时，为何需用双手在锥柄两端均匀用力，而不允许单手施力锥柄一端。而在把握汽车转向盘时，可以用单手控制？（8 分）

3. 请改正图 2-1b 的受力图（8 分）

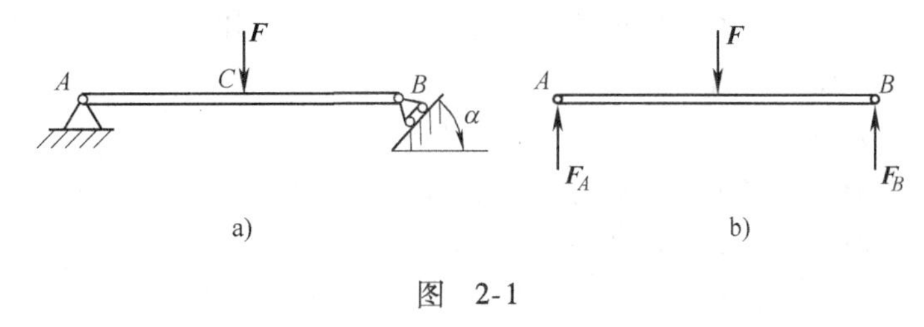

图　2-1

4. 球重量为 $\boldsymbol{G}$，放在与水平面成45°的光滑斜面上，并用与斜面平行的绳 AB 系住，如图 2-2 所示，试作受力物球的受力图。（9 分）

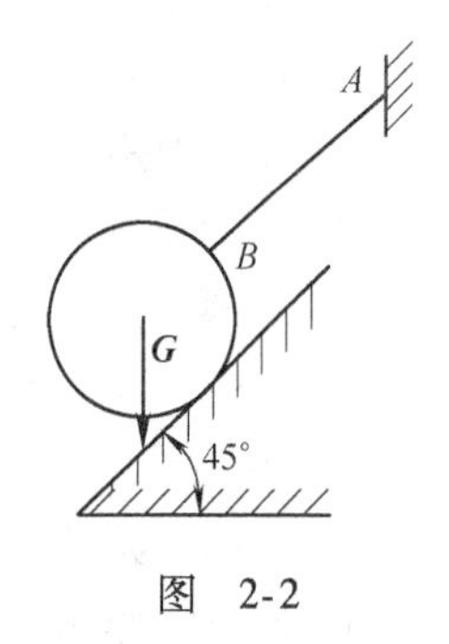

图　2-2

第一单元　杆件的静力分析阶段性统测试卷 2

班级__________　学号__________　姓名__________　成绩__________

题号	一	二	三	四	总分
满分	45	12	12	31	100
得分					

一、填空题（每空 3 分，共 45 分）

1. 力的基本性质有________公理、________公理、________公理和________公理。

2. 约束反力方向可以确定的约束有________、________和________。

3. 力偶对物体的转动作用与________位置无关。

4. 力偶矩的大小等于________与________的乘积。

5. 在平面力系中各力的作用线________，此力系为平面平行力系。平面平行力系是________力系的特殊情况，它独立的平衡方程数目有________个。

6. 平面力偶合成的结果是________，平面力偶系的平衡条件是________。

二、选择题（每题 3 分，共 12 分）

1. 力和物体的关系是________。

A. 力不能脱离物体而独立存在　B. 力能脱离物体而独立存在

C. 只有施力物体而没有受力物体　D. 只有受力物体而没有施力物体

2. 三个力 $\boldsymbol{F}_1$、$\boldsymbol{F}_2$、$\boldsymbol{F}_3$ 的大小均不等于零，其中 $\boldsymbol{F}_1$ 和 $\boldsymbol{F}_2$ 沿同一作用线，刚体处于________。

A. 平衡状态　B. 不平衡状态

C. 静止状态　D. 可能平衡，也可能不平衡

3. 属于力矩作用的是________。

A. 用丝锥攻螺纹　B. 双手握转向盘

C. 用螺钉旋具拧螺钉　D. 用扳手拧螺母

4. 下列力系中不属于平面力系的是________。

A. 力偶系　B. 汇交力系　C. 平行力系　D. 平衡力系

三、判断题（每题 3 分，共 12 分）

1. 各力的作用线都相互平行的力系，称为平面平行力系。（　）

2. 根据力的平移定理，可以将一个力分解为一个力和一个力偶。反之，一个力和一个力偶也可以合成为一个单独力。（　）

3. 如果物体相对于地面保持静止或匀速运动状态，则物体处于平衡。（　）

4. 铰链约束与固定端约束的约束反力方向预先可能不确定。（　）

四、简答及计算题（本大题共 4 小题，共 31 分）

1. 什么是力？它有哪三要素？（8 分）

2. 图2-3中的 AB 杆和 CD 杆都是二力杆吗？（8分）

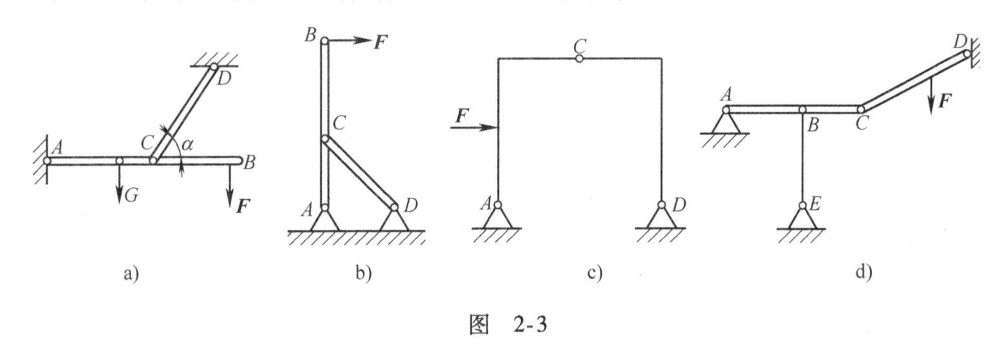

图　2-3

3. 力的可传性原理与力的平移原理，两者有何区别？（8分）

4. 已知 $F_1=80\text{N}$，$F_2=50\text{N}$，$F_3=80\text{N}$，$F_4=50\text{N}$，求图2-4中力系的合力对 O 点的力矩。（7分）

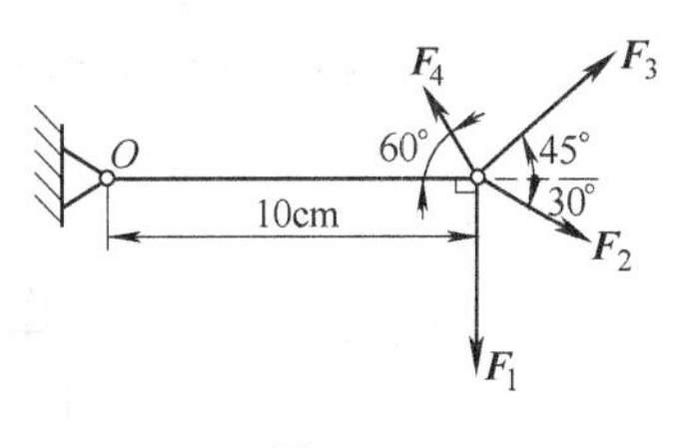

图　2-4

第一单元　杆件的静力分析阶段性统测试卷3

班级＿＿＿＿＿＿　学号＿＿＿＿＿＿　姓名＿＿＿＿＿＿　成绩＿＿＿＿＿＿

题号	一	二	三	四	总分
满分	42	12	15	31	100
得分					

一、填空题（每空3分，共42分）

1. 力是＿＿＿＿量，力可以用图示表示，有向线段的矢量长度表示＿＿＿＿，沿着力的方向引出的直线称为＿＿＿＿。

2. 若＿＿＿＿约束的接触面上摩擦忽略不计，那么其力的方向与接触表面垂直。

3. 画受力图时，必须分析出研究对象上的＿＿＿＿与＿＿＿＿。

4. ＿＿＿＿和＿＿＿＿是静力学中的两个基本物理量。

5. 力偶矩是两个＿＿＿＿、＿＿＿＿，且不在＿＿＿＿的力所产生的，力偶的作用效果与＿＿＿＿和＿＿＿＿有关，而与＿＿＿＿无关。

二、选择题（每题3分，共12分）

1. 自定心卡盘对圆柱工件的约束是＿＿＿＿。

A. 铰链约束　B. 固定端约束　C. 光滑面约束　D. 柔性约束

2. 已知两个力$\boldsymbol{F}_1$和$\boldsymbol{F}_2$在同一坐标轴上的投影相等，则这两个力＿＿＿＿。

A. $\boldsymbol{F}_1=\boldsymbol{F}_2$　B. $\boldsymbol{F}_1<\boldsymbol{F}_2$　C. $\boldsymbol{F}_1>\boldsymbol{F}_2$　D. 不一定相等

3. 某学生体重为$\boldsymbol{G}$，双手抓单杠吊于空中，感到最费力的是＿＿＿＿。

A. 两臂垂直向上　B. 两臂张开成120°

C. 两臂张开成90°　D. 两臂张开成60°

4. 一力对某点的力矩不为零的条件是＿＿＿＿。

A. 作用力不等于零　B. 力的作用线不通过矩心

C. 作用力和力臂均不为零　D. 以上均不是

三、判断题（每题3分，共15分）

1. 力偶只能用力偶来平衡，不能用力来平衡。（　）

2. 力系在平面内任意一坐标轴上投影的代数和为零，则该力系是平衡力系。（　）

3. 画受力图时，不需进行受力分析，只要直接将所有力合并在图上就好。（　）

4. 既不完全平行，也不完全相交的平面力系是平面任意力系。（　）

5. 力的平移原理既适用于刚体，也适用于变形体。（　）

四、简答及计算题（本大题共5小题，共31分）

1. 二力平衡公理与作用与反作用公理有何异同？（6分）

2. 力偶中的两力、作用力与反作用力、二力平衡条件中两力都是等值反向，试问三者有何区别？（6 分）

3. 画受力图的一般步骤是什么？（6 分）

4. 常见的约束类型有哪些？（8 分）

5. 制动踏板如图 2-5 所示。踏板上的作用力 $F_a=500N$，$a=3b$，$b=0.2m$，力 $\boldsymbol{F}_a$的作用点与制动脚闸转动中心连线垂直于力 $\boldsymbol{F}_b$，$\boldsymbol{F}_b$为推杆顶力，处于水平方向。试求踏板平衡时，推杆顶力 $\boldsymbol{F}_b$的大小。（5 分）

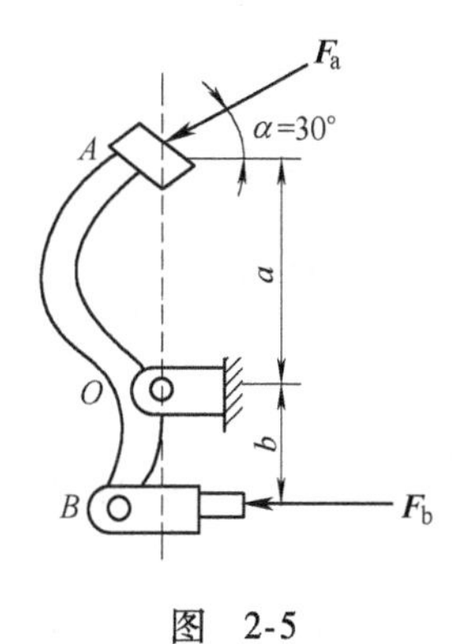

图 2-5

第二单元 直杆的基本变形阶段性统测试卷 1

班级____________ 学号____________ 姓名____________ 成绩____________

题号	一	二	三	四	总分
满分	24	24	24	28	100
得分					

一、填空题（每空 3 分，共 24 分）

1. 构件在受到轴向拉伸、压缩时，横截面上的内力是________分布的，在同截面上的内力值________。

2. 金属材料在________作用下所表现出来的性能，称为材料的力学性能。

3. 挤压面是________时，挤压面积按投影面积计算。

4. 构件在剪切变形的同时，往往还在相互接触的作用面间发生________变形，承受局部较大的压力，而出现________变形的现象。

5. 圆轴扭转时的内力称为________，用字母 M_T 表示。

6. 扭转的变形特点是：各横截面绕轴线发生________。

二、选择题（每题 4 分，共 24 分）

1. 两直杆材料相同且受相同的轴向外力，使内力和应力都相同的情况是________。

A. 长度相同、截面积相同　　B. 长度不同、截面积不同

C. 长度相同、截面积不同　　D. 与长度、截面积无关

2. 对纯弯曲正应力分布规律描述正确的是________。

A. 正应力大小与该点到中性轴的距离成反比

B. 在中性轴处正应力最小但不为零

C. 离中性轴越远的截面上，正应力越大

D. 以上均不是

3. 工程中遇到不是受剪切变形的零件有________。

A. 键　　B. 拉杆　　C. 铆钉　　D. 销

4. 下列结论中正确的是________。

A. 圆轴扭转时，横截面上有正应力，其大小与截面直径无关

B. 圆轴扭转时，横截面上只有切应力，其大小与到圆心的距离成正比

C. 圆轴扭转时，截面上有正应力，也有切应力，其大小均与截面直径无关

D. 圆轴扭转时，截面上有正应力，也有切应力，其大小均与截面直径有关

5. 图 2-6 所示的圆轴，用截面法求扭矩，无论取哪一段作为研究对象，其同一截面的扭矩大小符号________。

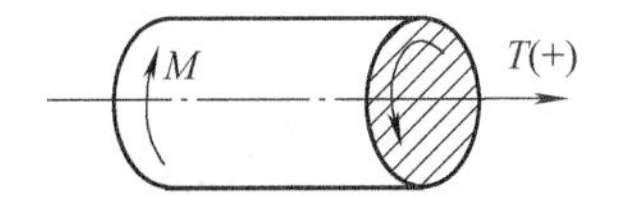

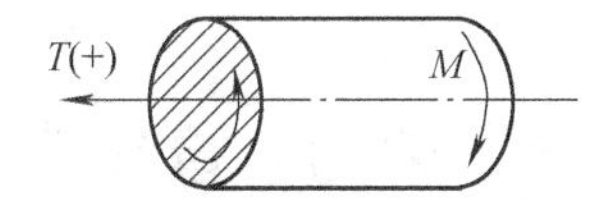

图　2-6

A. 完全相反　　　　B. 正好相同　　　　C. 不能确定

6. 纯弯曲梁的横截面上________。

A. 只有正应力　　　　B. 只有剪应力

C. 既有剪应力又有正应力　　　　D. 以上均不是

三、判断题（每题4分，共24分）

1. 杆件的不同部位有若干轴向外力，若从不同部位截开求其轴力可能会不一样。（　　）

2. 脆性材料较塑性材料对应力集中较敏感；但两种材料对构件的强度都有影响。（　　）

3. 弯曲变形主要受剪切力影响，但实质不是剪切变形。（　　）

4. 剪切变形与挤压变形同时存在，但不同时消失。（　　）

5. 承受扭转作用的等截面圆轴，危险面就是扭矩最大的截面。（　　）

6. 细长杆受压时，杆件越细长，稳定性越好。（　　）

四、简答及计算题（本大题共2小题，共28分）

1. 图2-7所示齿轮用平键与轴联接，已知轴的直径 $d=60\text{mm}$，键的尺寸为 $b\times h\times L=16\text{mm}\times10\text{mm}\times100\text{mm}$，试求剪切面积和挤压面积。(18分)

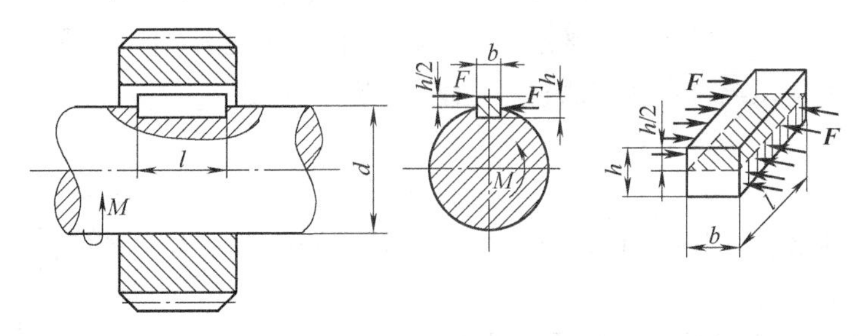

图　2-7

2. 圆轴扭转时，它的横截面上切应力的分布规律如何？(10分)

第二单元　直杆的基本变形阶段性统测试卷 2

班级____________　学号____________　姓名____________　成绩____________

题号	一	二	三	四	总分
满分	24	24	24	28	100
得分					

一、填空题（每空 3 分，共 24 分）

1. 轴向拉压的受力特点是____________________。

2. 若变形为________值是拉杆，为________值是压杆。

3. 低碳钢拉伸时应力经过 4 个阶段：________、________、________、________。

4. 一般用________法来求圆轴扭矩。

二、选择题（每题 4 分，共 24 分）

1. 有 A、B 两杆，它们受相同的力 $\boldsymbol{F}_N$，已知 $A_A = 2A_B$，则两杆应力 σ 的关系为________。

A. $\sigma_A = \sigma_B$　　B. $\sigma_B = 2\sigma_A$　　C. $\sigma_A = 2\sigma_B$　　D. σ_A 与 σ_B 无关

2. 构件的许用应力 [σ] 是保证构件安全工作的________。

A. 最高工作应力　　B. 最低破坏应力　　C. 最低工作应力　　D. 平均工作应力

3. 校核图 2-8 所示结构中铆钉的挤压强度，挤压面积是________。

A. $\pi d^2/4$　　B. dt

C. $3dt$　　D. πd^2

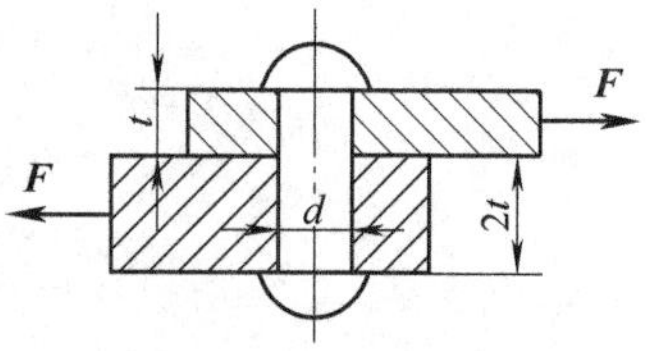

图　2-8

4. 两根受扭圆轴，一根是钢轴，另一根是铜轴，若受力情况及截面均相同，则________。

A. 两轴的最大切应力相同，强度也相同

B. 两轴的最大切应力相同，但强度不同

C. 两轴的最大切应力不同，强度也不同

D. 无法确定

5. 当圆轴的两端受到一对等值、反向且作用面垂直于圆轴轴线的力偶作用时，圆轴将发生________。

A. 剪切变形　　B. 弯曲变形　　C. 拉压变形　　D. 扭转变形

6. 图 2-9 表示横截面上的应力分布图，其中不属于直梁弯曲的是图________。

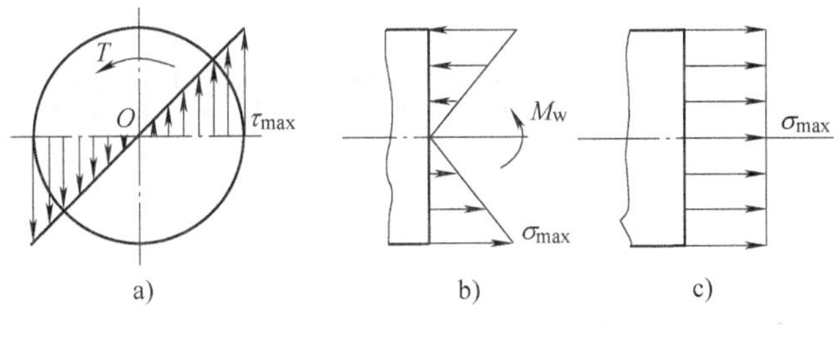

图　2-9

A. 图 a 和图 c　　B. 图 a 和图 b　　C. 图 b 和图 c　　D. 以上均是

三、判断题（每题 4 分，共 24 分）

1. 应力单位换算：$1\text{kN/mm}^2 = 100\text{MPa}$。　（　）
2. 轴力是因外力而产生的，所以轴力也是外力的一种。　（　）
3. 轴向拉伸（压缩）时，杆件的内力不一定和杆件的轴线重合。　（　）
4. 构件受剪切时，剪力与剪切面可以不垂直。　（　）
5. 扭转变形时，横截面上产生的切应力可以形成一个力偶矩与外力偶矩平衡。（　）
6. 弯曲变形的受力特点使轴线由直线变成曲线。　（　）

四、简答题（共 28 分）

1. 试举工程或生活中有关剪切和挤压的实例（至少两例）。（12 分）

2. 某电风扇轴的转速 $n = 500\text{r/min}$，由 0.6kW 的电动机驱动，求该轴的扭矩大小。（16 分）

第二单元　直杆的基本变形阶段性统测试卷 3

班级＿＿＿＿＿＿　学号＿＿＿＿＿＿　姓名＿＿＿＿＿＿　成绩＿＿＿＿＿＿

题号	一	二	三	四	总分
满分	24	20	32	24	100
得分					

一、填空题（每空 3 分，共 24 分）

1. 材料在外力作用下引起的内部相互作用，称为＿＿＿＿，其大小通常用＿＿＿＿法求得。

2. ＿＿＿＿表示单位原长杆件变形的程度。

3. 空心圆轴扭转时，横截面上的最小切应力一定不为＿＿＿＿。

4. 塑性材料与脆性材料拉伸中的特性区别主要是，脆性材料无＿＿＿＿现象。

5. ＿＿＿＿变形是构件同时受两种及其以上的基本变形。

6. 剪切时的变形特点是介于＿＿＿＿之间的各截面有沿作用力方向发生＿＿＿＿的趋势。

二、选择题（每题 4 分，共 20 分）

1. 有关轴力的说法正确的是＿＿＿＿。

A. 与杆件的材料有关　　B. 与杆件的截面积有关
C. 是杆件轴线上的外力　　D. 是杆件轴线上的内力

2. 挤压变形为构件＿＿＿＿变形。

A. 局部互压　　B. 全表面　　C. 轴向压缩　　D. 横截面

3. 图 2-10 圆轴扭转应力分布图中，不正确的是＿＿＿＿。

A. 图 a 和图 b　　B. 图 b 和图 c　　C. 图 a 和图 c　　D. 图 b 和图 d

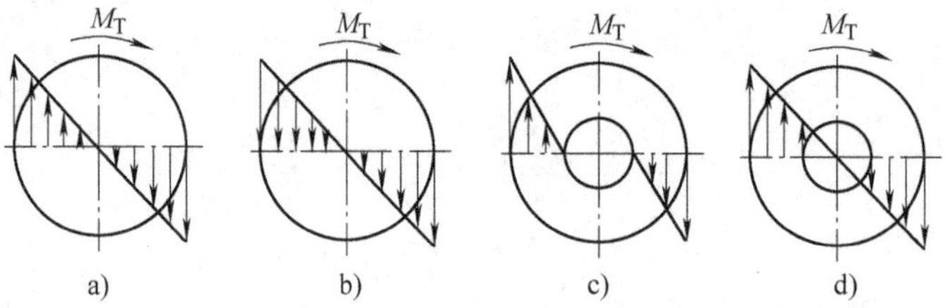

M_T　M_T　M_T　M_T

a)　b)　c)　d)

图　2-10

4. 平面弯曲时，梁上的外力（或力偶）均作用在梁的＿＿＿＿上。

A. 轴线上　　B. 纵向对称平面内　　C. 轴面内　　D. 以上均不是

5. 工厂大型厂房的吊车横梁，一般都使用＿＿＿＿。

A. 圆钢　　B. 矩形钢　　C. 槽钢　　D. 工字钢

三、判断题（每题 4 分，共 32 分）

1. 两不同截面直杆受相同的轴向外力，则内力和应力都相同。 （ ）
2. 应力在工程中表示构件受力的强弱程度。 （ ）
3. 挤压应力也是切应力。 （ ）
4. 当挤压面为长方形时，取实际面积计算挤压面。 （ ）
5. 切应力方向总是和外力的方向相同。 （ ）
6. 当圆轴两端受到一对等值、转向相反的力偶作用时，圆轴就会发生扭转变形。 （ ）
7. 承受扭转作用的等截面圆轴，其扭矩最大处就是切应力最大处。 （ ）
8. 因扭矩是垂直于横截面内力的合力偶矩，所以扭矩必在横截面上形成正应力。 （ ）

四、简答题（本大题共 2 小题，共 24 分）

1. 什么是应力和应变？（10 分）

2. 工程中提高抗扭能力采取的措施有哪些？（14 分）

第三单元 机械工程材料阶段性统测试卷1

班级__________ 学号__________ 姓名__________ 成绩__________

题号	一	二	三	四	五	总分
满分	40	10	20	10	20	100
得分						

一、填空题（每空1分，共40分）

1. 硬度是指金属抵抗________压入其表面的能力，常用的硬度试验法有________硬度试验法、________硬度试验法和________硬度试验法三种。

2. 45钢的平均碳的质量分数为________%，按含碳量分属于________钢，按质量分属于________钢，按用途分属于________钢。

3. 热处理是将固态金属或合金采用适当方式进行________、________和冷却，以获得所需的________与________的一种工艺方法。

4. 根据工艺不同，钢的热处理方法可分为________、________、________、________和表面热处理五种。

5. 铸铁是碳的质量分数________的铁碳合金，根据铸铁中石墨形态的不同，铸铁可分为________、________、________和蠕墨铸铁。

6. 金属材料的工艺性能是指金属材料从________到________的生产过程中，在各种加工条件下表现出的性能，包括________、________、________和________。

7. 40Cr是一种________钢，其热处理是________，以获得________性能。

8. 20CrMnTi作齿轮，应进行________后淬火加________的热处理。

9. 白铜是________合金；黄铜是以________为主加元素的铜合金，它分为________黄铜和________黄铜。

10. 常用的硬质合金有________硬质合金、________硬质合金和________硬质合金。

11. 按热性能分类，塑料可分为________和________。

二、判断题（每题1分，共10分）

1. 1kg钢和1kg铝的体积是相同的。（　　）
2. 所有金属材料在拉伸实验时都会出现显著的屈服现象。（　　）
3. 炮弹钢中加入较多的磷，使其易爆，磷是钢中的有益元素。（　　）
4. 正火比退火冷却速度快，组织细，强度、硬度高。（　　）
5. 灰铸铁的硬度测定可用布氏硬度试验法。（　　）
6. 金属材料在高温下保持硬度的能力称为热硬性。（　　）
7. 若钢中含有铁、碳以外的其他合金元素，则该钢就称为合金钢。（　　）
8. 可锻铸铁比灰铸铁塑性好，可进行锻造加工。（　　）
9. 陶瓷抗拉强度大，但急冷急热时性能较差。（　　）

10. T4、T7 都是碳素工具钢。 ( )

三、选择题（每小题 2 分，共 20 分）

1. 金属材料抵抗塑性变形或断裂的能力称为________。

A. 塑性 B. 硬度 C. 强度 D. 韧性

2. 做疲劳试验时，试样承受的载荷为________。

A. 静载荷 B. 冲击载荷 C. 交变载荷 D. 过载荷

3. 车刀应选用下列________材料。

A. 40Cr13 B. CrWMn C. Cr12MoV D. W18Cr4V

4. ZG310－570 铸钢中的 570 表示________。

A. 抗拉强度 B. 断后伸长率 C. 硬度 D. 屈服强度

5. 碳钢在淬火冷却时，冷却介质常用________。

A. 矿物油 B. 水 C. 10% 的盐水 D. 空气

6. 化学热处理与其他热处理方法的基本区别是________。

A. 加热处理 B. 组织变化 C. 改变表面化学成分 D. 无区别

7. 材料 ZPbSb10Sn16Cu2 是________。

A. 合金铸铁 B. 锡基轴承合金 C. 铅基轴承合金 D. 铜合金

8. 可锻铸铁中石墨的形态是________。

A. 片状 B. 团絮状 C. 球状 D. 蠕虫状

9. LF5 按工艺特点分类，是________铝合金，属于热处理________的铝合金。

A. 变形 能强化 B. 铸造 能强化 C. 铸造 不能强化 D. 变形 不能强化

10. YW1 属于________硬质合金。

A. 钨钴类 B. 钨钛钴类 C. 钨钽钴类 D. 钨钛钽钴类

四、名词解释（每题 2 分，共 10 分）

1. Q235AF

2. 45

3. 20CrMnTi

4. KTH370－12

5. H70

五、简答题（本大题共3小题，共20分）

1. 铸铁有哪些优异的性能？(5分)

2. 什么是钢的回火？回火的目的是什么？钢淬火后回火的种类有哪几种？(5分)

3. 用60Si2Mn钢制造弹簧，工艺路线如下：毛坯→轧制→热处理1→机加工→热处理2。

试写出热处理1和热处理2的名称及其作用。(10分)

第三单元　机械工程材料阶段性统测试卷 2

班级__________　学号__________　姓名__________　成绩__________

题号	一	二	三	四	五	总分
满分	35	24	10	6	25	100
得分						

一、填空题（每空 1 分，共 35 分）

1. 金属材料的性能分为________和________。
2. 塑性指标是________和________，其值越大表示材料的塑性越________。
3. 钢的质量是根据________和________的含量划分的，其中________使钢冷脆。
4. T12A 按用途分类属于________钢，按含碳量分类属于________钢，按质量分类属于________钢。
5. 特殊性能钢包括________、________和________。
6. W18Cr4V 是________钢，当其切削温度高达 600℃时，它仍能保持高________和________，即具有高的________。
7. HT150 中碳以________形式存在，常用的热处理工艺有________和________。
8. 正火后的强度、硬度________于退火。
9. 淬火的目的是提高钢的________、________和________。
10. 60Si2Mn 作齿轮，应进行________加________的热处理。
11. 调质处理即为________和________相结合的热处理工艺。
12. 常见的轴承合金有________基、________基和________基轴承合金。
13. 按使用范围分类，塑料可分为________、________和________。

二、选择题（每小题 2 分，共 24 分）

1. 下列属于力学性能指标的是________。

A. 热膨胀性　B. 化学稳定性　C. 疲劳强度　D. 可锻性

2. 拉伸试验时，试样拉断前能承受的最大应力称为材料的________。

A. 比例极限　B. 抗拉强度　C. 屈服强度　D. 弹性极限

3. 重型锻压机主要要求锤头材料具有较高的________值。

A. a_K　B. R_m　C. A　D. HRC

4. 下列材料中，________较适宜制造麻花钻。

A. W18Cr4V　B. 20CrMnTi　C. 40Cr　D. GCr15

5. 下列属于高级优质钢的是________。

A. Q235A　B. T8　C. 60Si2Mn　D. 9SiCr

6. 4Cr9Si2 是________材料。

A. 合金结构钢　B. 不锈钢　C. 抗氧化钢　D. 热强钢

7. 淬火的冷却方式是________。

A. 随炉冷却　　B. 空冷　　C. 快速冷却　　D. 风冷

8. 回火的加热温度是________。

A. 低于727℃　　B. 高于727℃　　C. 低于768℃　　D. 高于768℃

9. 有关材料H62，下列说法正确的是________。

A. 普通黄铜，铜的质量分数是38%

B. 普通黄铜，锌的质量分数是38%

C. 特殊黄铜，铜的质量分数是62%

D. 特殊黄铜，锌的质量分数是62%

10. 尼龙是________。

A. 工程塑料　　B. 橡胶　　C. 复合材料　　D. 陶瓷

11. YT15硬质合金常用于切削________材料。

A. 不锈钢　　B. 耐热钢　　C. 铸铁　　D. 一般钢材

12. 属于热处理不能强化的铝合金的是________。

A. 防锈铝　　B. 锻铝　　C. 硬铝　　D. 超硬铝

三、判断题（每小题1分，共10分）

1. 轻、重金属是按质量的大小来分类的。（　）
2. 金属材料在受到大能量一次冲击时，其冲击抗力主要取决于硬度。（　）
3. 40Cr钢的最终热处理一般是淬火后进行中温回火。（　）
4. 压铸模是冷变形模具。（　）
5. 可锻铸铁的塑性比灰铸铁好，所以可以锻造。（　）
6. 工具钢都是高碳钢。（　）
7. 石墨的存在破坏了基体组织的连续性，所以石墨在铸铁中是有害无益的。（　）
8. 渗碳和氮化后都要淬火。（　）
9. 对性能要求不高的中碳钢零件，可采用正火代替调质处理。（　）
10. 热固性塑料可反复加热回收利用。（　）

四、名词解释（每小题2分，共6分）

1. 疲劳强度

2. 热硬性

3. 钢的热处理

五、简答题（本大题共 3 小题，共 25 分）

1. 何谓退火？试述退火的目的。（7 分）

2. 什么是淬硬性？什么是淬透性？它们各自取决于什么？（8 分）

3. 综合分析：T12 钢制丝锥，工艺路线如下：轧制→热处理 1→机加工→热处理 2→机加工，指出热处理名称及其作用。（10 分）

第三单元　机械工程材料阶段性统测试卷 3

班级__________　学号__________　姓名__________　成绩__________

题号	一	二	三	四	五	总分
满分	40	10	20	10	20	100
得分						

一、填空题（每空 1 分，共 40 分）

1. 金属材料在________作用下，抵抗________和________的能力称为强度。

2. 碳素钢中的________使钢有热脆性，________使钢有冷脆性，有益元素是________、________。

3. 所谓热硬性就是在高温时仍能保持________和________。

4. 合金弹簧钢的热处理是________，热处理后的组织是________。冷变形模具的最终热处理是________。

5. 钢的耐热性是________和________的总称。

6. 铸铁具有良好的________、________、________和________。

7. 白口铸铁中的碳是以________存在的，因此它的性能________。

8. 可锻铸铁根据基体组织的不同可分为________和________两种。

9. 球墨铸铁经退火处理后可以提高________和________。

10. 正火主要适用于________，其冷却速度比________快。

11. 工件经表面热处理后一般表面具有高的________和________，而心部具有足够的________和________。

12. 铝合金根据其成分和工艺特点可分为________和________。

13. 常用的非金属材料有________、________、________、________和________。

14. 复合材料是由________性质不同的材料组合而成的，二者保留各自的________，得到单一材料无法比拟的________，是新型的工程材料。

二、判断题（每小题 1 分，共 10 分）

1. 铸钢可用于铸造形状复杂而力学性能要求又较高的零件。（　）

2. 退火与正火的目的大致相同，主要区别是保温时间的长短。（　）

3. 表面热处理就是改变钢制件表面的化学成分，从而改变其表面的性能。（　）

4. 60Si2Mn 的淬透性好于 60 钢，而二者淬硬性相同。（　）

5. T12 钢可选作渗碳零件用钢。（　）

6. 40Cr 钢的最终热处理一般是淬火后进行中温回火，获得具有良好的综合力学性能的回火索氏体组织。（　）

7. 铸铁中石墨的存在破坏了基体组织的连续性，所以石墨在铸铁中是有害无益的。（　）

8. 滑动轴承合金的组织都是在软基体上分布着硬质点。 ( )
9. 感应淬火时所使用的电流频率越高，则工件表面淬硬层深度越深。 ( )
10. 做布氏硬度试验时，当试验条件相同时，其压痕直径越小，材料的硬度越低。 ( )

三、选择题（每小题2分，共20分）

1. 金属材料在受到大能量一次冲击时，其冲击抗力主要取决于________。
A. 强度　B. 塑性　C. 硬度　D. 冲击韧性
2. 铸铁通常是按________分类的。
A. 含碳量　B. 基体组织　C. 石墨的形态　D. 渗碳体形态
3. 普通黄铜是铜与________的合金。
A. 锌　B. 镁　C. 镍　D. 锡
4. 麻花钻可选用________材料。
A. 40Cr13　B. CrWMn　C. Cr12MoV　D. W18Cr4V
5. 合金调质钢碳的质量分数一般为________。
A. 0~0.25%　B. 0.25%~0.3%　C. 0.25%~0.5%　D. 0.25%~0.6%
6. 洛氏硬度C标尺所用的压头是________。
A. 淬硬钢球　B. 120°金刚石圆锥体
C. 硬质合金球　D. 136°金刚石四棱锥体
7. 对于结构复杂的铸件，为了具有良好的塑性和韧性，应采用________材料。
A. HT250　B. Q235　C. T12A　D. ZG270-500
8. 45钢退火与正火后，强度关系是________。
A. 退火>正火　B. 退火<正火　C. 退火=正火　D. 无法确定
9. 煤气灶电打火装置中的关键材料是一种________材料。
A. 塑料　B. 橡胶　C. 陶瓷　D. 复合材料
10. 零电阻现象和完全抗磁性是________的两个最基本、互相独立的特性。
A. 高温材料　B. 形态记忆材料　C. 超导材料　D. 纳米材料

四、名词解释（共10分）

1. T10A

2. 3Cr2W8V

3. QT700-2

4. YT5

5. HPb59-1

五、简答题（本大题共3小题，共20分）

1. 什么是钢的热处理？它包括哪几个阶段？（5分）

2. 变形铝合金的种类有哪些？铸造铝合金的种类有哪些？（5分）

3. 综合分析题：卧式车床主轴箱传动齿轮的加工工艺路线为：下料→锻造→热处理1→粗加工→热处理2→精加工→热处理3→磨削。性能要求如下：齿轮心部硬度为220～250HBW，齿面硬度为52HRC，具有较好的力学性能，选用材料为45钢，试写出合适的热处理工艺名称及其作用。（10分）

第四单元　联接阶段性统测试卷1

班级＿＿＿＿＿＿　学号＿＿＿＿＿＿　姓名＿＿＿＿＿＿　成绩＿＿＿＿＿＿

题号	一	二	三	四	总分
满分	39	21	18	22	100
得分					

一、填空题（每空3分，共39分）

1. 平键的宽与高主要根据＿＿＿＿来选定。

2. 花键联接按齿形不同分为＿＿＿＿花键、＿＿＿＿花键和＿＿＿＿花键3种。

3. 常用的螺纹联接的防松方法有＿＿＿＿和＿＿＿＿。

4. 按螺纹的牙型截面形状分类，有＿＿＿＿、＿＿＿＿、＿＿＿＿、＿＿＿＿和＿＿＿＿。

5. 离合器用于连接两轴共同转动，在工作中可随时将两轴＿＿＿＿或＿＿＿＿。

二、选择题（每题3分，共21分）

1. 楔键联接与平键联接相比，前者的对中性＿＿＿＿。

A. 好　B. 差　C. 与后者一样　D. 与后者无法比较

2. 普通平键根据＿＿＿＿不同，可分为A型、B型和C型三种。

A. 尺寸大小　B. 端部形状　C. 截面形状　D. 以上均不是

3. ＿＿＿＿能自动适应轮毂上键槽的斜度，装拆方便，尤其适用于锥形轴端部的联接。

A. 普通键　B. 导向平键　C. 半圆键　D. 楔键

4. 梯形螺纹与锯齿形、矩形螺纹相比较，具有＿＿＿＿优点。

A. 传动效率高　B. 获得自锁性大　C. 工艺性和对中性好　D. 螺纹已标准化

5. ＿＿＿＿常用于传动螺纹。

A. 管螺纹　B. 梯形螺纹　C. 锯齿形螺纹　D. 矩形螺纹

6. 为了使同一轴线上的两根轴能同时存在两种不同的转速，可采用＿＿＿＿。

A. 牙嵌离合器　B. 摩擦离合器　C. 超越离合器　D. 以上均不是

7. 两轴相交成30°的传动，可用＿＿＿＿联轴器。

A. 刚性固定式　B. 万向　C. 弹性　D. 滑块

三、判断题（每题3分，共18分）

1. 平键联接属于松键联接，采用基轴制。（　）

2. 开口销工作可靠，拆卸方便，在联接件受横向力时能自锁。（　）

3. 锯齿形螺纹是用于单向受力的传力螺纹。（　）

4. 螺纹联接是联接的常见形式，是一种不可拆联接。（　）

5. 十字滑块联轴器中间圆盘两端面上的凸榫方向是相互平行的。（　）

6. 牙嵌离合器的特点是即使在运转中也可做到平稳无冲击、无噪声。（　）

四、简答题（本大题共3小题，共22分）

1. 请解释GB/T 1096 键B12×8×30的意义。（4分）

2. 联轴器和离合器在功用上有何区别和联系？（9分）

3. 试述键联接的功用和种类。（9分）

第四单元 联接阶段性统测试卷 2

班级__________ 学号__________ 姓名__________ 成绩__________

题号	一	二	三	四	总分
满分	42	21	18	19	100
得分					

一、填空题（每空 3 分，共 42 分）

1. 轴与轴上传动零件的联接，主要是________和________。
2. 普通平键的工作面是________，楔键的工作面是________。
3. 常用的螺纹联接有________联接、________联接、________联接和紧定螺钉联接。
4. 普通螺纹的公称直径为________，而管螺纹的公称直径为________。
5. 弹性联轴器常见的有________联轴器、________联轴器和________联轴器。
6. 摩擦离合器常见的有________和________。

二、选择题（每题 3 分，共 21 分）

1. 平键标记：GB/T 1996 键 B12 ×8 ×30 中，12 ×30 表示________。
A. 键宽×键高　B. 键高×键长　C. 键宽×键长　D. 键宽×轴径
2. 普通平键的宽度应根据________选取。
A. 传递的功能　B. 转动心轴　C. 轴的直径　D. 轴的转速
3. 普通螺纹的公称直径是指________。
A. 螺纹大径　B. 螺纹小径　C. 螺纹中径　D. 平均直径
4. 煤气瓶与减压阀之间的联接螺纹旋向为________。
A. 左旋　B. 右旋　C. 两种都有
5. 万向联轴器之所以要成对使用，是为了解决被连接两轴间________的问题。
A. 径向偏移量大　B. 轴向偏移量大
C. 角度偏移量大　D. 角速度不同步
6. 在轴向窜动量较大，正、反转起动频繁的传动中，宜采用________。
A. 刚性联轴器　B. 弹性柱销联轴器
C. 滑块联轴器　D. 刚性可移式联轴器
7. 某金属切削机床中，要求两轴在任何转速下都可接合并有过载保护，宜选用________。
A. 牙嵌离合器　B. 超越离合器
C. 摩擦离合器　D. 离心离合器

三、判断题（每题 3 分，共 18 分）

1. 楔键联接能使轴上零件轴向固定，且能使零件承受双向的轴向力，但定心精度不高。（　）

2. 花键主要用于定心精度要求高，载荷大或有经常滑移的联接。（ ）
3. 相互配合的内外螺纹，其旋向需要相同。（ ）
4. 管螺纹的公称直径是螺纹大径的公称尺寸。（ ）
5. 摩擦离合器在工作中能随时使两轴分离或结合。（ ）
6. 弹性联轴器与刚性联轴器一样，都能补偿两轴的相对位移。（ ）

四、简答题（本大题共 3 小题，共 19 分）

1. 平键的尺寸是根据什么选定的？(5 分)

2. 常用螺纹联接的防松措施有哪两类？止动垫片属于哪种？(9 分)

3. 自行车的飞轮应用了哪种离合器的原理？(5 分)

第四单元　联接阶段性统测试卷 3

班级__________　学号__________　姓名__________　成绩__________

题号	一	二	三	四	总分
满分	39	21	18	22	100
得分					

一、填空题（每空 3 分，共 39 分）

1. 平头普通平键 $b \times h \times L = 20\text{mm} \times 12\text{mm} \times 63\text{mm}$，标记为________________。

2. 销联接的主要作用是________、________和________。

3. 锯齿形螺纹的非工作面牙侧角为________，工作面牙侧角为________。

4. 螺纹按用途可分为________螺纹和________螺纹两大类。

5. 可移式联轴器一般分成三大类：________联轴器、________联轴器和________联轴器。

6. 摩擦离合器常见的有________和________。

二、选择题（每题 3 分，共 21 分）

1. 通常根据________选择平键的宽度和高度。

A. 传递转矩的大小　B. 传递功率的大小　C. 轴的直径　D. 轮毂的长度

2. 楔键联接的主要缺点是________。

A. 楔的斜面加工困难　B. 安装时键容易破坏

C. 键装入键槽后，在轮毂中产生初应力　D. 轴和轴上零件对中性差

3. 以下是键联接的主要功用的是________。

A. 能固定轴和轴上零件　B. 支承回转零件

C. 可充当过载剪断元件　D. 能联接并分离两轴

4. 下列螺纹联接防松方法中，属于摩擦防松的是________。

A. 止动垫片　B. 圆螺母和止动垫圈

C. 弹簧垫圈　D. 穿金属丝

5. 螺钉联接用于________场合。

A. 经常装拆的联接

B. 被联接件不太厚并能从被联接件两边进行装配的场合

C. 受结构限制或希望结构紧凑且经常装拆的场合

D. 被联接件之一太厚且不经常装拆的场合

6. 在载荷平稳、转速稳定、两轴对中的情况下，宜采用________。

A. 凸缘联轴器　B. 滑块联轴器　C. 万向联轴器　D. 弹性柱销联轴器

7. 下列________不是弹性套柱销联轴器的特点。

A. 结构简单、装拆方便　B. 价格低廉

C. 弹性套不易损坏，使用寿命长

D. 能吸收振动，补偿两轴的综合偏移

三、判断题（每题3分，共18分）

1. 我国常用的花键是矩形花键，因其加工方便，应用广泛。 ( )
2. 半圆键联接的工艺性好，装配方便，适用于重型联接中。 ( )
3. 机床上的丝杠及台虎钳等的螺纹都是普通螺纹。 ( )
4. 梯形螺纹的传动效率略高于矩形螺纹。 ( )
5. 固定式刚性联轴器适用于两轴对中性不好的场合。 ( )
6. 离合器都是使两轴在运转中既能连接又能分离的部件。 ( )

四、简答题（本大题共2小题，共22分）

1. 简述花键联接的分类及应用。(15分)

2. 双头螺柱装配的特点及常用方法有哪些？(7分)

第五单元　机构阶段性统测试卷 1

班级__________　学号__________　姓名__________　成绩__________

题号	一	二	三	四	总分
满分	39	21	18	22	100
得分					

一、填空题（每空 3 分，共 39 分）

1. 高副是指两构件作________或________接触的运动副。

2. 组成机构的所有构件都在________或________内运动，称为平面机构。

3. 曲柄滑块机构若以曲柄为主动件，则可以将曲柄的________转换为滑块的________。

4. 图 2-11 所示铰链四杆机构中，杆 a 最短，杆 d 最长，则要成为双曲柄机构，需满足：1）________；2）以________为机架。

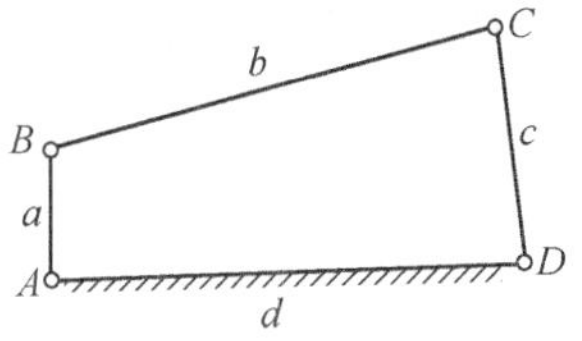

图　2-11

5. 等加速等减速运动规律位移曲线为________，等速运动规律位移曲线为________。

6. 凸轮机构主要由________、________、________三个基本构件组成。

二、选择题（每题 3 分，共 21 分）

1. 火车车轮在铁轨上滚动，属于________。

A. 移动副　　B. 转动副　　C. 高副　　D. 低副

2. 下列平面四杆机构中没有移动副的是________。

A. 铰链四杆机构　　B. 曲柄滑块机构　　C. 导杆机构　　D. 曲柄摇块机构

3. 杆长不等的铰链四杆机构，下列叙述中正确的是：________。

A. 凡是以最短杆为机架的，均为双曲柄机构

B. 凡是以最短杆为连杆的，均为双摇杆机构

C. 凡是以最短杆相邻的杆为机架的，均为曲柄摇杆机构

D. 凡是以最长杆为机架的，均为双摇杆机构

4. 杆长不等的铰链四杆机构，若以最短杆为机架，则是________。

A. 曲柄摇杆机构　　B. 双曲柄机构

C. 双摇杆机构　　D. 双曲柄机构或双摇杆机构

5. 与平面连杆机构相比较，凸轮机构突出的优点是________。

A. 能准确地实现给定的从动件运动规律　　B. 能实现间歇运动

C. 能实现多运动形式的变换　　D. 传力性能好

6. 通常凸轮作连续转动，从动件的运动周期是________。

A. 从动件推程时间　　B. 从动件回程时间

C. 从动件推程与回程时间之和　　D. 凸轮一整转时间

7. 某凸轮机构的从动件用来控制切削工具的进给运动，在切削时，从动件宜采用________。

A. 等速运动规律　　B. 等加速等减速运动规律

C. 简谐运动规律　　D. 多项式运动规律

三、判断题（每题 3 分，共 18 分）

1. 卧式车床的丝杠与螺纹组成螺旋副。（　）
2. 点、线接触的高副，由于接触面大，承受的压强大。（　）
3. 在铰链四杆机构中，若连架杆能围绕其中心作整周转动，则称为摇杆。（　）
4. 反向双曲柄机构可应用于车门启闭机构。（　）
5. 凸轮机构是低副机构。（　）
6. 由于盘形凸轮制造方便，所以最适用于较大行程的传动。（　）

四、简答题（本大题共 3 小题，共 22 分）

1. 测绘平面运动副运动简图的一般步骤是什么？(6 分)

2. 试说明含有一个移动副的四杆机构的类型及特点。(6 分)

3. 简述凸轮机构的特点。(10 分)

第五单元 机构阶段性统测试卷 2

班级____________ 学号____________ 姓名____________ 成绩____________

题号	一	二	三	四	总分
满分	39	24	18	19	100
得分					

一、填空题（每空 3 分，共 39 分）

1. 机构中的构件主要分成原动件、________和________三种。

2. 使两构件________而又能产生一定________的连接，称为运动副。

3. 在铰链四杆机构中相对静止的构件称为________，能作整周旋转运动的构件称为________，不与机架相连的构件称为________。

4. 描述急回特性运动快慢的参数为________________。

5. 从动件从最低点上升到最高点的升距称为________________。

6. 凸轮机构按凸轮形状分有________凸轮、________凸轮、________凸轮和________凸轮。

二、选择题（每题 3 分，共 24 分）

1. 运动副的作用是________两构件，使其有一定的相对运动。

A. 固定　　B. 连接　　C. 分离　　D. 以上均不是

2. 下列________不是平面机构的优点。

A. 运动副是面接触，故压强低，便于润滑，磨损小

B. 运动副制造方便，容易获得较高的制造精度

C. 容易实现转动、移动基本运动形式及其转换

D. 容易实现复杂的运动规律

3. 当急回运动行程速比系数________时，曲柄摇杆机构才具有急回特性。

A. $K=0$　　B. $K=1$　　C. $K>1$　　D. 以上均不是

4. 如图 2-12 所示汽车前窗刮水器是________。

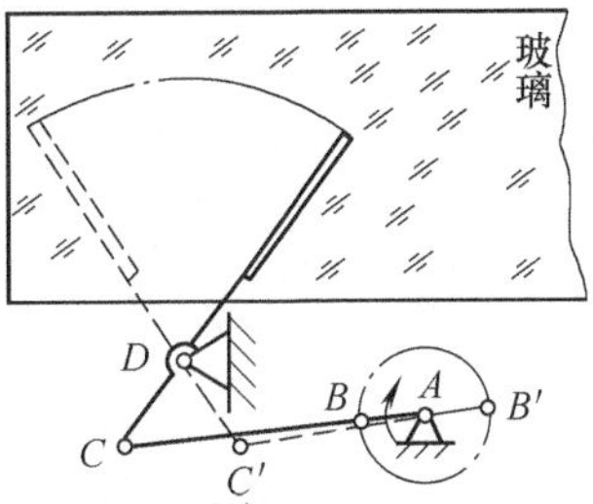

图 2-12

A. 曲柄摇杆机构　　B. 双摇杆机构　　C. 双曲柄机构　　D. 摆动导杆机构

5. 凸轮轮廓与从动件之间的可动连接是________类型的运动副。

A. 移动副　　B. 转动副　　C. 高副　　D. 以上三种均可

6. 凸轮机构从动件的运动规律是由________决定的。

A. 凸轮形状　　B. 凸轮轮廓曲线　　C. 凸轮转速　　D. 凸轮基圆半径

7. 从动件作等速运动规律的凸轮机构，适用于________条件下工作。

A. 重载低速　　B. 中载中速　　C. 轻载高速　　D. 轻载低速

8. 转塔车床的刀架转位机构应用________。

A. 槽轮机构　　B. 棘轮机构　　C. 间歇齿轮机构　　D. 齿轮机构

三、判断题（每题3分，共18分）

1. 齿轮机构的啮合表面是平面，因此属于低副接触。（　　）
2. 运动副制造方便，容易获得较高的制造精度。（　　）
3. 铰链四杆机构是平面高副组成的四杆机构。（　　）
4. 牛头刨床中刀具的退刀速度大于其切削速度，就是应用了急回特性的原理。（　　）
5. 移动凸轮运动时，从动件也会作往复直线移动。（　　）
6. 尖顶式从动杆与凸轮接触摩擦力较小，故可用来传递较大的动力。（　　）

四、综合题（本大题共4小题，共19分）

1. 什么是运动副？根据运动副中两构件的接触形式，运动副分为哪两类？（6分）

2. 名词解释（4分）

机构

“死点”位置

3. 何谓机构的急回特性？机构有无特性取决于什么？（5分）

4. 举出你所见过的凸轮机构的应用场合，并说明它对应的类型（至少两例）。（4分）

第五单元 机构阶段性统测试卷3

班级＿＿＿＿＿ 学号＿＿＿＿＿ 姓名＿＿＿＿＿ 成绩＿＿＿＿＿

题号	一	二	三	四	总分
满分	45	18	14	23	100
得分					

一、填空题（每空3分，共45分）

1. 机构组成要素有＿＿＿＿和＿＿＿＿。

2. 低副按两构件的相对运动情况可分为＿＿＿＿、＿＿＿＿和移动副三种类型。

3. 家用缝纫机的踏板机构属于＿＿＿＿。

4. 铰链四杆机构的三种基本形式是＿＿＿＿、＿＿＿＿和＿＿＿＿。

5. 凸轮机构按从动件形状可以分为＿＿＿＿、＿＿＿＿、＿＿＿＿和曲面从动件凸轮机构。

6. 以盘形凸轮的最小半径所作的圆称为＿＿＿＿。

7. 较常见的间歇机构有＿＿＿＿、＿＿＿＿、＿＿＿＿。

二、选择题（每题3分，共18分）

1. 机构运动简图与＿＿＿＿无关。

A. 运动副数目和类型　　B. 构件数目

C. 运动副的相对位置　　D. 运动副以及构件的结构形状

2. 图2-13中，＿＿＿＿的运动副 A 是低副。

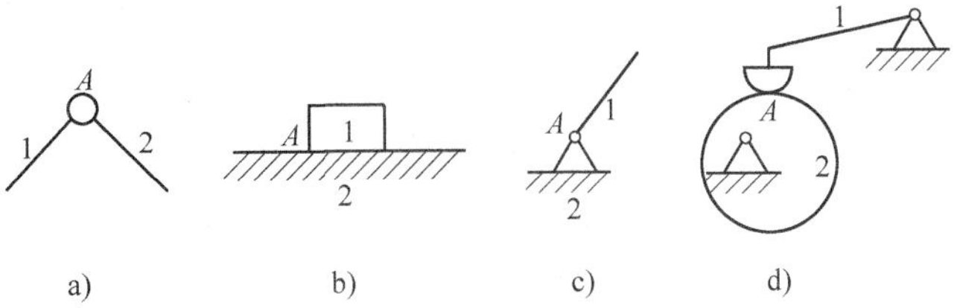

图 2-13

A. 图a和图d　　B. 图b和图d　　C. 图b和图a　　D. 图c和图d

3. 具有急回特性的是＿＿＿＿机构。

A. 曲柄摇杆　　B. 双摇杆　　C. 双曲柄　　D. 以上均不是

4. 下列机构中，＿＿＿＿为曲柄滑块的应用实例。

A. 手动抽水机　　B. 滚动送料机

C. 往复式气体压缩机　　D. 以上均不是

5. 凸轮压力角的大小与基圆半径的关系是＿＿＿＿。

A. 基圆半径越小，压力角越小　　B. 基圆半径越大，压力角越小

C. 基圆半径大小变化，压力角不受影响　D. 以上均不是

6. 图 2-14 中________凸轮机构的从动件与凸轮之间是滑动摩擦，且阻力大，磨损快，只适用于传力不大的低速场合。

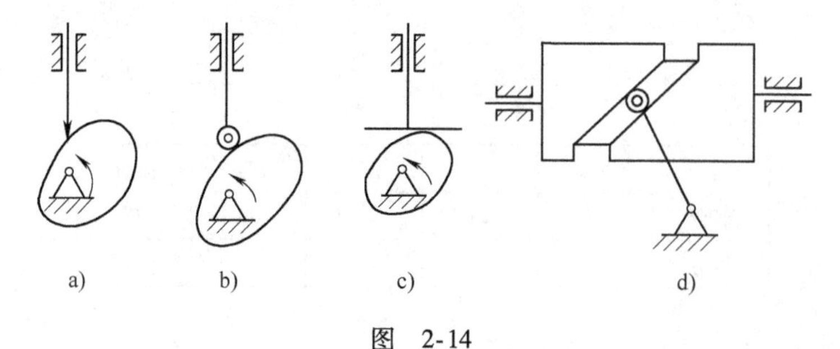

图 2-14

A. 图 a　　B. 图 b　　C. 图 c　　D. 图 d

三、判断题（每题 2 分，共 14 分）

1. 运动副容易实现转动、移动基本运动形式及其转换。（　）
2. 铰链连接是移动副的一种具体方式。（　）
3. 在铰链四杆机构中，如存在曲柄，则曲柄一定为最短杆。（　）
4. 在曲柄摇杆机构中，摇杆和连杆共线的位置就是“死点”位置。（　）
5. 铰链四杆机构是由一些刚性构件用低副相互连接而成的机构。（　）
6. 平底移动从动件盘形凸轮机构的压力角恒等于一个常量。（　）
7. 凸轮机构的等加速等减速运动，是从动件先等加速上升、后等减速下降。（　）

四、综合题（本大题共 3 小题，共 23 分）

1. 什么是机构？它和机器是什么关系？（5 分）

2. 名词解释（9 分）

运动副

基圆半径

间歇运动机构

3. 凸轮机构有哪两种运动规律？分别适用于哪些场合？（9 分）

第六单元 机械传动阶段性统测试卷1

班级__________ 学号__________ 姓名__________ 成绩__________

题号	一	二	三	四	总分
满分	40	10	20	30	100
得分					

一、填空题（每空1分，共40分）

1. 机械传动按其传递力的方法来分，可分为________传动和________传动两大类。

2. 一般带传动要求包角 α 大于或等于________。

3. 标准V带有两种结构：________结构和________结构，一般场合主要采用________结构。

4. 普通V带的结构由________、________、________和________组成。________由橡胶帆布制成，主要起耐磨和保护作用。

5. 带传动超载时，带会在轮上________，可防止机构中薄弱零件的________，起________作用。

6. 按链传动的用途分类，链可分为________链、________链和________链三种类型。

7. 套筒滚子链的结构由________、________、________、________和滚子组成。

8. 根据两传动轴相对位置和轮齿方向的不同，齿轮传动可分成________和________两种。

9. 已知一标准直齿圆柱齿轮的齿距 $p=18.84\text{mm}$，分度圆直径 $d=288\text{mm}$，则齿轮的齿数 $z=$________，齿顶圆直径 $d_a=$________。

10. 一对齿轮传动，主动齿轮齿数 $z_1=40$，从动齿轮齿数 $z_2=80$，则传动比 $i=$________。若主动齿轮转速 $n_1=1200\text{r/min}$，则从动齿轮转速 $n_2=$________。

11. 齿距是在齿轮上两个相邻________的端面齿廓之间的________。

12. 直齿锥齿轮的正确啮合条件是：两齿轮的________和________分别相等。

13. 标准斜齿圆柱齿轮的正确啮合条件是：两齿轮的________相等，________相等，________大小相等且________相反。

14. 蜗杆传动机构主要由________、________和机架三部分组成。其中主动件是________，用于传递________两轴之间的运动和转矩。

15. 轮系运转时，其中一个或若干个齿轮的轴线绕另一个齿轮旋转，这样的轮系称为________。

二、判断题（每小题1分，共10分）

1. 摩擦传动能保持准确的传动比。（　）

2. V带张得越紧，摩擦力越大，传动的效果也就越好。（　）

3. 一般的套筒滚子链，最好不要采用偶数链节的闭合链。（　）

4. 链传动能在高温、低速、重载以及有泥浆、灰砂的恶劣条件下工作。 ( )

5. 在一般的中心距情况下，V 带张紧程度以大拇指能按下 15mm 左右为宜。 ( )

6. 齿轮传动是依靠轮齿的直接啮合来传递运动和动力的。 ( )

7. 用展成法切制渐开线直齿圆柱齿轮发生根切的原因是齿轮太小了，不发生根切的最小齿数是 17 齿。 ( )

8. 锥齿轮传动的正确啮合条件是两锥齿轮大端的模数和压力角分别相等。 ( )

9. 蜗杆传动因传动效率较高，常用于功率较大或连续工作的场合。 ( )

10. 周转轮系中所有齿轮的轴线位置均固定不变。 ( )

三、选择题（每小题 2 分，共 20 分）

1. 带轮上与轴配合的部分称为________。

A. 轮缘　　B. 轮辐　　C. 轮毂　　D. 轮槽

2. 套筒滚子链的链片一般成 8 字形，其目的是________。

A. 使链片美观

B. 使链片各横截面抗拉强度相等，减轻链片质量

C. 使其传动灵活

D. 使链片减少摩擦

3. 高速重载链传动，宜选用________。

A. 节距较小的单排链　　B. 节距大的单排链

C. 节距大的多排链　　D. 节距小的多排链

4. 齿轮的渐开线形状取决于它的________直径。

A. 齿顶圆　　B. 分度圆　　C. 基圆　　D. 齿根圆

5. 已知下列标准直齿圆柱齿轮，齿轮 1：$z_1=72$，$d_{a1}=222\text{mm}$；齿轮 2：$z_2=72$，$h_2=22.5\text{mm}$；齿轮 3：$z_3=22$，$d_{f3}=156\text{mm}$；齿轮 4：$z_4=22$，$d_{a4}=240\text{mm}$。其中可以正确啮合的一对齿轮是________。

A. 齿轮 1 和齿轮 2　　B. 齿轮 1 和齿轮 3　　C. 齿轮 2 和齿轮 4　　D. 齿轮 3 和齿轮 4

6. 一般开式齿轮传动的主要失效形式是________。

A. 齿面点蚀　　B. 齿面胶合　　C. 齿面磨损　　D. 塑性变形

7. 斜齿轮传动不具备以下________特点。

A. 传动平稳，冲击、噪声和振动小　　B. 能作为变速滑移齿轮使用

C. 承载能力强　　D. 用于高速传动

8. 与齿轮传动相比，蜗杆传动有以下优点：①传动比大；②结构紧凑；③传动平稳、噪声小；④传动效率高；⑤在一定条件下能自锁。其中有________是正确的。

A. 5 条　　B. 4 条　　C. 3 条　　D. 2 条

9. 润滑良好的闭式蜗杆传动的主要失效形式是________。

A. 齿面点蚀　　B. 齿面磨损　　C. 齿面胶合　　D. 轮齿折断

10. 当两轴相距较远且要求传动比准确时，应采用________。

A. 带传动　　B. 链传动　　C. 轮系传动　　D. 蜗杆传动

四、综合分析题（本大题共 4 小题，共 30 分）

1. V 带为什么要张紧？V 带的张紧方法有哪几种？（6 分）

2. 试述链传动的失效形式。(6 分)

3. 已知一对标准直齿圆柱齿轮传动，其传动比 $i=2$，主动齿轮转速 $n_1=600\text{r/min}$，中心距 $a=240\text{mm}$，模数 $m=4\text{mm}$，试求：1）从动齿轮转速 n_2；2）齿数 z_1 和 z_2；3）齿距 p 和小齿轮的齿顶圆直径 d_{a1}。(10 分)

4. 如图 2-15 所示的轮系，已知 $z_1=1$，$z_2=42$，$z_3=20$，$z_4=60$，$z_5=30$，$z_6=40$，$n_1=960\text{r/min}$，n_6的转速为多少？并用箭头表示出 n_6的旋转方向。(8 分)

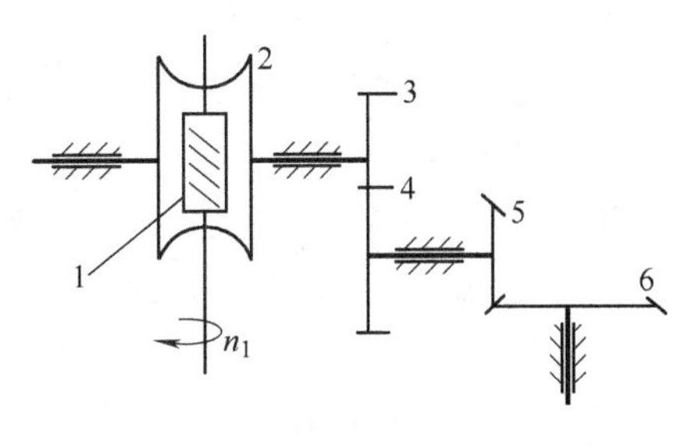

图　2-15

第六单元 机械传动阶段性统测试卷 2

班级__________ 学号__________ 姓名__________ 成绩__________

题号	一	二	三	四	总分
满分	40	10	20	30	100
得分					

一、填空题（每空 1 分，共 40 分）

1. 带传动以传动带作为________，利用带与带轮之间的________来传递________。

2. 带轮通常由________、________和________组成。

3. 链传动是具有中间挠性件的________传动。

4. 同步带是一种________带传动，是靠________来传递运动和动力的，工作时带与带轮之间不会产生相对滑动，在机床上使用的工业用同步带一般以________同步带为主。

5. V 带是横截面为________的传动带，其工作面为________。

6. 压印在 V 带表面的“B2240”中，“B”表示________，“2240”表示________。

7. 对齿轮传动的基本要求是________和________。

8. 按齿轮的工作条件不同，齿轮传动可分为________、________和________等。

9. 渐开线上任意一点的法线必________基圆。

10. 齿轮在传动过程中，由于载荷的作用使轮齿发生折断、齿面损坏，从而使齿轮过早失去正常工作能力的现象称为________。齿轮的常见失效形式有________、________、________、________和________5 种。

11. 按加工原理不同，齿轮轮齿的切削加工方法可分为________和________两类。

12. 直齿圆柱齿轮几何尺寸计算的三个主要几何参数是________、________和________。

13. 轮齿折断有________和________两种情况。

14. 当蜗杆的螺旋线升角小于材料的________时，蜗杆传动就能自锁。

15. 当蜗杆头数 z_1 确定后，q 值越小，则________越大，________越高。

16. 直齿圆柱齿轮的正确啮合条件是：两齿轮的________和________都必须相等。

17. 定轴轮系的传动比等于组成该轮系的所有________轮齿数的连乘积与所有________轮齿数的连乘积之比。

二、判断题（每小题 1 分，共 10 分）

1. 带速越高，带的离心力越大，这不利于传动。（　　）

2. 使用带传动过程中要对带进行定期检查和及时调整，一组 V 带中只需更换个别有疲劳撕裂的 V 带即可。（　　）

3. 链传动属于啮合传动，所以它的瞬时传动比是恒定的。（　　）

4. 滚子链的链节为偶数时，大链节可采用开口销式。（　　）

5. 基圆半径越大，渐开线越弯曲。 （ ）
6. 一对齿轮的中心距稍有变化，其传动比不变，对正常的传动没有影响。 （ ）
7. 斜齿轮不能用来作为变速的滑移齿轮。 （ ）
8. 不论用何种方法加工标准齿轮，当齿数小于 17 齿时，将发生根切现象。 （ ）
9. 蜗杆的头数越多，螺纹升角越小，蜗杆传动效率越低。 （ ）
10. 轮系中使用惰轮，既可变速，又可变向。 （ ）

三、选择题（每小题 2 分，共 20 分）

1. 带传动的使用特点有________。
A. 传动平稳且无噪声 B. 能保证恒定的传动比
C. 适用于两轴中心距较大的场合 D. 过载时产生打滑，可防止损坏零件
2. 在普通 V 带传动中，张紧轮的放置位置是________。
A. 松边内侧，靠近大带轮处 B. 松边外侧，靠近小带轮处
C. 紧边内侧，靠近大带轮处 D. 紧边外侧，靠近小带轮处
3. 由带、链、齿轮传动组成的三级传动，放在高速级上的应是________。
A. 同步带传动 B. V 带传动 C. 链传动 D. 齿轮传动
4. 长期使用的自行车链条易发生脱链现象，下列解释正确的是：________。
A. 由于链传动的打滑现象引起的 B. 由于链传动弹性滑动引起的
C. 链条磨损后，链条节距变大的缘故 D. 由于用力过猛引起的
5. 分度圆上压力角________20°时，齿根变窄，齿顶变宽，齿轮承载能力降低。
A. 大于 B. 小于 C. 等于 D. 都不是
6. 保持平均传动比准确的传动是________。
A. 螺旋传动 B. 齿轮传动 C. 链传动 D. 蜗杆传动
7. 有 4 个 $h_a^* = 1$、$\alpha = 20°$ 的标准直齿圆柱齿轮：①$m_1 = 2\text{mm}$，$z_1 = 30$；②$m_2 = 2\text{mm}$，$z_2 = 55$；③$m_3 = 2\text{mm}$，$z_3 = 110$；④$m_4 = 4\text{mm}$，$z_4 = 55$。其中________齿轮可以用同一把滚刀加工。
A. ①、②和③ B. ①和② C. ②和③ D. ③和④
8. 齿轮的渐开线形状取决于它的________直径。
A. 齿顶圆 B. 分度圆 C. 基圆 D. 齿根圆
9. 设计蜗杆传动时，制造蜗轮通常选用的材料是________。
A. 钢 B. 可锻铸铁 C. 青铜 D. 非金属材料
10. 轮系________。
A. 不可获得很大的传动比 B. 不可作远距离传动
C. 可以实现变速变向要求 D. 可以合成运动但不可分解运动

四、综合分析题（本大题共 4 小题，共 30 分）

1. V 带轮有哪几种结构？（6 分）

2. 为了延长链传动的寿命，要进行润滑和维护，常用的润滑方式有哪几种？（6 分）

3. 一对标准直齿圆柱齿轮，主动齿轮转速 $n_1=450\text{r/min}$，齿距 $p=18.84\text{mm}$，要求传动比为 $i=3$，两轮中心距 $a=240\text{mm}$，试求：1）从动齿轮的转速 n_2；2）两齿轮的齿数 z_1、z_2；3）主动齿轮的齿顶圆直径 d_{a1}；4）从动齿轮的齿根圆直径 d_{f1}。（8 分）

4. 如图 2-16 所示定轴轮系，已知 $z_1=30$，$z_2=70$，$z_3=20$，$z_4=60$，$z_5=25$，$z_6=50$，$z_7=3$，$z_8=60$，$n_1=3320\text{r/min}$，求：1）求轮系的传动比；2）求末轮转速 n_8；3）判断 z_8 轮的转向。（10 分）

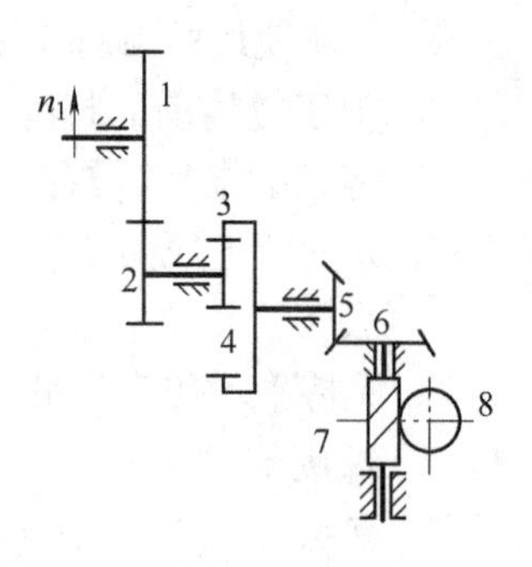

图 2-16

第六单元 机械传动阶段性统测试卷3

班级__________ 学号__________ 姓名__________ 成绩__________

题号	一	二	三	四	总分
满分	40	10	20	30	100
得分					

一、填空题（每空1分，共40分）

1. 带传动工作时，是以带和轮缘接触面间产生的________来传递运动和动力的，因此带传动属于________传动。

2. 普通V带是由________、________、________和________四部分组成的，其中________用于传力，________起耐磨和保护作用。

3. 当套筒滚子链的链节数为偶数时，大链节的接头采用________，小链节的接头采用________，当链节数为奇数时，采用________。

4. 在相同的条件下，V带传动是平带传动传递功率的________倍，这是因为V带与带轮之间的________大。

5. 滚子链标记为10A－2～87 GB/T 1243—2006，表示滚子链的排数为________排。

6. 对于渐开线齿轮，通常所说的压力角是指________上的压力角，该压力角已标准化，规定用“α”表示，且其标准值等于________。

7. 有一对直齿圆柱齿轮传动，已知主动齿轮的转速 $n_1=1000\mathrm{r/min}$，齿数 $z_1=20$，这对齿轮的传动比为 $i_{12}=2.5$，则从动齿轮的转速 $n_2=$________，齿数 $z_2=$________。

8. 标准直齿圆柱齿轮，其模数 $m=2\mathrm{mm}$，齿数 $z=26$，则分度圆直径 $d=$________。

9. 轮齿折断是________和________齿轮失效的另一主要形式。

10. 标准齿轮正确安装时，节圆与________重合。

11. 斜齿圆柱齿轮传动仅限于传递两________轴之间的运动。

12. 基圆半径越小，渐开线的曲率半径越________；基圆半径越大，渐开线的曲率半径越________。

13. 闭式齿轮传动的主要失效形式是________。

14. 外啮合的一对标准直齿圆柱齿轮，$z_1=20$，$z_2=50$，中心距 $a=280\mathrm{mm}$，则分度圆直径 $d_1=$________mm，$d_2=$________mm。

15. 加工齿轮的方法按切齿原理分为________和________两种。标准直齿圆柱齿轮不发生根切的最少齿数为________。

16. 手动葫芦起重装置是利用________特性制作的。

17. 一蜗杆传动中，已知蜗杆头数 $z_1=3$，转速 $n_1=1470\mathrm{r/min}$，蜗轮齿数 $z_2=63$，则蜗轮转速 $n_2=$________。

18. 蜗杆传动用于传递________两轴之间的运动和转矩。

19. 蜗杆螺纹部分的直径不大时，一般蜗杆与________做成一体。蜗轮的结构形式有________、________、________和________等类型。

20. 汽车前进倒退的实现是利用了________。

二、判断题（每小题1分，共10分）

1. V带传动平稳无噪声，能缓冲，能吸振。（　）
2. 我国生产使用的V带有Y、Z、A、B、C、D、E 7种型号，其中Y型的截面积最大。（　）
3. 压印在V带表面的B2240中，2240表示标准长度为2240mm。（　）
4. 带传动中，弹性滑动和打滑都是可以避免的。（　）
5. 当模数一定时，齿轮齿数越多，其几何尺寸越小，承载能力也越小。（　）
6. 一对能正确啮合的标准渐开线直齿圆柱齿轮传动，其啮合角一定为20°。（　）
7. 普通蜗杆在轴向截面内的齿形与标准齿条一样。（　）
8. 锥齿轮传动一般用于重载、高速场合。（　）
9. 蜗杆传动的传动比是蜗轮齿数与蜗杆头数之比。（　）
10. 轮系传动既可用于相距较远的两轴间传动，又可获得很大的传动比。（　）

三、选择题（每小题2分，共20分）

1. 某机床的V带传动中有四根带，工作较长时间后，有一根产生疲劳撕裂而不能继续使用，正确的更换方法是________。

A. 更换已撕裂的一根　B. 更换两根　C. 更换三根　D. 全部更换

2. 若带轮直径为460mm，应采用的带轮结构形式为________。

A. 实心带轮　B. 腹板带轮　C. 轮辐带轮　D. 孔板带轮

3. 套筒滚子链由内链板、外链板、销轴、套筒及滚子组成，其中属于过盈配合连接的是________。

A. 销轴与套筒　B. 内链板与套筒　C. 外链板与滚子　D. 滚子与套筒

4. 斜齿轮传动________。

A. 能用作变速滑移齿轮

B. 因承载能力不高，不适合用于大功率传动

C. 传动中产生轴向力

D. 传动平稳性差

5. 当齿轮的半径R为________mm时，齿轮就转化为齿条。

A. 100　B. 1000　C. 10000　D. ∞

6. 下列传动中，其中________润滑条件良好，灰沙不易进入，安装精确，是应用最广泛的传动。

A. 开式齿轮传动　B. 闭式齿轮传动　C. 半开式齿轮传动　D. 以上都不是

7. 以下4个直齿圆柱齿轮，________和________可以啮合传动。

A. $m_1=4\text{mm}$、$z_1=40$、$\alpha_1=20°$　B. $m_2=4\text{mm}$、$z_2=40$、$\alpha_2=15°$

C. $m_3=5\text{mm}$、$z_3=20$、$\alpha_3=20°$　D. $m_4=4\text{mm}$，$z_4=20$、$\alpha_4=20°$

8. 比较理想的蜗杆与蜗轮的材料组合是________。

A. 钢和青铜　B. 钢和钢　C. 钢和铸铁　D. 青铜和青铜

9. 减速器箱盖上的窥视孔，是为了________。

A. 观察齿轮或蜗轮的啮合情况　　B. 观察内部是否缺油

C. 便于开启箱盖　　D. 使内、外气压平衡

10. 定轴轮系传动比的大小与轮系中惰轮的齿数________。

A. 有关　　B. 无关　　C. 成正比　　D. 成反比

四、综合分析题（本大题共 4 小题，共 30 分）

1. 自行车、摩托车的链传动是减速传动还是增速传动？为什么？（6 分）

2. 车床电动机的主动带轮直径为 $D_1=140\text{mm}$，从动带轮直径为 $D_2=350\text{mm}$，求传动比 i。如果电动机转速 $n_1=1450\text{r/min}$，求从动带轮转速 n_2。（6 分）

3. 已知一对渐开线标准外啮合圆柱直齿轮传动的中心距为 $a=200\text{mm}$，其中一个丢失，测得另一个齿轮的齿顶圆直径 $d_{a1}=80\text{mm}$，齿数 $z_1=18$，试求丢失齿轮的齿数 z_2、分度圆直径 d_2 及齿根圆直径 d_{f2}。（8 分）

4. 如图 2-17 所示的轮系中，已知 $z_1=16$，$z_2=32$，$z_3=20$，$z_4=40$，$z_5=4$，$z_6=40$，若 $n_1=800\text{r/min}$，求蜗轮转速 n_6 及鼓轮上重物的运动方向。（10 分）

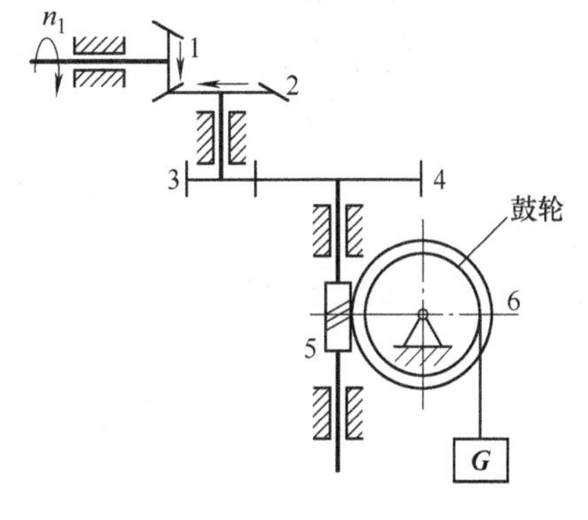

图　2-17

第七单元　支承零部件阶段性统测试卷 1

班级__________　学号__________　姓名__________　成绩__________

题号	一	二	三	四	总分
满分	48	16	12	24	100
得分					

一、填空题（每空 3 分，共 48 分）

1. 轴是机械中的重要零件，轴的主要功用是支承________和传递________。

2. 按照轴的轴线形状不同，轴可分为________轴、________轴和________轴。

3. 润滑的目的是减少摩擦和________，并降低功率消耗、________、________、防锈。

4. 轴瓦是滑动轴承的重要组成部分。常见的轴瓦结构分为________和________。

5. 能同时承受________和________载荷的滚动轴承，是向心推力轴承。

6. 滚动轴承是________件，它的基本结构由________、________、________和保持架组成。

二、选择题（每题 2 分，共 16 分）

1. 小内燃机的曲轴、凸轮轴要求成本低，应选用________材料。

A. 合金钢　　B. 球墨铸铁　　C. 铸铁　　D. 优质碳素结构钢

2. 自行车的前轮轴是________。

A. 转轴　　B. 传动轴　　C. 心轴　　D. 以上均不是

3. ________能实现轴上零件的周向固定，且易于加工和拆装，但不能承受轴向力。

A. 键联接　　B. 销联接　　C. 紧固套固定　　D. 紧固螺钉固定

4. 径向滑动轴承可以________。

A. 承受轴向载荷　　B. 承受径向载荷

C. 同时承受径向载荷和轴向载荷　　D. 以上均不是

5. 图 2-18 所示润滑油不是从轴中通道打入的，________中轴瓦的结构正确。

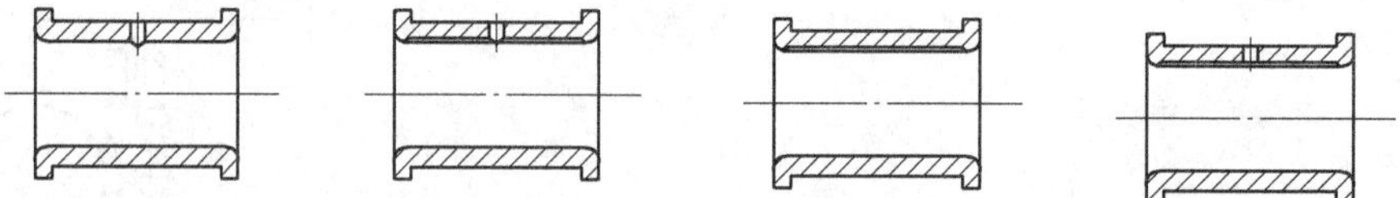

a)　　b)　　c)　　d)

图　2-18

A. 图 a　　B. 图 b　　C. 图 c　　D. 图 d

6. 剖分式滑动轴承的特点是________。

A. 通常用于低速轻载及间隙工作场合　　B. 装拆只能沿轴向移动轴和轴承

C. 轴瓦为整体式　　D. 轴承磨损后可调整间隙

7. 轴承外圈的固定方法如图 2-19 所示，若轴向力较大，可采用图示的________方法。

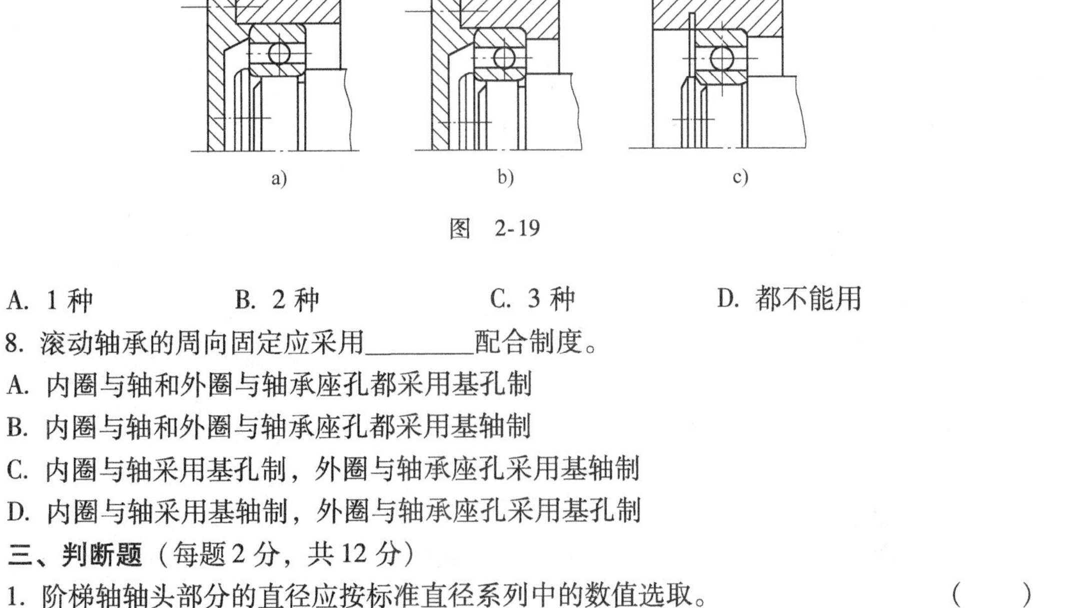

图　2-19

A. 1 种　　B. 2 种　　C. 3 种　　D. 都不能用

8. 滚动轴承的周向固定应采用________配合制度。

A. 内圈与轴和外圈与轴承座孔都采用基孔制

B. 内圈与轴和外圈与轴承座孔都采用基轴制

C. 内圈与轴采用基孔制，外圈与轴承座孔采用基轴制

D. 内圈与轴采用基轴制，外圈与轴承座孔采用基孔制

三、判断题（每题 2 分，共 12 分）

1. 阶梯轴轴头部分的直径应按标准直径系列中的数值选取。（　　）
2. 转轴在工作时是转动的，而传动轴是不转动的。（　　）
3. 对粗重的轴或具有中间轴颈的轴，选择向心滑动轴承中的整体式滑动轴承。（　　）
4. 整体式轴瓦一般在轴套上开有油孔和油沟，以便润滑。（　　）
5. 润滑油的黏度将随着温度的升高而降低。（　　）
6. 为了使滚动轴承可以拆卸，套筒外径不能大于轴承内圈外径。（　　）

四、综合题（本大题共 3 小题，共 24 分）

1. 对轴的材料有什么基本要求？其常见的材料有哪些（至少 3 种）？（12 分）

2. 滑动轴承按不同要求的分类是怎样的？（6 分）

3. 名词解释（6 分）

23123/P5

2310

7412

第七单元 支承零部件阶段性统测试卷 2

班级____________ 学号____________ 姓名____________ 成绩____________

题号	一	二	三	四	总分
满分	42	16	14	28	100
得分					

一、填空题（每空 3 分，共 42 分）

1. 轴的组成部分为轴头、________、________、________和________。
2. 轴上零件的固定形式有两种，分别是________固定和________固定。
3. 轴瓦上要开油孔和油槽，一般应开在________，或压力较小的区域。
4. 按所受载荷的方向，轴承分为________轴承、________轴承和________轴承。
5. 滚动轴承的基本代号由________、________和________依次排列组成。
6. 滚动轴承中类型代号“N”表示________轴承。

二、选择题（每题 2 分，共 16 分）

1. 用于轴端零件定位和固定，可承受剧烈推动和冲击载荷的轴向固定形式是________。

A. 轴肩　B. 弹性挡圈　C. 轴端挡圈　D. 紧定螺钉

2. 制造工艺性好、吸振性好、耐磨性好，用于曲轴的材料选用________好。

A. 中碳钢　B. 合金钢　C. 铝合金　D. 球墨铸铁

3. 最常用来制造轴的材料是________。

A. 20 钢　B. 45 钢　C. 灰铸铁　D. 9SiCr 钢

4. 液体润滑滑动轴承适用于________的工作场合。

A. 载荷变动　B. 高速、高精度、重载、强冲击

C. 工作性能要求不高、转速较低　D. 要求结构简单

5. 轴承是用来支撑________的。

A. 轴颈　B. 轴身　C. 轴头　D. 轴环

6. 可以同时承受径向载荷和轴向载荷的是________。

A. 径向滑动轴承　B. 止推滑动轴承

C. 径向止推滑动轴承　D. 以上均不是

7. 一般中小型电动机应选________。

A. 深沟球轴承　B. 调心球轴承

C. 圆柱滚子轴承　D. 调心滚子轴承

8. 如图 2-20 所示滑轮轴宜选用________支承。

A. 圆锥滚子轴承　B、圆柱滚子轴承

C. 调心球轴承　D. 深沟球轴承

F=5000N

图 2-20

三、判断题（每题 2 分，共 14 分）

1. 阶梯轴具有便于轴上零件安装和拆卸的优点。 （ ）
2. 轴肩的主要作用是实现轴上零件的周向固定。 （ ）
3. 整体式滑动轴承轴套磨损后，轴颈与轴套之间的间隙可以调整。 （ ）
4. 轴瓦常用的材料是碳素钢和轴承钢。 （ ）
5. 滚动轴承与滑动轴承相比，其优点是起动及运转时摩擦力矩小，效率高。 （ ）
6. 推力滚动轴承仅能承受轴向载荷。 （ ）
7. 在滚动轴承的尺寸系列代号中，直径系列代号表示具有同一内径而外径不同的轴承系列。 （ ）

四、简答题（本大题共 3 小题，共 28 分）

1. 轴上零件的固定形式有哪几种？各有哪些方法（各举 3 例）？（14 分）

2. 图 2-21 所示为一阶梯轴，请指出结构 1、2、3 的名称及作用。（6 分）

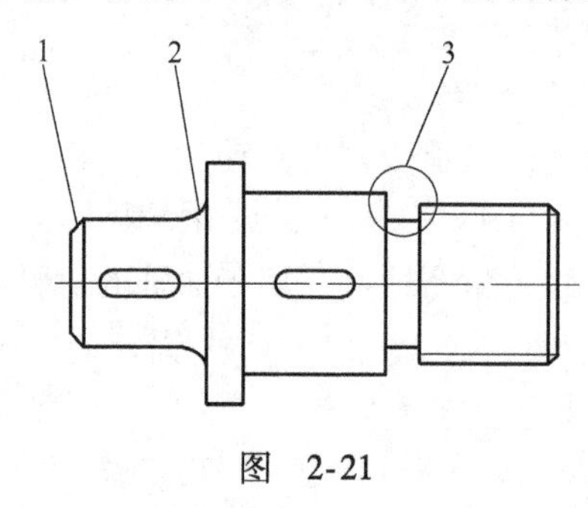

图 2-21

3. 简述滑动轴承常见的失效形式（至少 4 种）。（8 分）

第七单元 支承零部件阶段性统测试卷3

班级__________ 学号__________ 姓名__________ 成绩__________

题号	一	二	三	四	总分
满分	45	14	12	29	100
得分					

一、填空题（每空3分，共45分）

1. 用________螺钉既适用于轴向固定，又适用于周向固定。

2. 轴的结构工艺性主要考虑________和________两方面的工艺性。

3. 轴的常用材料有________、________、________和高强度铸铁。

4. 常用的润滑剂有________、________和固体润滑剂。而________润滑剂适用于低速、重载及间歇工作的场合。

5. 常用向心滑动轴承的结构有________、________和________。

6. 滚动轴承23206是________轴承，它的轴承内圈的内径是________ mm。

7. 适用于刚性较大、跨距较小的轴的滚动轴承是________。

二、选择题（每题2分，共14分）

1. 增大阶梯轴圆角半径的主要目的是________。

A. 使零件的轴向定位可靠　　B. 使轴加工方便

C. 降低应力集中，提高轴的疲劳强度　　D. 外形美观

2. 轴环的作用是________。

A. 作为轴加工时的定位面　　B. 提高轴的强度

C. 用于轴上零件的周向定位　　D. 用于轴上零件的轴向定位

3. 轴端的倒角是为了________。

A. 减少应力集中　　B. 装配方便

C. 便于加工　　D. 轴上零件的定位

4. 整体式滑动轴承的特点是________。

A. 应用广泛　　B. 装拆方便

C. 间隙可调　　D. 价格低廉、结构简单

5. 滑动轴承的适用场合是________。

A. 载荷变动小　　B. 承受极大的冲击和振动载荷

C. 要求结构简单　　D. 工作性质要求不高、转速较低

6. 某直齿圆柱齿轮减速器，工作转速较高，载荷性质平稳，应选________。

A. 深沟球轴承　　B. 调心球轴承　　C. 角接触球轴承　　D. 圆柱滚子轴承

7. 轴承的基本代号为71108，其内径为________。

A. 8mm　　B. 80mm　　C. 40mm　　D. 10mm

三、判断题（每题2分，共12分）

1. 既承受弯矩又承受转矩作用的轴为传动轴。（　）
2. 常用轴上零件的周向固定方法有键联接、过盈配合等。（　）
3. 整体式滑动轴承常用于低速轻载及间歇工作场合。（　）
4. 能承受径向载荷的滑动轴承是推力滑动轴承。（　）
5. 只要能满足使用的基本要求，应尽可能选用普通结构的球轴承。（　）
6. 6210深沟球轴承代号中的“2”表示内径。（　）

四、简答题（共29分）

1. 在考虑轴的结构时，应满足哪几方面的要求？（8分）

2. 简述润滑的目的及润滑剂的种类。（9分）

3. 选用滚动轴承时，主要考虑哪些因素？（8分）

4. 滚动轴承的特点是什么？（4分）

第八单元 机械的节能环保与安全防护阶段性统测试卷

班级__________ 学号__________ 姓名__________ 成绩__________

题号	一	二	三	四	总分
满分	52	15	12	21	100
得分					

一、填空题（每空2分，共52分）

1. 用于________、________和________机械摩擦部分的物质称为润滑剂。润滑剂可分为________、________和________。

2. 在一般机械中，工业润滑剂通常采用________或________来润滑。

3. 黏度指数是衡量润滑油黏度随________变化程度的指标，黏度指数越大，润滑油黏度受温度变化的影响________，性能________。

4. 润滑油在规定条件下加热，润滑油蒸气和空气的混合气体与火焰接触发生瞬时闪火时的最低温度称为________，它作为________使用。润滑油在规定条件下冷却，失去流动性时的最高温度称为________，它反映油品可使用的________温度。

5. 选用润滑油主要是确定油品的________和________。

6. 密封的目的在于阻止________和________泄漏，防止灰尘、水分等杂物侵入机器。密封可以分为________和________两类。

7. 常说的“三废”是指________、________和________。

8. 以保证人身安全为前提条件，合理使用机械设备，可以从________和________两方面入手。

二、选择题（每小题3分，共15分）

1. 常用于高速轴承、高速齿轮传动、导轨等的润滑方式为________。

A. 油绳、油垫润滑　　B. 针阀式注油油杯润滑

C. 油浴、溅油润滑　　D. 油雾润滑

2. 润滑剂最重要的性质是________。

A. 压力　　B. 黏度　　C. 压缩性　　D. 密度

3. 适用于干燥、清洁环境中脂润滑轴承外密封的是________。

A. 毡圈密封　　B. 曲路密封　　C. 机械密封　　D. 缝隙沟槽密封

4. 主要用于轴线速度 $v<10\text{m/s}$、工作温度低于125℃的轴上的密封是________。

A. 毡圈密封　　B. 唇形密封圈密封　　C. 机械密封　　D. 沟槽密封

5. 以下________在操作机械设备时是违反安全制度建设的。

A. 必须穿工作服上班　　B. 不留长辫子

C. 不穿高跟鞋　　D. 戴手套操作旋转机床

三、判断题（每小题2分，共12分）

1. 对于潮湿和有水环境，选用抗水性好的润滑脂。 （ ）
2. 闭式齿轮传动、蜗杆传动和内燃机等的润滑基本采用油浴和飞溅润滑。 （ ）
3. 密封的目的主要是阻止润滑剂和工作介质泄漏，防止杂物侵入机械。 （ ）
4. 滴点决定润滑脂的最高使用温度，一般应高于使用温度20～30℃。 （ ）
5. 机械的“三废”一般都是无用的废弃物，已没有回收的价值了。 （ ）
6. 机械产品一般都比较笨重，所以基本上都采用简易包装。 （ ）

四、简答题（本大题共3小题，共21分）

1. 常用的油润滑方法有哪些？(6分)

2. 毡圈密封和唇形密封的特点和使用条件有何不同？缝隙沟槽密封是怎样实现密封作用的？(10分)

3. 润滑管理的“五定”内容是什么？(5分)

第九单元 液压传动阶段性统测试卷1

班级__________ 学号__________ 姓名__________ 成绩__________

题号	一	二	三	四	总分
满分	30	20	10	40	100
得分					

一、填空题（每空1分，共30分）

1. 液压传动是以________为工作介质，利用液体________来传递动力和进行控制的一种传动方式。

2. 液压传动由四部分组成，即________部分、________部分、________部分和________部分，其中________部分和________部分为能量转换装置。

3. 液压泵是一种能量转换装置，它将________能转换为液压油的________能，是液压传动系统中的________元件。

4. 液压系统中的压力取决于________，执行元件的运动速度取决于________。

5. 液压缸按结构特点的不同，可分为________式、________式和________式三种。

6. 液压控制阀按用途分为________、________和________三类。

7. 三位四通阀有________个工作位置，阀体上有________个油口。

8. 当油液的压力超过溢流阀的调定压力时，溢流阀开启并________，使系统压力保持恒定，防止液压系统过载，起________作用。

9. 流量控制阀包括________和________两种。

10. 液压系统中的基本回路按功能不同可分为________控制回路、________回路和________控制回路等。

11. 两腔同时通压力油，利用________进行工作的________称为差动液压缸。

二、选择题（每题2分，共20分）

1. 液压传动是利用液体的压力能与________之间的转换来传递能量的。

A. 动能 B. 势能 C. 位能 D. 机械能

2. 在液压传动系统中，将压力能转换为机械能的元件是________。

A. 液压泵 B. 油管 C. 压力控制阀 D. 液压缸

3. 动力元件将原动机输入的机械能转换成流体的________，为系统提供动力。

A. 动能 B. 位能 C. 压力能 D. 压力

4. 滤油器一般装在________。

A. 泵的吸油口前 B. 液压缸前 C. 泵的输出管路中 D. 重要元件前

5. 千斤顶在工作时，小活塞上所受的油液压力与大活塞上所受的油液压力________。

A. 相等 B. 小活塞上受的力大

C. 小活塞上受的力小 D. 三者都不是

6. 千斤顶在工作时，小活塞比大活塞的运动速度________。

A. 快　　B. 慢　　C. 相等　　D. 前三者都不是

7. 液压传动的执行元件是________。

A. 电动机　　B. 液压泵　　C. 液压缸或液压马达　　D. 液压阀

8. 控制元件可以控制液压系统中油液的________。

A. 压力　　B. 流量　　C. 流动方向　　D. 前三者都是

9. 液压传动可以实现大范围的________。

A. 无级调速　　B. 分段调速　　C. 有级调速　　D. 分级调速

10. 液压系统的工作压力完全取决于________。

A. 流量　　B. 压力　　C. 方向　　D. 外负载

三、判断题（每题 1 分，共 10 分）

1. 液压缸活塞的运动速度只取决于输入流量的大小，与压力无关。（　　）

2. 作用于活塞上的推力越大，活塞的运动速度越快。（　　）

3. 在液压传动系统中，为了使机床工作台的往复运动速度一样，可采用单出杆活塞式液压缸。（　　）

4. 与机械传动相比，液压传动的优点是可以得到严格的传动比。（　　）

5. 换向阀是通过改变阀芯在阀体内的相对位置来实现换向作用的。（　　）

6. 常态时溢流阀的进出油口是相通的。（　　）

7. 三位四通换向阀的 O 型中位机能，能使泵卸荷。（　　）

8. 调速阀由定差减压阀和节流阀组成。（　　）

9. 通过节流阀的流量随负载的变化而变化。（　　）

10. 压力表是液压辅件。（　　）

四、分析、计算题（共 40 分）

1. 液压传动系统由哪些组成部分？各部分的作用是什么？（12 分）

2. 加工中心的刀具自动交换装置应满足哪几个方面的要求？（6 分）

3. 请写出图 2-22 中液压元件图形符号的名称。（12 分）

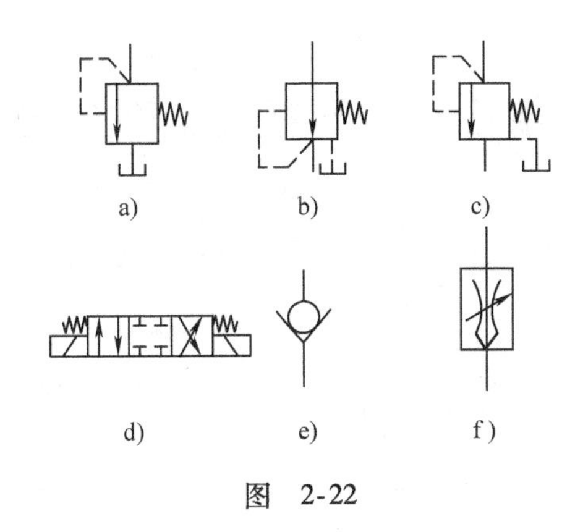

图　2-22

a：________　b：________　c：________

d：________　e：________　f：________

4. 图2-23所示液压系统可实现快进→工进→快退→停止的工作循环，写出①、②、③、④、⑤元件的名称，并填写表2-1电磁铁动作顺序表。(10分)

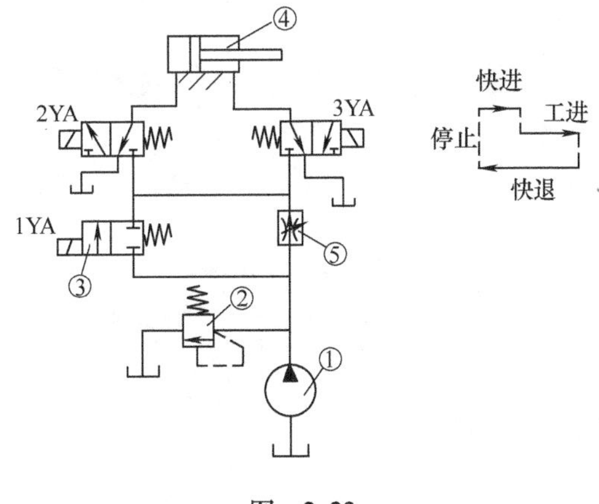

图　2-23

表2-1　电磁铁动作顺序表

电磁铁 / 动作	1DT	2DT	3DT
快进			
工进			
快退			
停止			

第九单元　液压传动阶段性统测试卷 2

班级____________ 学号____________ 姓名____________ 成绩____________

题号	一	二	三	四	总分
满分	30	20	10	40	100
得分					

一、填空题（每空 1 分，共 30 分）

1. 油液流动的两个主要参数是________和________。

2. 液压传动的两个基本原理是________和________。

3. 液压传动系统除油液外，由________、________、________和________四部分组成。

4. 液压泵是将原动机输出的________转换成________的________装置，属于________元件。

5. 液压缸是将________转变为________的________转换装置，属于________元件。

6. 液压缸按结构不同可分为________、________、________等形式。

7. 方向控制阀包括________和________；压力控制阀包括溢流阀、________和________；流量控制阀包括________和________。

8. 溢流阀的作用主要是________、________和________。

9. 在液压传动中，要降低整个系统的工作压力，应使用________，而要降低局部系统的压力一般使用________。

二、选择题（每题 2 分，共 20 分）

1. 液压系统的执行元件是________。

A. 电动机　　B. 液压阀　　C. 液压缸或液压马达　　D. 液压泵

2. 下列关于油液特性错误的提法是________。

A. 在液压传动中，油液可近似看做不可压缩

B. 粘性是油液流动时，内部产生摩擦力的性质

C. 液压传动中，压力的大小对油液的流动性影响不大，一般不予考虑

D. 油液的黏度与温度变化有关，油温升高，黏度变大

3. 活塞有效作用面积一定时，活塞的运动速度取决于________。

A. 液压泵的输出流量　　B. 液压缸中油液的压力

C. 负载阻力的大小　　D. 进入液压缸的流量

4. 减压阀________。

A. 常态下阀口是常闭的

B. 依靠其自动调节节流的大小，使被控压力保持恒定

C. 不能看做稳定阀

D. 出口压力高于进口压力并保持恒定

5. 油液流过不同截面积的通道时，各个截面的流速与截面积成________。

A. 正比　　B. 反比　　C. 无关

6. 密封容器中静止油液受压时，________。

A. 任意一点受到各个方面的压力均不等

B. 内部压力不能传递动力

C. 压力方向不一定垂直于受压面

D. 能将一处受到的压力等值传递到液体的各个部位

7. 采用滑阀机能为“O”或“M”型能使________锁紧。

A. 液压泵　　B. 液压缸　　C. 油箱　　D. 溢流阀

8. 闭锁回路所采用的主要液压元件是________。

A. 换向阀和液控单向阀　　B. 溢流阀和减压阀

C. 顺序阀和压力继电器　　D. 减压阀和顺序阀

9. 在变量泵的出口处与系统并联一溢流阀，其作用是________。

A. 溢流　　B. 稳压　　C. 安全　　D. 调压

10. 比较各类泵的性能，________的输出压力最高。

A. 齿轮泵　　B. 双作用叶片泵　　C. 单作用叶片泵　　D. 轴向柱塞泵

三、判断题（每题 1 分，共 10 分）

1. 液压泵将液压能转变为机械能，液压缸则相反。（　　）

2. 柱塞泵属于低压泵。（　　）

3. 活塞（或缸）的运动速度仅仅与活塞（或缸）的面积 A 及流入液压缸的流量 Q 两个因素有关，而和压力大小无关。（　　）

4. 静止油液中，油液的压力方向不总是垂直于受压表面。（　　）

5. 液压系统压力的大小取决于液压泵的额定工作压力。（　　）

6. 液压缸是液压系统的动力元件。（　　）

7. 液压系统中，动力元件是液压缸，执行元件是液压泵，控制元件是油箱。（　　）

8. 换向回路和卸荷回路均属于速度控制回路。（　　）

9. 液压千斤顶中，作用在小活塞上的力越大，大活塞的运动速度越快。（　　）

10. 双作用叶片泵的流量不可调。（　　）

四、分析、计算题（共 40 分）

1. 画出下列液压元件的图形符号。(9 分)

a. 单向定量泵

b. 溢流阀

c. 三位四通“O”型电磁阀

2. 简述液压传动的特点。(11 分)

3. 如图 2-24 所示，液压千斤顶中，手掀力 $F=294\text{N}$，活塞面积分别为 $A_1=1\times10^{-3}\text{m}^2$、$A_2=5\times10^{-3}\text{m}^2$，忽略损失，试计算：(10 分)

1）作用在小活塞上的力 F_1 为多大？

2）系统的压力 P 为多大？

3）大活塞能顶起多重的重物 G？

4）设需顶起重物 $G=19600\text{N}$，系统压力 P 又为多少？作用在小活塞上的力 F_1 又为多少？

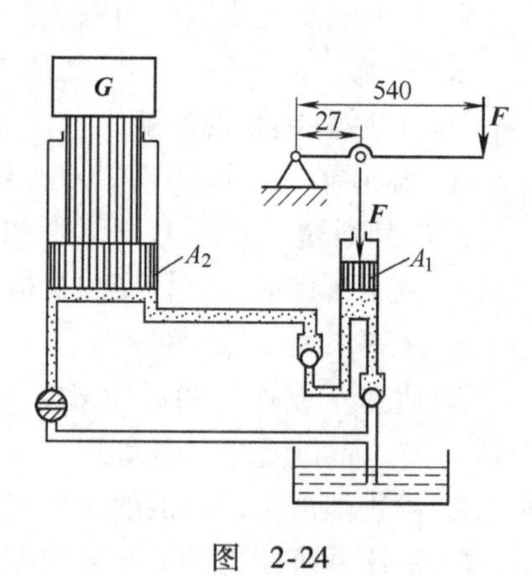

图 2-24

4. 根据图 2-25 所示的液压系统，回答下列问题：(10 分)

1）说明图中各序号元件的名称及作用。

2）分析本系统由哪些基本回路形成。

3）按工作循环填写电磁铁动作顺序表，见表 2-2。

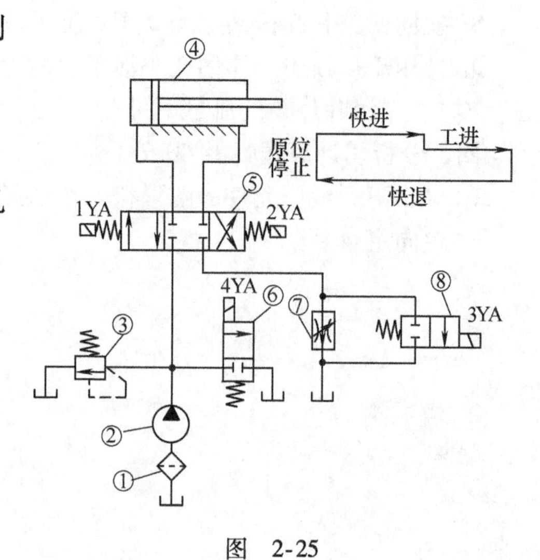

图 2-25

表 2-2 电磁铁动作顺序表

电磁铁 动作	1YA	2YA	3YA	4YA
快进				
工进				
快退				
原位停止				

第九单元　液压传动阶段性统测试卷 3

班级＿＿＿＿＿＿　学号＿＿＿＿＿＿　姓名＿＿＿＿＿＿　成绩＿＿＿＿＿＿

题号	一	二	三	四	总分
满分	30	20	10	40	100
得分					

一、填空（每空 1 分，共 30 分）

1. 液压传动是以＿＿＿＿能来传递和转换能量的。

2. 液压马达是液压系统中的＿＿＿＿元件，输入的是压力油，输出的是＿＿＿＿和＿＿＿＿。

3. 单作用叶片泵转子每转一周，完成吸、排油各＿＿＿＿次，在同一转速的情况下，改变它的＿＿＿＿可以改变其排量。

4. 三位四通换向阀阀芯处于中位时，各油口的连接关系称为＿＿＿＿。

5. 液压泵是一种将＿＿＿＿能转换为＿＿＿＿能的＿＿＿＿元件，它吸油时油箱必须和＿＿＿＿相通，压油时油压决定于＿＿＿＿。

6. 轴向柱塞泵改变＿＿＿＿，就能改变排量。

7. 根据结构形式，液压缸可分为＿＿＿＿、＿＿＿＿和＿＿＿＿。

8. 双出杆液压缸当缸体固定时，活塞杆是＿＿＿＿心的，工作台的运动范围是有效行程的＿＿＿＿倍。

9. 液压控制阀用来控制和调节液流＿＿＿＿、＿＿＿＿和＿＿＿＿。

10. 压力控制阀一般都是利用＿＿＿＿力与＿＿＿＿力相平衡的原理工作的。

11. 按功能不同，基本回路主要分为＿＿＿＿控制回路、＿＿＿＿控制回路和＿＿＿＿控制回路。

12. 液压辅助元件主要包括＿＿＿＿、＿＿＿＿、＿＿＿＿和＿＿＿＿。

二、选择题（每题 2 分，共 20 分）

1. 能实现无级变速的是＿＿＿＿。

A. 链传动　B. 齿轮传动　C. 蜗杆传动　D. 液压传动

2. 能使液压泵卸载的是＿＿＿＿换向阀。

A. O 型和 H 型　B. H 型和 M 型　C. P 型和 M 型　D. H 型和 Y 型

3. 液压系统的控制元件是＿＿＿＿。

A. 电动机　B. 液压缸　C. 液压阀　D. 液压泵

4. 在液压系统中，＿＿＿＿可用于防止系统过载的安全保护。

A. 单向阀　B. 顺序阀　C. 节流阀　D. 溢流阀

5. 滤油器属于________。

A. 动力部分　　B. 执行部分　　C. 控制部分　　D. 辅助部分

6. 液压泵能实现吸油和压油，是由于泵的________变化。

A. 动能　　B. 压力能　　C. 密封容积　　D. 流动方向

7. 高压系统宜采用________。

A. 齿轮泵　　B. 叶片泵　　C. 柱塞泵　　D. 螺杆泵

8. 液压油________常常是液压系统发生故障的主要原因。

A. 温升过高　　B. 黏度太小　　C. 黏度太大　　D. 受到污染

9. 活塞有效作用面积一定时，活塞的运动速度取决于________。

A. 液压泵的输出流量　　B. 液压缸中油液的压力

C. 负载阻力的大小　　D. 进入液压缸的流量

10. 调压回路属于________。

A. 速度控制回路　　B. 方向控制回路　　C. 压力控制回路　　D. 顺序控制回路

三、判断题（每题1分，共10分）

1. 液压缸将液压能转变为机械能。（　　）

2. 与机械传动相比，液压传动的优点是可以得到严格的传动比。（　　）

3. 活塞或液压缸的运动速度等于油液的平均流速，它和压力有关。（　　）

4. 液体在无分支管道中流动时，管径细的地方流速也小。（　　）

5. 流量相等时，双出杆液压缸的往复运动速度和推力相等，而单出杆液压缸不等。（　　）

6. P型机能的换向阀可作差动连接。（　　）

7. 换向阀是通过改变阀芯在阀体内的相对位置来实现换向作用的。（　　）

8. 单向阀只允许油液朝一个方向流动，但液压控制单向阀阀芯开启后油液朝两个方向都能流动。（　　）

9. 调速回路常用顺序阀，据其安装位置有三种基本形式。（　　）

10. 节流调速回路适用于变量泵液压系统。（　　）

四、分析、计算题（共40分）

1. 分析比较溢流阀、减压阀和顺序阀的异同。（12分）

2. 如图2-26所示的液压系统中，液压泵的铭牌参数为$q=18\text{L/min}$，$p=6.3\text{MPa}$，设活塞直径$D=90\text{mm}$，活塞杆直径$d=60\text{mm}$，在不计压力损失，且$F=28000\text{N}$时，试求在各图示情况下压力表的指示压力。（12分）

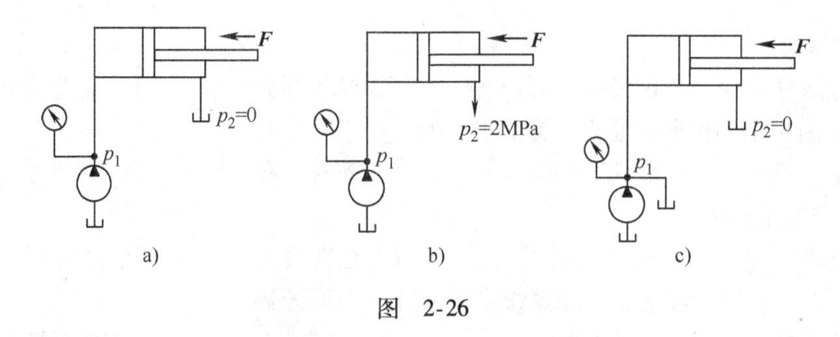

图 2-26

3. 试述液压泵工作的必要条件。(6 分)

4. 如图 2-27 所示的专用钻镗床液压系统，可实现“快进→一工进→二工进→快退→停止”工作循环，填写电磁铁的动作顺序表，见表 2-3。(10 分)

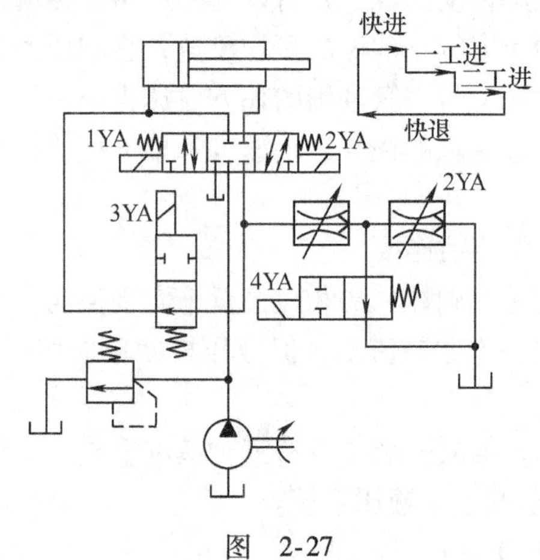

图 2-27

表 2-3 电磁铁的动作顺序表

动作＼电磁铁	1YA	2YA	3YA	4YA
快 进				
一工进				
二工进				
快 退				
停 止				

第十单元 气压传动阶段性统测试卷1

班级__________ 学号__________ 姓名__________ 成绩__________

题号	一	二	三	四	总分
满分	30	15	20	35	100
得分					

一、填空题（每空1分，共30分）

1. 气压传动是利用________把电动机或其他原动机输出的________转换为空气的________，然后在控制元件的控制下，通过执行元件把________转换为直线运动或回转运动形式的________，从而完成________。

2. 储气罐用以储存________，稳定________，并除去部分________和________。

3. 后冷却器的作用是将空压机出口的________冷却至________℃以下，把大量水蒸气和变质油雾冷凝成________和________，从空气中分离出来。

4. 气动三大件中的分水滤气器的作用是滤去空气中的________、________并将空气中的________分离出来。

5. 空气压缩机的种类很多，按工作原理分为________和________，选择空气压缩机的根据是气压传动系统所需要的________和________两个主要参数。

6. 气压控制阀是控制和调整压缩空气的________、________和________的控制元件，可分为________、________和________。

7. 为使压缩空气具有一定的压力和流量并具有一定的净化程度，必须设置一些________、________和________的辅助设备。

二、选择题（每题3分，共15分）

1. ________将测量参数与给定参数比较并进行处理，使被控参数按所需规律变化。

A. 变送器　B. 比值器　C. 调节器　D. 转换器

2. 将压缩气体中的水蒸气、油滴及其他一些杂质从气体中分离出来的是________。

A. 分水滤气器　B. 减压阀　C. 油雾器　D. 调节器

3. 空气压缩机的额定排气压力中压区间为________。

A. 1～10MPa　B. 10～100MPa　C. 10～50MPa　D. 100MPa以上

4. 气动系统中控制元件为________。

A. 分水滤气器　B. 气缸和气马达　C. 空气压缩机　D. 气压控制阀

5. 图2-28中的________表示储气罐。

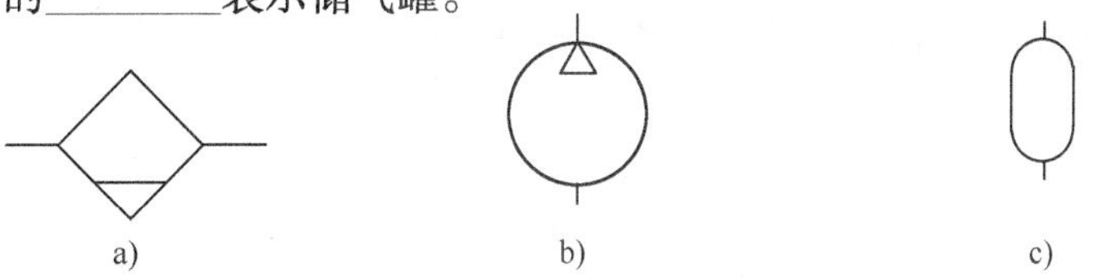

a)　b)　c)

图 2-28

A. a　　B. b　　C. c

三、判断题（每题2分，共20分）

1. 气马达工作适应性强，适用于无级调速、起动频繁、经常换向及有过载可能的场合，许多工具都装有气马达。（　）

2. 气压传动只能控制执行元件完成直线运动。（　）

3. 压缩空气与其他能源比，具有输送方便、没有特殊的有害性能的特点。（　）

4. 空气压缩机是将空气压力能转换为机械能的一种装置。（　）

5. 气压传动调节速度是无级调速。（　）

6. 气体在管道中流动，随着管道截面扩大，流速减小，压力增加。（　）

7. 气动三大件的安装次序依进气方向为减压阀、分水滤气器、油雾器。（　）

8. 气动装置要求压缩空气的含水量越低越好。（　）

9. 压缩空气有一定的清洁度和干燥度。（　）

10. 气缸动作靠压缩空气的膨胀进行。（　）

四、简答题（35分）

1. 试述压缩空气和其他能源相比的明显特点。(5分)

2. 简述压缩空气净化设备及其主要作用。(9分)

3. 蓄能器有哪些功用？(5分)

4. 空气过滤器的作用和工作原理是什么？(8分)

5. 使用气马达和气缸时应注意哪些事项？(8分)

第十单元　气压传动阶段性统测试卷 2

班级__________　学号__________　姓名__________　成绩__________

题号	一	二	三	四	总分
满分	30	15	20	35	100
得分					

一、填空题（每空 1 分，共 30 分）

1. 气压传动是以________为工作介质进行________和________的一种传动方式。

2. 空气压缩站的主要装置有________、________和________等。

3. 数控加工中心的气动系统由四个部分组成，即________、________、________和________。

4. 空气压缩机是将电动机的________转化为________的装置，是压缩空气的气体发生装置。

5. 空气压缩机的额定排气压力分为________、________、________和________，可根据实际需求来选择。

6. 后冷却器的作用是将空气压缩机出口的高压空气冷却至________以下，把大量________和________冷凝成液态水滴和油滴，从空气中分离出来。

7. 气缸种类很多，按气缸的结构及功能可以分为________气缸和________气缸；按安装形式可分为________气缸和________气缸。

8. 常用的气马达是________式气马达，它利用工作腔的________来做功，有________、________和________等类型。

9. 气动控制阀分为________、________和流量控制阀。

二、选择题（每题 3 分，共 15 分）

1. ________将润滑油进行雾化并注入空气流中，随压缩空气流入需要润滑的部位。

A. 分水滤气器　B. 减压阀　C. 油雾器　D. 调节器

2. 常见空气压缩机的使用压力一般为________。

A. 1 ~ 10MPa　B. 10 ~ 100MPa　C. 0.7 ~ 1.25MPa　D. 0.7 ~ 1MPa

3. 气动系统中的执行部件为________。

A. 分水滤气器　B. 气缸和气马达　C. 空气压缩机　D. 减压阀

4. 以下不属于气压传动特点的是________。

A. 工作压力高，传递功率大　B. 易于实现自动控制

C. 工作介质处理方便　D. 易实现过载保护

5. 以下设置在气动装置的入口处，有降低空气压力，并有稳压作用的是________。

A. 节流阀　B. 溢流阀　C. 减压阀　D. 顺序阀

三、判断题（每题 2 分，共 20 分）

1. 空气压缩机的选择主要依据气动系统的工作压力和流量。（　）

2. 后冷却器是用以储存压缩空气，稳定压力并除去部分油分和水分的装置。 ( )
3. 流量控制阀都是通过改变控制阀的通流面积来实现流量控制的。 ( )
4. 气马达工作适应性强，用于无级调速、起动频繁、经常换向及可能过载的场合。 ( )
5. 气压传动只能控制执行元件完成直线运动。 ( )
6. 储气罐提供的空气压力高于每台装置所需的压力。 ( )
7. 气压传动是有级调速。 ( )
8. 压缩空气应具有一定的压力和足够的流量。 ( )
9. 空压机压缩时，其出口处空气温度非常低。 ( )
10. 气动元件的能量传送能力，取决于气动元件的前后压力差。 ( )

四、简答题（共35分）

1. 试简述气压传动的特点。（7分）

2. 容积式气马达的工作原理是什么？它包括哪些类型？（7分）

3. 储气罐的作用是什么？（7分）

4. 图2-29所示的车门气压传动装置中先导阀8是如何工作的？（7分）

5. 气动三大件的连接次序如何？有哪些注意事项？（7分）

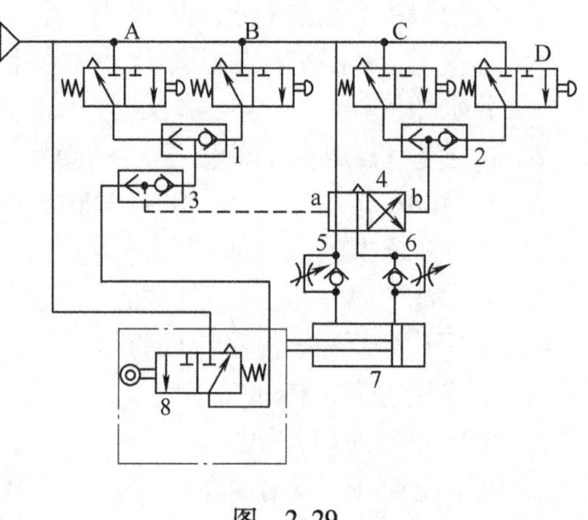

图 2-29

第十单元　气压传动阶段性统测试卷3

班级__________　学号__________　姓名__________　成绩__________

题号	一	二	三	四	总分
满分	30	15	20	35	100
得分					

一、填空题（每空1分，共30分）

1. 气动执行元件把压缩气体的 ________ 转换为 ________ ，用来驱动工作部件，包括 ________ 和 ________ 。

2. 气压执行元件的运动有 ________和________。

3. 气动控制阀用来调节气流的 ________、________和________。

4. 蓄能器按加载方式可分为 ________、________和________。

5. 气动系统对压缩空气的主要要求是一定的 ________，并具有一定的 ________ 。

6. 压缩空气净化设备一般包括 ________、________、________和________。

7. 气动流量控制阀主要有 ________、________和________等，都是通过改变控制阀的 ________ 来实现流量控制的元件。

8. 气动三大件是气动元件及气动系统使用压缩空气的最后保证，它们是 ________、________和________。

9. 气压基本回路是由一定的 ________和________ 组合起来用以完成某些功能的基本气路结构。按其控制目的和功能可分为 ________ 回路、________ 回路和 ________ 回路等。

二、选择题（每题3分，共15分）

1. 气压传动除了具有操作控制方便，还具有易于实现自动控制、中远程控制、________等特点。

A. 工作介质处理麻烦　　B. 工作压力较低

C. 工作速度稳定性较好　　D. 无过载保护

2. 膜片式制动气缸的工作行程 ________ 。

A. 任意变化　　B. 可调　　C. 较短　　D. 较长

3. 气压系统中的顺序阀属于 ________ 元件。

A. 动力　　B. 辅助　　C. 控制　　D. 执行

4. 气动仪表中，________ 将检测气信号转换为标准气信号。

A. 变送器　　B. 比值器　　C. 调节器　　D. 转换器

5. 由空气压缩机产生的压缩空气，不需经过 ________ 处理使用。

A. 降温　　B. 净化　　C. 增压　　D. 稳压

三、判断题（每题2分，共20分）

1. 压缩空气中的灰尘等杂质，对气动系统的运动副会产生研磨作用，使这些元件因漏

气而降低效率，影响使用寿命。（　　）

2. 气动执行元件把压缩气体的机械能转换为压力能。（　　）

3. 压缩空气有润滑作用。（　　）

4. 气动装置在室内温度为0℃以下运转也不必担心发生冻结现象。（　　）

5. 用空压机压缩后的空气，温度非常高，压力也很高。（　　）

6. 压缩空气中，除水分、油分外，还含有大气中的污染物质，必须使用相应的空气过滤器及油雾分离器。（　　）

7. 气压传动较液压传动的优点之一在于（因其流速快）可获得高速的动作。（　　）

8. 空气的黏度主要受温度变化的影响，温度增高，黏度变小。（　　）

9. 气体在管道中流动，随着管道截面扩大，流速减小，压力增加。（　　）

10. 气动三大件是气动元件及气动系统使用压缩空气质量的最后保证，其安装次序依进气方向为 分水滤气器、减压阀、油雾器。（　　）

四、简答题（共35分）

1. 简述气压传动系统对压缩空气的主要要求。(6分)

2. 气动控制阀有哪些？它们各自的作用是什么？(8分)

3. 气动三大件各自的作用是什么？(8分)

4. 气马达有哪些突出特点？(8分)

5. 气压传动中干燥器的作用是什么？应用在什么情况下？(5分)

统测综合测试卷 1

班级__________ 学号__________ 姓名__________ 成绩__________

题号	一	二	三	四	总分
满分	30	20	10	40	100
得分					

一、填空题（每空 1 分，共 30 分）

1. 作用在刚体上某点的力可以平移到刚体上另一点，但同时必须________，且其值等于________。

2. 塑性是金属材料在________载荷作用下产生________而不破坏的能力。其衡量指标有________和________。

3. 圆轴扭转时，切应力最大值发生在________处，其方向与过该点的半径________。

4. 滚动轴承由________、________、________和________四个部分组成。

5. 键联接的主要功能是使轴上零件与轴实行________固定，而轴肩、轴环、轴套等使轴上零件与轴实行________固定。制动器的功能是________转动件的转速。制动器一般应安装在机构转速________的轴上。

6. 白口铸铁中，碳以________形式存在，而可锻铸铁中石墨则以________形态存在。

7. 黄铜是以________为主加元素的铜合金，又称________。

8. 为了减少刀具品种、节省换刀时间，同一根轴上的圆角半径、倒角尺寸等应尽可能各自________，轴上不同轴段的键槽应布置在轴的________。

9. 螺纹联接时，常用的防松措施有________防松和________防松两大类。

10. 在安装 V 带传动时，带张紧程度以大拇指按下________为宜。

11. 铰链四杆机构的两个重要运动特性是________和________。

12. 凸轮机构中，凸轮通常是作为________并等速转动。

13. 液压缸属于液压系统的________部分，而调速阀则属于________控制阀。

二、单项选择题（每小题 2 分，共 20 分）

1. 关于力矩和力偶，下列叙述错误的是________。

A. 等值反向不共线的二平行力称为力偶，它是一个平衡力系

B. 力偶无合力

C. 力偶只能用力偶来平衡

D. 力偶矩与所取的矩心的位置无关

2. 长度和横截面积相同的钢质杆 1 和铝质杆 2 在相同的外力作用下，应力 σ 和应变 ε 的关系为________。

A. $\sigma_1=\sigma_2$，$\varepsilon_1=\varepsilon_2$　　B. $\sigma_1=\sigma_2$，$\varepsilon_1\neq\varepsilon_2$

C. $\sigma_1 \neq \sigma_2$，$\varepsilon_1 = \varepsilon_2$　　D. $\sigma_1 \neq \sigma_2$，$\varepsilon_1 \neq \varepsilon_2$

3. 低合金钢刃具钢不宜做________刀具。

A. 丝锥　B. 铰刀　C. 铣刀　D. 板牙

4. 淬硬性主要取决于________。

A. 含铁量　B. 含碳量　C. 含钨量　D. 马氏体含量

5. 45 钢齿轮锻件，在切削加工前通常安排________处理。

A. 完全退火　B. 回火　C. 调质　D. 正火

6. 用于两轴交叉传动可选用________。

A. 固定式联轴器　B. 弹性联轴器　C. 万向联轴器　D. 离合器

7. 载荷小而平稳，仅承受轴向载荷，应选用________轴承。

A. 深沟球　B. 圆锥滚子　C. 推力球　D. 圆柱滚子

8. 在机床、减速器及内燃机等闭式传动中，________润滑方式应用最广泛。

A. 油绳、油垫　B. 针阀式注油油杯　C. 油浴、溅油　D. 油雾

9. 在开式齿轮传动中，最常见的齿轮失效形式是________。

A. 齿面磨损　B. 点蚀　C. 塑性变形　D. 齿面胶合

10. 溢流阀________。

A. 常态下阀口是常开的

B. 阀芯随系统压力变动而移动，使压力稳定

C. 进出油口均有压力

D. 一般连接在液压缸的回油路上

三、判断题（每小题 1 分，共 10 分）

1. 蜗杆传动中传动比大而且准确，传动平稳无噪声，传动效率较高。（　）

2. 力偶对其作用面内任一点的矩为一常量。（　）

3. 锻铝具有较好的塑性，可以进行锻压加工。（　）

4. 合金工具钢一般都是高级优质钢，其牌号后一般不再标“A”。（　）

5. ZGMn13 是一种锰的质量分数为 13% 的铸造碳钢。（　）

6. 双头螺柱联接用于被联接件之一较厚，不宜制作通孔及需要经常拆卸的场合。（　）

7. B 型平键是方头平键，所以与其联接的轴上键槽的应力集中比 A 型平键槽要大。（　）

8. 间歇运动机构能将主动件的间歇运动转变为从动件的连续运动。（　）

9. 在曲柄摇杆机构中，最短杆一定是曲柄。（　）

10. 链传动平均传动比准确，传动平稳，可实现急速反向，常用于两轴平行、低速、重载及环境恶劣条件下的工作场合。（　）

四、分析、计算题（本大题共 5 小题，共 40 分）

1. 技术革新需要传动比 $i=3$ 的一对标准渐开线直齿圆柱齿轮传动，现有三个压力角相等的渐开线标准直齿圆柱齿轮，它们的齿数分别为 $z_1=20$，$z_2=z_3=60$，齿顶圆直径分别为 $d_{a_1}=44\text{mm}$，$d_{a_2}=124\text{mm}$，$d_{a_3}=139.5\text{mm}$，正常齿制、外啮合，试问哪两个齿轮可啮合？中

心距 a 等于多少？（8 分）

2. 什么是化学热处理？方法有哪几种？（6 分）

3. 图 2-30 所示的结构中，AC、BD 两杆材料相同，许用应力 $[\sigma]=100\text{MPa}$，载荷 $G=60\text{kN}$。试求两杆的横截面积。（8 分）

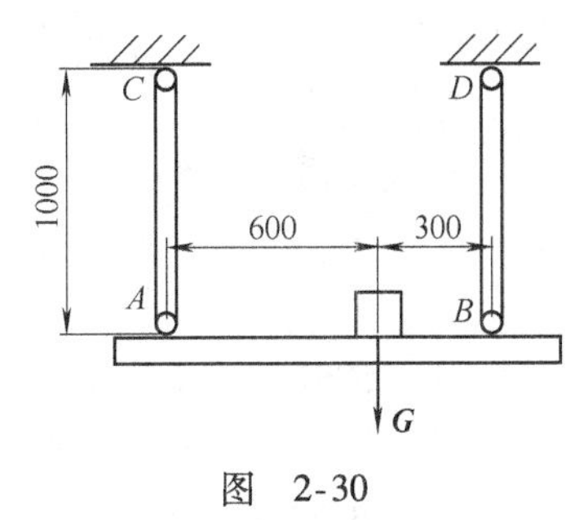

图　2-30

4. 一矩形截面梁如图 2-31 所示，已知 $F=2\text{kN}$，横截面的尺寸比 $h/b=3$，材料为松木，其许用应力 $[\sigma]=9\text{MPa}$，试选择截面尺寸。（10 分）

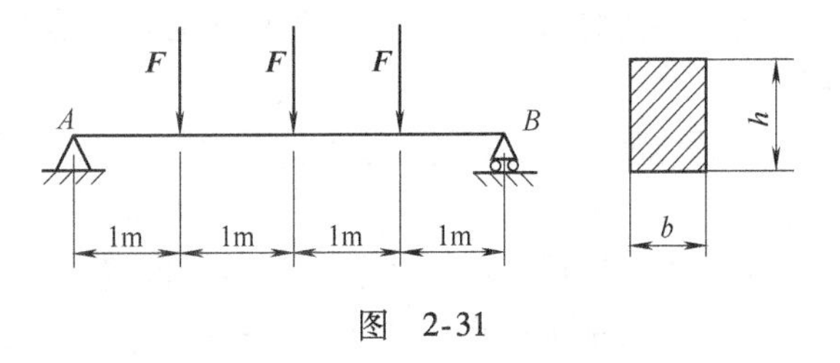

图　2-31

5. 如图 2-32 所示的传动系统，已知各轮齿数为：$z_1=30$，$z_2=40$，$z_3=30$，$z_4=60$，$z_5=45$，$z_6=45$，$z_7=4$（左旋），$z_8=36$。若 $n_1=960\text{r/min}$，鼓轮直径 $D=250\text{mm}$，求传动系统的传动比以及鼓轮移动速度 v 的大小和方向。（8 分）

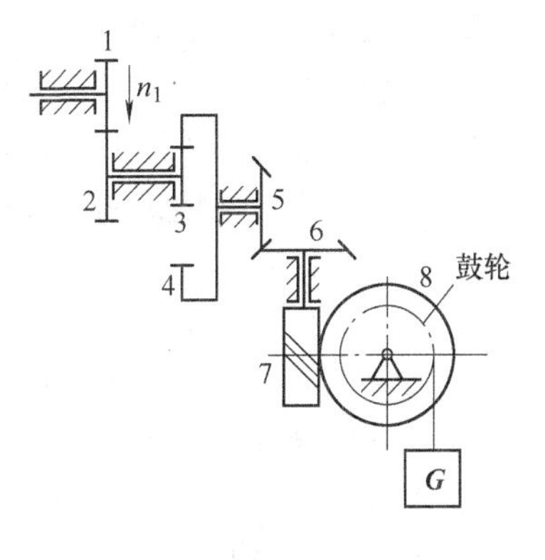

图　2-32

统测综合测试卷 2

班级__________ 学号__________ 姓名__________ 成绩__________

题号	一	二	三	四	总分
满分	30	20	10	40	100
得分					

一、填空题（每空 1 分，共 30 分）

1. 钢的热处理是指采用适当方式将钢或钢料工件进行________、________和________，以获得预期的________的工艺。

2. 常用的表面热处理方法有________和________两种。

3. 铸铁是碳的质量分数大于________的铁碳合金。根据石墨的存在形态，一般将铸铁分为________、________和球墨铸铁。其中________的牌号以“HT”加数字组成，数字表示________。

4. 蜗杆传动机构主要由________、________和________三部分组成。

5. 轴上零件的固定形式有两种：________和________。

6. 凸轮机构从动件的两个运动规律是________运动规律和________运动规律。

7. 按照零件加工工艺的要求，转塔车床的刀架转位机构能自动地改变需要的刀具，常采用________机构。

8. 直齿锥齿轮________模数和压力角符合标准值，斜齿轮________模数和压力角符合标准值。

9. 机械传动按其传递运动和动力的方式不同，可分为________传动和________传动两大类。

10. 当曲柄摇杆机构处于“死点”位置时，________和________共线。

11. 滚动轴承内圈和轴颈采用基________制的________配合。

12. 液压传动的工作原理是以________作为工作介质，依靠密封容积的________来传递运动，依靠油液内部的________来传递动力。

二、单项选择题（每小题 2 分，共 20 分）

1. ________主要用来制造较精密的低速刀具，如长铰刀、拉刀等。

A. CrWMn　　B. T12　　C. 60Si2Mn　　D. W18Cr4V

2. 以下热处理工艺中，加热温度低于 727℃的是________。

A. 完全退火　　B. 正火　　C. 回火　　D. 淬火

3. 在常用的螺纹联接中，自锁性能最好的螺纹是________。

A. 管螺纹　　B. 梯形螺纹　　C. 锯齿形螺纹　　D. 矩形螺纹

4. 带传动主要是依靠________来传递运动和功率的。

A. 带和两轮接触面之间的正压力　　B. 带和两轮接触面之间的摩擦力

C. 带的紧边拉力　　　D. 带的初拉力

5. 力 $\boldsymbol{F}$ 对 O 点之力矩和力偶对其作用面内任一点之力矩，与矩心位置的关系是________。

A. 力 $\boldsymbol{F}$ 对 O 点之力矩与矩心位置有关；力偶对于作用面内任一点之力矩与矩心位置无关

B. 都与矩心位置有关

C. 都与矩心位置无关

D. 以上都不正确

6. 以下不属于齿轮失效形式的是________。

A. 齿面胶合　　B. 齿顶磨损　　C. 齿面点蚀　　D. 齿根折断

7. 碳素结构钢的含碳量越高，则________。

A. 材料的强度越高，塑性越低　　B. 材料的强度越低，塑性越高

C. 材料的强度越高，塑性不变　　D. 材料的强度变化不大，而塑性越低

8. 效率较低的运动副接触形式是________。

A. 齿轮接触　　B. 凸轮接触　　C. 螺旋面接触　　D. 滚动轮接触

9. 液压系统的动力元件是________。

A. 液压马达　　B. 液压阀　　C. 液压缸　　D. 液压泵

10. 轮系________。

A. 不可获得较大的传动比　　B. 不能作较远距离的传动

C. 可实现变速变向要求　　D. 可合成运动但不可分解运动

三、判断题（每小题 1 分，共 10 分）

1. 平键和楔键都是以两侧面为工作面的。　　（　　）
2. 合金调质钢的碳的质量分数一般为 0.10% ~0.25%。　　（　　）
3. 牌号 T4 表示为碳的质量分数为 0.4% 的碳素工具钢。　　（　　）
4. 去应力退火可以消除内应力，但是不会使钢的组织发生变化。　　（　　）
5. 轴力是外力产生的，所以轴力就是外力。　　（　　）
6. 转轴既支承转动零件，又传递动力，同时承受弯曲和扭转两种作用。　　（　　）
7. 当扭矩不变时，若实心轴的直径增加一倍，则轴上的扭转应力降低 4 倍。　　（　　）
8. V 带在使用过程中，若个别有疲劳撕裂现象时，更换该条带即可。　　（　　）
9. 拉压杆的危险截面，一定是横截面积最小的截面。　　（　　）
10. 滚珠螺旋传动主要由滚珠、螺杆、螺母及滚珠循环装置组成。　　（　　）

四、分析、计算题（本大题共 5 小题，共 40 分）

1. 已知一标准直齿圆柱齿轮副，其传动比 $i=3$，中心距 $a=240\text{mm}$，模数 $m=5\text{mm}$，试求两齿轮齿数 z_1 和 z_2，以及其分度圆直径 d、齿根圆直径 d_f、齿距 p。（6 分）

2. 如图 2-33 所示的轮系中，已知 $z_1=16$，$z_2=32$，$z_3=20$，$z_4=40$，$z_5=4$，$z_6=40$，若

$n_1 = 800\text{r/min}$，求蜗轮转速 n_6及鼓轮上重物的运动方向。(8 分)

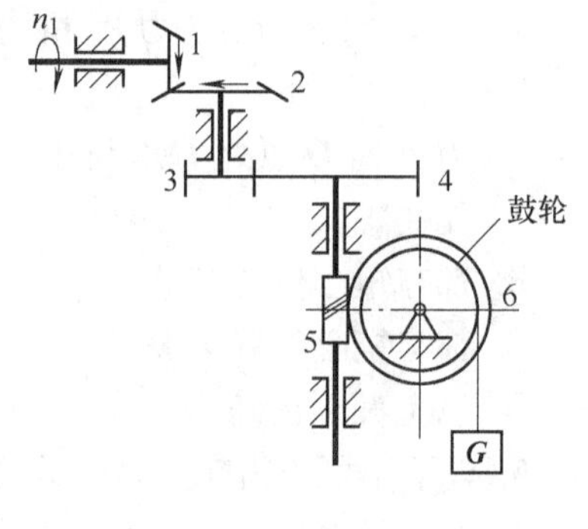

图 2-33

3. 如图 2-34 所示的简易吊车，A、C 处为固定铰支座，B 处为铰链。已知 AB 梁的重力 $P = 4\text{kN}$，重物重力 $Q = 10\text{kN}$。求拉杆 BC（重量忽略不计）和支座 A 的约束反力。(10 分)

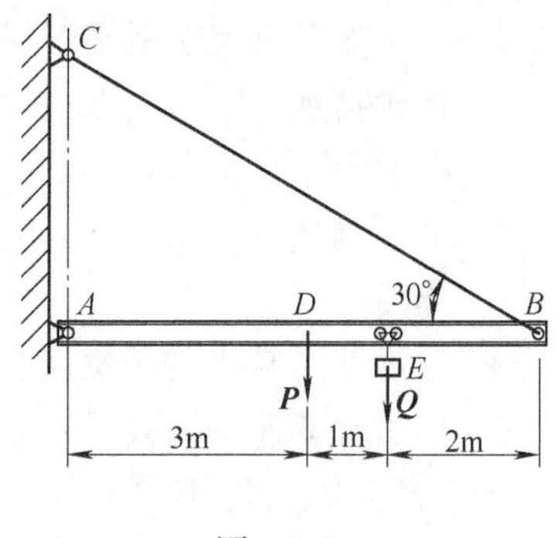

图 2-34

4. 一空心传动轴，外径 $D = 100\text{mm}$，壁厚 $t = 3\text{mm}$，工作时最大扭矩 $M_{T_{max}} = 1.5\text{kN}\cdot\text{m}$，材料的许用应力 $[\tau] = 60\text{MPa}$，试校核该轴强度。如果该轴设计成实心轴，直径应为多少？(10 分)

5. 请指出螺纹联接的种类及其应用。(6 分)

统测综合测试卷3

班级__________　学号__________　姓名__________　成绩__________

题号	一	二	三	四	总分
满分	30	20	10	40	100
得分					

一、填空题（每空1分，共30分）

1. 根据轴受力的情况可将轴分为三类：________、________和________。
2. 硬度试验法可分为________、________和________。
3. 力矩为零的两种情况是________和________。
4. 拉压变形时，在弹性变形的范围内，________和________成正比。
5. 液压传动是以液体为________，利用________来传递________和进行控制的一种传动方式。
6. 淬透性主要取决于钢的________和________。
7. 铝合金按其成分和工艺特点可分为________和________。
8. 常用联轴器可分为________、________和________三大类。
9. 牌号T12A中数字12表示________为1.2%，字母A表示的含义是________。
10. 常用的间歇运动机构有________和________等。
11. 螺纹代号M20×2表示____________________。
12. 压印在V带表面的“A2500”中，A表示________，2500表示________。
13. 铰链四杆机构的三种基本形式是________、________和________。

二、单项选择题（每小题2分，共20分）

1. 已知两个力$\boldsymbol{F}_1$和$\boldsymbol{F}_2$在同一坐标轴上的投影相等，则这两个力________。

A. $F_1>F_2$　B. $F_1<F_2$　C. $F_1=F_2$　D. 不一定相等

2. 约束反力的大小________。

A. 等于作用力　B. 可以采用平衡条件计算确定
C. 等于作用力，但方向相反　D. 小于作用力

3. 在具有相同截面面积的条件下，抗弯截面系数________。

A. 矩形截面最大　B. 空心圆柱形截面最大
C. 工字形截面最大　D. 圆形截面最大

4. 下列润滑方式中，常用于高速滚动轴承，齿轮传动以及滑板、导轨的润滑方式是________润滑。

A. 油雾　B. 手工定时　C. 油绳、油垫　D. 油浴、溅油

5. 63012滚动轴承的内径为________。

A. 80mm　B. 40mm　C. 60mm　D. 12mm

6. 双向受力螺旋传动机构广泛采用________。

A. 三角形螺纹　　B. 梯形螺纹　　C. 矩形螺纹　　D. 锯齿形螺纹

7. 白铜是铜与________的合金。

A. 锌　　B. 镁　　C. 镍　　D. 锡

8. 合金调质钢的碳的质量分数一般为________。

A. 0~0.25%　　B. 0.25%~0.3%　　C. 0.25%~0.5%　　D. 0.25%~0.6%

9. 两轴轴心线有偏移时，采用________在转速较高时会产生较大的离心惯性力。

A. 齿式联轴器　　B. 十字滑块联轴器

C. 弹性套柱销联轴器　　D. 弹性柱销联轴器

10. 下列螺纹联接防松方法中，属于机械防松的是________。

A. 止动垫片　　B. 双螺母　　C. 弹簧垫圈　　D. 粘接防松

三、判断题（每小题1分，共10分）

1. 平键联接属于松键联接，采用基轴制。（　　）
2. 5CrNiMo 常用来制作冷挤压模。（　　）
3. 力矩的作用效果与力的大小和力臂的长短有关，而与矩心无关。（　　）
4. 力偶可以在其作用面内任意移转，不改变它对刚体的作用。（　　）
5. 在材料用量相同时，空心圆轴与实心圆轴相比，空心圆轴的抗扭截面系数值较大。（　　）
6. 在强度计算时，只要工作应力不超过材料的极限应力，构件就是安全的。（　　）
7. 通常在转速低、载荷高时采用黏度较高的润滑油。（　　）
8. 套筒一般用于零件间间距较大、转速较高情况下的轴向固定。（　　）
9. 铬不锈钢主要用于制造在强腐蚀介质中工作的设备。（　　）
10. 整体式滑动轴承工作表面磨损后可以调整轴承间隙。（　　）

四、分析、计算题（本大题共5小题，共40分）

1. 图2-35所示的一连杆增力夹具，在铰链销 B 上作用一力 $P=1\text{kN}$，向下推动 B 点而使压板 C 向右压紧工件。已知压紧时 $\alpha=8°$，不计零件自重及各处摩擦，试求工件所受压紧力 $\boldsymbol{Q}$（$\sin8°=0.14$；$\cos8°=0.99$；$\cot8°=7.12$）。（8分）

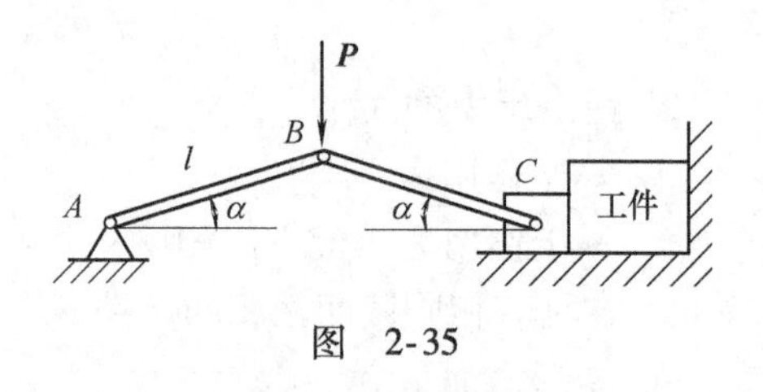

图　2-35

2. 有一对正常齿制的直齿圆柱齿轮，搬运时丢失了大齿轮需要配制。现测得两轴相距116.25mm，小齿轮齿数 $z_1=39$，齿顶圆直径 $d_{a1}=102.5\text{mm}$，求大齿轮的齿数 z_2 及这对齿轮的分度圆直径 d_1 和 d_2。（8分）

3. 什么是回火？回火的目的是什么？回火可分为哪几类？（5 分）

4. 图 2-36 所示的定轴轮系，已知 $z_1=40$，$z_2=80$，$z_3=20$，$z_4=60$，$z_5=25$，$z_6=50$，$z_7=3$，$z_8=60$，$n_1=4320\text{r/min}$，试求：1）轮系的传动比；2）末轮转速 n_8；3）判断 z_8 轮的转向。（9 分）

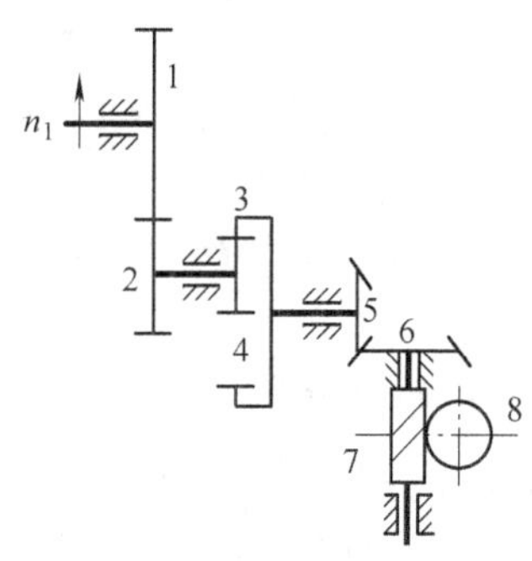

图　2-36

5. 截面外伸梁如图 2-37 所示，已知：$F=20\text{kN}$，$M=5\text{kN}\cdot\text{m}$，$[\sigma]=16\text{MPa}$，$a=500\text{mm}$，试确定梁的直径。（10 分）

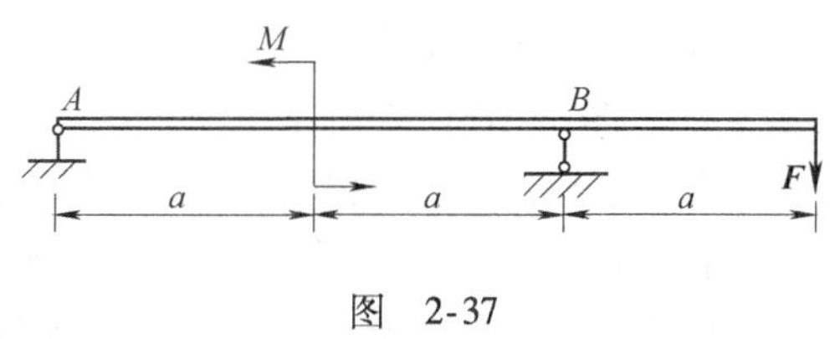

图　2-37

统测综合测试卷 4

班级__________ 学号__________ 姓名__________ 成绩__________

题号	一	二	三	四	总分
满分	30	20	10	40	100
得分					

一、填空题（每空 1 分，共 30 分）

1. 金属材料抵抗________作用而________的能力，称为韧性。

2. 齿轮传动按工作条件可以分为________齿轮传动、________齿轮传动和________齿轮传动。

3. 刚性联轴器是利用________________来补偿两轴同轴度误差的；弹性联轴器是利用________来补偿两轴同轴度误差的。

4. 曲柄摇杆机构只有当________作主动件时，机构才会出现“死点”位置。克服“死点”位置的方法是________，利用________使机构顺利通过死点位置。

5. 钢的热处理是通过将钢进行________、________和________，以获得预期的组织结构与性能的工艺。如高碳钢中存在引起强度变差的网状碳化物组织就可以通过________来消除。

6. 普通 V 带传动的张紧方法，常用的是________和________。

7. 刚体是指在任何外力作用下，________和________始终保持不变的物体。

8. 力偶矩是两个大小相等、方向相反，且不在同一直线上的力所产生的________之和，力偶的作用效果与力的大小和力偶臂的长短有关，而与________无关。

9. 在开式齿轮传动中，齿轮的主要失效形式表现为________，而在闭式齿轮传动中，齿轮的主要失效形式表现为________。

10. 轮系末端是螺旋传动，如果已知末端转速 $n_k = 40\text{r/min}$，双线螺杆的螺距 $P = 5\text{mm}$，则螺母每分钟的移动距离 $l =$________。

11. 常用的离合器有________、________、________和超越离合器 4 种。

12. 平面运动副根据组成运动副两构件的接触形式不同，可划分为________和________。

13. 矿山上常用碎石机的机构属于________机构，电影放映机上的卷片机构是一种________机构在实际中的应用。

二、单项选择题（每小题 2 分，共 20 分）

1. 上部受压下部受拉的铸铁梁，选择________截面形状的梁合理。

A. 矩形　　B. 圆形　　C. T 形　　D. ⊥形

2. 如图 2-38 所示，分析正确的是________。

A. *AB* 段为纯弯曲　　B. *BC* 段为纯弯曲　　C. *AC* 段为纯弯曲　　D. 无纯弯曲

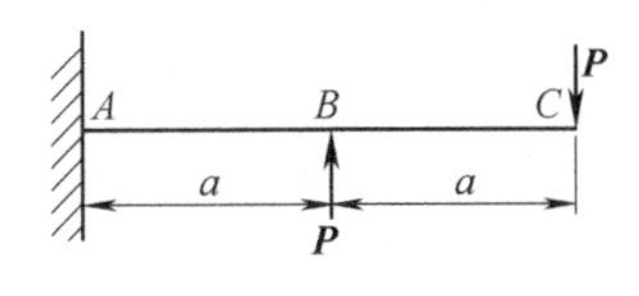

图　2-38

3. 铸铁中的碳几乎全部以渗碳体形式存在的是________。

A. 灰铸铁　　B. 可锻铸铁　　C. 白口铸铁　　D. 球墨铸铁

4. 用于两轴交叉传动中可选用________。

A. 固定式联轴器　　B. 可移动式弹性联轴器

C. 万向联轴器　　D. 离合器

5. 为了降低零件的制造成本，选择正火和退火时，应优先采用________。

A. 正火　　B. 退火　　C. 都可以　　D. 都不可以

6. CrWMn 不属于________。

A. 低合金刃具钢　　B. 合金模具钢　　C. 合金量具钢　　D. 不锈钢

7. 下列材料中热硬性最好的是________。

A. 碳素工具钢　　B. 低合金工具钢　　C. 高速钢　　D. 硬质合金

8. 在传力较大的凸轮机构中，宜选用________。

A. 尖顶从动件　　B. 滚子从动件　　C. 平底从动件　　D. 曲面从动件

9. V 带传动中的张紧轮应放在________。

A. 在带松边外侧并靠近小带轮　　B. 在带松边外侧并靠近大带轮

C. 在带松边内侧并靠近大带轮　　D. 在带松边内侧并靠近小带轮

10. 液压系统的控制元件是________。

A. 电动机　　B. 液压阀　　C. 液压缸　　D. 液压泵

三、判断题（每小题 1 分，共 10 分）

1. 二力平衡公理、力的可传性原理、加减平衡力系公理只适用于刚体。（　）

2. 内力和外力这两个概念，在理论力学与材料力学中的含义是相同的。（　）

3. 合理安排加载方式，可显著减小梁内的最大弯矩。（　）

4. 粉末冶金制成的轴瓦一般不开油沟。（　）

5. 55Si2Mn 作弹簧材料，淬火后要进行低温回火。（　）

6. 任何金属材料在拉伸时均有明显的屈服现象。（　）

7. 铸铁的热处理只改变基体组织，不能改变石墨的形态和分布。（　）

8. 杆长均不等的四杆机构中，若以最短杆相对的杆为机架，则该机构一定为双摇杆机构。（　）

9. 在液压传动中，压力与负载阻力成正比，与负载所作用的面积成反比。（　）

10. 平键长度的选择一般可根据轴的直径，由标准中选定。（　）

四、分析、计算题（本大题共 6 小题，共 40 分）

1. 一矩形截面梁如图 2-39 所示：$F=50\text{N}$，$M_0=25\text{N}\cdot\text{m}$，$a=100\text{mm}$。横截面的高宽比 $h/b=3$，材料许用应力$[\sigma]=60\text{MPa}$。求：（共 10 分）

1）各点弯矩并画出弯矩图。

2）选择截面尺寸。

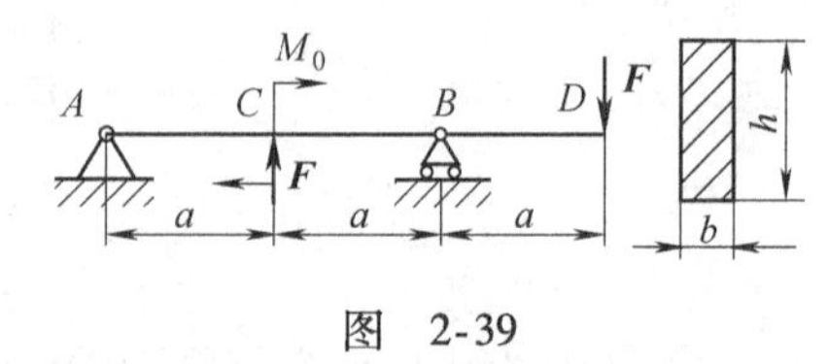

图 2-39

2. 如图 2-40 所示起重机自重 $G=20\text{kN}$，重心至轴 AB 的距离 $a=1\text{m}$，两轴承间距离 $h=5\text{m}$，被起吊重物 $P=30\text{kN}$，重物与轴线 AB 相距 $b=3\text{m}$，已知 A 为向心轴承，B 为向心推力轴承，试求 A、B 两轴承的约束反力。（8 分）

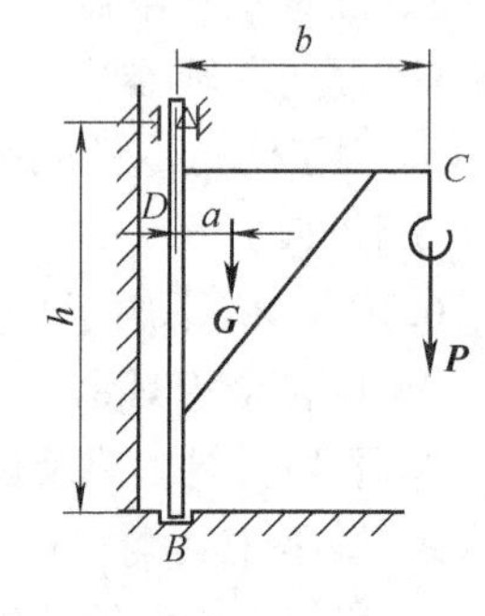

图 2-40

3. 轴上零件周向固定的形式主要有哪些？（4 分）

4. 滑动轴承的应用场合有哪些？（5 分）

5. 测绘一标准直齿圆柱齿轮，量得齿顶圆直径 $d_a=66\text{mm}$，齿厚 $s=4.71\text{mm}$，试求出该齿轮的齿数、分度圆直径、齿根圆直径和齿高。（6 分）

6. 轮系中，已知 $z_1=36$，$z_2=30$，$z_3=25$，$z_4=40$，$z_5=20$，$z_6=80$，$z_7=2$，$z_8=60$，带轮 $D=120\text{mm}$，若 $n_1=1450\text{r/min}$，求重物 $\boldsymbol{G}$ 每分钟的移动速度，并根据图 2-41 所示 n_1 的转向判别是上升还是下降？（7 分）

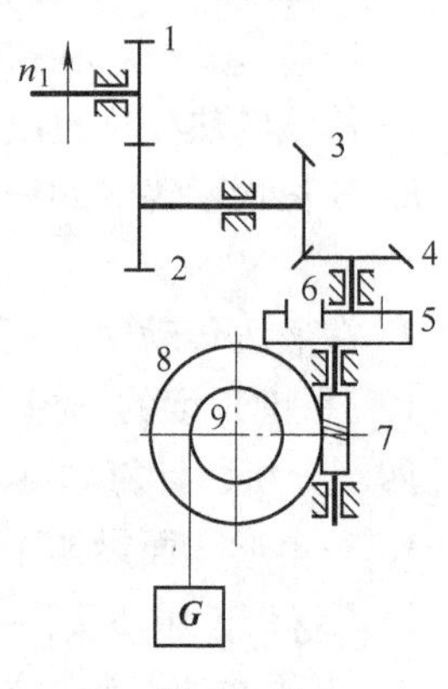

图 2-41

统测综合测试卷 5

班级____________ 学号____________ 姓名____________ 成绩____________

题号	一	二	三	四	总分
满分	30	20	10	40	100
得分					

一、填空题（每空 1 分，共 30 分）

1. T12A 按用途分类属于________钢，按含碳量分类属于________钢，按质量分类属于________钢。

2. 球墨铸铁的 $R_m=500\text{MPa}$，$A=7\%$，其牌号为________。

3. 杆件轴向拉压的变形特点是沿轴线方向纵向________或________。

4. 试验证明：在杆内轴力不超过某一限度时，杆的绝对变形与________和________成正比，而与________和横截面积成反比。

5. 港口用起重吊车是铰链四杆机构中________的应用实例；车门启闭机构是________的一个实例；车床仿形机构采用的是________凸轮；转塔车床的刀架转位机构是________机构的具体应用。

6. 传统陶瓷经过________、________和烧结制成。

7. 滚动轴承外圈和轴承座孔采用基________制的________配合。

8. 键联接主要用来实现轴和轴上零件的固定和________，平键规格的选择主要由________决定。

9. 高速钢主要用于制造切削速度较快、形状________、负荷________的刀具。

10. GCr15 中铬的质量分数为________，最终热处理是____________________。

11. 传动链主要有________和________两种。

12. 复式螺旋机构中，两个螺旋的旋向应________。

13. 轮系可获得________的传动比，并可作________距离的传动。

14. 流量控制阀包括________和________。

二、单项选择题（每小题 2 分，共 20 分）

1. 简支梁跨度为 l，集中力 $\boldsymbol{P}$ 可在梁上任意移动，则梁的最大弯矩值为________。

A. Pl　　B. $Pl/2$　　C. $Pl/4$　　D. $Pl/8$

2. 锥形轴与轮毂的键联接宜用________联接。

A. 平键　　B. 半圆键　　C. 楔键　　D. 花键

3. 中大型滚动轴承常采用的安装方法是________。

A. 利用拉杆拆卸器　　B. 温差法　　C. 锤子与辅助套筒　　D. 压力法

4. 单向受力的螺纹传动机构广泛采用________。

A. 管螺纹　　B. 梯形螺纹　　C. 锯齿形螺纹　　D. 矩形螺纹

5. V 带带轮形式取决于________。

A. 带速　　B. 传递的功率　　C. 带轮直径　　D. V 带型号

6. 下列曲柄摇杆机构中以摇杆为主动件的是________。

A. 缝纫机踏板机构　　B. 剪刀机　　C. 碎石机　　D. 搅拌机

7. 在下列钢中，属于合金工具钢的是________。

A. 14MnMoV　　B. Cr12　　C. 4Cr9Si2　　D. 12Cr13

8. 结构简单，对中性好，可同时起轴向和周向固定作用的固定方式是________。

A. 销联接　　B. 紧定螺钉　　C. 过盈配合　　D. 花键联接

9. 调速阀是由________组成的。

A. 可调节流阀与单向阀串接　　B. 减压阀与可调节流阀串接

C. 减压阀与可调节流阀并接　　D. 可调节流阀与单向阀并接

10. 多根成组使用的 V 带，如有一根失效，应________。

A. 只换一根失效的 V 带　　B. 全部更换

C. 不需更换　　D. 部分更换

三、判断题（每小题 1 分，共 10 分）

1. 用展成法加工标准齿轮时，为了不产生根切现象，规定最少齿数不少于 17 齿。（　）

2. 普通平键联接是依靠键的上下两面的摩擦力来传递转矩的。（　）

3. 只有在曲柄摇杆机构中才存在“死点”位置。（　）

4. 将集中载荷靠近支座可降低最大弯矩值，从而提高抗弯能力。（　）

5. 6312 滚动轴承的直径系列代号是 3，内径为 60mm。（　）

6. 活塞在液压缸中的移动速度和油液压力有关。（　）

7. 一般的螺纹联接在静载和温度变化不大的情况下也需要防松。（　）

8. 加奇数个惰轮，外啮合主、从动齿轮的转向相反。（　）

9. 可锻铸铁因其塑性好，可以锻造，故命名为可锻铸铁。（　）

10. 机床上的丝杠及台虎钳、螺旋千斤顶等螺纹都是三角形的。（　）

四、分析、计算题（本大题共 5 小题，共 40 分）

1. 一个重量为 400N 的物体按图 2-42 所示方式悬挂在支架上，滑轮直径为 200mm，其余尺寸如图所示，求立柱固定端 A 处的支座反力。(8 分)

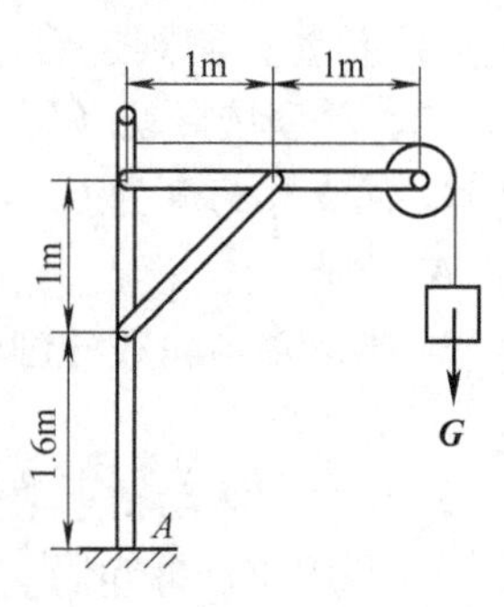

图　2-42

2. 如图 2-43 所示，杆 AB 的横截面积 $A_1=100\text{cm}^2$，许用应力 $[\sigma]_1=8\text{MPa}$，BC 为钢杆，截面积 $A_2=7\text{cm}^2$，如暂不考虑 BC 杆的强度，许可吊重 $\boldsymbol{W}$ 是多少？此时 BC 杆的最小许用应力 $[\sigma]_2$应为多少？（8 分）

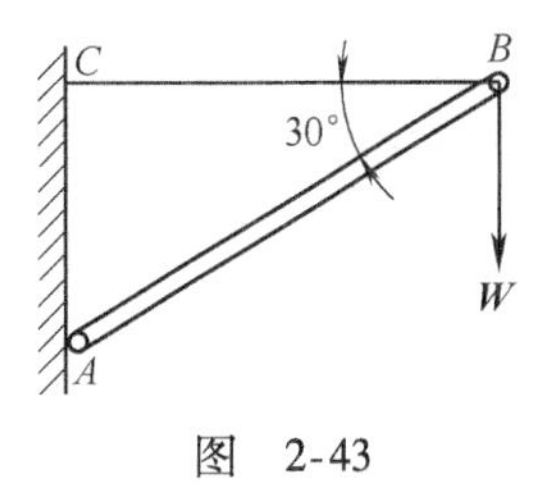

图 2-43

3. 图 2-44 所示为一阶梯轴，请回答以下问题：（共 8 分）

1）指出结构 1、2、3 的名称及作用。

2）说明将两个键槽布置在轴的同一素线上的原因。

3）说明图中 2 处尺寸为何要小于齿轮轮毂上配合尺寸及轴肩高度。

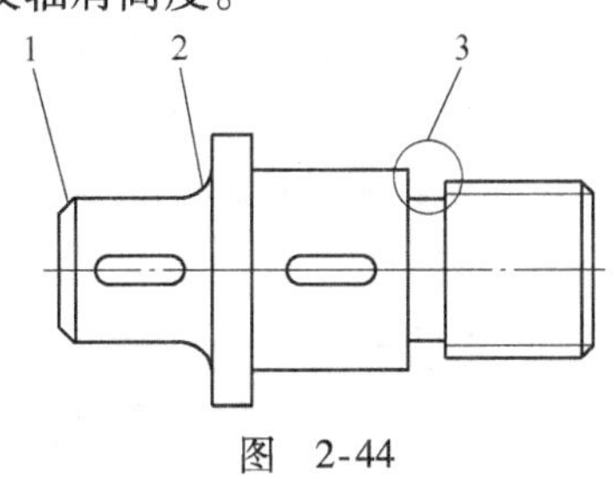

图 2-44

4. 如图 2-45 所示，已知输入轴 $n_1=900\text{r/min}$，已知 z_1 为双头蜗杆，右旋，蜗轮 $z_2=60$，$z_3=32$，$z_4=32$，$z_5=40$，$z_6=60$。求：（8 分）

1）输出轴 n_6的数值。

2）输出轴 n_6的转向。

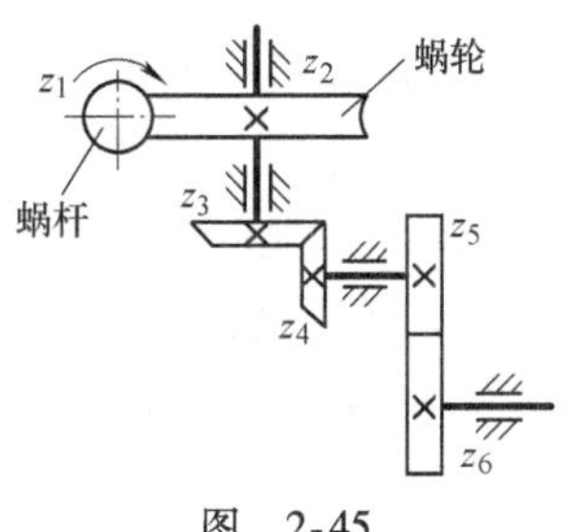

图 2-45

5. 已知某齿轮机构，模数 $m=3\text{mm}$，齿数 $z_1=20$，$z_2=60$。求：（共 8 分）

1）传动比 i_{12}和标准中心距。

2）若两齿轮轴安装中心距为 122mm，试问两齿轮的节圆直径各为多少？

统测综合测试卷 6

班级____________ 学号____________ 姓名____________ 成绩____________

题号	一	二	三	四	总分
满分	30	20	10	40	100
得分					

一、填空题（每空 1 分，共 30 分）

1. 一个机件的磨损过程大致可分为三个阶段：________、________和________。

2. 构件是________的单元，而________是制造的单元。

3. 洛氏硬度试验法可分为________、________和________。

4. 平衡是指物体相对于地球处于________或作________运动。

5. 杆件的基本变形包括轴向拉压变形、________、________和________ 4 种。

6. 凸轮机构由________、________和________组成。

7. 轮系末端是螺旋传动，如果已知末端转速 $n_k = 60\text{r/min}$，双线螺杆的螺距 $P = 5\text{mm}$，则螺母每分钟的移动距离 $l =$________，如需移动 3m，则需________ min。

8. 常用的螺纹联接中增大摩擦力防松措施有________和________两类。

9. 滚动轴承外圈和轴承座孔采用基________制的________配合。

10. 键 C16×100 中，“16”表示________，其值根据________选取。

11. 家用缝纫机踏板机构属于________机构，电影放映机上的卷片机构是一种________机构在实际中的应用。

12. 槽轮机构的主动件是________，它以等角速度作________运动。

13. 对于中、大型轴承，装配时可采用________法。

14. 当螺纹的升角小于材料的________时，螺纹就能自锁。

二、单项选择题（每小题 2 分，共 20 分）

1. 可以在无摩擦的条件下形成的是________。

A. 粘着磨损　B. 疲劳磨损　C. 冲蚀磨损　D. 腐蚀磨损

2. 上部受压、下部受拉的铸铁梁，选择________截面形状的梁合理。

A. 矩形　B. 圆形　C. T 形　D. ⊥形

3. 关于力偶的叙述，下列错误的是________。

A. 力偶无合力

B. 力偶可以在它的作用面内任意移动和转动

C. 力偶只能用力偶来平衡

D. 力偶实际就是大小相等、方向相反的两个力

4. ________具有较好的塑性和冷成型性，用于制造弹壳、散热器等，故有弹壳黄铜之称。

A. H62　　B. H70　　C. H80　　D. HPb59－1

5. V 带传动中的张紧轮应放在________。

A. 带松边外侧并靠近小带轮　　B. 带松边外侧并靠近大带轮

C. 带松边内侧并靠近大带轮　　D. 带松边内侧并靠近小带轮

6. 一般润滑良好的闭式蜗杆传动的失效形式主要是________。

A. 点蚀　　B. 磨损　　C. 胶合　　D. 塑性变形

7. 优质碳素结构钢的牌号是以________为单位，用两位数字表示钢中平均碳的质量分数的万分数。

A. 0.01%　　B. 0.10%　　C. 0.10‰　　D. 1.00%

8. 目前主要应用于精密传动的数控机床、精密测量仪器等的是________ 机构。

A. 普通螺旋　　B. 差动螺旋　　C. 滚珠螺旋　　D. 复式螺旋

9. 下列牌号中，________属于高速钢。

A. CrWMn　　B. GCr15　　C. Cr12MoV　　D. W18Cr4V

10. 为了降低零件的制造成本，选择正火和退火时，应优先采用________。

A. 正火　　B. 退火　　C. 都可以　　D. 都不可以

三、判断题（每小题 1 分，共 10 分）

1. 一个固定铰链支座，可约束构件的两个自由度。　(　　)

2. 画力多边形时，变换力的次序将得到不同的结果。　(　　)

3. 一对相互啮合的斜齿圆柱齿轮，其旋向相同。　(　　)

4. 螺钉联接用于被联接件为不通孔，且不经常拆卸的场合。　(　　)

5. 顺序阀、调速阀、压力继电器和节流阀都属于压力控制阀。　(　　)

6. 液压传动系统中，采用密封装置的主要目的是为了防止灰尘的进入。　(　　)

7. 合金结构钢若为高级优质钢，则在其牌号后面加“A”，如 38CrMoAlA。　(　　)

8. 对于剖分式箱体中的轴，轴径的结构安排应从轴的一端向另一端增大。　(　　)

9. V 带传递功率的能力：Y 型最小、E 型最大。　(　　)

10. 通常减压阀的出口压力近于恒定。　(　　)

四、分析、计算题（本大题共 6 小题，共 40 分）

1. 铰链四连杆机构 $OABO_1$ 在图 2-46 所示位置平衡。已知：$OA = 0.4\text{m}$，$O_1B = 0.6\text{m}$，作用在 OA 上的力偶矩 $M_1 = 1\text{N}\cdot\text{m}$。试求力偶矩 M_2 的大小（不计摩擦和各杆的重量）。(10 分)

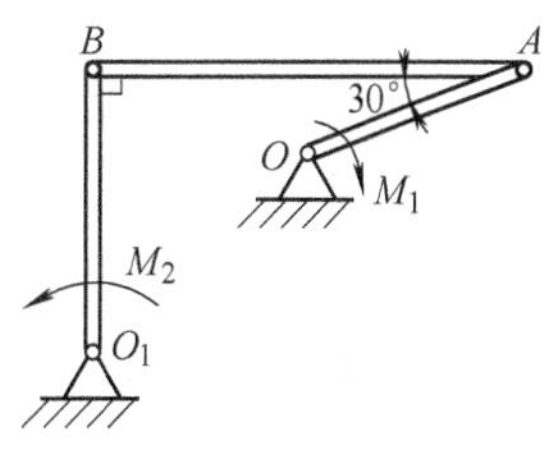

图　2-46

2. 用夹剪剪断直径为 3mm 的铅丝，如图 2-47 所示，如果铅丝的剪切极限应力约为 100MPa，试问 $\boldsymbol{P}$ 需要多大？（8 分）

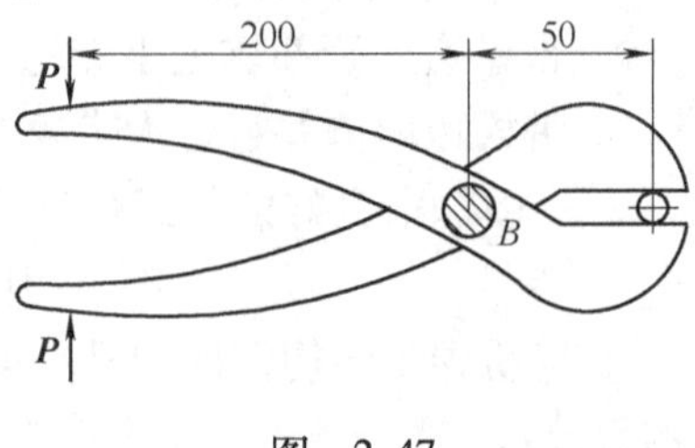

图 2-47

3. 一对相啮合的标准直齿圆柱齿轮，已知主动齿轮转速 $n_1=1280\text{r/min}$，从动齿轮转速 $n_2=320\text{r/min}$，中心距 $a=270\text{mm}$，齿距 $p=18.84\text{mm}$，试求：z_1、z_2、d_1 和 d_{f1}。（8 分）

4. 图 2-48 所示定轴轮系，蜗杆 1 为双头，转向如图所示，蜗轮 2 的齿数 $z_2=50$，蜗杆 3 为单头右旋，蜗轮 4 的齿数 $z_4=40$，其余各轮齿数为 $z_5=40$，$z_6=20$，$z_7=26$，$z_8=18$，$z_9=46$，$z_{10}=22$，试判断轮系中各轮的转向，计算该轮系的传动比。（5 分）

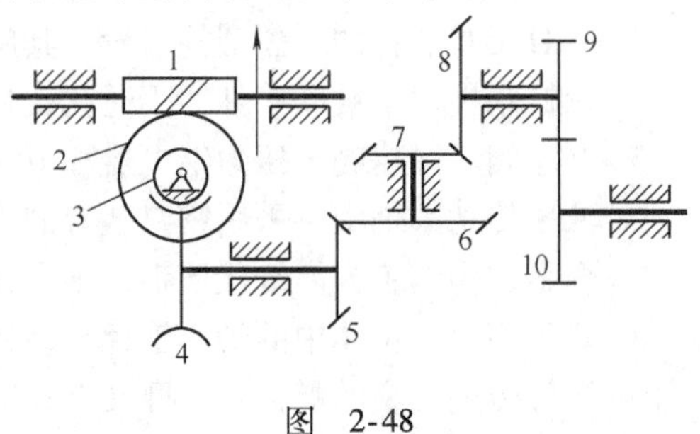

图 2-48

5. 图 2-49 所示铰链四杆机构中，已知 $a=60\text{mm}$，$b=150\text{mm}$，$c=120\text{mm}$，$d=100\text{mm}$。该机构属于哪种铰链四杆机构？若取其余几个不同构件为机架，则可得到哪种类型的铰链四杆机构？（5 分）

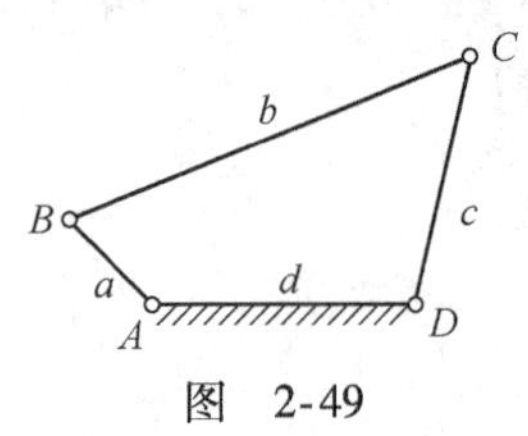

图 2-49

6. 钢的淬透性和淬硬性有何区别？各取决于什么因素？（4 分）

统测综合测试卷 7

班级__________　学号__________　姓名__________　成绩__________

题号	一	二	三	四	总分
满分	30	20	10	40	100
得分					

一、填空题（每空 1 分，共 30 分）

1. 在静力学中，需要把研究对象抽象为________，它是指在外力作用下，________都保持不变的物体。

2. 工程中为了减轻自重和节省材料，常常根据弯矩沿梁轴线的变化情况，将梁做成变截面的，使所用的横截面上的最大正应力都大致等于________，这样的梁称为________。

3. 20CrMnTi 是常见的________钢，其平均碳的质量分数为________，热处理一般为________。

4. 常用的制动器有________、________、________和电磁制动器 4 种。

5. 如图 2-50 所示的四杆机构，各杆尺寸为 $l_{AD}=450\text{mm}$，$l_{BC}=400\text{mm}$，$l_{CD}=300\text{mm}$，$l_{AB}=200\text{mm}$。如果以________为机架，可以得到曲柄摇杆机构。如果以 *CD* 杆为机架，则会得到________机构；如果以 *AB* 杆为机架，则会得到________机构。

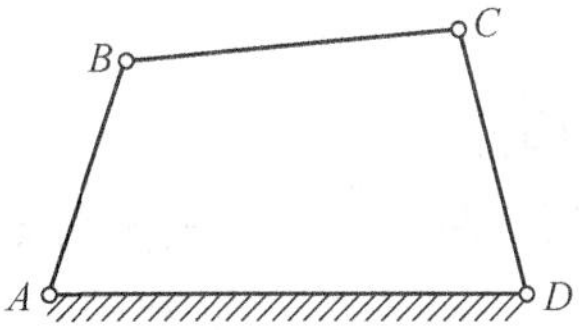

图　2-50

6. 在机械零件中，要求表面具有高的________和________，而心部要求具有足够________和________时，应进行表面热处理。

7. V 带传动是靠带与带轮间的________来实现的传动，标准普通 V 带按其截面尺寸的不同分为________7 种型号，其中截面积最大的是________型带。

8. 圆螺母可作轴上零件的________固定，花键可作轴上零件的________固定。

9. 碳钢中常采用________为淬火冷却介质，而合金钢常选择________为淬火冷却介质。

10. 溢流阀的作用主要有两个方面：一是________，二是________。

11. 6407 滚动轴承的内径为________ mm，其滚动体是________。

12. 在液压传动中，要降低整个系统的工作压力，应使用________，而要降低局部系统的压力一般使用________。

二、单项选择题（每小题 2 分，共 20 分）

1. 属于力矩作用的是________。

A. 用丝锥攻螺纹　B. 双手握转向盘　C. 用螺钉旋具拧螺钉　D. 用扳手拧螺母

2. 车床的主轴是机器的________。

A. 动力部分　B. 执行部分　C. 传动装置　D. 自动控制部分

3. 用于制作拉杆、螺栓、螺母等不太重要的零件应选用________。

A. 45 钢　B. T10A　C. Q235　D. GCr15

4. 一等边三角形如图 2-51 所示，边长为 a，沿三边分别作用有力 $\boldsymbol{F}_1$、$\boldsymbol{F}_2$、$\boldsymbol{F}_3$，且 $F_1 = F_2 = F_3$，则此三角形所处的状态是________。

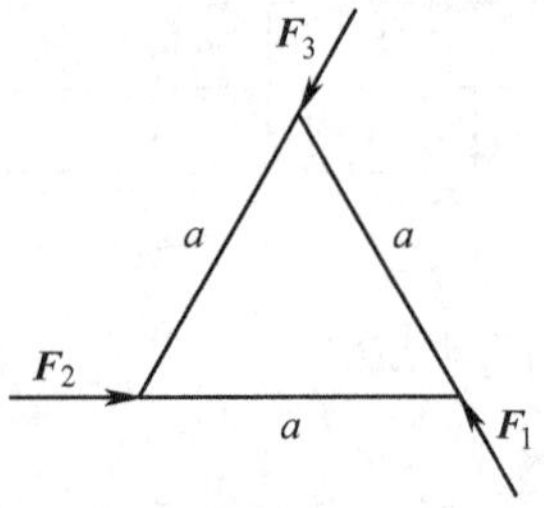

图 2-51

A. 平衡　B. 转动　C. 移动　D. 既移动又转动

5. 增大阶梯轴圆角半径的主要目的是________。

A. 使零件的轴向定位可靠　B. 使轴加工方便

C. 降低应力集中，提高轴的疲劳强度　D. 外形美观

6. E7308 滚动轴承的内径是________。

A. 08mm　B. 80mm　C. 40mm　D. 20mm

7. 以下不属于带传动特点的是________。

A. 传动柔和，能缓冲、吸振

B. 过载时能产生打滑，可防止损坏零件

C. 结构简单，成本低廉，适用于两轴中心距较大的场合

D. 传动比准确

8. 两轴交叉传动中可选用________。

A. 固定式联轴器　B. 可移动式弹性联轴器

C. 万向联轴器　D. 离合器

9. 当轴上零件间距较大时，轴上零件轴向定位常用________。

A. 套筒　B. 圆锥面　C. 圆螺母　D. 轴端挡圈

10. 为了使齿轮传动有良好的性能，必须对齿轮的各项精度有一定的要求，对用于高速传动的齿轮，主要的精度是________。

A. 运动精度　B. 工作平稳性精度

C. 接触精度　D. 齿轮副的侧隙

三、判断题（每小题 1 分，共 10 分）

1. 同一平面内作用线汇交于一点的三个力一定平衡。（　）

2. 弹簧是弹性元件，能产生较大的弹性变形，所以采用低碳钢丝制造。（　）

3. 为保证齿轮的正确安装，从理论上讲就是两齿轮在分度圆上齿距相等才能啮合。（　）

4. 带传动是一种应用广泛的机械传动，不适用于大功率传动。　（　　）

5. 金属材料的断后伸长率越高，或断面收缩率越低，表示材料的塑性越好。　（　　）

6. 在材料用量相同时，空心圆轴与实心圆轴相比，空心圆轴的抗扭截面系数值较大。　（　　）

7. 在两齿轮传动中如果插入一中间轮，不能改变传动比的大小。　（　　）

8. 安全系数不一定要大于 1。　（　　）

9. 要求传动灵敏的场合可应用尖顶从动杆凸轮机构。　（　　）

10. 内燃机的曲轴连杆机构应用的是曲柄滑块机构的原理。　（　　）

四、分析、计算题（本大题共 5 小题，共 40 分）

1. 什么是正火？说明正火的主要目的和应用范围。(8 分)

2. 如图 2-52 所示，悬臂梁 AB 的一端固定在墙内，梁上受垂直载荷 $\boldsymbol{P}$ 和 $\boldsymbol{Q}$ 作用，且同时作用一力偶 M，已知 $P=200\text{N}$，$Q=150\text{N}$，$M=50\text{N}\cdot\text{m}$，不计梁的质量，试求支座产生的反力。(10 分)

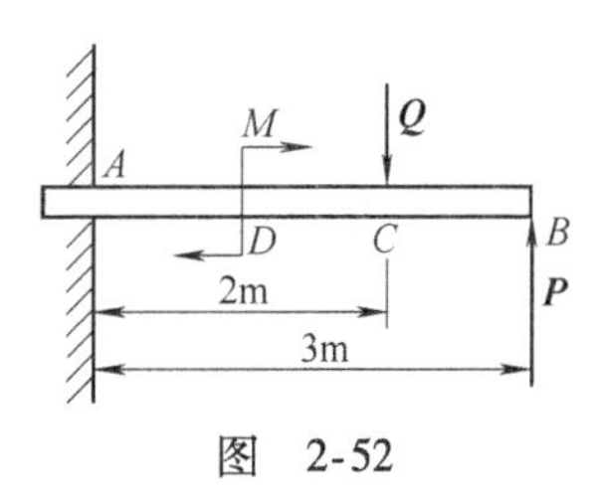

图　2-52

3. 现需修复一个标准直齿圆柱齿轮，已知齿数 $z=25$，测得齿根圆直径 $d_f=112.5\text{mm}$，试计算这个齿轮的 d_a、d、s 和 d_b 的几何尺寸。(6 分)

4. 在如图 2-53 所示的定轴轮系中，齿轮 1 为输入构件，$n_1=1470\text{r/min}$，转向如图所示，蜗轮 9 为输出构件。已知各轮齿数：$z_1=17$，$z_2=34$，$z_3=19$，$z_4=21$，$z_5=57$，$z_6=21$，$z_7=42$，$z_8=1$，$z_9=35$。求：1）轮系的传动比 i_{19}；2）蜗轮的转速 n_9 和转向。(8 分)

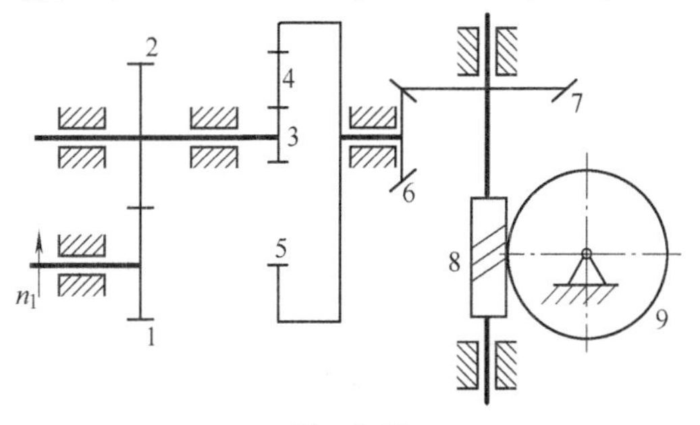

图　2-53

5. 如图 2-54 所示齿轮轴简图，已知齿轮 C 受径向力 $F=4\text{kN}$，齿轮 D 受径向力 $P=7.2\text{kN}$，轴的跨度 $L=400\text{mm}$，材料的许用应力 $[\sigma]=100\text{MPa}$，试确定轴的直径（假设暂不考虑齿轮上所受的圆周力）。(8 分)

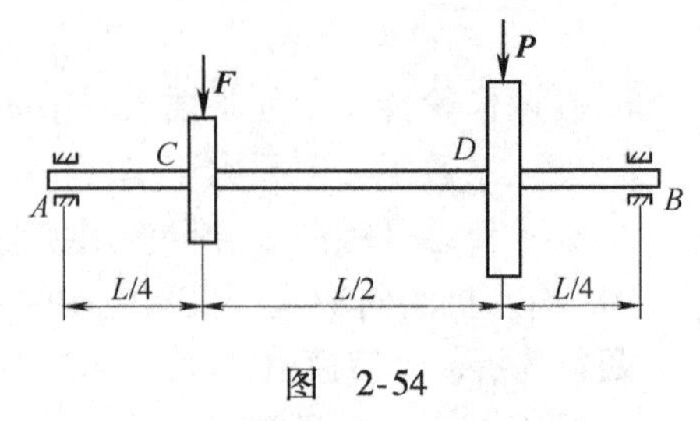

图 2-54

统测综合测试卷 8

班级__________　学号__________　姓名__________　成绩__________

题号	一	二	三	四	总分
满分	30	20	10	40	100
得分					

一、填空题（每空 1 分，共 30 分）

1. 试验证明：在杆内轴力不超过某一限度时，杆的绝对变形与________和________成正比，而与________和横截面积成反比。

2. 以凸轮最小半径所作的圆称为________，等加速等减速运动的凸轮机构，其位移曲线是________，在运动中会产生________冲击。

3. 螺纹联接是利用________构成的可________联接。

4. 常见的圆柱齿轮结构有________、________、________和________。

5. 常用的低合金刃具钢是________和________，主要用于制造丝锥、板牙、铰刀等。

6. 淬火钢必须及时配以不同温度的回火，其中________主要用于弹性零件和热锻模具等材料的回火。

7. 用压力法拆卸滚动轴承，使用较多的是用________。

8. 金属材料的力学性能主要指标有________、________、________、________和疲劳强度等。

9. 40Cr 是一种________钢，其热处理是________，以获得良好的综合力学性能。

10. 淬透性主要取决于钢的________和________。

11. 拉压杆的内力称为________，而圆轴扭转时截面上的内力称为________。

12. 液压控制阀根据用途和工作特点不同，可分为________控制阀、________控制阀和________控制阀三大类。

13. 使材料丧失正常工作能力的应力称为________。

二、单项选择题（每小题 2 分，共 20 分）

1. 自行车的前轮轴属于________。

A. 曲轴　　B. 心轴　　C. 传动轴　　D. 转轴

2. 对作用力与反作用力的正确理解是________。

A. 作用力与反作用力作用在同一物体上　　B. 作用力与反作用力同时存在

C. 作用力与反作用力是一对平衡力　　D. 作用力与反作用力可以不同时存在

3. 消除机构“死点”的不正确方法是________。

A. 利用飞轮装置　　B. 利用杆件的自身质量

C. 利用多组机构错列　　D. 改换机构的主动件

4. 关于力矩和力偶，下列叙述错误的是________。

A. 等值反向不共线的二平行力称为力偶，它是一个平衡力系

B. 力偶无合力

C. 力偶只能用力偶来平衡

D. 力偶矩与所取的矩心的位置无关

5. CrWMn 不属于________。

A. 低合金刃具钢　B. 合金模具钢　C. 合金量具钢　D. 不锈钢

6. 下列材料中热硬性最好的是________。

A. 碳素工具钢　B. 合金工具钢　C. 高速钢　D. 硬质合金

7. 在速度较快、无内凹形状的凸轮机构中，宜选用________。

A. 尖顶从动件　B. 滚子从动件　C. 平底从动件　D. 曲面从动件

8. 起重设备常应用________。

A. 双向式棘轮机构　B. 双动式棘轮机构

C. 摩擦式棘轮机构　D. 防逆转式棘轮机构

9. 液压系统中的控制元件是________。

A. 电动机　B. 液压阀　C. 液压缸　D. 液压泵

10. 具有结构简单、定位可靠和能承受较大轴向力的轴向固定形式是________。

A. 弹性挡圈　B. 套筒或圆螺母　C. 轴肩或轴环　D. 圆柱销

三、判断题（每小题 1 分，共 10 分）

1. 带传动一般用于传动的高速级。（　）

2. 液压系统某处有几个负载并联时，压力的大小取决于克服负载的各个压力值中的最大值。（　）

3. 整体式滑动轴承工作表面磨损后无法调整轴承与轴颈的间隙。（　）

4. 铰链四杆机构只要选择不同的构件为机架，就一定可以得到三种基本形式。（　）

5. 半圆键联接一般用于轻载或辅助性联接，尤其适用于锥形轴与轮毂的联接。（　）

6. 用两个手指旋转水龙头，这个动作属于力偶作用。（　）

7. 要保证构件能够安全工作，构件的最大工作应力应限制在构件材料的危险应力之内。（　）

8. 金属材料的断后伸长率越高或断面收缩率越低，表示材料的塑性越好。（　）

9. 曲轴可将旋转运动转变为直线往复运动。（　）

10. 当机器所受载荷恢复正常后，安全离合器与安全联轴器都能自动接合，继续进行动力的传递。（　）

四、分析、计算题（本大题共 5 小题，共 40 分）

1. 炼钢炉的送料机由跑车 A 和移动的桥 B 组成，如图 2-55 所示。跑车可沿桥上的轨道运动，两轮间的距离为 2m，跑车与操作架 D、平臂 OC 以及料斗 C 相连，料斗每次装物料重量 Q 为 15kN，平臂 OC 长 5m。设跑车 A、操作架 D 和所有附件总重为 $\boldsymbol{P}$，作用于操作架的轴线，问 $\boldsymbol{P}$ 至少应多大才能使料斗车满载时跑车不致翻倒？（10 分）

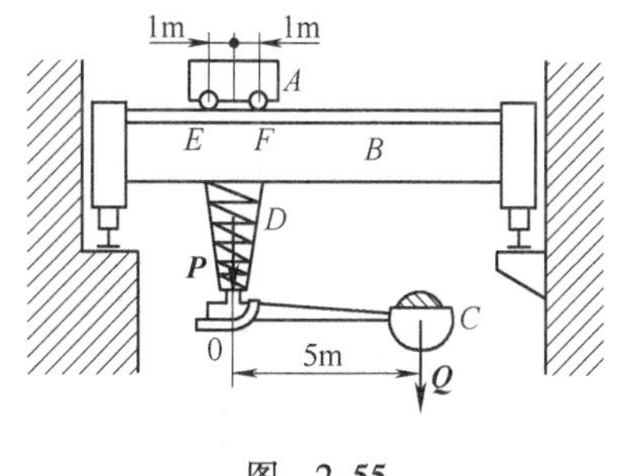

图 2-55

2. 如图 2-56 所示的圆截面杆件，承受轴向载荷 **F** 的作用。设拉杆的直径为 d，拉杆端部墩头的直径为 D，高度为 h，试从强度考虑，建立三者的合理比值。已知材料的许用切应力$[\tau]=90\text{MPa}$，许用拉应力$[\sigma]=120\text{MPa}$，许用挤压应力 $[R_m]=240\text{MPa}$。(10 分)

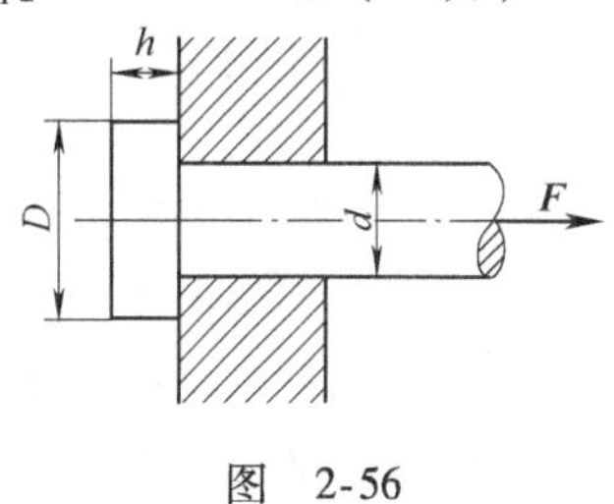

图 2-56

3. 考虑轴的结构时应满足哪 4 方面的要求？(6 分)

4. 为修配一残缺的标准直齿圆柱外齿轮，测得齿高为 9mm，齿顶圆直径为 136mm，试确定该齿轮的模数 m、齿数 z、分度圆直径和齿根圆直径。(6 分)

5. 如图 2-57 所示，已知 $z_1=18$，$z_2=27$，$z_3=30$，$z_4=40$，$z_5=3$，$z_6=50$。若 $n_1=800\text{r/min}$，鼓轮直径 $D=100\text{mm}$，试求：1）蜗轮的转速 n_6；2）重物 **G** 移动速度；3）重物提升时，n_1的转向。(8 分)

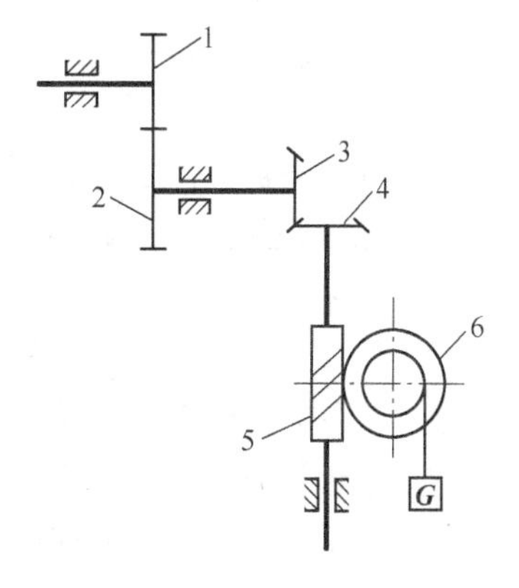

图 2-57

统测综合测试卷 9

班级__________ 学号__________ 姓名__________ 成绩__________

题号	一	二	三	四	总分
满分	30	20	10	40	100
得分					

一、填空题（每空 1 分，共 30 分）

1. 一台完整的机器，通常包括________、________、________和操作控制部分 4 个部分。

2. 根据杆件的强度条件，可以解决________、________和校核强度等三类问题。

3. 普通黄铜是由________、________组成的二元合金。在普通黄铜中加入其他合金元素时称为________黄铜。

4. 碳的质量分数小于________的钢为低碳钢，碳的质量分数为________的钢为中碳钢。

5. 一对标准直齿圆柱齿轮的正确啮合条件为：________与________相等。

6. 在常用的螺纹牙型中，________传动效率最高，________自锁性最好。

7. 齿轮传动出现失效的主要形式是________、________、________、塑性变形及________。

8. 在剖分式滑动轴承中，轴承盖与轴承座的剖分面常制成阶梯形，以便________和防止工作时________。

9. 缝纫机踏板采用的是________机构且________为主动件。

10. 一系列相互啮合齿轮组成的传动系统称为________，可分为________和________两大类。

11. 键联接主要用来实现________和________。

12. 压力控制阀有________、________和________。

二、单项选择题（每小题 2 分，共 20 分）

1. 下列金属材料中可锻性最好的是________。

A. 低碳钢　B. 中碳钢　C. 高碳钢　D. 高合金钢

2. 用于被联接件之一较厚不宜制作通孔，且不需经常装拆场合的是________。

A. 螺栓联接　B. 双头螺柱联接　C. 螺钉联接　D. 紧定螺钉联接

3. 白铜是铜与________的合金。

A. 锌　B. 镁　C. 镍　D. 锡

4. 能保持精确传动比传动的是________。

A. 平带传动　B. V 带传动　C. 链传动　D. 齿轮传动

5. 在各种基本类型的向心滚动轴承中，________不能承受轴向载荷。

A. 调心球轴承　B. 圆柱滚子轴承　C. 调心滚子轴承　D. 深沟球轴承

6. 凸轮机构中，从动件的运动规律取决于________。

A. 凸轮轮廓曲线　B. 凸轮形状　C. 凸轮转速　D. 凸轮转向

7. 转塔车床的刀架转位机构应采用________。

A. 棘轮机构　B. 槽轮机构　C. 间歇齿轮机构　D. 齿轮机构

8. 约束反力的大小________。

A. 等于作用力　B. 可以采用平衡条件计算确定

C. 等于作用力，但方向相反　D. 小于作用力

9. 如图 2-58 所示铰链四杆机构，此机构有“死点”位置时，机构的主动件应是________。

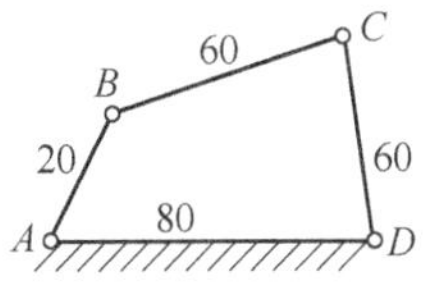

图　2-58

A. *AB* 杆　B. *BC* 杆　C. *CD* 杆　D. *AD* 杆

10. 从用途和工作特点来看，水龙头属于________。

A. 方向控制阀　B. 压力控制阀　C. 流量控制阀　D. 以上答案都不对

三、判断题（每小题 1 分，共 10 分）

1. 任何金属材料在拉伸时均有明显的屈服现象。（　）
2. 力矩的作用效果与力的大小和力臂的长短有关，而与矩心无关。（　）
3. 某些零件工作时承受的应力远小于材料的屈服强度，但是也可能发生突然断裂。（　）
4. 链传动是一种摩擦传动。（　）
5. 渐开线上各点的压力角不同，基圆上的压力角最大。（　）
6. 在 V 带传动中，其他条件不变，则中心距越大，承载能力越大。（　）
7. 滑动轴承轴瓦上的油孔和油沟是用来供应润滑油的。（　）
8. 可锻炼铁比灰铸铁塑性好，因此其可锻性也比灰铸铁好。（　）
9. 合金调质钢具有良好的综合力学性能，其碳的质量分数为 0.25% ~0.50%。（　）
10. 液压传动系统中，动力元件是液压泵，执行元件是液压缸，控制元件是液压阀。（　）

四、分析、计算题（本大题共 5 小题，共 40 分）

1. 溢流阀与减压阀有何异同点？（8 分）

2. 如图 2-59 所示水平杆 *AB*，*A* 点为固定铰链支座，*C* 点用绳子系于墙上。已知向下的作用力 $P=1.2\text{kN}$，$l_{AC}=1000\text{mm}$，$l_{CB}=1500\text{mm}$，$l_{AD}=750\text{mm}$，不计杆重，求绳子的拉力及铰链 *A* 的约束反力。（10 分）

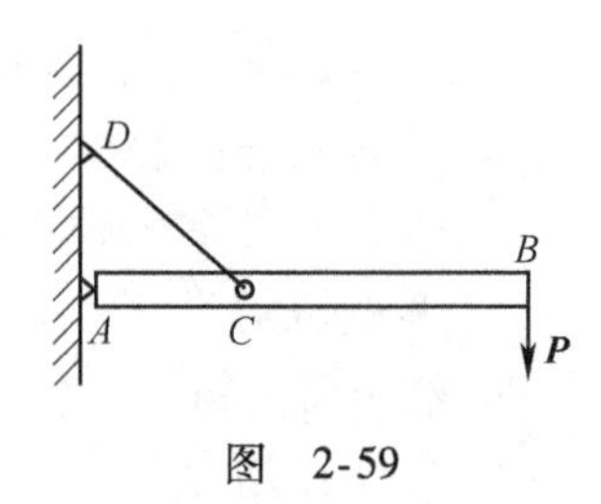

图 2-59

3. 一对啮合的标准直齿圆柱齿轮传动，已知，主动齿轮转速 $n_1=840\text{r/min}$，从动齿轮转速 $n_2=280\text{r/min}$，中心距 $a=270\text{mm}$，模数 $m=5\text{mm}$，求：

1）求传动比 i_{12}；2）齿数 z_1、z_2；3）小齿轮分度圆直径 d_1 和齿距 p。（6 分）

4. 在图 2-60 所示轮系中，已知蜗杆为单头且右旋，转速 $n_1=1440\text{r/mm}$，转动方向如图所示，其余各轮齿数为：$z_2=40$，$z'_2=20$，$z_3=30$，$z'_3=18$，$z_4=54$，试求：1）判定此轮系为何轮系；2）求 n_4 的值；3）判定轮 4 的转向。（6 分）

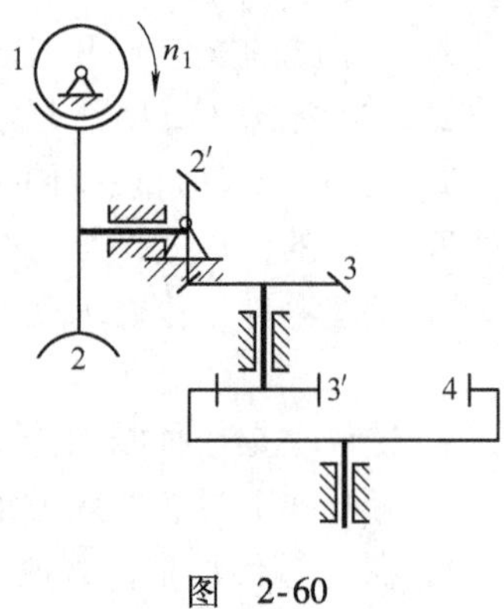

图 2-60

5. 螺栓压板夹具如图 2-61 所示。已知压板长 $3a=180\text{mm}$，压板材料的弯曲许用应力 $[\sigma]=140\text{MPa}$，设对工件的压紧力 $Q=4\text{kN}$，试校核压板的强度。（10 分）

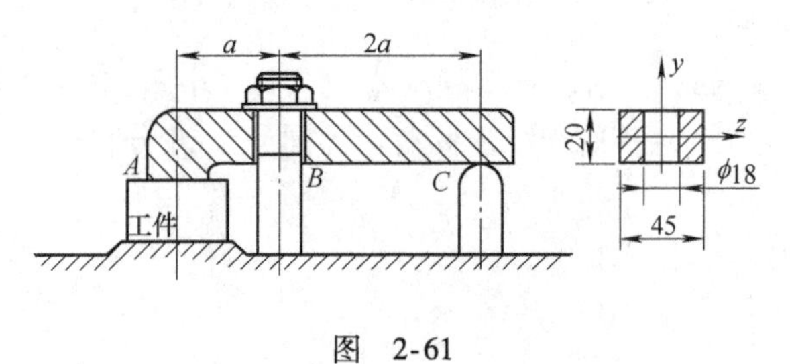

图 2-61

统测综合测试卷 10

班级________　学号________　姓名________　成绩________

题号	一	二	三	四	总分
满分	30	20	10	40	100
得分					

一、填空题（每空 1 分，共 30 分）

1. 材料抵抗________作用而不被破坏的能力称为韧性，一般在________试验机上进行测试。

2. 45 钢按用途分类属于________钢，按含碳量分类属于________钢，按质量分类属于________钢。

3. 圆轴扭转变形的特点是：在杆件两端受到大小相等、方向相反的一对________作用；扭转时横截面的内力称为________。

4. 有一钢试样，其横截面积为 100mm^2，已知钢样的 $R_{eL}=314\text{N/mm}^2$，$R_m=530\text{N/mm}^2$，拉伸试验时，当受到________拉力时，试样将出现屈服现象，当受到________拉力时，试样出现缩颈现象。

5. 直齿锥齿轮的正确啮合条件是两齿轮的________和________分别相等。

6. 机械传动按其传递力的方法来分，可以分为________传动和________传动两大类。

7. 普通 V 带的截面型号分为 Y、Z、A、B、C、D、E 共七种，其中截面尺寸最小的是________型。

8. 约束反力的作用点即是约束与物体之间的________，约束反力的方向与约束对物体限制其运动趋势的方向________。

9. 常用的滑动轴承轴瓦分为________和________两种结构。

10. 球墨铸铁中石墨以________状存在，为此要进行________处理，其力学性能与铸钢相近。

11. 常见的淬火冷却介质有________和________。

12. 轴的常用材料主要有________和________。

13. 球墨铸铁的获得是在浇注前往铁液中加入适量的________和________，即球化处理。

14. 常用于传递力的传动链主要有________和________两种。

15. 溢流阀安装在液压系统的________处，其作用之一是维持________恒定。

二、单项选择题（每小题 2 分，共 20 分）

1. 机件以平稳而缓慢的速度磨损的阶段为________。

A. 跑合阶段　B. 稳定磨损阶段　C. 剧烈磨损阶段　D. 摩擦阶段

2. 对作用力与反作用力的正确理解是________。

A. 作用力与反作用力作用在同一物体上　　B. 作用力与反作用力是一对平衡力
C. 作用力与反作用力同时存在　　D. 作用力与反作用力可以不同时存在
3. 梁上各截面内________时的弯曲变形称为纯弯曲。
A. 正应力为零、弯矩为常数　　B. 剪力为零、弯矩为常数
C. 正应力、弯矩为常数　　D. 剪力、弯矩为常数
4. 60Si2Mn 属于________。
A. 合金弹簧钢　　B. 合金渗碳钢　　C. 合金调质钢　　D. 合金工具钢
5. 下列材料中________较适宜制造柴油机曲轴。
A. HT200　　B. KTH350－10　　C. QT500－7　　D. RuT420
6. 凸缘联轴器________。
A. 属于可移式联轴器
B. 对所连接的两轴之间的偏移，具有补偿能力
C. 采用剖分环配合的对中性比采用凸肩凹槽配合好
D. 结构简单，使用方便，可传递较大的转矩
7. 在低速、重载、高温条件下和尘土飞扬不良工作环境中的传动一般用________。
A. 带传动　　B. 链传动　　C. 齿轮传动　　D. 蜗杆传动
8. 自行车飞轮采用的是一种典型的超越机构，下列________机构可实现超越。
A. 外啮合棘轮　　B. 内啮合棘轮　　C. 槽轮　　D. 间歇齿轮
9. ________是内燃机等机器中用于往复运动和旋转运动相互转换的专用零件。
A. 直轴　　B. 阶梯轴　　C. 曲轴　　D. 软轴
10. 活塞有效作用面积一定时，活塞的运动速度取决于________。
A. 液压泵的输出流量　　B. 液压缸中油液的压力
C. 负载阻力的大小　　D. 进入液压缸的流量

三、判断题（每小题 1 分，共 10 分）

1. 作用在物体上的力，向一指定点平行移动必须同时在物体上附加一个力。（　）
2. 带传动的小轮包角越大，承载能力越大。（　）
3. 钢中杂质硫、磷、硅、锰是炼钢时由原料带入钢中的，炼钢时难以除尽。（　）
4. 斜齿圆柱齿轮加工时与直齿圆柱齿轮一样，使用的是同一套标准刀具。（　）
5. 铬不锈钢主要用于制造在强腐蚀介质中工作的设备。（　）
6. 只有在曲柄摇杆机构中才存在“死点”位置。（　）
7. 整体式滑动轴承工作表面磨损后无法调整轴承与轴颈的间隙。（　）
8. 在机器的运转过程中，离合器可将运动系统随时分离或接合。（　）
9. 工具钢的碳的质量分数都在 0.7% 以上，而且都是优质钢或高级优质钢。（　）
10. 在液压传动中，压力与负载阻力成正比，与负载所作用的面积成反比。（　）

四、分析、计算题（本大题共 5 小题，共 40 分）

1. 为什么大多数螺纹联接必须防松？防松措施有哪些？（6 分）

2. 组合构件如图 2-62 所示，已知外力 $P=100\text{N}$，求 A、B 两处的约束反力。(10 分)

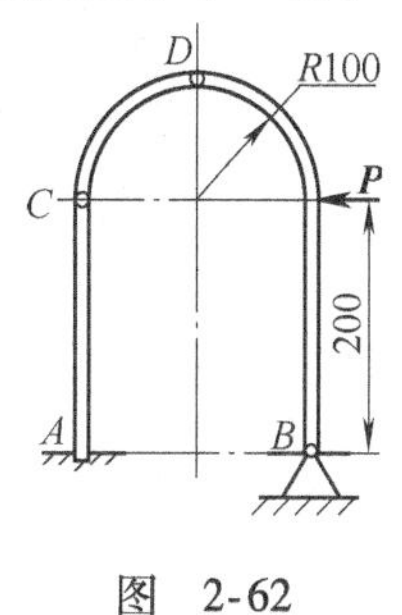

图　2-62

3. 一对外啮合标准直齿圆柱挂齿轮传动，测得其中心距为 200mm，主动齿轮转速 $n_1=900\text{r/min}$，从动齿轮转速 $n_2=300\text{r/min}$，模数 $m=5\text{mm}$，求：1）传动比的大小；2）主动齿轮及从动齿轮的齿数及齿顶圆直径。(6 分)

4. 剪力机构如图 2-63 所示，已知 $P=200\text{N}$，AB 与 CD 杆的截面均为圆形，它们的许用应力 $[\sigma]=100\text{MPa}$，试确定 AB 与 CD 杆的直径。(8 分)

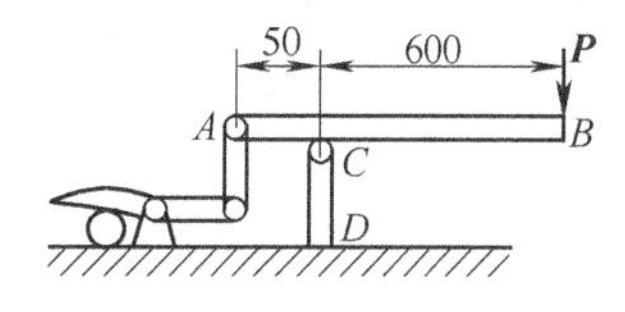

图　2-63

5. 如图 2-64 所示的起重设备传动系统，已知条件如图所示，求：1）传动比 i_{16}；2）计算重物 **G** 每分钟提升的距离；3）当要求重物上升时，判断电动机的转动方向。(10 分)

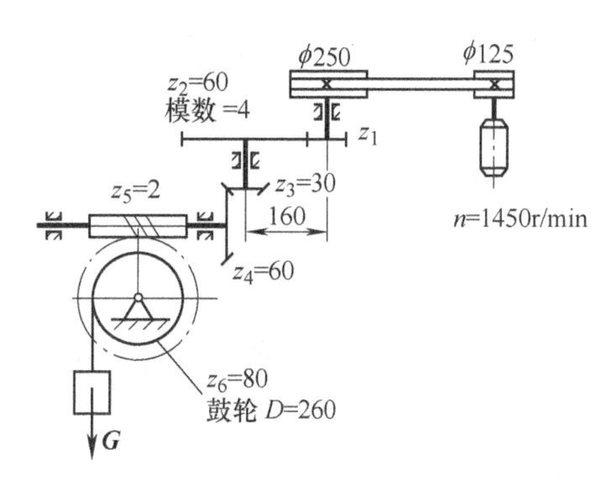

图　2-64

第三部分

高职考试

高等职业技术教育招生考试模拟试卷 1

班级__________ 学号__________ 姓名__________ 成绩__________

题号	一	二	三	四	总分
满分	30	20	10	40	100

考生须知：

1. 本试卷分问卷和答题卷两部分，满分 100 分。
2. 请在答题卷密封区内写明校名、姓名、准考证号。
3. 全部答案都请做在答题卷标定的位置上，务必注意试题序号与答题序号相对应，题号错号或直接做在问卷上无效。

一、填空题（每空 1 分，共 30 分）

1. 力偶矩是两个大小相等、方向相反，且不在同一直线上的力所产生的________之和，力偶的作用效果与力的大小和力偶臂的长短有关，而与________无关。
2. 在液压传动中，油液的压力与负载成________比。
3. 钢的热处理是通过将钢进行________、________和________，以获得预期的组织结构与性能的工艺。如高碳钢中引起强度变差的网状碳化物组织就可以通过________来消除。
4. 轴承的主要功能是________。每一类轴承，按其所受载荷方向不同，可分为向心轴承、________轴承和________轴承。
5. 螺纹代号 M30 × 2—5g6g 中，30 表示________，2 表示________，5g6g 表示________。
6. 直轴按其承载情况不同可分为________、________和________。
7. 牌号 ZG270－500 表示________不小于 270MPa，________不小于 500MPa 的铸钢。
8. 随着含碳量的增加，碳钢的强度、硬度________，塑性、韧性________。
9. 滚珠丝杠常用的循环方式有________和________两种。
10. 当蜗杆的头数为 2 时，蜗杆转动一周，蜗轮转过________齿。
11. 当滚子链的链节数为奇数时，必须采用________。
12. 手动葫芦起重装置是利用蜗杆传动________的特性而制作的。
13. 压力控制阀有________、________和________；方向控制阀有________和________。

二、单项选择题（在每小题列出的四个备选答案中，只有一个是符合题目要求的。错选、多选均无分。每小题 2 分，共 20 分）

1. 制造錾子等受冲击的工具可选用________。

A. T13 钢　　B. 30 钢　　C. T8 钢　　D. 10 钢

2. 制造要求有良好综合力学性能的主轴、曲轴等应用________。

A. 40Cr　　B. 60Si2Mn　　C. 20CrMnTi　　D. GCr15

3. 调质钢的热处理工艺采用________。

A. 淬火 + 低温回火　　B. 淬火 + 中温回火

C. 正火 + 高温高火　　D. 淬火 + 高温回火

4. 机床床身可用________制造。

A. HT200　　B. KTH350 - 10　　C. QT500 - 7　　D. RuT420

5. YT 类硬质合金刀具常用于切削________材料。

A. 不锈钢　　B. 耐热钢　　C. 铸铁　　D. 一般钢材

6. 轴承代号为 3312B，其轴承内径为________。

A. 33mm　　B. 12mm　　C. 312mm　　D. 60mm

7. 锥形轴与轮毂的联接宜用________。

A. 楔键联接　　B. 平键联接　　C. 半圆键联接　　D. 花键联接

8. V 带传动采用张紧轮的目的是________。

A. 减轻带的弹性滑动　　B. 提高带的寿命

C. 改变带的运动方向　　D. 调节带的初拉力

9. 液压系统的动力元件是________。

A. 液压缸　　B. 液压泵　　C. 油箱　　D. 液压阀

10. 已知铰链四杆机构的杆长，机架 $l_1 = 100$mm，两个连架杆分别为 $l_2 = 70$mm，$l_3 = 45$mm，现要获得曲柄摇杆机构，连杆的长度不应大于________ mm。

A. 15　　B. 30　　C. 75　　D. 125

三、判断题（判断下列各题，在答题纸上相应的位置上正确的打“√”，错误的打“×”。每小题 1 分，共 10 分）

1. 金属材料的力学性能主要指标有强度、硬度、密度和韧性等。（　）

2. 一对相啮合的斜齿圆柱齿轮，其旋向相同。（　）

3. 家用缝纫机的踏板机构是双摇杆机构的应用。（　）

4. 加两个惰轮，主动齿轮与从动齿轮的转向相同。（　）

5. 古时钟鼎、古镜是用黄铜制造的。（　）

6. 刚性凸缘联轴器常用于对中精度较高、载荷平稳的两轴连接。（　）

7. 棘轮机构中的棘轮只能作单向间歇转动。（　）

8. 槽轮机构的圆柱销脱离槽轮时，拨盘转动不能带动槽轮运动。（　）

9. 急回运动特性并不能缩短机械空回行程的时间。（　）

10. 联轴器与离合器都用于轴与轴之间的连接，所以用联轴器可以代替汽车上的离合器。（　）

四、问答、计算题（本大题共 5 小题，共 40 分）

1. 简支梁受集中载荷 ***F*** 作用，如图 3-1 所示，试作弯矩图，并求最大弯矩 $|M_{max}|$。梁横截面为矩形，一边为 a，另一边为 b，且 $b = 2a$，若材料的许用应力 $[\sigma] = 120$MPa，试确定合理放置梁时的截面尺寸 a 和 b，并用图示说明。（10 分）

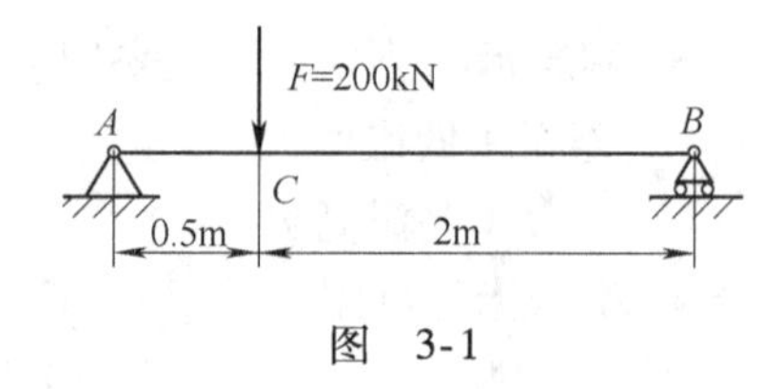

图 3-1

2. 现有一汽车变速齿轮（标准齿轮）需要更换，测得其齿顶圆直径 $d_a=204\text{mm}$，齿数 $z=32$，计算其模数和分度圆直径。(6 分)

3. 图 3-2 所示的轮系中，已知各齿轮的齿数 $z_1=20$，$z_2=40$，$z_{2'}=15$，$z_3=60$，$z_{3'}=18$，$z_4=18$，$z_7=20$，齿轮 7 的模数 $m=3\text{mm}$，蜗杆头数为 1，蜗轮齿数 $z_6=40$。齿轮 1 为主动齿轮，转向如图所示，转速 $n_1=100\text{r/min}$，试求齿条 8 的移动速度和方向。(8 分)

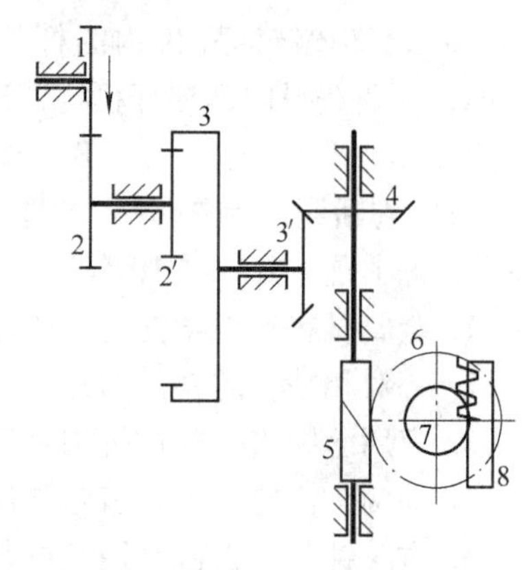

图 3-2

4. 试确定图 3-3 所示蜗杆传动中，蜗轮、蜗杆的旋转方向或螺旋方向。(6 分)

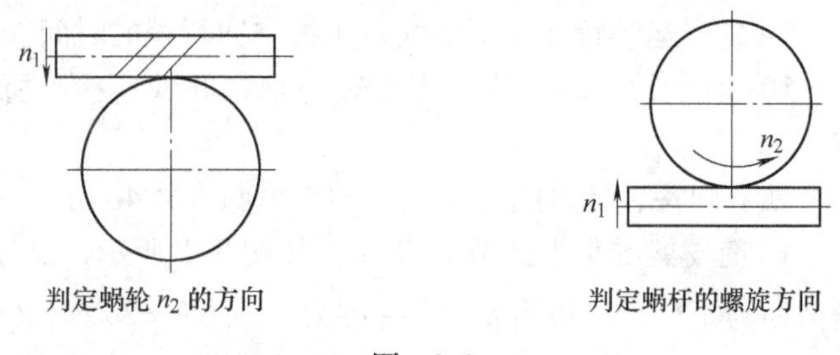

图 3-3

5. 图 3-4 为某单级圆柱齿轮减速器的输出轴。请：

1）指出零部件 1、2、3、4、5 的名称。

2）说明半联轴器在轴上的固定方式及所采用的结构。

3）说明图中轴头的长度 L 为何要小于安装零件的宽度 B。（共 10 分）

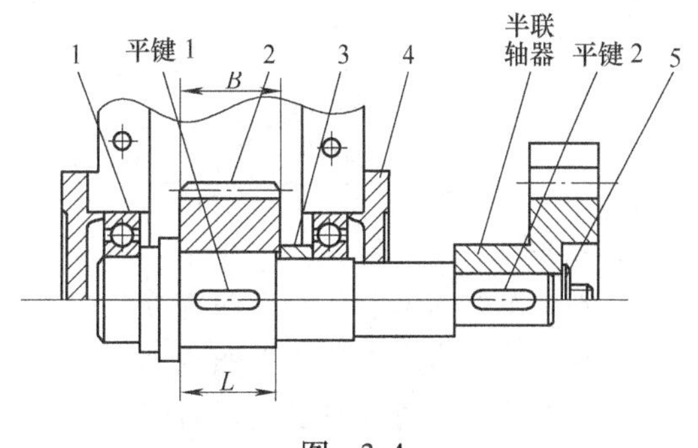

图　3-4

高等职业技术教育招生考试模拟试卷 2

班级__________ 学号__________ 姓名__________ 成绩__________

题号	一	二	三	四	总分
满分	30	20	10	40	100

考生须知：

1. 本试卷分问卷和答题卷两部分，满分 100 分。
2. 请在答题卷密封区内写明校名、姓名、准考证号。
3. 全部答案都请做在答题卷标定的位置上，务必注意试题序号与答题序号相对应，题号错号或直接做在问卷上无效。

一、填空题（每空 1 分，共 30 分）

1. 力对物体的作用效应决定于力的________、________和________。

2. 液压泵将电动机的________能转变为油液的________能，而液压缸又将这些能量转变为工作机构运动的________能。

3. 刃具钢有________、________和________三大类，其中________具有最高的热硬性，适用于制造切削速度较高的刃具。

4. 梁弯曲时横截面内产生两种内力，其中________是主要因素。

5. 渐开线直齿圆柱齿轮的正确啮合条件是两轮的________、________。

6. 能将连续回转运动转换为单向间歇转动的机构有________、________和________。

7. 螺纹相邻两牙在中径线上对应两点间的轴向距离称为________。

8. 按其轴线形状不同，轴可分为________、________和________。

9. 在曲柄摇杆机构中，如果将________杆作为机架，则与机架相连的两杆都可以作________，即得到双曲柄机构。

10. 金属材料的性能包括使用性能和________，其中使用性能包括________、________和________。

11. 套筒滚子链接头采用卡簧式时，其卡簧开口应装在其________方向。

12. 用压力法拆卸滚动轴承，使用较多的是用________。

13. 轴的常用材料主要是________和________。

二、单项选择题（在每小题列出的四个备选答案中，只有一个是符合题目要求的。错选、多选均无分。每小题 2 分，共 20 分）

1. 拉伸试验时，试样拉断前能承受的最大应力称为材料的________。

A. 比例极限　　B. 抗拉强度　　C. 屈服强度　　D. 弹性极限

2. 可以在无摩擦的条件下形成的是________。

A. 粘着磨损　　B. 疲劳磨损　　C. 冲蚀磨损　　D. 腐蚀磨损

3. 一受剪切的螺栓直径若减小一倍，当其他条件不变时，剪切面上的切应力大小将变为原来的________。

A. 2倍　　B. 4倍　　C. 3/4　　D. 1/2

4. ________一般用于轻载，适用于轴的锥形端部。

A. 楔键联接　　B. 半圆键联接　　C. 平键联接　　D. 花键联接

5. ________属于可移式刚性联轴器。

A. 带剖分环的凸缘联轴器　　B. 十字滑块联轴器

C. 弹性套柱销联轴器　　D. 弹性柱销联轴器

6. 能提高梁的抗弯能力的方法是________。

A. 选取合理的截面形状，提高抗弯截面系数

B. 注意受力情况，降低最大弯矩

C. 根据材料性能和弯矩大小选择截面

D. 以上方法都是

7. 要求把几根相互交叉的轴连接在一起传动时，常采用________。

A. 十字滑块联轴器　B. 万向联轴器　　C. 弹性柱销联轴器　D. 凸缘联轴器

8. 从用途和工作特点来看，水龙头属于________。

A. 方向控制阀　　B. 压力控制阀　　C. 流量控制阀　　D. 以上答案都不对

9. 中心距较大，且保持平均传动比准确的传动是________。

A. 螺旋传动　　B. 齿轮传动　　C. 链传动　　D. 蜗杆传动

10. 定轴轮系末端为螺旋传动，末端的转速 $n_k = 50r/min$，双线螺杆的螺距为5mm，则螺母4min移动的距离为________。

A. 1000mm　　B. 2000mm　　C. 250mm　　D. 200mm

三、判断题（判断下列各题，在答题纸上相应的位置上正确的打"√"，错误的打"×"。每小题1分，共10分）

1. 低碳钢的焊接性较差，高碳钢的焊接性较好。（　）

2. 为保证零件具有足够的强度，必须使零件在受载后的工作应力不超过零件的许用应力。（　）

3. H70表示锌的质量分数为70%的铜锌合金。（　）

4. 串金属丝防松属于机械防松，常用于螺钉联接。（　）

5. 凸轮转过一个角度 δ 时，从动杆的升距就是行程。（　）

6. 蜗杆减速器可分为蜗杆上置式及蜗杆下置式两种，一般采用蜗杆上置式，可保证良好的润滑效果。（　）

7. 惰轮不影响传动比，但每增加一个惰轮改变一次转向。（　）

8. 斜齿圆柱齿轮传动和直齿圆柱齿轮传动一样，仅限于传递两平行轴之间的运动。（　）

9. 零件是制造的单元，构件是运动的单元，零件组成构件。（　）

10. 机车主动轮联动装置应用了曲柄摇杆机构。（　）

四、问答、计算题（本大题共6小题，共40分）

1. 图3-5所示齿轮轴简图，已知齿轮 C 受径向力 $F = 4kN$，齿轮 D 受径向力 $P = 7.2kN$，轴的跨度 $L = 400mm$，材料的许用应力 $[\sigma] = 100MPa$，试确定轴的直径（设暂不考虑齿轮

上所受的圆周力)。(10 分)

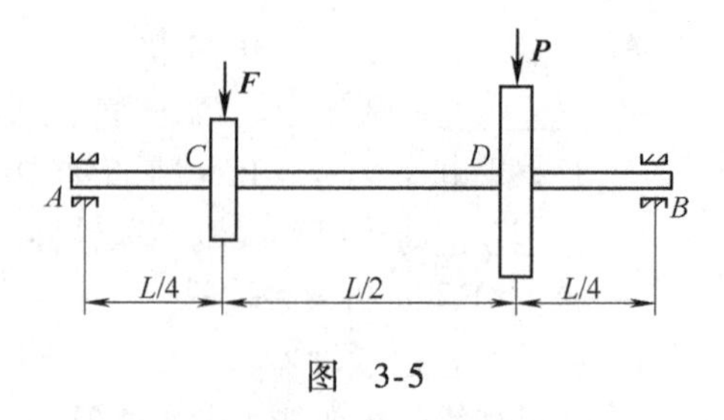

图 3-5

2. 已知一对标准直齿齿轮传动，其传动比 $i=4$，主动齿轮转速 $n_1=1600\text{r/min}$，中心距 $a=120\text{mm}$，$m=3\text{mm}$，试求 1）从动齿轮转速 n_2；2）齿数 z_1 和 z_2；3）这对齿轮的分度圆直径、齿根圆直径和齿距。(10 分)

3. 在图 3-6 所示轮系中，已知各轮齿数 $z_1=18$，$z_2=54$，$z_3=30$，$z_4=25$，$z_5=40$，$z_6=35$，$z_7=45$，$z_8=45$，$z_9=60$，$z_{10}=20$，$n_1=1400\text{r/min}$，试求当轴Ⅲ上的三联齿轮分别与轴Ⅱ上的三个齿轮啮合时，轴Ⅳ的三种转速。(6 分)

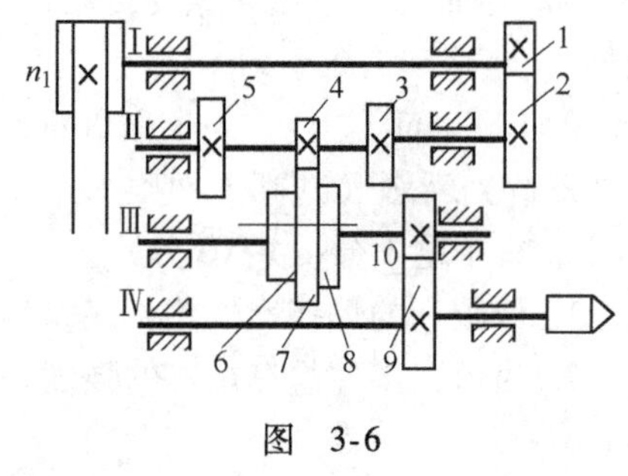

图 3-6

4. 淬透性和淬硬性有什么区别？它们分别取决于哪些因素？(6 分)

5. 在考虑轴的结构时，应满足哪几方面的要求？(4 分)

6. 简述液压传动的工作原理及组成部分。(4 分)

高等职业技术教育招生考试模拟试卷3

班级__________ 学号__________ 姓名__________ 成绩__________

题号	一	二	三	四	总分
满分	30	20	10	40	100

考生须知：

1. 本试卷分问卷和答题卷两部分，满分100分。
2. 请在答题卷密封区内写明校名、姓名、准考证号。
3. 全部答案都请做在答题卷标定的位置上，务必注意试题序号与答题序号相对应，题号错号或直接做在问卷上无效。

一、填空题（每空1分，共30分）

1. 传动链主要有________和________两种。
2. 在液压传动中，要降低整个系统的工作压力，应使用________。
3. 气压传动是以________________的一种传动方式。
4. 圆轴扭转时，横截面上任一点的切应力与该点所在的圆周半径成________，切应力的最大处发生在半径的________。
5. 在低碳钢拉伸实验中，试件整个拉伸变形过程可分为四个阶段：________阶段；________阶段；________阶段；________阶段。
6. 钢是以________为主要元素，碳的质量分数一般在________以下，并含有其他元素的材料。
7. 碳素结构钢根据质量可分为________碳素结构钢和________碳素结构钢。
8. 铜合金根据主加元素不同，可分为________、________和白铜。
9. 常用螺纹类型主要有普通螺纹、管螺纹、________、________和________。
10. 常用的离合器有________、________、________和超越离合器4种。
11. 平面运动副根据组成运动副两构件的接触形式不同，可分为________和________。
12. 凸轮机构由________、________和机架组成。
13. 矿山上常用碎石机的机构属于________机构，电影放映机上的卷片机构是一种________机构在实际中的应用。
14. 标准直齿圆柱齿轮的正确啮合条件是：两齿轮的________和________分别相等。

二、单项选择题（在每小题列出的四个备选答案中，只有一个是符合题目要求的。错选、多选均无分。每小题2分，共20分）

1. 使钢产生热脆的元素是________。

A. S　　B. Si　　C. P　　D. Mn

2. 材料的塑性越好，则材料的________越好。

A. 铸造性　　B. 可锻性　　C. 可加工性　　D. 热处理性能

3. 滚动轴承钢 GCr15SiMn 中铬的质量分数为________。

A. 0.015%　　B. 0.15%　　C. 1.5%　　D. 15%

4. 鸟巢钢架选用材料________。

A. Q460　　B. Q235　　C. 45　　D. HT200

5. 机床上用的扳手、低压阀门和自来水管接头宜采用________。

A. HT150　　B. QT800－2　　C. KTH350－10　　D. ZG270－500

6. YG 类硬质合金刀具常用于切削________材料。

A. 不锈钢　　B. 耐热钢　　C. 铸铁　　D. 一般钢材

7. 轴端的倒角是为了________。

A. 减少应力集中　　B. 装配方便　　C. 便于加工　　D. 轴上零件的定位

8. 多根成组使用的 V 带，如有一根失效，应________。

A. 只更换那根失效的 V 带　　B. 全部更换

C. 不需要更换　　D. 部分更换

9. 轮系________。

A. 不可获得很大的传动比　　B. 不可作较远距离的传动

C. 可实现变速变向要求　　D. 可合成运动但不可分解运动

10. 在两轴间的动力传递中，按工作需要需经常中断动力传递，则这两轴间应采用________。

A. 联轴器　　B. 变速器　　C. 离合器　　D. 制动器

三、判断题（判断下列各题，在答题纸上相应的位置上正确的打“√”，错误的打“×”。每小题 1 分，共 10 分）

1. 纯铝的导电性次于银和铜。（　　）

2. 金属材料在静载荷作用下，抵抗永久变形和断裂的能力称为塑性。（　　）

3. 淬火工件不能直接使用。（　　）

4. 相互配合的内、外螺纹，其旋向相同。（　　）

5. 普通 V 带中 E 型截面尺寸最大。（　　）

6. 当模数一定时，齿数越多，齿轮的几何尺寸越大，轮齿渐开线的曲率半径也越大，齿廓曲线趋于平直。（　　）

7. 一般蜗杆材料多采用摩擦因数较低、抗胶合性较好的锡青铜或黄铜。（　　）

8. 普通 V 带传动中，如发现有一根 V 带损坏，则所有 V 带都要换上新的。（　　）

9. 联轴器与离合器都是用于轴与轴之间的连接，所以用联轴器可以代替汽车上的离合器。（　　）

10. 液压传动系统中，液压控制阀可以控制和调节系统的压力、油液的流动方向和流量等。（　　）

四、问答、计算题（本大题共 6 小题，共 40 分）

1. 相同的两根钢管 C 和 D 搁放在斜坡上，并用铅垂立柱挡住，如图 3-7 所示。设每根管子重 $W=4\text{kN}$，各接触处均光滑，求管子作用在立柱上的压力。(10 分)

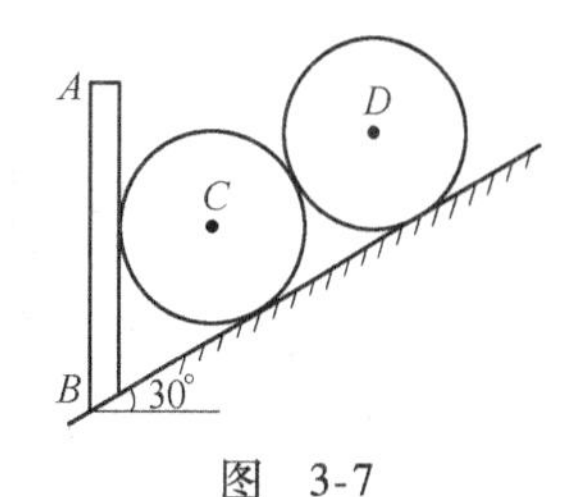

图　3-7

2. 如图 3-8 所示外伸梁，已知梁的直径 $d=30\text{mm}$，$a=0.4\text{m}$，材料许用应力 $[\sigma]=160\text{MPa}$，试确定梁能承受的最大载荷 $\boldsymbol{P}$。(10 分)

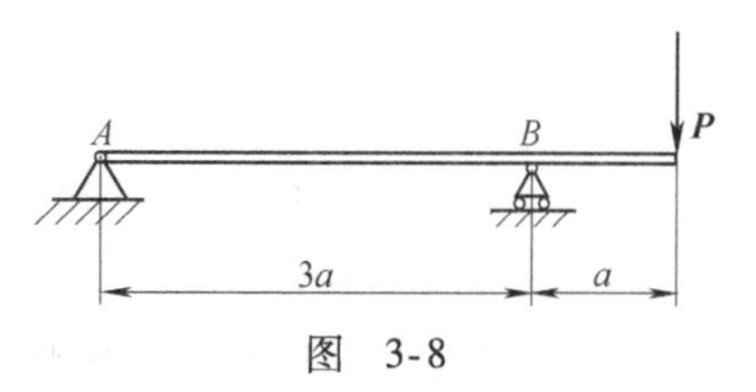

图　3-8

3. 一对正常齿制标准直齿圆柱外啮合齿轮传动，小齿轮因遗失需配制。已测得大齿轮的齿顶圆直径 $d_{a2}=408\text{mm}$，齿数 $z_2=100$，压力角 $\alpha=20°$，两轴的中心距 $a=310\text{mm}$，试确定 1) 小齿轮的模数 m、齿数 z_1；2) 齿根圆直径 d_{f1}；3) 齿顶圆直径 d_{a1}。(6 分)

4. 如图 3-9 所示定轴轮系，蜗杆 1 为双头，转向如图所示，蜗轮 2 的齿数 $z_2=50$，蜗杆 3 为单头右旋，蜗轮 4 的齿数 $z_4=40$，其余各轮齿数为 $z_5=40$，$z_6=20$，$z_7=26$，$z_8=18$，$z_9=46$，$z_{10}=22$，试判断轮系中各轮的转向，计算该轮系的传动比。(6 分)

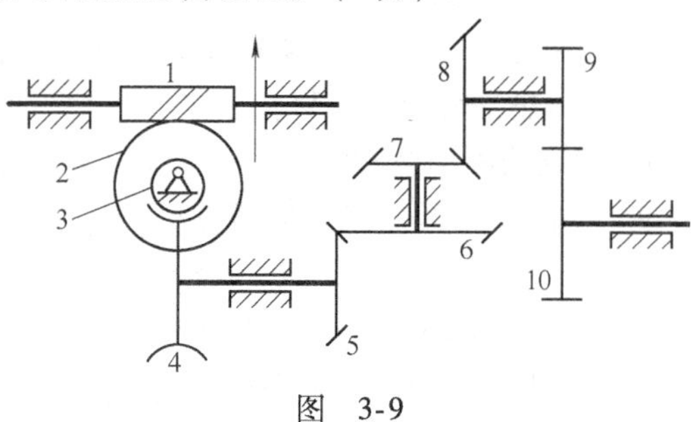

图　3-9

5. 简述钢的淬火工艺中淬硬性和淬透性的区别。(4 分)

6. 简述溢流阀和减压阀的作用分别是什么？(4 分)

高等职业技术教育招生考试模拟试卷 4

班级__________ 学号__________ 姓名__________ 成绩__________

题号	一	二	三	四	总分
满分	30	20	10	40	100

考生须知：

1. 本试卷分问卷和答题卷两部分，满分 100 分。
2. 请在答题卷密封区内写明校名、姓名、准考证号。
3. 全部答案都请做在答题卷标定的位置上，务必注意试题序号与答题序号相对应，题号错号或直接做在问卷上无效。

一、填空题（每空 1 分，共 30 分）

1. 约束反力的作用点即是约束与物体之间的________，约束反力的方向与约束对物体限制其运动趋势的方向________。
2. 拉压杆的内力称为________，而圆轴扭转时截面上的内力称为________。
3. 金属材料在________作用下，抵抗________和断裂的能力称为强度。
4. T12A 按用途分类属于________钢，按含碳量分类属于________钢，按质量分类属于________钢。
5. 可锻铸铁由白口铸铁经________处理后获得，石墨呈________分布。
6. 铝合金按其成分和工艺特点可分为________和________。
7. 黄铜是以________为主加元素的铜合金；________类硬质合金主要用于加工不锈钢、耐磨钢、耐热钢等难加工材料。
8. 螺纹按照用途不同可分为________螺纹和________螺纹两大类。
9. 轴上加工螺纹时，需要开________，当轴的长径比 L/D 大于 4 时，轴两端应开设________。
10. 当套筒滚子链的链节数为偶数时，其接头形式可采用________或________。
11. 牛头刨床中，常利用机构的________来缩短空回行程时间，提高工作效率。
12. 液压马达属于液压系统的________部分，流量控制阀的作用是控制流经阀口的流量，主要包括________和________。
13. 淬火钢必须及时配以不同温度的回火，其中________主要用于弹性零件和热锻模具等材料的回火。
14. 通常带传动的张紧方法有两种，即________和________方法。
15. 常用的低合金刃具钢是________和________，主要用于制造丝锥、板牙、铰刀等。

二、单项选择题（在每小题列出的四个备选答案中，只有一个是符合题目要求的。错选、多选均无分。每小题 2 分，共 20 分）

1. 图 3-10 所示圆截面悬臂梁，若其他条件不变，而直径增加一倍，则其最大正应力是原来的________倍。

A. 1/8　　B. 8　　C. 2　　D. 1/2

2. 关于力矩和力偶，下列叙述错误的是________。

A. 等值反向不共线的二平行力称为力偶，它是一个平衡力系

B. 力偶无合力

C. 力偶只能用力偶来平衡

D. 力偶矩与所取的矩心的位置无关

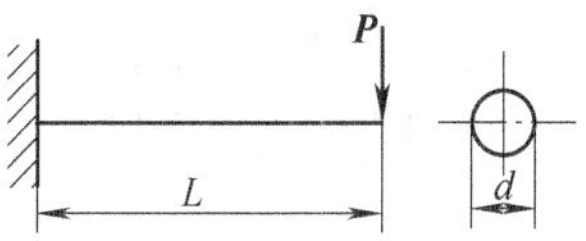

图　3-10

3. 当行程速比系数________时，曲柄摇杆机构才有急回特性。

A. $K>1$　　B. $K<1$　　C. $K>0$　　D. $K<0$

4. 零件渗碳后，一般需经过________处理，才能达到耐磨的目的。

A. 正火　　B. 退火　　C. 调质　　D. 淬火＋低温回火

5. 内燃机的气阀机构应用的是一种________。

A. 间歇齿轮机构　B. 凸轮机构　　C. 槽轮机构　　D. 棘轮机构

6. 在四杆机构中，机架 $l_{AB}=200mm$，$l_{BC}=l_{CD}=150mm$，$l_{AD}=80mm$，若以________为主动件，则会产生“死点”位置。

A. AB 杆　　B. BC 杆　　C. CD 杆　　D. AD 杆

7. 拉伸试验时，试样拉断前能承受的最大应力称为材料的________。

A. 比例极限　　B. 抗拉强度　　C. 屈服强度　　D. 弹性极限

8. 淬硬性主要取决于________。

A. 含铁量　　B. 含碳量　　C. 含钨量　　D. 马氏体含量

9. 可将往复运动转变为旋转运动的轴称为________。

A. 软轴　　B. 转轴　　C. 曲轴　　D. 阶梯轴

10. 汽车的前进和倒退的实现是利用了轮系的________。

A. 主动齿轮　　B. 惰轮　　C. 从动齿轮　　D. 末端齿轮

三、判断题（判断下列各题，在答题纸上相应的位置上正确的打“√”，错误的打“×”。每小题 1 分，共 10 分）

1. 刚体在二力作用下平衡，此二力必定等值、反向、共线。（　）

2. 直梁纯弯曲变形时，横截面上的内力仅有弯矩而没有剪力。（　）

3. 要保证构件能够安全工作，构件的最大工作应力应限制在构件材料的危险应力之内。（　）

4. 金属材料的断后伸长率越高或断面收缩率越低，表示材料的塑性越好。（　）

5. 铸铁中石墨的数量、形态、分布对铸件的抗拉强度、抗压强度、塑性和韧性产生很大影响。（　）

6. 一组 V 带中，发现一根已不能使用，那么只要换上一根新的就行。（　）

7. 化学热处理是将一种或几种元素渗入工件表面，一般不需要加热、保温、冷却过程。（　）

8. 斜齿轮适用于高速、重载下工作，但因为有轴向力，所以很少当滑移齿轮使用。（　）

9. 正火与退火相比，因正火操作简便、周期短、成本低，因此在可能的条件下宜用正火代替退火。（　）

10. 液压传动的速度、转矩、功率均可无级调节，且传动效率高。（　）

四、问答、计算题（本大题共5小题，共40分）

1. 组合构件如图3-11所示，已知外力 $P=100\text{N}$，求 A、B 两处的约束反力。(10分)

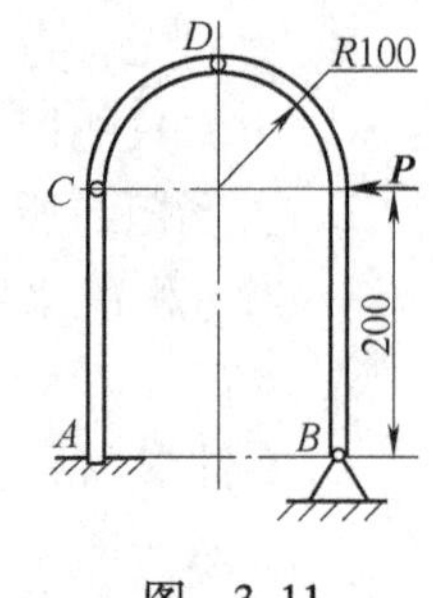

图 3-11

2. 如图3-12所示一简支梁的中点受集中力 $F=20\text{kN}$，跨度 $L=8\text{m}$，梁截面为I字形，$W_z=7\times10^5\text{mm}^3$，许用应力 $[\sigma]=100\text{MPa}$，试作出梁的弯矩图并校核梁的强度。(10分)

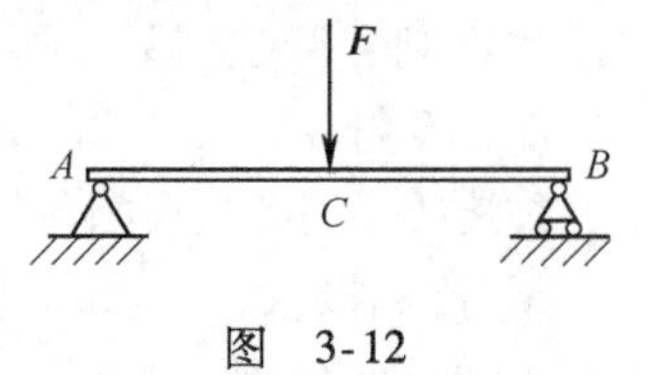

图 3-12

3. 有一对正常齿制的直齿圆柱齿轮，搬运时丢失了大齿轮需要配制。现测得两轴相距116.25mm，小齿轮齿数 $z_1=39$，齿顶圆直径 $d_{a1}=102.5\text{mm}$，求大齿轮的齿数 z_2 及这对齿轮的分度圆直径 d_1 和 d_2。(8分)

4. 在如图3-13所示的定轴轮系中，齿轮1为输入构件，$n_1=1470\text{r/min}$，转向如图所示，蜗轮9为输出构件。已知各轮齿数：$z_1=17$，$z_2=34$，$z_3=19$，$z_4=21$，$z_5=57$，$z_6=21$，$z_7=42$，$z_8=1$，$z_9=35$。求：1）轮系的传动比 i_{19}；2）蜗轮的转速 n_9 和转向。(6分)

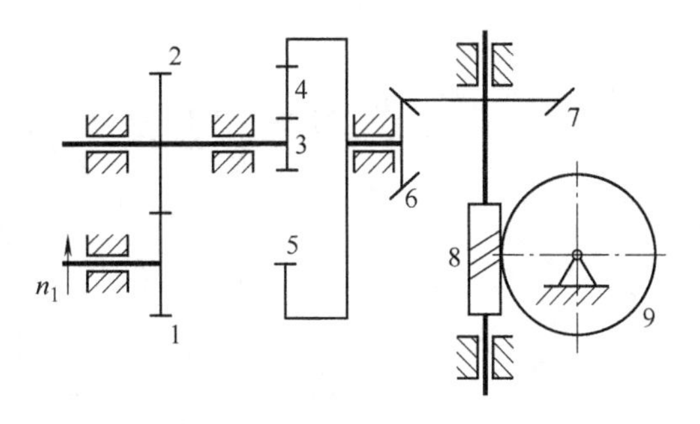

图　3-13

5. 在考虑轴的结构时，应满足哪几方面的要求？（6 分）

高等职业技术教育招生考试模拟试卷 5

班级__________ 学号__________ 姓名__________ 成绩__________

题号	一	二	三	四	总分
满分	30	25	8	37	100

考生须知：

1. 本试卷分问卷和答题卷两部分，满分 100 分。

2. 请在答题卷密封区内写明校名、姓名、准考证号。

3. 全部答案都请做在答题卷标定的位置上，务必注意试题序号与答题序号相对应，题号错号或直接做在问卷上无效。

一、填空题（每空 1 分，共 30 分）

1. T12A 按用途分类属于________钢，按含碳量分类属于________钢。

2. 球墨铸铁的 $R_{m}=500\text{MPa}$，$A=7\%$，其牌号为________。

3. 杆件轴向拉压的变形特点是沿轴线方向纵向________或________。

4. 转塔车床的刀架转位机构是________机构的具体应用。

5. 车床仿形机构采用的是________凸轮。

6. 传统陶瓷经过________、________和________制成。

7. 滚动轴承内圈和轴颈采用基________制的________配合。

8. 键 C16×10×100 中，16 表示________，其值根据________选取。

9. 高速钢主要用于制造切削速度较快、形状________、负荷________的刃具。

10. GCr15 的铬的质量分数为________，最终热处理是____________。

11. 传动链主要有________和________两种。

12. 复式螺旋机构，两个螺旋的旋向________。

13. 直齿圆柱齿轮的正确啮合条件是________和________必须相等。

14. 流量控制阀包括________和________。

15. 曲柄摇杆机构中当________为主动件时，会出现________个“死点”位置，此时________与________共线。

16. 所有杆长度均相同的铰链四杆机构是________ 机构。

二、单项选择题（在每小题列出的四个备选答案中，只有一个是符合题目要求的。错选、多选均无分。每小题 2 分，共 20 分）

1. 简支梁跨度为 L，集中力 $\boldsymbol{P}$ 可在梁上任意移动，则梁的最大弯矩值为________。

A. PL　　B. $PL/2$　　C. $PL/4$　　D. $PL/8$

2. 两齿轮的________始终相切。

A. 分度圆　　B. 基圆　　C. 节圆　　D. 齿根圆

3. 将曲柄摇杆机构中的曲柄改为机架，该机构将转化为________。

A. 曲柄摇杆机构　B. 双曲柄机构　C. 双摇杆机构　D. 曲柄滑块机构

4. 当有几个负载并联时，液压系统的压力取决于克服负载的各压力值中的________。

A. 最小值　B. 最大值　C. 额定值　D. 平均值

5. V 带带轮形式取决于________。

A. 带速　B. 传递的功率　C. 带轮直径　D. V 带型号

6. 下列曲柄摇杆机构中以摇杆为主动件的是________。

A. 缝纫机踏板机构　B. 剪刀机

C. 碎石机　D. 搅拌机

7. 在下列钢中，属于合金工具钢的是________。

A. 14MnMoV　B. Cr12　C. 4Cr9Si2　D. 12Cr13

8. 结构简单，对中性好，可同时起轴向和周向固定作用的固定方式是________。

A. 销联接　B. 紧定螺钉　C. 过盈配合　D. 花键联接

9. 灰铸铁具有良好的________。

A. 焊接性　B. 可锻性　C. 铸造性　D. 塑性

10. 能实现无级变速的是________。

A. 链传动　B. 齿轮传动　C. 蜗杆传动　D. 液压传动

三、判断题（判断下列各题，在答题纸上相应的位置上正确的打“√”，错误的打“×”。每小题 1 分，共 10 分）

1. 已知一刚体在五个力作用下处于平衡，如其中四个力的作用线汇交于 O 点，则第五个力的作用线必过 O 点。（　）

2. 普通平键联接是依靠键的上下两面的摩擦力来传递转矩的。（　）

3. 一般的螺纹联接在静载和温度变化不大的情况下也需要防松。（　）

4. 杆长均不等的四杆机构中，若以最短杆相对的杆为机架，则该机构一定为双摇杆机构。（　）

5. 粉末冶金制成的轴瓦一般不开油沟。（　）

6. 6312 滚动轴承的直径系列代号是“3”，内径为 60mm。（　）

7. 55Si2Mn 作弹簧材料，淬火后要进行低温回火。（　）

8. 将集中载荷靠近支座可降低最大弯矩值，从而提高抗弯能力。（　）

9. 表面淬火的工艺过程有加热、保温和冷却。（　）

10. 活塞在液压缸中的移动速度和油液压力有关。（　）

四、问答、计算题（本大题共 5 小题，共 40 分）

1. 如图 3-14 所示水平杆 AB，A 端为固定铰链支座，C 点用绳子系于墙上，已知铅直力 $P=2$kN，不计杆重，求绳子的拉力及铰链 A 的约束反力。（8 分）

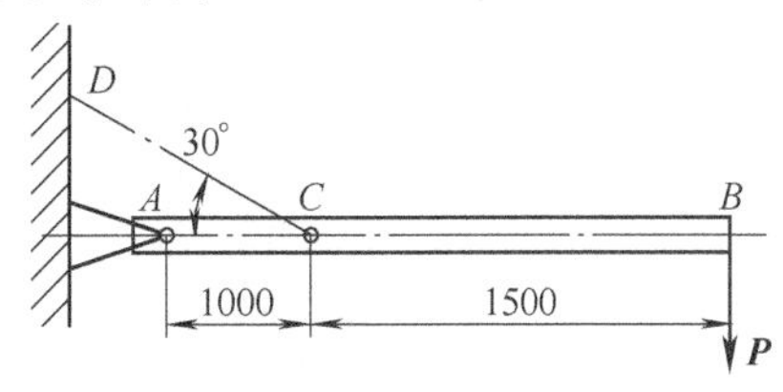

图　3-14

2. 如图 3-15 所示圆杆右端固定，受载荷 $\boldsymbol{F}_1$、$\boldsymbol{F}_2$ 作用，已知 $F_1=60\text{kN}$，$F_2=150\text{kN}$，圆杆两段直径分别为 $d_1=20\text{mm}$，$d_2=30\text{mm}$。请回答：

1）用截面法确定杆件横截面 1—1 和 2—2 上的内力 $\boldsymbol{F}_{N1}$、$\boldsymbol{F}_{N2}$ 的值。

2）计算横截面 1—1 和 2—2 上的应力 σ_1、σ_2 的值。（共 8 分）

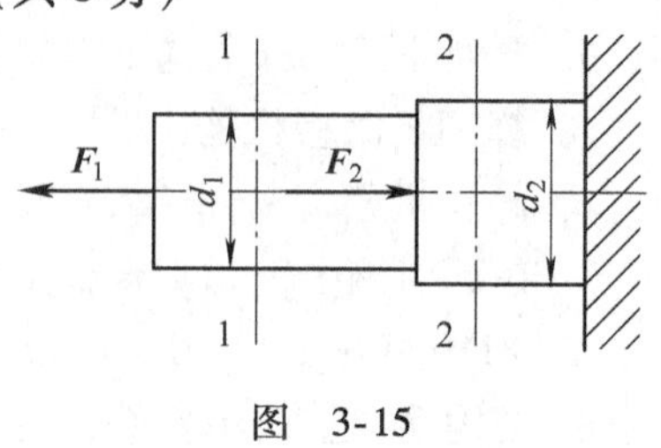

图 3-15

3. 什么是正火？正火的目的是什么？（8 分）

4. 图 3-16 所示起重设备传动系统，已知条件如图所示。求：

1）传动比 i_{14} 的值。

2）计算重物 $\boldsymbol{G}$ 每分钟提升的距离。

3）当电动机按图示方向转动时，判断重物 $\boldsymbol{G}$ 的移动方向。（共 10 分）

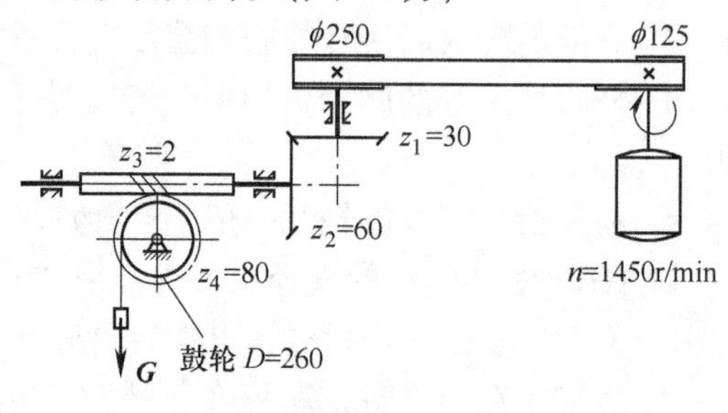

图 3-16

5. 现有齿数分别为 $z_1=21$，$z_2=84$ 的两个标准直齿圆柱齿轮，均为正常齿制，$\alpha=20°$，经测量小齿轮的齿顶圆直径 $d_{a1}=69\text{mm}$，大齿轮的齿高 $h_2=6.75\text{mm}$，试判断这两个齿轮是否可以正确啮合。（6 分）

高等职业技术教育招生考试模拟试卷 6

班级___________　学号___________　姓名___________　成绩___________

题号	一	二	三	四	总分
满分	30	25	8	37	100

考生须知：

1. 本试卷分问卷和答题卷两部分，满分 100 分。
2. 请在答题卷密封区内写明校名、姓名、准考证号。
3. 全部答案都请做在答题卷标定的位置上，务必注意试题序号与答题序号相对应，题号错号或直接做在问卷上无效。

一、填空题（每空 1 分，共 30 分）

1. 机器的________部分用以完成运动和动力的传递和转换。
2. 表示材料强度高低的力学性能指标是________和________。
3. 梁纯弯曲时剪力为________，弯矩为________。
4. GCr15MoV 是________钢，它的预备热处理是________，最终热处理是________。
5. 承受纯径向载荷常选用________轴承。
6. 平衡是指物体相对于地球处于________或作________运动。
7. 轴承按摩擦性质可分为________和________。
8. 凸轮机构是由________、________和________组成的________副机构。
9. 带传动超载时，带会在轮上________，起________作用。
10. 两个外啮合的斜齿轮螺旋方向________，蜗杆和蜗轮的旋向________。
11. 已知相啮合的一对标准直齿圆柱齿轮，主动齿轮转速 $n_1=1200\text{r/min}$，从动齿轮转速 $n_2=300\text{r/min}$，模数 $m=10\text{mm}$，齿数 $z_1=20$，则 $d_{a1}=$________；$z_2=$________；齿高 $h=$________。
12. 液压系统中的调速回路常使用________阀。
13. 一系列相互啮合齿轮组成的传动系统称为________，可分为________和________两大类。
14. 溢流阀属于________控制阀，正常工作时________压力稳定。

二、单项选择题（在每小题列出的四个备选答案中，只有一个是符合题目要求的。错选、多选均无分。每小题 2 分，共 20 分）

1. 挖土机铲齿一般选用________。

A. T7　　B. Cr12　　C. ZGMn13　　D. GCr15

2. 45 钢传动轴要获得良好的综合力学性能，应采取________热处理工艺。

A. 退火　　B. 淬火　　C. 渗碳　　D. 调质

3. 下列材料中________能作弹簧。

A. 20CrMnTi　　B. 38CrMoAlA　　C. Q235　　D. 65Mn

4. 下面不属于优质碳素结构钢的是________。

A. 65Mn　　B. 16Mn　　C. 45　　D. 08F

5. 在螺纹联接中使用双螺母是为了实现________。

A. 摩擦防松　　B. 冲边防松　　C. 机械防松　　D. 粘结防松

6. 中大型滚动轴承常采用的安装方法是________。

A. 锤子与套筒　　B. 拉杆拆卸器　　C. 压力法　　D. 温差法

7. 下列仅能实现周向固定的方法是________。

A. 平键联接　　B. 楔键联接　　C. 销钉联接　　D. 过盈配合

8. 铰链四杆机构 *ABCD* 中，$l_{AB}=60\text{mm}$，$l_{BC}=120\text{mm}$，$l_{CD}=l_{AD}=90\text{mm}$，*AD* 为机架，当机构出现死点时，主动件是________。

A. *AB* 杆　　B. *BC* 杆　　C. *CD* 杆　　D. *AD* 杆

9. 曲柄摇杆机构中，当曲柄为主动件时，若将曲柄长度缩短，则摇杆的摆动幅度________。

A. 变大　　B. 变小　　C. 不变　　D. 无法确定

10. 内燃机的气阀机构应用的是一种________。

A. 平面连杆机构　　B. 凸轮机构　　C. 棘轮机构　　D. 槽轮机构

三、判断题（判断下列各题，在答题纸上相应的位置上正确的打“√”，错误的打“×”。每小题1分，共10分）

1. 构件是指相互之间能作相对运动的机件，它是制造的单元。（　）

2. 接触应力超过材料的疲劳强度时，零件表层金属剥落形成小坑的现象称为点蚀。（　）

3. 金属材料在高温下保持高硬度的能力称为热稳定性。（　）

4. 9SiCr 是高级优质钢。（　）

5. T4 材料中碳的质量分数为0.4%。（　）

6. 从灰铸铁的牌号上可以看出它的抗拉强度和断后伸长率。（　）

7. 工具钢都是高碳钢。（　）

8. ZGMn13 是耐磨钢，它经热处理后具有很高的耐磨性。（　）

9. 速度高、载荷低时应选用黏度较低的润滑油。（　）

10. 轴端倒角后便于导向和避免擦伤配合表面。（　）

四、问答、计算题（本大题共5小题，共40分）

1. 试述球墨铸铁的热处理方法及各自的作用。（8分）

2. 铰链四杆机构如图3-17所示：$l_{BC}=50\text{mm}$，$l_{CD}=35\text{mm}$，$l_{AD}=30\text{mm}$，*AD* 为机架。

求：1）若此机构为双曲柄机构，求杆 *AB* 的取值范围；

2）若此机构为双摇杆机构，求杆 *AB* 的取值范围。（共8分）

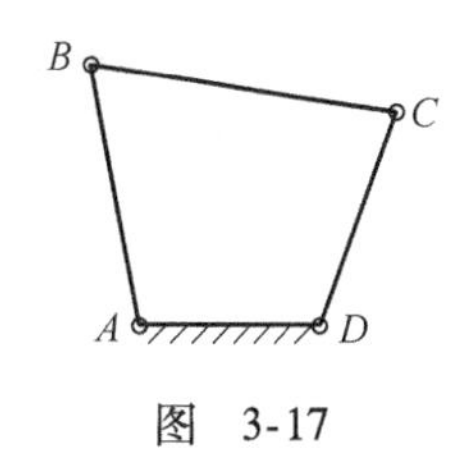

图　3-17

3. 已知 $n_1=1000\text{r/min}$，方向如图 3-18 所示，齿条模数 $m=2\text{mm}$。

求：1）主轴的最高转速；2）主轴转一周，齿条移动的距离和方向。(共 8 分)

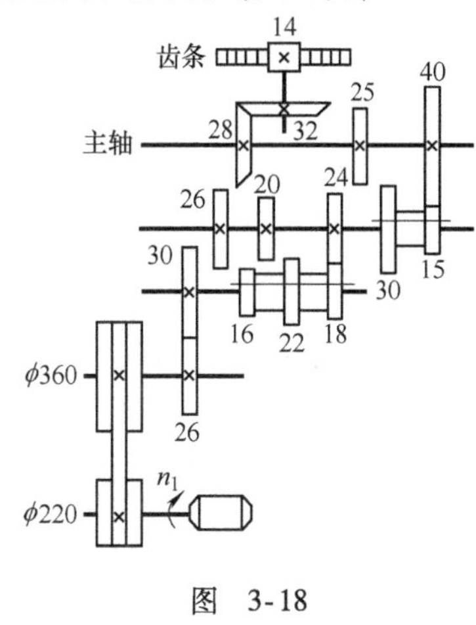

图　3-18

4. 如图 3-19 所示，已知：$F=50\text{N}$，$M_0=25\text{N}\cdot\text{m}$，$a=100\text{mm}$。

求：1）A、B 两处的支座反力；2）画出剪力图和弯矩图（步骤可省）。(8 分)

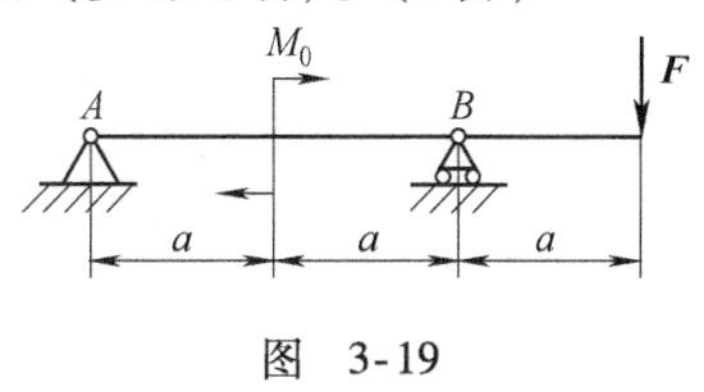

图　3-19

5. 如图 3-20 所示，板厚 $t=3\text{mm}$，宽 $b=16\text{mm}$，板的许用拉应力 $[\sigma]=150\text{MPa}$；铆钉直径 $d=4\text{mm}$，许用切应力 $[\tau]=90\text{MPa}$，许用挤压应力 $[\sigma_{jy}]=250\text{MPa}$，求最大许可载荷 $\boldsymbol{P}$。(8 分)

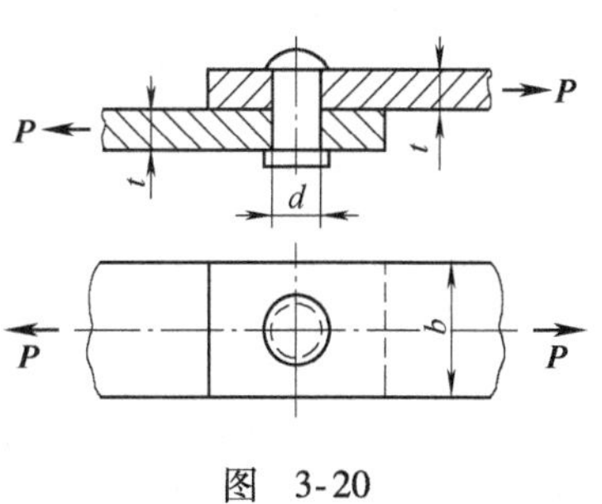

图　3-20

第四部分

参考答案

第一部分　基础练习

绪论

绪论练习卷

一、填空题

1. 机器　机构　2. 运动　动力　3. 制造　运动　4. 表面接触　表面挤压　表面磨损　5. 干　边界　液体　混合　6. 磨合　稳定磨损　剧烈磨损

二、选择题

1. AD　BC　2. AD CB　3. A　4. D　5. B

三、判断题

1. ×　2. √　3. √　4. ×　5. ×

四、简答题

1. 滑冰时，运动员要借助于冰刀与冰面之间的摩擦力来推动自己的身体向前运动，如果摩擦力过小，不足产生足够的推力，则运动员无法高速运动。虽然滚动摩擦比滑动摩擦的摩擦因数小，但滚轮与冰面之间的过小摩擦力反而使运动员无法向前运动。这说明没有摩擦力是不行的，但摩擦力过大又是有害的。
2. 磨损主要包括粘着磨损、磨粒磨损、表面疲劳磨损和腐蚀磨损。

绪论复习卷

一、填空题

1. 动力机械　加工机械　运输机械　信息机械　2. 疲劳断裂　3. 塑性变形　断裂　4. 运动力　5. 腐蚀磨损　表面磨蚀破坏　6. 相互接触　阻力　7. 表面　8. 干　液体

二、选择题

1. C　2. B　3. C　4. A　5. C

三、判断题

1. √　2. √　3. √　4. √　5. √

四、简答题

1. 高速公路上汽车的运动速度很快，如果不增大轮胎与地面的摩擦因数，则一旦需要制动，汽车将无法按要求停止运动，将会造成车毁人亡的惨剧，所以为了保证安全，必须将地面做得粗糙些，保证汽车能较快地停下来。
2. 机构是由构件组合而成的，各构件之间具有确定的相对运动；而构件是由零件组合而成的，是运动的基本单元。

绪论测验卷

一、填空题

1. 静摩擦　动摩擦　2. 点　线　大　3. 运动　零件　4. 动力部分　执行部分　传动部分　控制部分　执行部分　5. 磨损　磨合阶段　稳定磨损阶段　剧烈磨损阶段　6. 粘着磨损

磨粒磨损　表面疲劳磨损　腐蚀磨损　粘着磨损　7. 高　越强　8. 疲劳裂纹　点蚀　9. 体积　质量　厚度

二、选择题

1. C　2. D C B A　3. C　4. D　5. A　6. B

三、判断题

1. ×　2. ×　3. ×　4. √　5. √　6. ×

四、简答题

1. 机器可完成机械功或转换机械能，而机构仅传递运动、力或改变运动形式；机器包含机构，机构是机器的主要组成部分，一部机器可包含一个或多个机构。
2. 常用的材料有钢、铸铁、铜合金、铸造锡基和铅基轴承合金、工程塑料和橡胶；在选择材料时主要考虑使用要求、工艺要求和经济性。
3. 机械中的润滑主要有流体润滑、弹性流体动力润滑、边界润滑和混合润滑。

第一单元　杆件的静力分析

第一节　力的概念与基本性质练习卷

一、填空题

1. 矢　有向线段　2. 力的大小　3. 力的作用线　4. 二力杆　共线

二、选择题

1. B　2. C　3. B　4. A　5. D

三、判断题

1. ×　2. ×　3. √　4. √　5. √

四、综合题

1. 作图如图 4-1 所示，若未明确夹角象限，1、2、3、4 四种情况均可。
2. 图 1-3 有误，改成如图 4-2 所示。

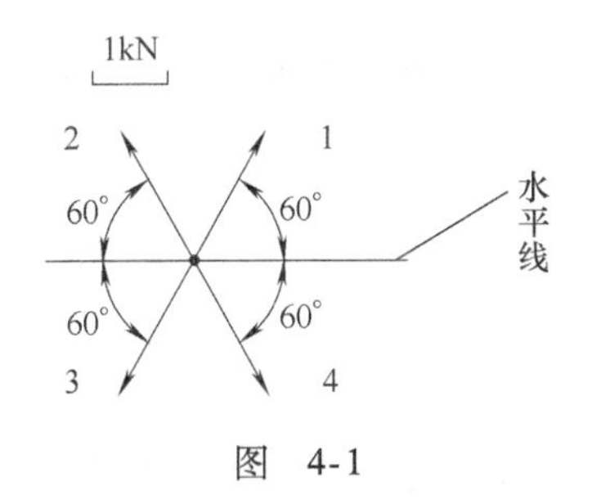

图　4-1

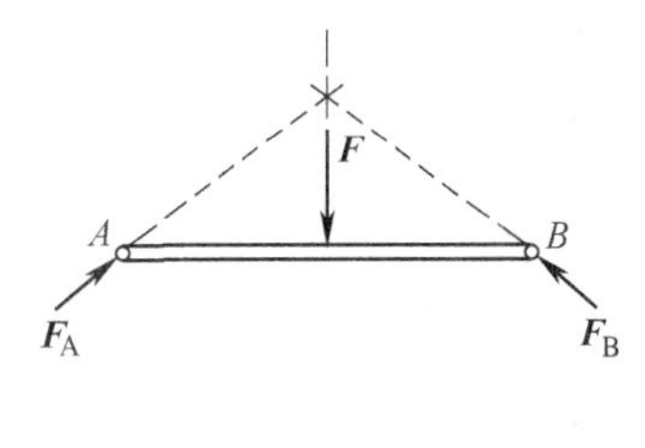

图　4-2

3. 汇交于同一点上的三个力并不一定平衡，需要三力作用线在同一平面内。

三力平衡汇交定理是指当刚体受三个力作用而处于平衡时，此三个力的作用线必定汇交于一点，且三力作用线在同一平面内。

4. 作图如图 4-3 所示。

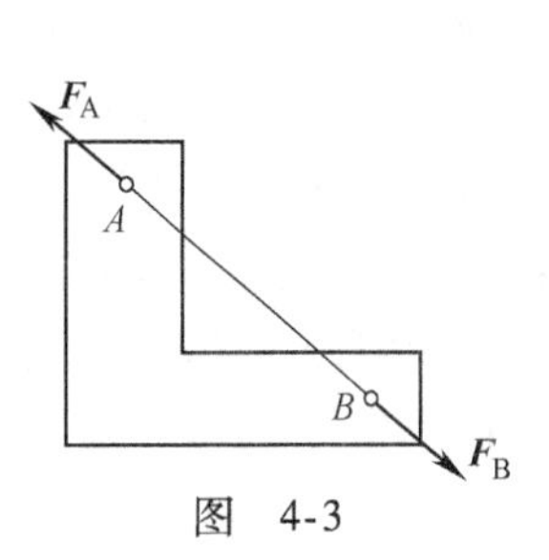

图　4-3

5. 二力平衡公理是指作用在同一物体上的两个力，使其保持平衡的充要条件是这两个力大小相等、方向相反，且作用在同一直线上。
两个公理中两个力都大小相等、方向相反，且作用在同一直线上，但是二力平衡公理中两个力作用同一物体上，作用与反作用公理中两个力分别作用于这两个相互作用的物体上。

第二节　力矩、力偶、力的平移练习卷

一、填空题

1. 力等于零　力臂等于零　2. 力偶　3. 矩心　4. 力的平移定理　5. 代数和

二、选择题

1. D　2. B　3. C　4. B　5. C

三、判断题

1. √　2. ×　3. √　4. ×　5. √

四、综合题

1. 根据力的平移原理，若用单手操作，该力等价于直接作用于丝锥端部的力，并附加一力偶，此时丝锥受双重力作用更容易折断。
2. 力矩是力对点的矩，其表达式为 $M(\boldsymbol{F}) = \pm \boldsymbol{F}d$。所以使用相同的力 $\boldsymbol{F}$，力臂越长，它的力矩就越大；同理，在力矩相同的情况下，力臂越长，所使用的力就越小。
3. 运用力矩平衡方程，可求得力 $\boldsymbol{F}_b$。
$\sum M_O(\boldsymbol{F}) = 0 \quad F_a a\cos30° - F_b b = 0$
$$F_b = \frac{F_a a\cos30°}{b} = 2078.5\text{N}$$

第三节　约束、约束反力、力系和受力图的应用练习卷

一、填空题

1. 光滑面　2. 接触点　背离　3. 柔性约束　光滑面约束　4. 同一平面内　5. 研究对象

二、选择题

1. B　2. B　3. C　4. A　5. A

三、判断题

1. √　2. √　3. √　4. √　5. ×　6. √

四、综合题

1. 在平面力系中，各力作用线既不汇交于一点、也不全部平行的力系称为平面任意力系。平面汇交力系、平面力偶系和平面平行力系是平面任意力系的特殊形式。
2. 有误，作图如图 4-4 所示。
3. 作图如图 4-5 所示。
4. 由光滑的圆柱形铰链所构成的约束称为圆柱形铰链约束，简称铰链约束。

它有固定铰链和活动铰链约束两种形式，固定铰链约束方向不能预先确定，通常用两个相互垂直的分力 $\boldsymbol{F}_x$、$\boldsymbol{F}_y$来代替；活动铰链约束与光滑面约束相同，其约束反力的作用线通过铰链中心，且方向垂直于支承面，指向受力物体。

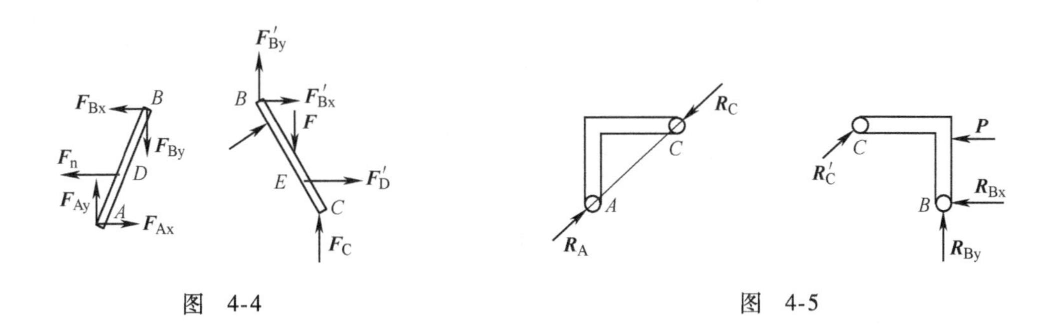

图　4-4　　　　图　4-5

第一单元　杆件的静力分析复习卷

一、填空题

1. 大小　方向　作用点　2. 同一平面　不全部平行　3. 3　3　4. 所有分力　代数和
5. 刚体

二、选择题

1. C　2. C　3. D　4. B　5. C

三、判断题

1. ×　2. √　3. √　4. √　5. √　6. ×　7. ×　8. ×　9. ×

四、综合题

1. 力的平行四边形公理：作用在物体上同一点的两力可以合成为一个力，合力的作用点仍在该点，合力的大小和方向由以这两个力为邻边所构成的平行四边形的对角线来表示。
2. 受力图：将被研究的物体从周围物体中分离出来，并用简明图形表示其所受全部作用力，即为表示物体受力情况的图形。
3. 力矩：力使刚体绕某点转动的效应，不仅与该力的大小成正比，而且与该点到该力作用线的垂直距离成正比，那么力和力臂的乘积称为该力对这点的矩。
4. 常见约束的类型有：柔性约束；光滑面约束；铰链约束；固定端约束。柔性约束、光滑面约束、活动铰链约束的约束方向是可以确定的；固定铰链、固定端约束的约束方向是不可确定。
5. 作滑轮 B 的受力图如图 4-6 所示。

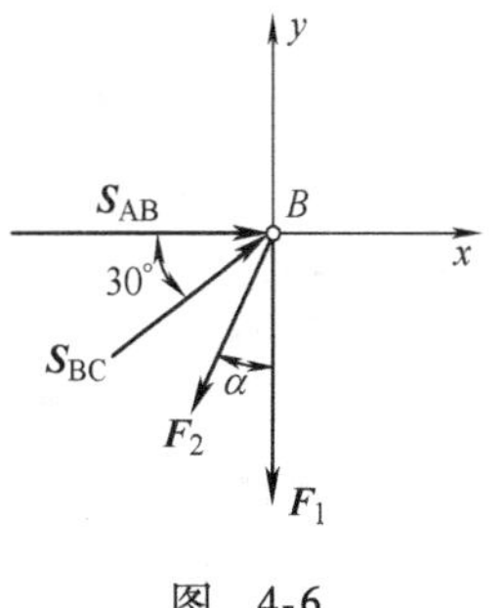

图　4-6

6. 图 a 中 $M_B = Fa\cos\alpha = 86.6\text{N}\cdot\text{m}$
   图 b 中 $M_B = Fa\sin\alpha = 50\text{N}\cdot\text{m}$
   图 c 中 $M_B = Fa\sin\alpha = 50\text{N}\cdot\text{m}$
7. 设绳子的拉力为 $\boldsymbol{T}_c$，由平面任意力系平衡方程的基本形式可得出
   $\sum M_A(\boldsymbol{F}) = 0$
   $\sum F_y = 0$
   $\sum F_x = 0$
   得：

$T_c = 5.4\text{kN}$

$F_{Ay} = 0.9\text{kN}$（与力 $\boldsymbol{P}$ 同向）

$F_{Ax} = 4.68\text{kN}$（水平向右）

第一单元　杆件的静力分析测验卷

一、填空题

1. 静止状态　匀速直线　2. 光滑面约束　柔性约束　铰链约束　3. 合力矩为零　合力偶矩为零　4. 力等于零　力臂等于零　5. 不变

二、选择题

1. B　2. C　3. A　4. D　5. D　6. A

三、判断题

1. ×　2. ×　3. ×　4. ×　5. ×　6. ×　7. √　8. ×　9. √　10. ×　11. √

四、综合题

1. 力的三要素：力对物体的效应取决于力的大小、方向和作用点。
2. 力偶：由两个大小相等且方向相反的不共线平行力组成的力系。
3. 约束：限制物体的运动、起阻碍作用的物体。
4. 设立柱对管子 C 的作用力为 $\boldsymbol{F}_{AB}$，管子 D 对管子 C 的作用力为 $\boldsymbol{F}_D$，那么管子 C 的受力图如图 4-7 所示。

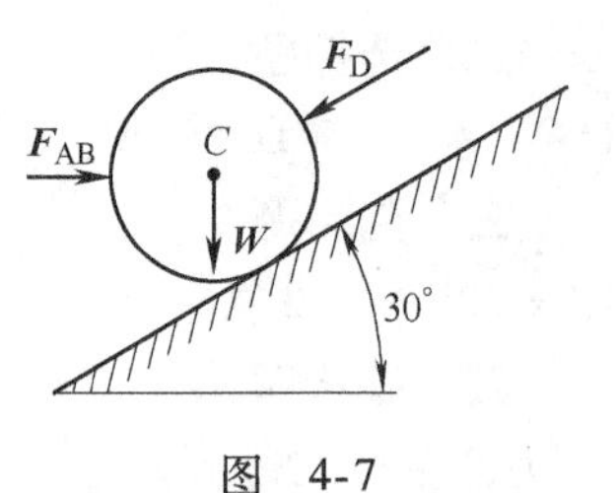

图 4-7

5. 力偶矩 $M_2 = 3\text{kN}\cdot\text{m}$，$F_{BC} = 5\text{kN}$（受拉）

6. 1）满载时，为使起重机不绕点 B 翻倒，在临界情况下（即在轨道 A 即将离开轨道、将翻未翻时），$N_A = 0$，这时求出的 P 值是所允许的最小值。

$\sum M_B(\boldsymbol{F}) = 0$　$(6+2)P_{min} + 2G - (12-2)W = 0$　　$P_{min} = 125\text{kN}$

2）空载时，$W = 0$，为使起重机不绕点 A 翻倒，在临界情况下，$N_B = 0$，这时求出的 P 值是所允许的最大值。

$\sum M_A(\boldsymbol{F}) = 0$　$(6-2)P_{max} - 2G = 0$　$P_{max} = 1250\text{kN}$

则平衡块的重量应在这两者之间，即：$125\text{kN} < P < 1250\text{kN}$

第二单元　直杆的基本变形

第一节　直杆轴向拉伸与压缩及其应力分析练习卷

一、填空题

1. 单位截面上　2. 截开　代替　平衡　3. 内力　增大　4. 变形

二、选择题

1. A　2. B　3. D　4. D　5. A

三、判断题

1. ×　2. √　3. ×　4. √

四、综合题

1. 截面法：受外力作用的杆件假想地被切开，用以显示其内力的大小，并以平衡条件确定其合力的方法。步骤：截开、代替、平衡。

2. 内力：杆件在外力作用下产生变形，其内部中一部分对另一部分的作用。内力的产生受外力影响或是必要条件。
3. 由三力平衡汇交定理可判断杆 AB 为拉杆，杆 BC 为压杆，得 $N_{BA}=50\text{kN}$，$N_{CB}=43.3\text{kN}$
4. 求得 $N_{1-1}=-100\text{kN}$（压杆），$N_{2-2}=50\text{kN}$（拉杆），$\sigma_{1-1}=-5\times10^3\text{MPa}$，$\sigma_{2-2}=5\times10^3\text{MPa}$

第四节　连接件的剪切与挤压练习卷

一、填空题

1. 大小　方向　2. 保护　3. 剪切　4. 实际　5. 内力　切应力

二、选择题

1. B　2. B　3. B　4. C

三、判断题

1. ×　2. √　3. ×　4. √　5. √　6. √

四、综合题

1. 切应力：构件发生剪切变形时，单位面积上所受到的剪力，用 τ 表示。
   挤压应力：挤压面上单位面积上所受到的挤压力，用 σ_{jy} 表示。
2. $F_Q=F_p=F=22\text{kN}$
   $\tau=FQ/A=57.9\text{MPa}$　$\sigma_{jy}=F_p/A_{jy}=200\text{MPa}$
3. 挤压是指杆件在剪切变形的同时，往往在受力处接触的作用面上，还承受局部较大的压力，而出现塑性变形的现象。挤压变形的特点是挤压面发生塑性变形或压溃。

第五节　圆轴的扭转练习卷

一、填空题

1. 力偶　2. 等值　反向　3. 千瓦（kW）　4. 扭矩　右手螺旋　5. 正　6. 零

二、选择题

1. C　2. A　3. A　4. B

三、判断题

1. ×　2. ×　3. √　4. √

四、综合题

1. 扭矩的方向用右手螺旋法则判定：右手的四指弯曲方向与扭转方向一致，大拇指就表示扭矩方向，当拇指指向背离截面时，扭矩为正，反之为负。内力可用截面法求解。
2. $W_t\approx0.2d^3$（实心）
$\tau_{max}=M_{Tmax}/W_t=31.25\text{MPa}$
3. 外力偶 $M\approx9550P/n$
$M_T=M=38.2\text{N}\cdot\text{m}$
4. 1）合理安排受力，降低最大扭矩。
   2）合理选用截面，提高抗扭刚度。
   3）在强度条件许可的条件下，选用刚度大的材料。

第六节 直梁的弯曲及*组合变形练习卷

一、填空题

1. 零 2. 直线 曲线 3. 简支梁 外伸梁 悬臂梁 4. 弯矩 5. 凹

二、选择题

1. A 2. C 3. D 4. A

三、判断题

1. √ 2. √ 3. √ 4. × 5. × 6. √

四、综合题

1. 中性层：梁纯弯曲变形时既不伸长又不缩短的一层；中性轴：中性层与横截面的交线。梁的横截面是绕中性轴转动的。
2. 梁的基本结构形式有3种：简支梁、外伸梁和悬臂梁。
   梁上常见的载荷形式有3种：集中力、集中力偶和均布载荷。
3. 只有弯曲作用而没有剪切作用的梁称为纯弯曲梁。纯弯曲正应力分布规律：横截面上各点的正应力大小与该点到中性轴的距离成正比；在中性轴处正应力为零，离中性轴越远的截面上，正应力越大。
4. 受垂直于梁的轴线作用的力发生变形，轴线由直线变成曲线的现象称为直梁弯曲。
   它的受力特点：杆件所受的力垂直于梁的轴线；变形特点：梁的轴线由直线变成曲线。

第二单元 直杆的基本变形复习卷

一、填空题

1. 伸长 缩短 2. 垂直 3. 相对错动 4. 圆心 5. 横截面

二、选择题

1. C 2. D 3. D 4. A

三、判断题

1. √ 2. √ 3. × 4. √ 5. × 6. √

四、综合题

1. 轴力：拉、压杆上的内力。
   轴力的方向规定：拉伸时为正（指向背离截面）；压缩时为负（指向朝向截面）。
2. 圆轴扭转的变形特点是各横截面绕轴线发生相对转动；弯曲直梁的变形特点是梁的轴线由直线变成曲线。
3. 圆轴扭转横截面上切应力的分布规律是，横截面上某点的切应力与该点至圆心的距离成正比。切应力在圆心处为零，周围上最大。
   纯弯曲正应力的分布规律是，横截面上各点的正应力大小与该点到中性轴的距离成正比。在中性轴处正应力为零，离中性轴越远的截面上，正应力越大。
4. 构件同时受两种或两种以上基本变形的称为组合变形。
   例如：旋紧的螺栓产生拉—扭组合变形；建筑中的边柱受力不沿柱子轴线，受到轴向压力与力偶的组合作用，因此为压缩—弯曲组合变形；传动轴工作中产生弯曲—扭转组合变形。

第二单元　直杆的基本变形测验卷

一、填空题

1. 轴力方向　拉伸　2. 均匀　均匀　3. 减少　增大　4. 基本变形　5. 中性层

二、选择题

1. B　2. A　3. B　4. C　5. D

三、判断题

1. √　2. √　3. ×　4. ×　5. √

四、综合题

1. 基本形式有拉伸或压缩、剪切和挤压、扭转、弯曲。
2. 梁的内力分为剪力和弯矩。
   剪力符号：梁上截取一段，左侧剪力向上、右侧剪力向下为正，反之为负。
   弯矩符号：梁上截取一段，使梁弯曲时，凹面向上为正，反之为负。
3. 如图4-8所示，中性轴均在力 $\boldsymbol{F}$ 的作用线上。

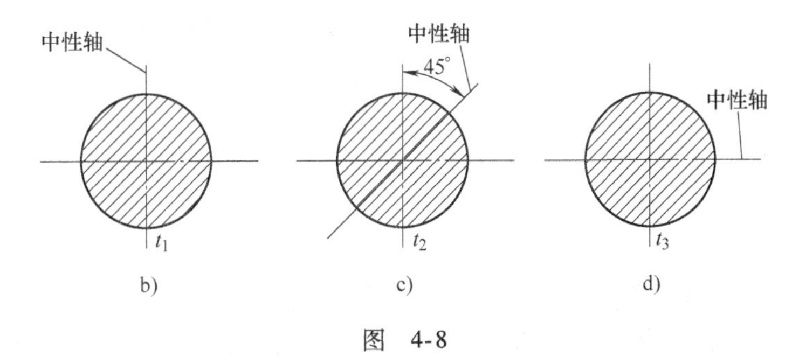

图　4-8

4. $A=(10\pi+8\times2)\times10\text{mm}^2=474\text{mm}^2$　$\tau=F_Q/A=316.5\text{MPa}$

第三单元　机械工程材料

第一节　金属材料的性能练习卷

一、填空题

1. 使用性能　工艺性能　2. 铸造性　可锻性　焊接性　可加工性　3. 静载荷　塑性变形　断裂　4. 静载荷　冲击载荷　交变载荷　弹性变形　塑性变形　5. 静载荷　永久变形　断裂　断后伸长率　断面收缩率　好　6. 洛氏　布氏　7. 冲击载荷　8. 交变载荷　最大应力　9. 流动性　收缩率　塑性　塑性变形抗力　10. 好　差

二、选择题

1. C　2. B　3. B　4. A　5. D

三、判断题

1. ×　2. √　3. ×　4. ×　5. √

第二节　钢铁材料练习卷

一、填空题

1. 钢　铸铁　含碳量　2. S　P　P　3. 碳素工具　高碳　高级优质　4. 0.25%～0.60%

0.45%~0.75% 5. 合金调质 重载荷 冲击 6. 滚动轴承 1.5% 普通碳素结构 合金调质 合金渗碳 冷作模具 铬不锈 7. 低合金刃具钢 高速钢 冷作模具钢 热作模具钢 铬不锈钢 铬镍不锈钢 抗氧化钢 热强钢 8. 高速 硬度 高耐磨性 热硬性
9. 耐磨 铸造 10. 片状石墨 团絮状石墨 断后伸长率 11. 差 铸造性 减摩性 减振性 可加工性 12. 白口铸铁 退火 渗碳体 13. 铸钢 屈服强度 提高浇铸温度 晶粒粗大 正火 退火

二、选择题

1. B、D、C、A 2. E、C、A、D 3. A、D、B、E 4. A 5. D 6. B 7. B、C、A 8. C

三、判断题

1. √ 2. √ 3. √ 4. × 5. × 6. × 7. × 8. √ 9. √ 10. √

四、简答题

1. 1）Q235AF：屈服强度为235MPa，质量等级为A级，脱氧方式为沸腾的普通碳素结构钢。
   2）45：平均碳的质量分数为0.45%的优质碳素结构钢。
   3）T12A：平均碳的质量分数为1.2%，质量等级为高级优质的碳素工具钢。
   4）20CrMnTi：平均碳的质量分数为0.20%，Cr、Mn、Ti的质量分数均小于1.5%的合金渗碳钢。
   5）W6Mo5Cr4V2：W的质量分数为6%，钼的质量分数为5%，Cr的质量分数为4%，V的质量分数为2%的钨钼系高速钢。
   6）1Cr13：平均碳的质量分数为0.1%，Cr的质量分数为13%的铬不锈钢。
   7）QT400－18：最低抗拉强度为400MPa，最低断后伸长率为18%的球墨铸铁。
2. 铸铁可分为片状石墨的灰铸铁，团絮状石墨的可锻铸铁，球状石墨的球墨铸铁以及渗碳体形式的白口铸铁。

第三节 铁碳合金状态图练习卷

一、填空题

1. 2.11% 0.77% 2. 2.11% 亚共析钢 共析钢 过共析钢 3. 共晶 共析 4. 硬度 强度 塑性 韧性 5. 钢铁材料的选用 制订热加工工艺

二、选择题

1. D 2. A 3. D 4. B 5. C

三、判断题

1. × 2. √ 3. × 4. √ 5. √

四、综合分析题

1. 作图如图4-9所示。

分析过程：金属液冷却到*ACD*线时开始结晶出奥氏体，到*AECF*线时结晶完毕，此区间为单相奥氏体组织；当冷却到与*GS*线相交时，从奥氏体中开始析出铁素体；当温度降至与*PSK*线相交时，剩余奥氏体发生共析反应，转变成珠光体；*PSK*线以下至室温，合金组织不发生改变。此钢的室温组织为珠光体和铁素体组成。

2. 把钢材加热到这个温度，主要是在这个区域的温度，钢经过加热后获得的是奥氏体组织，它的强度低、塑性好，便于塑性变形加工，所以要把钢材加热到高温（1000～1250℃）

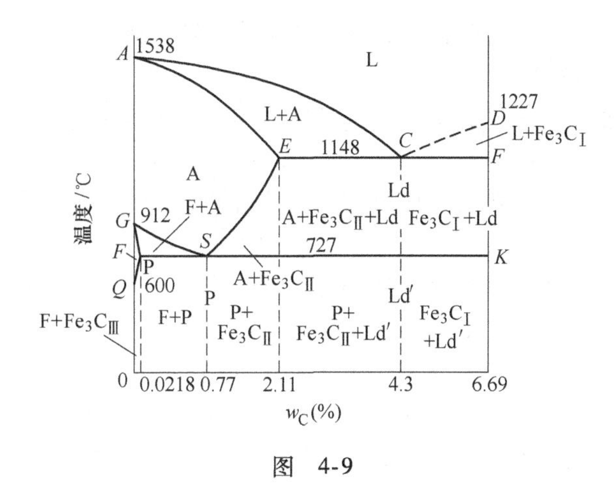

图 4-9

下进行锻轧加工。

第四节 钢的热处理练习卷

一、填空题

1. 加热 保温 冷却 组织结构 性能 2. 加热 冷却 整体 表面 化学 3. 火焰淬火 感应淬火 4. 碳素钢 低 5. 正火 提高 可加工性 6. 正火 淬火+高温回火 7. 球化退火 淬火+低温回火 8. 含碳量 钢的化学成分 淬火冷却方式 9. 活性介质 加热 保温 冷却 表层 化学成分 组织 性能 10. 渗碳 渗氮 碳氮共渗

二、选择题

1. C 2. C 3. A 4. A 5. D 6. C 7. D 8. C

三、判断题

1. × 2. × 3. × 4. √ 5. √ 6. × 7. √ 8. × 9. × 10. ×

四、简答题

1. 正火是将钢加热到适当温度，保持一定时间后出炉空冷的热处理工艺。

正火目的如下：

1）能适当提高低碳钢、低碳合金钢的硬度，改善其可加工性。

2）可作为力学性能要求不高零件的最终热处理，有时也可代替中、低碳钢退火。

3）降低含碳量较高钢的硬度，消除网状渗碳体，为球化退火做好组织准备。

2. 淬火是将钢加热到适当温度，保持一定时间，然后快速冷却的热处理工艺。

淬火目的：提高钢的强度、硬度和耐磨性。

3. 回火是将淬火后的钢重新加热到低于727℃的某一温度，保温一定时间，然后空冷到室温的热处理工艺。

高温回火的目的是获得合理的硬度、强度、韧性、塑性以及较好的综合力学性能。

五、综合分析题

1. 热处理1：预备热处理——正火，其目的是消除锻造后的内应力，改善可加工性，为以后热处理做组织准备。

热处理2：最终热处理——调质，其目的是得到良好的综合力学性能。

热处理3：最终热处理——感应淬火，其目的是使表层获得高硬度、高耐磨性，而心部仍旧保持原有的调质后的性能。

2. 热处理1：预备热处理——球化退火，其目的是用于高碳钢不至于出现网状渗碳体，为下面的热处理做好组织准备。

热处理2：预备热处理——淬火+低温回火，其目的是获得所需的高硬度、高耐磨性。

第五节 非铁金属材料和硬质合金练习卷

一、填空题

1. 钢铁材料 2. 形变铝合金 铸造铝合金 防锈铝合金 3. 铜镍 锌 普通 特殊 H62 4. 锡 铅 铝 铅 5. 软基体上均匀分布着硬质点 硬基体上均匀分布着软质点 6. 高硬度 高耐磨性 高热硬性 7. YG 脆性 8. 不锈钢 耐热钢 耐磨钢

二、选择题

1. B 2. B 3. C 4. B 5. A 6. B 7. A 8. D

三、判断题

1. √ 2. √ 3. × 4. × 5. √ 6. √ 7. √ 8. √

第六节 非金属材料和新型工程材料练习卷

一、填空题

1. 热固性塑料 热塑性塑料 热塑性 通用塑料 工程塑料 特种塑料 通用塑料 2. 高分子 弹性 3. 两种 多种 金属基体 非金属基体 4. 高 好 5. 粉碎 成型 烧结 6. 抗氧化 热腐蚀能力 7. 德国 超导物质 特定温度 特定磁场 特定电流 8. 形状记忆合金 9. 金属玻璃 超不锈钢 10. 高强度 高硬度 良好的塑性 韧性

二、选择题

1. A 2. C 3. C 4. A 5. C 6. A 7. C 8. D 9. B 10. D

三、判断题

1. × 2. √ 3. × 4. √ 5. √ 6. √ 7. × 8. √

第七节 材料的选择及应用练习卷

一、填空题

1. 工作精度 预期功效 2. 断裂失效 过量变形 表面损伤 3. 延性断裂 脆性断裂 疲劳断裂 蠕变断裂 4. 磨损失效 接触疲劳失效 表面腐蚀失效 5. 中碳钢 中碳合金钢

二、选择题

1. A 2. D 3. D 4. B 5. C

第三单元 机械工程材料复习卷

一、填空题

1. 布氏 洛氏 维氏 2. 0.45% 中碳 优质 碳素结构 3. 加热 保温 组织结构 性能 4. 正火 退火 淬火 回火 5. 大于2.11% 灰铸铁 可锻铸铁 球墨铸铁 6. 冶炼成品 铸造性 可锻性 焊接性 可加工性 7. 合金调质 淬火+高温回火 良好的综合

力学

二、判断题

1. × 2. × 3. × 4. √ 5. √ 6. × 7. × 8. × 9. √ 10. ×

三、选择题

1. C 2. C 3. C B A D B C A D 4. D 5. B A D C 6. B 7. A 8. C 9. C 10. B

四、简答题

1. 缺点：力学性能不如钢，不易变形加工。
   优点：有良好的铸造性、耐磨性、减振性、可加工性和低的缺口敏感性。
2. 常用的回火方法、特点及应用如下：

种类	低温回火	中温回火	高温回火
方法	工件在250℃以下进行的回火	工件在250～500℃进行的回火	工件在500℃以上进行的回火
特点	保持淬火工件高的硬度和耐磨性，降低淬火残余应力和脆性	得到较高的弹性和屈服强度，适当的韧性	得到强度、塑性和韧性都较好的综合力学性能
应用范围	刃具、量具、模具、滚动轴承、渗碳及表面淬火的零件等	弹簧、锻模和冲击工具等	广泛用于各种较重要的受力结构件，如连杆、螺栓、齿轮及轴类零件等

3. GCr15：平均碳的质量分数大于1%，Cr的质量分数为1.5%的滚动轴承钢。
4. 热处理1：预备热处理——退火或正火，作用是消除轧制过程中产生的内应力，为以后的加工做好组织准备。
   热处理2：最终热处理——淬火＋中温回火，作用是获得高的弹性和屈服强度，适当的韧性，为制作弹簧做好组织准备。

第三单元　机械工程材料测验卷

一、填空题

1. 冲击载荷 2. 碳素工具 高碳 高级优质 3. 碳素工具钢 低合金刃具钢 高速钢 高速钢 4. 不锈钢 耐热钢 耐磨钢 5. 片状石墨 去应力退火 表面淬火 6. 硬度 强度 耐磨性 7. 渗碳 低温回火 8. 碳 合金结构 低碳 合金渗碳 9. 大 小 工艺时间长 10. 正火 退火 11. 0.25%～0.50% 合金调质 淬火＋高温回火 良好的综合力学性能 12. 防锈铝 硬铝 超硬铝 锻铝 锻铝 13. Sb Cu 锡基轴承

二、选择题

1. B 2. D 3. C 4. C 5. A 6. C 7. A 8. B 9. A 10. D

三、判断题

1. × 2. × 3. × 4. × 5. √ 6. × 7. × 8. √ 9. √ 10. ×

四、简答题

1. 将钢加热到一定温度，再保温一定时间，然后缓慢冷却的热处理工艺称为退火。
   退火的目的如下：

1）降低钢的硬度，提高塑性，改善其可加工性和压力加工性能。

2）细化晶粒，均匀钢的组织，为以后热处理做准备。

3）消除工件的残余应力，稳定工件尺寸，防止变形和开裂。

2. 淬硬性：淬火后钢所能达到的最高硬度。淬透性：淬火后工件获得淬硬层深度的能力。

淬硬性取决于钢的含碳量，低碳钢由于碳的含量较低，其淬硬性差；而高碳钢由于碳的含量较高，因此淬硬性较好。淬透性主要取决于钢的化学成分和淬火冷却方式。一般来说，含碳量相同的碳钢与合金钢的淬硬性没有差别，而合金钢的淬透性高于淬硬性。淬硬性与淬透性是两个不同的概念，它们没有直接的联系，即淬透性好的钢，淬硬性不一定好，反之亦然。

3. 20CrMnTi：平均碳的质量分数为0.20%，Cr、Mn、Ti的质量分数均小于1.5%的合金渗碳钢。

T13A：平均碳的质量分数为1.3%的高级优质碳素工具钢。

QT700－2：最低抗拉强度为700MPa，最小断后伸长率为2%的球墨铸铁。

HPb59－1：铜的质量分数为59%，铅的质量分数为1%，其余为锌含量的铅黄铜。

LF11：顺序号为11的防锈铝。

第四单元　联接

第一节　键联接和销联接练习卷

一、填空题

1. 轴　轴上零件　传递转矩　2. 宽　高　长　3. 相对　4. 楔键　切向键　5. GB/T 1096 键 14×9×70

二、选择题

1. C　2. C　3. C　4. B　5. B　6. B　7. B　8. C　9. B　10. C

三、判断题

1. √　2. √　3. ×　4. √　5. √

四、综合题

1. 销联接的功用是定位、联接、安全；常用类型是圆柱销、圆锥销、开口销。

2. 选用平键联接的一般步骤如下：

1）根据键联接的工作要求和使用特点，先确定键联接的类型。

2）再由轴径（公称直径 d）查表确定截面尺寸 $b \times h$。

3）由轮毂长度 L_1 选择键长 L，使 L 略短于 L_1（5～10mm），而且 L 符合标准长度系列。

3. 根据载货汽车的后轮与传动轴连接的要求，普通平键联接不能承受轴向载荷，而花键联接尤其是渐开线花键联接具有齿根厚、强度高的特点，常用于重载及尺寸较大的联接。

第二节　螺纹联接练习卷

一、填空题

1. 联接螺纹　传动螺纹　2. 弹簧垫圈　对顶螺母　3. 双头螺柱　螺钉　4. 60°　30°　5. 螺纹大径

二、选择题

1. C　2. B　3. B　4. C　5. B　6. B　7. D　8. C　9. D　10. B

三、判断题

1. √ 2. √ 3. √ 4. ×

四、综合题

1. 因为三角形螺纹联接时摩擦力大，自锁性能好，联接牢固可靠。
2. 在静载荷和常温工作条件下，螺纹联接能自锁，不会自行脱落；但在冲击、振动、变载、温差变化大的工作环境下，螺纹联接就有可能自行脱落而影响工作，甚至发生事故。
螺纹联接的常用防松方法：摩擦防松、锁住防松和不可拆防松。
3. 螺纹联接的基本类型有螺栓联接、双头螺柱联接、螺钉联接、紧定螺钉联接 4 种；应选用螺栓联接。

第四节 联轴器与离合器练习卷

一、填空题

1. 连接 停转 2. 过载 3. 刚性联轴器 弹性联轴器 4. 万向

二、选择题

1. A 2. C 3. A 4. C 5. C 6. A 7. B 8. A

三、判断题

1. √ 2. × 3. √ 4. √ 5. × 6. √

四、综合题

1.

<table>
<tr><td rowspan="3">摩擦离合器</td><td rowspan="2">圆盘</td><td>单片</td><td>结构简单，散热好，传递不大转矩，用于轻型机械</td></tr>
<tr><td>多片</td><td>接合平稳（任意转速下），冲击、振动小，传递功率大，可过载保护，应用广泛</td></tr>
<tr><td colspan="2">圆锥式</td><td>结构简单，传递较大转矩，尺寸大</td></tr>
</table>

2.

凸缘联轴器	常用于对中精度高、载荷平稳的场合
套筒联轴器	常用于两轴直径小、同心度高、工作平稳的场合
滑块联轴器	常用于传递不大转矩、转速较高、无急剧冲击且不需润滑的场合
万向联轴器	常用于两轴有角度的场合，且成对使用

第四单元 联接复习卷

一、填空题

1. GB/T 1096 键 C18 ×11 ×63 2. 平键联接 半圆键联接 花键联接 3. 固定式 可移式

二、选择题

1. A 2. D 3. C 4. B 5. D 6. D 7. C 8. C 9. A 10. B 11. D 12. A 13. D 14. C 15. B 16. C

三、判断题

1. √ 2. √ 3. √ 4. × 5. × 6. √

四、综合题

1. 销联接的定位：用销来固定零件间的相对位置。

2. 离合器：主要用于连接两轴，使其共同回转，传递转矩，但可以在工作中随时接合或分离两轴，有时也作为传动系统中的安全装置。
3. 常用平键分为普通平键、导向平键和滑键。普通平键适用于高精度、高速或变载、冲击的场合，应用最广；导向平键对中性好，轴上零件可沿轴向移动，但移动量不大；滑键固定在轮毂上，并与之一起在键槽中滑动，移动量较大。
4. 弹性联轴器常见的类型有弹性柱销、弹性套柱销和轮胎式联轴器。
   1）弹性柱销联轴器：结构简单，有缓冲、吸振、补偿轴向偏移的功能，常用于高速且有振动的场合。
   2）弹性套柱销联轴器：制造容易，拆装方便，成本低，常用于载荷平稳、正反转起动频繁、传递较小转矩的场合。
   3）轮胎式联轴器：结构简单，能缓冲吸振，常用于起重机械中。

第四单元　联接测验卷

一、填空题

1. 左旋螺纹　右旋螺纹　2. 锁住　3. 联接　定位　4. 平键　半圆键　花键　5. 牙嵌式　摩擦式　超越式

二、选择题

1. C　2. B　3. B　4. C　5. D　6. A　7. D　8. A　9. C　10. C

三、判断题

1. √　2. ×　3. ×　4. ×　5. √

四、综合题

1. 联轴器主要用于连接两轴，使其共同回转，传递转矩，但只能在两机器都停止转动后才可将两轴接合或分离，有时也作为传动系统中的安全装置。
2. 螺纹联接是一种利用螺纹零件构成的可拆联接，广泛应用于紧固件的联接。
3. GB/T 1096 键　18×11×63；GB/T 1096 键 B14×9×45。
4. 螺钉联接能穿过较薄的被联接件的通孔，直接旋入较厚件，不需螺母，结构紧凑，适于被联接件之一较厚，受力不大，且不经常装拆的场合。

紧定螺钉联接是旋入被联接件的螺纹孔中，用螺钉尾部顶住另一被联接件的凹坑中，可传递不大的力或转矩。

5.

名称	相同之处	不同之处
联轴器	连接两轴，使其共同回转，传递转矩，有时也作为传动系统中的安全装置	只能在两机器都停止转动后才可将两轴接合或分离
离合器		工作中可以随时接合或分离两轴

第五单元　机构

第一节　平面机构的组成练习卷

一、填空题

1. 相对运动　2. 运动副以及构件的结构形状　3. 直接接触　4. 面

二、选择题

1. B 2. A 3. B 4. D

三、判断题

1. × 2. √ 3. √ 4. ×

四、综合题

1. 机构由许多构件组成且之间具有确定的相对运动。机器一般由机构组成；机构不能代替人的劳动做功或能量转换，主要用于传递或转变运动的形式。
2. 低副是指两构件之间作面接触的运动副。它可分为转动副、移动副、螺旋副。它的接触面一般是平面或圆柱面，比较容易制造和维修，承受载荷时单位面积的压力比较小，但是低副是滑动摩擦，摩擦力大而效率低。
3. 高副是指两构件作点或线接触的运动副。它的单位面积压力较大，构件接触处容易磨损。

第二节 平面四杆机构练习卷

一、填空题

1. 曲柄 摇杆 2. 急回特性 3. 曲柄滑块机构 4. 铰链四杆

二、选择题

1. B 2. D 3. D 4. A 5. B 6. D 7. D 8. C 9. B 10. D

三、判断题

1. × 2. × 3. √ 4. √ 5. × 6. × 7. √ 8. × 9. √ 10. ×

四、综合题

1. 在曲柄摇杆机构中，取摇杆作为主动件，当摇杆处于两极限位置时，连杆与曲柄共线，使整个机构处于静止状态时所处的位置称为“死点”位置。

   “死点”位置有利有弊：为了保证机构正常运转，可在从动曲柄上装一飞轮，加大曲柄的惯性，从而使机构顺利通过“死点”位置，例如缝纫机踏板机构；但在工程上有时利用“死点”进行工作，例如工件的夹紧机构。
2. 行程速比系数 K：急回特性的程度，可用来回摆动的速度比值来表达。

   当 $\theta=0$ 时，$K=1$，机构无急回特性；当 $\theta>0$，$K>1$ 时，机构具有急回特性，且 θ 越大，K 值越大，急回特性越明显。
3. 由曲柄摇杆机构的类型判定条件可得，

   若最短杆是构件 AB，那么 $0<L_{AB}\leqslant 25\text{mm}$；若最长杆是构件 AB，那么 $55\text{mm}\leqslant L_{AB}<125\text{mm}$。

第三节 凸轮机构练习卷

一、填空题

1. 凸轮 从动件 2. 平底 3. 基圆 基圆半径 4. 压力角 5. 斜直线 抛物线

二、选择题

1. B 2. A 3. D 4. C 5. A 6. B 7. A 8. A 9. B 10. A

三、判断题

1. √ 2. × 3. √ 4. × 5. √ 6. √ 7. √ 8. ×

四、综合题

1. 凸轮轮廓曲线主要用反转法画，就是在凸轮旋转、从动件上下移动时，看成凸轮在图样上不转动，而将从动件的位置看成是相反于凸轮的旋转方向转动，以此作图。

   凸轮轮廓曲线画法一般分两步：

   1）画从动件的位移曲线图；2）画凸轮轮廓曲线。

2. 作图如图4-10所示。

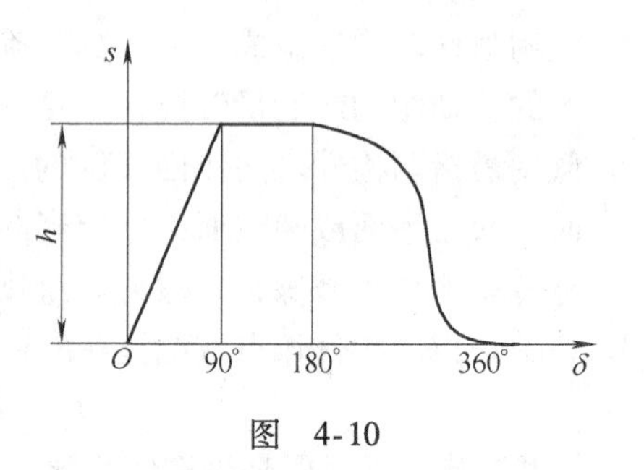

图 4-10

3. 凸轮机构由凸轮、从动件和机架组成。

   凸轮机构的特点如下（选4条）：

   1）便于准确地实现给定的运动规律。

   2）机构简单紧凑，便于设计。

   3）凸轮机构可以高速起动，动作准确可靠。

   4）由于凸轮机构是高副接触，又不易于润滑，容易磨损，故传递动力不易过大。

   5）凸轮轮廓曲线不易于加工。

第五单元　机构复习卷

一、填空题

1. 铰链四杆　2. 低　高　3. 点　线　4. 曲柄摇杆　双曲柄　5. $a+d>b+c$　杆 c　6. 从动件位移曲线　7. 行程　8. 移动（直动）从动件凸轮机构　摆动从动件凸轮机构　9. 轮廓曲线

二、选择题

1. D　2. B　3. A　4. C　5. B　6. B　7. A　8. B　9. D　10. C　11. C　12. D

三、判断题

1. ×　2. √　3. √　4. √　5. ×　6. √　7. √　8. ×　9. √　10. ×　11. ×　12. √　13. ×

四、综合题

1. （1）运动副：使两构件直接接触而又能产生一定相对运动的连接。

   （2）急回特性：在曲柄摇杆机构中，以曲柄为主动件，摇杆空回行程的平均速度大于工作行程的平均速度的性质。

   （3）基圆半径：以凸轮的最小半径所作的圆称为基圆，该半径称为基圆半径。

   （4）压力角：凸轮给从动件一作用力，该力的作用线与从动件运动方向之间的夹角称为凸轮机构在该点的压力角 α。

2. 步骤如下：

   1）观察机构的运动情况，找出原动件、从动件和机架。

   2）由相连两构件之间的相对运动性质和接触情况，确定各个运动副的类型。

   3）由机构实际尺寸和图样大小确定合适的长度比例尺（=实际长度/图示长度）。

   4）用线条将同一构件上的运动副连接起来，即完成机构运动简图。

3. 1）由双曲柄机构的类型判定条件可知，需满足 $a+d\leqslant b+c$ 且最短杆 a 为机架。

   2）由曲柄摇杆机构的类型判定条件可得，最长杆 d 的取值范围为 $60\text{cm}<d\leqslant 70\text{cm}$。

第五单元 机构测验卷

一、填空题

1. 移动 转动 2. 直接接触 一定相对运动 低 高 3. 曲柄 共线 "死点" 4. 曲柄摇杆 双曲柄 双摇杆 5. 铰链四杆 6. 平面运动副 比例 7. 曲柄摇杆 双摇杆 8. $a+d\leqslant b+c$ 杆 b 或杆 d 杆 a

二、选择题

1. D 2. C 3. C 4. B 5. B 6. C 7. B 8. C 9. C 10. D 11. A 12. C

三、判断题

1. × 2. √ 3. √ 4. × 5. √ 6. × 7. × 8. × 9. × 10. √ 11. √ 12. √ 13. √ 14. × 15. √

四、综合题

1. 机构：由许多构件组成且之间具有确定的相对运动。

行程：从动件到达最高点，此时从动件的最大升距称为行程，用 h 表示。

"死点"位置：在曲柄摇杆机构中，取摇杆作为主动件，当摇杆处于两极限位置时，连杆与曲柄共线，此时整个机构处于静止状态时所处的位置。

从动件位移曲线 $s-\delta$ 曲线：用曲线表示从动件的位移 s 和凸轮转角 δ 的关系。

2. 图 a 中 1、2 件是联轴器左右两部分，用双头螺柱联接，它们之间是面接触，所以为低副；图 b 中 1、2 件是焊接，它们之间的连接处也是面接触，所以也为低副。
3. 圆柱凸轮在圆柱面上开槽，或在圆柱端面上制出轮廓曲线可获得较大行程，主要应用于较大行程机械。
4. 由曲柄摇杆机构的类型判定条件可得：最短杆就是曲柄杆 a，曲柄 a 的长度取值范围是 $0<a\leqslant 20\text{cm}$。
5. 作图如图 4-11 所示。

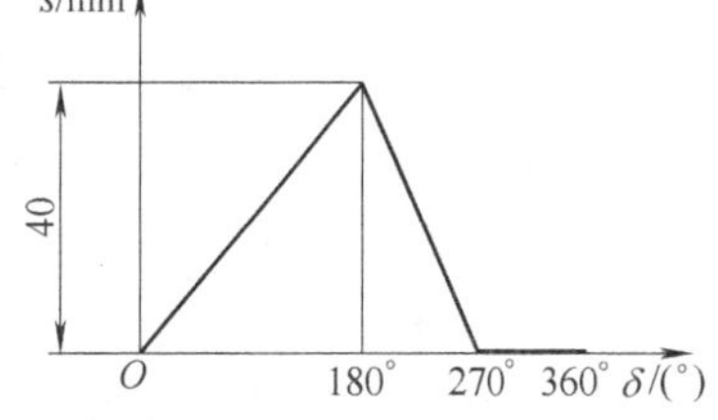

图 4-11

第六单元 机械传动

第一节 带传动练习卷

一、填空题

1. 摩擦型 啮合型 2. 平带传动 圆带传动 平带传动 V 带传动 3. 啮合型 啮合作用 4. 传动带 摩擦力 5. 顶胶 底胶 抗拉层 包布 6. YZABCDE 7. 轮缘 轮毂 轮辐 直径 8. 调整中心距 安装张紧轮 9. 平行 垂直

二、选择题

1. D 2. A 3. D 4. D 5. C 6. C 7. A 8. B 9. A

三、判断题

1. × 2. √ 3. × 4. √ 5. × 6. √ 7. × 8. √ 9. √ 10. ×

四、简答题

1. 特点如下：

1）带传动柔和，能缓冲、吸振，传动平稳、无噪声。

2）过载时产生打滑，可防止零件损坏，起到安全保护作用，但不能保证恒定的传动比。

3）结构简单、制造容易、安装成本低，适用于两轴中心距较大的场合。

4）传动效率较低，带的寿命较短，外廓尺寸较大。

5）不适用于大功率的传动。

2. 带传动是由主动轮、从动轮和传动带组成的，靠带的两侧面与带轮轮槽侧面的摩擦力来传递运动和动力。

3. 安装与维护要求如下：

1）V 带在轮槽中应有确定的相对位置，V 带的外边缘应与带轮的轮缘取齐。

2）带传动在安装时，必须使两带轮轴线平行，轮槽对正。

3）带张紧程度以大拇指能按下 15mm 左右为合适。

4）新旧不同的 V 带不能同组使用，要成组更换。

5）为保证安全，带传动应加防护罩。

第二节　链传动练习卷

一、填空题

1. 起重链　牵引链　传动链　2. 开口销式　弹性锁片（卡簧式）　过渡链节式　3. 传动链　主动链轮　从动链轮　4. 啮合　平均　5. 铰链　6. 套筒滚子链　齿形链　7. 过盈　间隙　8. 节距　9. 强度　耐磨性　10. 实心式　腹板式或孔板式　组合式结构

二、选择题

1. A　2. A　3. C　4. B　5. B　6. B　7. C　8. C　9. B　10. C

三、判断题

1. √　2. √　3. √　4. ×　5. ×　6. √　7. ×　8. √　9. √　10. √

四、简答题

1. 套筒滚子链由内链板、外链板、销轴、套筒和滚子组成。

2. 常见的链传动的失效形式有链板的疲劳断裂、滚子和套筒的疲劳点蚀、销轴与套筒的胶合、链条的脱落和链条的过载拉断。

第三节　螺旋传动练习卷

一、填空题

1. 螺杆　螺母　机架　2. 右　3. 内循环　外循环　4. 轴向　5. 滚珠　螺杆　螺母　滚珠循环装置　6. 矩形螺纹　梯形螺纹　锯齿形螺纹　7. 单螺旋机构　双螺旋机构　8. 差动螺旋机构　复式螺旋机构　9. 回转　直线　10. 承载　11. 轴向　双螺母　轴向位移　间隙

二、选择题

1. D　2. B　3. B　4. C　5. A

三、判断题

1. √　2. ×　3. ×　4. ×　5. √

四、简答、计算题

1. 特点：结构简单，传动连续、平稳，传动精度高，承载能力强，能自锁，摩擦损失大，传动效率低。

2. 由于普通螺旋传动的螺纹之间产生较大的相对滑动，摩擦损失严重，传动效率低，所以在数控机床中常采用滚珠螺旋传动机构。它用滚动摩擦代替滑动摩擦，运动具有可逆性，摩擦损失小，传动效率高，传动稳定，但结构复杂，不能自锁。

3. 1）螺母不动，螺杆回转并作直线运动；
   2）螺杆不动，螺母回转并作直线运动；
   3）螺杆原地回转，螺母作直线运动；
   4）螺母原地回转，螺杆往复运动。

4. 螺杆向左移动。
螺杆移动距离为：$L = nS = 1 \times 1.5\text{mm} = 1.5\text{mm}$

5. 螺杆向左移动。
活动螺母移动距离：$L = n(P_{h1} - P_{h2}) = 0.5 \times (1.5 - 2)\text{mm} = -0.25\text{mm}$

第四节 齿轮传动练习卷

一、填空题

1. 384 50 2. 空间齿轮传动 平面齿轮传动 3. 渐开线 分度圆 4. 20° 1 0.25 5. 分度圆 20° 6. 52 7. 模数 压力角 8. 160 400 9. 同侧 分度圆弧长 10. 仿形法 展成法（范成法） 11. 17 12. 大端 13. 齿轮轴 实心齿轮 腹板式齿轮 轮辐式齿轮 14. 齿面疲劳点蚀 齿面磨损

二、选择题

1. C 2. B 3. B 4. A 5. D 6. D 7. C 8. B 9. AD 10. C 11. D 12. A 13. C 14. C 15. D

三、判断题

1. √ 2. × 3. √ 4. √ 5. √ 6. √ 7. × 8. × 9. × 10. √

四、综合分析题

1. 由 $d_{a1} = m(z_1 + 2)$ 得到 $m = 4\text{mm}$，由 $a = m(z_1 + z_2)/2$ 得到 $z_2 = 80$
解得 $d_2 = mz_2 = 320\text{mm}$，$d_{f2} = m(z_2 - 2.5) = 310\text{mm}$

2. 常见的轮齿失效形式有轮齿折断、齿面疲劳点蚀、齿面胶合、齿面磨损和塑性变形。

3. 两齿轮的法向模数相等，压力角相等，螺旋角大小相等但螺旋方向相反。

即 $$\begin{cases} m_{n1} = m_{n2} = m_n \\ \alpha_{n1} = \alpha_{n2} = \alpha_n \\ \beta_1 = -\beta_2 \end{cases}$$

第五节 蜗杆传动练习卷

一、填空题

1. 蜗杆 蜗轮 机架 蜗杆 空间交错 2. 阿基米德蜗杆 渐开线蜗杆 3. 齿面磨损 齿面胶合 4. 转向 旋向 5. 2 6. 50 7. 蜗杆传动自锁 8. 刀具数目 d m 9. 空间交错 中间平面 10. 轴 整体式 齿圈式 螺栓联接式 镶铸式

二、选择题

1. D 2. A 3. D 4. C 5. A 6. B 7. D 8. A 9. C

三、判断题

1. × 2. √ 3. × 4. × 5. √

四、简答题

1. 蜗杆传动的正确啮合条件为 $\begin{cases} m_{x1} = m_{t2} = m \\ \alpha_{x1} = \alpha_{t2} = \alpha \\ \gamma = \beta \end{cases}$

2. $\tan\gamma = z_1/q = 1/8$ 解得 $\gamma = 7.125°$

3. 分别是：n_2 顺时针转，n_1 向右，蜗杆右旋，n_2 逆时针转。

第六节 轮系与减速器练习卷

一、填空题

1. 定轴轮系 周转轮系 2. 首尾两轮转速 3. 从动轮的转速 传动比的大小 4. 相同 5. 画箭头 传动比正负 6. 齿轮减速器 蜗杆减速器 行星齿轮减速器 7. 原动机 工作机 8. 箱体 轴承 轴上零件

二、选择题

1. D 2. C 3. B 4. C 5. B 6. A 7. B

三、判断题

1. √ 2. √ 3. × 4. × 5. √ 6. ×

四、综合分析题

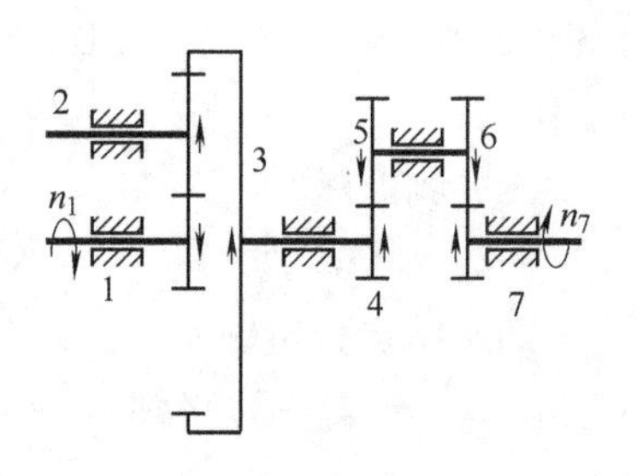

图 4-12

1. 定轴轮系是所有齿轮在运转时的几何轴线位置相对于机架均固定的轮系，而周转轮系在转动时至少有一个齿轮的几何轴线相对于机架是不固定的。
2. 特点有结构紧凑、效率高、使用维护方便。配置形式分为上置式、下置式、侧置式三种。
3. 1）计算法：直齿圆柱齿轮外啮合对数为 z_1—z_2、z_4—z_5、z_6—z_7 三对，因此 $(-1)^3 = -1$，负号表示轮 7 与轮 1 转向相反。

   2）画箭头法如图 4-12 所示，可见轮 7 与轮 1 的转向也是相反的。

4. 1）3 种。

   2）$i_{max} = 200 \times 70 \times 40/100 \times 35 \times 20 = 8$

   $i_{min} = 200 \times 25 \times 40/100 \times 75 \times 20 = 4/3$

   $n_{max} = n/i_{min} = 1400/(4/3) = 1050\text{r/min}$

   $n_{min} = n/i_{max} = (1400/8)\text{r/min} = 175\text{r/min}$

   $v_{max} = 3.14mzn_{max} = 3.14 \times 2.5 \times 13 \times 1050\text{mm/min} = 107152.5\text{mm/min}$

   $v_{min} = 3.14mzn_{min} = 3.14 \times 2.5 \times 13 \times 175\text{mm/min} = 17858.75\text{mm/min}$

   3）向左。

第六单元 机械传动复习卷

一、填空题

1. 120° 2. 梯 两侧面 40° 3. 帘布芯 线绳芯 帘布芯 4. 打滑 损坏 安全保护 5. 过渡链节式 开口销式 弹性锁片（卡簧式） 6. 无声 高速 7. 渐开线齿轮传动 摆线齿轮传动 圆弧齿轮传动 8. 不相等 越大 0° 9. 法向模数 法向压力角 螺旋角方向 10. 大端模数 压力角 11. 仿形法 展成法 12. 螺旋角 γ 效率 13. 开式齿轮传动 硬齿面闭式齿轮传动 14. 摩擦角 15. 轮系 固定 定轴轮系 周转轮系

二、选择题

1. C 2. A 3. C 4. C 5. D 6. C 7. C

三、判断题

1. × 2. × 3. √ 4. √ 5. × 6. √ 7. √ 8. × 9. × 10. × 11. √ 12. × 13. √ 14. ×

四、综合分析题

1. 带传动的张紧采用两种方法，即调整中心距和使用张紧轮。

平带传动使用张紧轮时，张紧轮应放在松边的外侧，靠近小带轮；V 带传动使用张紧轮时，张紧轮应放在松边的内侧，靠近大带轮。

2. 1）$n_2 = n_1/i_{12} = 400/2\text{r/min} = 200\text{r/min}$

2）$i_{12} = z_2/z_1 \quad a = m(z_1 + z_2)/2$

解得 $z_1 = 28 \quad z_2 = 56$

3）$p = m = 4 \times 3.14\text{mm} = 12.56\text{mm}$

$h = 2.25m = 2.25 \times 4\text{mm} = 9\text{mm}$

3. 蜗轮的转速 n_6 为：

$$n_6 = n_1 z_1 z_3 z_5 / (z_2 z_4 z_6) = 10\text{r/min}$$

重物向上移动，速度为：$v = n_6 D = 3.14\text{m/s}$

第六单元 机械传动测验卷

一、填空题

1. 中间挠性件 摩擦力 2. 梯形 两侧面 帘布芯 线绳芯 YZABCDE 3. 调整中心距 安装张紧轮 4. 啮合 套筒滚子链 齿形链 5. 开口销 弹性锁片（卡簧式） 过渡链节 6. 分度圆 20° 7. 75 308mm 8. 仿形法 展成法 9. 实体齿轮 腹板式齿轮 轮辐式齿轮 10. 模数相等 压力角相等 11. 法向 大端 12. 失效 齿面磨损 齿面胶合 齿面疲劳点蚀 齿面塑性变形 13. 蜗杆 蜗轮 自锁 14. 从动齿轮转向 传动比大小 15. 闭式传动装置 转动轴转速

二、单项选择题

1. D 2. D 3. D 4. C 5. B 6. A 7. C 8. D 9. A 10. A

三、判断题

1. × 2. × 3. √ 4. × 5. × 6. √ 7. × 8. √ 9. × 10. √

四、综合分析题

1. 链传动的特点是平均传动比准确、效率高、能在恶劣环境下工作，但瞬时传动比不能保持恒定，且传动时有冲击和振动，传递功率大，过载能力强，不宜用在急速反向的传动中，常用于两轴平行、距离较远、功率较大、平均传动比准确的场合。使用张紧轮时，张紧轮应放在松边的内侧，靠近大带轮。

2. 1）$i_{12}=n_1/n_2=840/280=3$

2）$i_{12}=z_2/z_1$　$a=m(z_1+z_2)/2$　解得 $z_1=27$　$z_2=81$

3）$p=\pi m=5\times 3.14\text{mm}=15.7\text{mm}$　$d_1=mz_1=5\times 27\text{mm}=135\text{mm}$

3. $n_{\text{Ⅳ}1}=n_1\dfrac{z_1z_5z_{10}}{z_2z_6z_9}=500\times\dfrac{20\times 45\times 25}{50\times 35\times 80}\text{r/min}=80.36\text{r/min}$

$n_{\text{Ⅳ}2}=n_1\dfrac{z_1z_4z_{10}}{z_2z_7z_9}=500\times\dfrac{20\times 28\times 25}{50\times 52\times 80}\text{r/min}=33.65\text{r/min}$

$n_{\text{Ⅳ}3}=n_1\dfrac{z_1z_3z_{10}}{z_2z_8z_9}=500\times\dfrac{20\times 38\times 25}{50\times 42\times 80}\text{r/min}=56.55\text{r/min}$

4. $i_{16}=z_2z_3z_4z_6/(z_1z_{2'}z_{3'}z_5)=240$

$n_7=n_6=n_1/i_{16}=0.833\text{r/min}$

$v_8=n_7\pi mz_7=0.833\times 3.14\times 3\times 20\text{mm/min}=157\text{mm/min}$　　齿条 8 向上移动。

第七单元　支承零部件

第一节　轴练习卷

一、填空题

1. 回转零件　运动和转矩　2. 转　3. 心轴　传动轴　4. 轴向　5. 轴向　周向　6. 标准轴承内孔

二、选择题

1. C　2. A　3. C　4. B　5. A　6. B

三、判断题

1. √　2. √　3. ×　4. √　5. √　6. √

四、综合题

1. 轴上零件固定类型主要有轴向固定和周向固定。轴环、弹性挡圈、圆螺母是轴向固定的方法；销、键、过盈配合是周向固定的方法。
2. 自行车前轮——心轴，中轮——转轴，后轮——传动轴。
3. 轴的结构工艺性主要考虑以下两方面：

1）加工工艺性：一般情况下，长径比大于 4 时；同一轴上圆角半径和倒角大小尽量一致；轴的台阶尽量少；磨削或切制螺纹时，须有砂轮越程槽或退刀槽。

2）装配工艺性：轴的结构设计应满足轴上零件装拆方便的要求；轴端制成倒角；滚动轴承轴向固定的轴肩高度低于轴承内圈的高度。

第二节　滑动轴承练习卷

一、填空题

1. 对开式　2. 润滑油　润滑脂　3. 轴向　4. 整体式　剖分式　5. 向心推力

二、选择题

1. C　2. A　3. D　4. A　5. A

三、判断题

1. × 2. × 3. √ 4. √ 5. √

四、综合题

1. 向心滑动轴承按拆装需要分成三种：整体式、剖分式和调心式。

 1）整体式：通常只用于轻载、低速及间歇性工作的机器设备中，如绞车、手动起重机等。

 2）剖分式：装拆方便，间隙调整容易，因此应用广泛。

 3）调心式：应用于轴挠度较大或轴承孔轴线的同轴度误差较大的场合。

2. 润滑的目的是减少摩擦和磨损，降低功率消耗，冷却，防锈和吸振。

常见的润滑剂有润滑油、润滑脂和固体润滑剂。

3. 常用材料有铜合金、轴承合金、塑料、橡胶等。

第三节 滚动轴承练习卷

一、填空题

1. 内圈 外圈 滚动体 保持架 2. 单列 双列 3. 直径系列 4. 推力球 5. 深沟球轴承

二、选择题

1. C 2. D 3. A 4. A 5. D 6. C 7. B 8. D 9. A 10. D 11. A 12. B

三、判断题

1. × 2. √ 3. × 4. √ 5. √ 6. √

四、综合题

1. 特点主要有摩擦阻力小、起动灵敏、效率高、可用预紧法提高支承刚度与旋转精度、润滑简便、可互换、抗冲击能力较差、高速有噪声、轴承径向尺寸大、寿命比滑动轴承低等。

2. 按可承受的外载荷，滚动轴承可分为向心轴承、推力轴承和向心推力轴承。

3. 常见的有磨粒磨损、刮伤、疲劳剥落、腐蚀、咬粘（胶合）等。

第七单元 支承零部件复习卷

一、填空题

1. 轴向固定 轴 2. 强度 经验公式 3. 轴肩 轴颈 4. 软（或挠性） 5. 碳素钢 合金钢 6. 轴瓦 7. 轴承合金 铜合金 8. 油孔 油槽 9. 向心 推力 向心推力 10. 6 6203/P6 11. 中 窄 60 12. 深沟球

二、选择题

1. A 2. B 3. D 4. B 5. B 6. C 7. C 8. C 9. D 10. B 11. B 12. D 13. A

三、判断题

1. √ 2. √ 3. × 4. √ 5. √ 6. × 7. √ 8. × 9. × 10. √

四、综合题

1.（1）轴：传动零件需被支承起来才能工作，轴就是支承传动件的零件。

 （2）转轴：按轴承受的载荷分类，既受弯矩又受转矩作用的轴。

（3）含义为接触角为15°，内径50mm，直径系列为中系列，宽度系列为窄系列的角接触球轴承。

2. 基本代号依次排列顺序为类型代号、尺寸系列代号、内径代号；调心球轴承的类型代号是“1”，圆柱滚子轴承的类型代号是“N”。

3. 按所受载荷的方向分为：向心轴承、推力轴承、向心推力轴承；按轴系和拆装需要分为：整体式、对开式。

4. 1）1—轴承，2—轴承盖（端盖），3—密封圈，4—锁紧螺母，5—轴端挡圈。

2）齿轮经左侧轴肩和右侧轴端挡圈与螺母实现轴向固定；周向固定通过键联接实现。

3）齿轮孔长大于轴长可保证齿轮与挡圈有效接触，以确保在轴上的固定而无窜动；轴承盖上的孔与轴颈留有间隙，以避免轴旋转时损坏轴颈。

5. 由于轴的失效多为疲劳损坏，所以轴的材料要有1）足够的强度；2）较小的应力集中敏感性；3）良好的可加工性。

轴常见的材料有：碳素钢、合金钢、球墨铸铁和高强度铸铁。

第七单元　支承零部件测验卷

一、填空题

1. 机器　回转零件　运动和转矩　2. 强度　刚度　3. 直　曲　软（或挠性）　4. 强度　可加工性　5. 轴向　周向　6. 断裂　塑性变形　7. 头　颈　环　8. 压力供油　9. 向心　推力　向心推力　10. 功率消耗　冷却　防锈　11. 内圈　外圈　球　圆柱滚子　（圆锥滚子　滚针任选两个）　12. 圆锥滚子　角接触球　13. 小　高　短　14. 前置代号　基本代号　后置代号

二、选择题

1. C　2. B　3. D　4. A　5. D　6. C　7. A　8. B　9. A　10. B　11. D　12. D　13. A　14. B　15. B

三、判断题

1. ×　2. √　3. ×　4. √　5. √　6. √　7. ×　8. √　9. ×　10. √　11. ×

四、综合题

1. （1）心轴：按轴承受的载荷分类，只受弯矩作用的轴。

（2）轴瓦：滑动轴承中直接与轴颈接触的零件，是滑动轴承的重要零件。

（3）其含义为公差等级为5级，内径为115mm，直径系列为特轻系列，宽度系列为宽系列的调心滚子轴承。

2. 要求有：1）轴的受力合理，以利于提高轴的强度和刚度。

2）安装在轴上的零件，要能牢固而可靠地相对固定（轴向、周向固定）。

3）轴上结构便于加工、拆装和调整。

4）尽量减少应力集中，并节省材料、减轻质量。

3. 按一个轴承中滚动体的列数可分为单列、双列和多列轴承。

4. 润滑的目的是为了减少摩擦和磨损，降低功率消耗，冷却、防锈和吸振。

动压轴承常用的供油方式有压力供油、油环供油、油垫供油、油绳供油。

5. 1处轴环高度不应高于轴承内圈高度，修正轴环高度使其低于轴承内圈高度，或选用另一轴承使其轴承内圈高度高于现在的轴环高度；2 处轮毂长度小于轴段长度，齿轮无法轴向固定，再选另一齿轮，使轮毂长度略大于轴段长度；3 处没用螺纹退刀槽，加工螺纹时退刀困难，应留出螺纹退刀槽；4 处螺纹小径不应小于轴段直径，也不利于螺纹加工，可修正轴段直径或在此处开一沟槽，要求沟槽直径小于螺纹小径。

第八单元　机械的节能环保与安全防护

第八单元　机械的节能环保与安全防护练习卷

一、填空题

1. 油润滑　脂润滑　2. 定点　定质　定量　定期　定人　3. 润滑剂　工作介质　4. 接触式　非接触式　5. 毡圈密封　唇形密封圈密封　机械密封　缝隙沟槽密封　曲路密封　6. 减振　减振沟　消声器　消除噪声源　减少噪声干扰

二、选择题

1. D　2. B　3. B

三、判断题

1. ×　2. ×　3. √　4. ×　5. ×　6. √

四、简答题

1. 有黏度、黏度指数、油性、极压性能、闪点和凝点。
2. 从以下三方面入手：1）安全制度建设；2）采取安全措施；3）合理包装。

第八单元　机械的节能环保与安全防护复习卷

一、填空题

1. 摩擦部分　润滑剂　2. 黏度　40℃　3. 润滑油　稠化剂　添加剂　4. 贮集　净化　冷却　监测　调节　报警　5. 静密封

二、选择题

1. C　2. A　3. A

三、简答题

1. 常用的润滑剂有润滑油和润滑脂两种，润滑油的性能指标主要有黏度、黏度指数、油性、极压性能、闪点和凝点。润滑脂的性能指标主要有针入度和滴点。
2. 方法主要有以下几点：
   1）生产过程中注意防止泄漏，采用切削液循环利用，铁屑有效回收，在机床上设置油盘。
   2）采用高效发动机，提高燃料利用率；不轻易使用丙酮、氯仿、氟利昂、汽油等挥发性清洗剂；不在生产区焚烧废弃物等都是减少废气的有效手段。
   3）三废又可称为“放在错误地点的原料”，不能再使用的切削液、更换下来的机油、机械设备用过的电池应集中保存，送专业部门集中处理，将其回收利用、变废为宝，不可随意倒入下水道和随意丢弃。

第八单元　机械的节能环保与安全防护测验卷

一、填空题

1. 润滑油　润滑脂　2. 黏度　40℃　3. 手工加油润滑　滴油润滑　油环润滑　油浴和飞溅

润滑　喷油润滑　压力强制润滑　4. 人工加脂　脂杯加脂　5. 润滑剂　工作介质　灰尘　水分　6. 密封胶　密封垫　直接接触　往复动密封　旋转动密封　螺旋动密封　7. 毡圈密封　唇形密封圈密封　机械密封　缝隙沟槽密封　曲路密封　8. 废水　废气　固体废弃物

二、选择题

1. B　2. C　3. B　4. D　5. D

三、简答题

1. 选用润滑油主要是确定油品的种类和牌号（黏度）。一般根据机械设备的工作条件、载荷和速度，先确定合适的黏度范围，再选择适当的润滑油品种。工作于高温重载、低速，机器工作中有冲击、振动、运转不平稳并经常起动、停车、反转、变载变速，轴与轴承的间隙较大，加工表面粗糙等情况下应选用黏度高的润滑油。在高速、轻载、低温、采用压力循环润滑、滴油润滑等情况下，可选用黏度低的润滑油。
2. “五定”是搞好润滑管理的有效措施，其主要内容如下：
   1）定点：根据设备润滑卡片上指定的润滑部位、润滑点和检查点（油标、窥视孔等），实施定点添加油和换油，并检查油面高度和供油情况。
   2）定质：各润滑部位所加油或脂的牌号和质量必须符合润滑卡片上的要求，不得随便采用代用材料和掺配使用。
   3）定量：按照润滑规定的油和脂数量添加到润滑部位和油箱、油杯。
   4）定期：按照润滑规定的时间间隔进行添加油和换油。一般说来，设备的油杯、手泵、手按油阀和机床导轨、光杠等处每班加油 1 ~2 次；脂杯、脂孔每星期加脂 1 次或每班拧进 1 ~2 转；油箱每月检查加油 2 次，或定期抽样化验，按质换油。
   5）定人：按润滑卡片上分工规定，各司其职。

第九单元　液压传动

第一节　液压传动的基本知识练习卷

一、填空题

1. 流体　变化　压力　2. 能量转化装置　机械能　液压能　液压能　机械能　3. 工作介质　润滑剂　冷却剂　4. 外界负载　流量　5. 正　6. 反　大　小

二、选择题

1. D　2. B　3. D　4. A　5. D　6. B　7. C　8. A　9. D　10. B

三、判断题

1. √　2. √　3. √　4. ×　5. √　6. ×　7. ×　8. √　9. ×

四、简答题

1. 液压传动的工作原理是以油液为工作介质，依靠密封容积的变化来传递运动，依靠油液内部的压力来传递动力的。液压传动的实质是一种能量转换装置。
2. 优点有：
   1）无级调速，调速范围可达 2000:1。
   2）传动平稳，易于实现快速起动、制动和频繁换向。
   3）操作控制方便，易于实现自动控制、中远距离控制和过载保护。
   4）标准化、系列化、通用化程度高，有利于缩短设计周期、制造周期和降低成本。

第二节 液压元件练习卷

一、填空题

1. 液压能 机械能 能量 执行 活塞 柱塞 摆动 2. 密封容积 吸油 压油 3. 高 小 平稳 4. 不平衡径向 严重 大 受限制 5. 轴向 径向 高 6. 缸筒 缸盖 活塞 活塞杆 密封装置 缓冲装置 排气装置 7. 双出杆 单出杆 8. 速度 推力 有效作用面积 9. 活塞两侧有效作用面积差 单出杆液压缸 10. 间隙密封 密封圈密封 11. $\sqrt{2}$ 12. 控制 流动方向 压力 流量 方向阀 压力阀 流量阀 13. 油液流动方向 单向阀 换向阀 14. 液压力 弹簧力 溢流阀 顺序阀 减压阀 15. 通流面积 流量 执行元件 普通节流阀 调速阀 16. 定压、溢流 安全保护 17. 低 中 高 18. 10% ~ 20% 19. 压力 20. 出口 进口 低于 21. 溢流阀 减压阀

二、选择题

1. D 2. D 3. B 4. A 5. A 6. B 7. B 8. D 9. C 10. B 11. B 12. D 13. C

三、判断题

1. √ 2. √ 3. × 4. × 5. × 6. × 7. × 8. √ 9. × 10. √ 11. × 12. × 13. √ 14. √ 15. √ 16. √ 17. × 18. × 19. × 20. ×

四、简答题

1. 要保证液压泵正常工作，必须满足以下条件：

1）液压泵内有若干个密封容积，且密封容积可以周期性变化。

2）液压泵应有配流装置，保证吸油腔和压油腔分开，并使吸油腔在吸油过程中与油箱相通，压油腔在压油过程中与系统供油管路相通。

3）油箱内液体的绝对压力必须恒定等于或大于大气压力。

2. 见表4-1。

表4-1 题2表

单向定量泵	溢流阀	减压阀	单向阀	顺序阀
				P_1 P_2

3. 顺序阀与溢流阀的区别：

1）溢流阀的出油口通往油箱，顺序阀的出油口一般通往另一工作油路；顺序阀的进、出油口都是有一定压力的。

2）溢流阀打开时，进油口压力基本上保持在调定值，出口压力近似为零；而顺序阀打开后，进油压力可以继续升高。

3）溢流阀的内部泄漏可以通过出油口回油箱；而顺序阀因出油口不是通往油箱的，所以要有单独的泄油口。

第三节 液压基本回路和液压系统练习卷

一、填空题

1. 液压元件 特定功能 方向控制 压力控制 速度控制 顺序动作 2. 通 断 方向 3. 阀芯相对阀体 接通 关断 起动 停止 4. 中位 滑阀机能 O型 H型 Y型 P型 M型 5. 人力控制 机械控制 电气控制 直接压力控制 先导控制 6. 三位四通换向阀 M型 O型

二、选择题

1. A 2. C 3. A 4. A 5. C

三、判断题

1. √ 2. √ 3. × 4. √ 5. ×

四、简答题

1. 1）1—液压泵（单向定量）， 2—二位二通电磁换向阀， 3—三位四通电磁换向阀，
4—三位四通电磁换向阀， 5—调速阀， 6—液压缸（单出杆活塞式）。
2）本系统由换向回路、闭锁回路、调压回路、卸荷回路、回油节流调速回路、快慢速度换接回路组成。

2. 如图4-13所示。

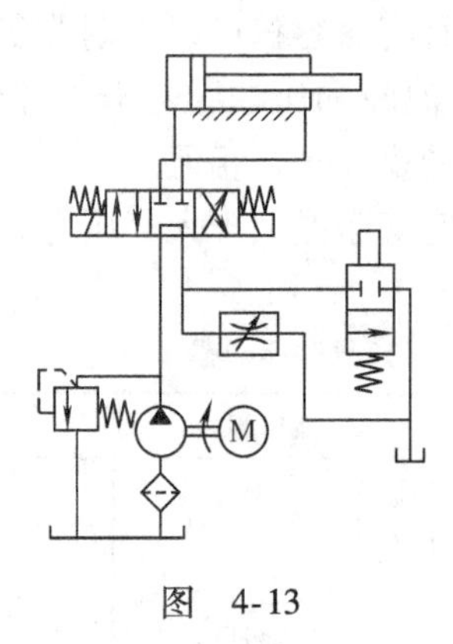

图 4-13

3. 见表4-2。

表4-2 电磁铁的动作顺序表

动作 \ 电磁铁	YA1	YA2	YA3	YA4
快进	+	−	+	−
工进	+	−	−	−
快退	−	+	+	−
原位停止	−	−	−	−
液压泵卸荷	−	−	−	+

第九单元　液压传动复习卷

一、填空题

1. 动力部分　执行部分　控制部分　辅助部分　2. 密封容积　吸油　压油　3. 齿轮泵　叶片泵　柱塞泵　4. 液压缸两端的有效面积差　单出杆液压缸　5. 低于　6. 溢流阀　减压阀　顺序阀　7. 控制液流的方向的阀　单向阀　换向阀　8. 油管和管接头　油箱　滤油器　蓄能器　9. 进油节流调速回路　回油节流调速回路　容积调速回路　10. 调压回路　增压回路　减压回路　卸载回路　11. 换向回路　锁紧回路　通　断

二、选择题

1. B　2. C　3. C　4. B　5. D　6. D　7. B　8. A B D　9. B　10. D　11. B　12. C

三、简答题

1. 工作原理是依靠密封容积的变化来进行吸油和排油，密封容积增加，液压泵吸油，密封容积减小，液压泵压油。

类型有齿轮泵、叶片泵、柱塞泵。

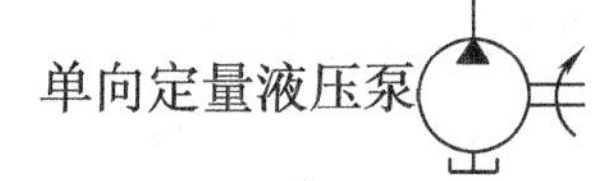

2. 功用：把液体压力能转换成机械能，实现执行元件的直线往复运动。

分类：活塞式、柱塞式和摆动式。

3. 作用：控制液流的方向。

工作原理：单向阀只能使油液沿一个方向流动，不容许油液反向倒流；换向阀是利用阀芯相对阀体的运动，使油路接通或关断，使液压执行元件实现起动、停止或变换运动方向。

单向阀　　二位三通电磁换向阀

4. 三位四通电液换向阀　三位四通电磁换向阀

二位三通电磁换向阀　三位四通液动换向阀

二位二通常闭式行程换向阀　三位四通手动换向阀

5. 作用：控制液压系统压力或利用压力作为信号来控制其他元件动作。

常用的压力控制阀有溢流阀、顺序阀和减压阀。

6. 作用：依靠改变阀口通流面积大小来调节通过阀口的流量，从而调节执行元件的运动速度。

节流阀的工作原理：依靠改变节流口的大小，调节执行元件的运动速度。

调速阀的工作原理：调速阀由节流阀和定差减压阀串接构成，所以调速阀的进口压力 p_1 或出口压力 p_2 发生波动时，定差减压阀可以维持节流阀前后的压差 p_2-p_1 基本保持不变，从而克服负载波动对节流阀的影响，保证执行元件的运动速度不因负载变化而变化。

节流阀图形符号　　调速阀图形符号

7. 主要辅件有油管、管接头、油箱、滤油器和蓄能器。

油管用于连接液压元件和输送液压油；管接头用于油管与油管、油管与液压件之间的连接；油箱用于储油、散热及分离油液中的空气和杂质；滤油器用于分离油中的杂质，使系统中的液压油经常保持清洁，以提高系统工作的可靠性和延长液压元件的寿命；蓄能器是一种能够蓄存液体压力能并在需要时把它释放出来的能量储存装置。

8. 液压基本回路是由液压元件组成，以液体为工作介质，并能完成特定功能的典型回路。
   分类：可分为方向控制回路、压力控制回路、速度控制回路和顺序动作回路。
9. 1）1—单向变量液压泵　2—单向阀　3—溢流阀　4—顺序阀
   5—单向阀　6—两个串联节流阀组成的调速控制回路
   7—调速阀　8—调速阀　9—压力继电器　10—单向阀
   11—二位二通行程阀　12—二位二通电磁阀
   2）包括：有限压式变量液压泵和调速阀的联合调速回路，液压缸左、右两腔都通压力油的差动快速回路，电液换向阀控制的换向回路，行程阀和电磁阀控制的速度换接回路，两个串联的节流阀组成的调速控制回路（实现二次进给），背压阀、顺序阀控制的压力控制回路。

第九单元　液压传动测试卷

一、填空题

1. 流体　变化　压力　2. 能源部分　控制部分　执行部分　辅助部分　3. 机械能　液压能　动力　4. 液压能　机械能　执行　活塞　柱塞　摆动　5. 控制　流动方向　压力　流量　方向控制阀　压力控制阀　流量控制阀　6. 溢流稳压　限压保护　7. 方向控制回路　压力控制回路　速度控制回路　顺序动作回路　8. 阀芯相对阀体　接通　关断　起动　停止　9. 中位　滑阀机能　H 型　O 型　M 型　Y 型　P 型　10. 液压力　弹簧力

二、选择题

1. B　2. D　3. D　4. A　5. B　6. B　7. D　8. B　9. A　10. D

三、判断题

1. ×　2. ×　3. ×　4. ×　5. ×　6. ×　7. ×　8. ×　9. ×　10. √

四、画出液压元件的图形符号（表 4-3）

表 4-3　题四表

单向定量泵	溢流阀	减压阀	单向阀	三位四通“O”型电磁阀

五、分析、计算题

1. 图 a 中，$p_1 = 4.4 \times 10^6$Pa，图 b 中 $p_1 = 5.5 \times 10^6$Pa，图 c 中 $p_1 = 0$。
2. 1—液压泵（单向定量）　2—二位二通电磁换向阀
   3—三位四通电磁换向阀　4—三位四通电磁换向阀
   5—调速阀　6—液压缸（单出杆活塞式）

第十单元　气压传动

第十单元　气压传动练习卷

一、填空题

1. 压缩空气　能量传递　信号传递　2. 气源装置　执行元件　控制元件　3. 低压　中压

高压　超高压　4. 容积变化　叶片式　活塞式　齿轮式　5. 气压元件　管路　方向控制　压力控制　速度控制

二、选择题

1. C　2. B　3. B

三．判断题

1. √　2. ×　3. √　4. ×

四、简答题

1. 具有透明、无有害性能，输送方便，没有起火危险，能在恶劣环境和超负荷条件下工作，空气资源取之不尽的特点。
2. 容积式气马达是利用工作腔的容积变化来做功，将压缩气体的压力能转换为机械能并产生旋转运动的装置。它包括叶片式、活塞式和齿轮式等类型。

第十单元　气压传动复习卷

一、填空题

1. 空气压缩机　储气罐　后冷却器　2. 机械能　气体压力能　3. 40　水蒸气　变质油雾　4. 单作用　双作用　固定式　轴销式　5. 流向　压力　流量　方向控制阀　压力控制阀　流量控制阀　6. 节流阀　单向节流阀　排气节流阀　通流面积

二、选择题

1. A　2. A　3. C

三、判断题

1. ×　2. √　3. √　4. ×

四、简答题

优点：操作控制方便，易于实现自动控制、远程控制和过载保护；工作介质处理方便，无介质费用、无环境污染、无介质变质及补充。

缺点：一般工作压力较低，总输出压力不宜大于10～40kN，且工作速度稳定性较差。

第十单元　气压传动测验卷

一、填空题

1. 压缩空气　空气压缩机　机械能　空气的压力能　压力能　直线运动　回转运动形式　2. 气源装置　执行元件　控制元件　辅助元件　3. 原动机提供的机械能　气体压力能　动力　4. 活塞　单缸　双缸　5. 压力控制阀　流量控制阀　方向控制阀　6. 压缩空气的压力能　机械能　直线往复运动　摆动　执行　7. 减压阀　顺序阀　溢流阀　8. 分水滤气器　减压阀　油雾器　9. 空气过滤器　储气罐　油雾器　消声器　10. 降低气动系统的噪声　排气口

二、选择题

1. D　2. C　3. C　4. B　5. A　6. C　7. B　8. C　9. B　10. B

三、判断题

1. ×　2. ×　3. √　4. √　5. √　6. ×　7. ×　8. ×　9. ×　10. ×

四、简答题

1. 气压传动与液压传动相比，有以下优点：1）以空气作为介质，介质清洁、易得，维护方便，管道不易堵塞；2）空气黏度很小，管道压力损失小，易集中供应和远距离输送；3）动作迅速，能迅速达到所需的压力和速度；4）工作压力较低，可降低对气动元件的加工精度等要求；易制造，成本低，气动元件大都已标准化和系统化，易购买；5）受温度影响小，高温下不会燃烧和爆炸，使用安全；温度变化时，其黏度变化极小，不会影响传动性能。

   缺点：1）因空气的工作压力低，总推力不宜过大；2）因空气有可压缩性，装置的动作稳定性差，当外载变化时，对速度影响更大；3）气动装置噪声较大，尤其在排气时。
2. 与液压传动系统相似，气压传动系统由四部分组成，即气源装置、执行元件、控制元件和辅助元件。
3. 减压阀的作用是将较高的输入压力调整到符合设备使用要求的压力并输出，且保持输出压力的稳定；顺序阀的作用是控制两个或两个以上的气动执行元件的顺序动作；安全阀的作用是防止气动装置因气压过高而发生破裂等故障。
4. 方向控制阀的作用通过改变压缩空气的流动方向和气流的通或断来控制执行元件的运动方向、起动或停止。它的结构与工作原理和液压同类阀类似，一般有单向型和换向型两类。换向型有电磁换向阀、气控换向阀等。
5. 按对活塞端面作用方向的不同，气缸可分为单作用式和双作用式；按结构不同，气缸可分为活塞式、叶片式、膜片式和气液阻尼式；按有无缓冲装置，气缸可分为缓冲式和无缓冲式。

第二部分　统测过关

绪论阶段性统测试卷

一、填空题

1. 动力　执行　传动　控制　2. 运动　控制　运动　力　3. 使用要求　工艺要求　经济性　4. 毛坯准备　机械加工　装配维修　5. 失效　6. 点　线　大　7. 静强度　疲劳强度　体积强度　表面强度　8. 磨损率　9. 腐蚀磨损

二、选择题

1. B　2. B　3. A　4. A　5. A　6. B　7. C　8. B

三、判断题（12 分）

1. ×　2. √　3. √　4. ×　5. √　6. √

四、简答题

1. 根据摩擦副的表面润滑状态，摩擦可以分为干摩擦、边界摩擦、液体摩擦和混合摩擦。机械零件的磨损过程分为磨合磨损、稳定磨损和剧烈磨损 3 个阶段。
2. 润滑的主要作用是降低摩擦、减少磨损。机械中的润滑主要有流体润滑、弹性流体动力润滑、边界润滑和混合润滑。

第一单元 杆件的静力分析阶段性统测试卷1

一、填空题

1. 大小 方向 作用点 矢量 2. 不可以 3. 约束反力 主动力 4. 拉 压 5. 力的大小 力偶臂大小 转向 正 负

二、选择题

1. B 2. A 3. A 4. D

三、判断题

1. × 2. × 3. √ 4. √ 5. √

四、简答及作图分析题

1. 三力平衡汇交定理是指，当刚体受三个力作用而处于平衡时，则此三个力的作用线必定汇交于一点，且三力作用线在同一平面内。
   汇交于同一点上的三个力并不一定平衡，需要三力作用线在同一平面内。
2. 在钳工用丝锥攻螺纹时，需在锥柄两端均匀用力以形成一个力偶；若单手施力锥柄一端，根据力的平移原理，该力等价于直接作用于丝锥端部，并附加一力偶，此时丝锥等效于同时受力偶和力的作用，更容易使丝锥折断。把握汽车转向盘的受力原理与钳工用丝锥攻螺纹的操作受力原理相同，只不过连接汽车转向盘的轴经过设计和实际测试，能够承受单手操作时产生的力偶和力的同时作用，而普通的丝锥不行，极易折断。
3. 作图：改成如图4-14所示。
4. 如图4-15b所示作图。

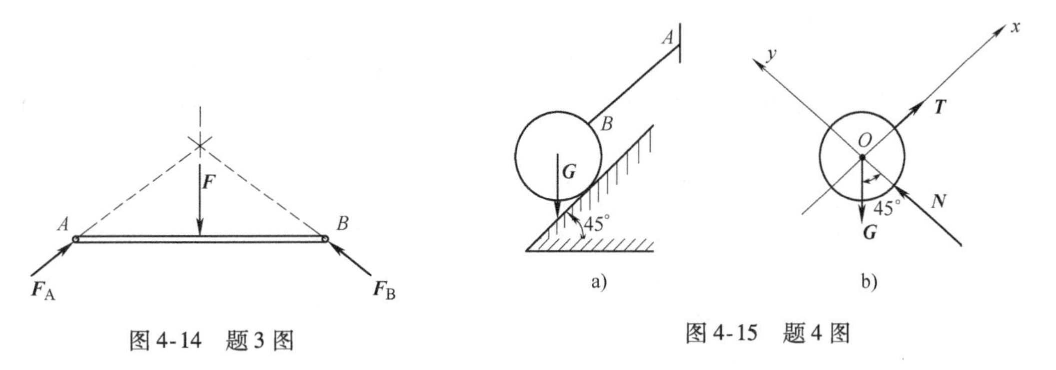

图4-14 题3图

图4-15 题4图

第一单元 杆件的静力分析阶段性统测试卷2

一、填空题

1. 二力平衡 作用与反作用 力的平行四边形 加减平衡力系 2. 柔性约束 光滑面约束 活动铰链约束 3. 矩心 4. 力的大小 力偶臂大小 5. 相互平行 平面任意 两 6. 一个合力偶 所有各力偶矩的代数和为零

二、选择题

1. A 2. D 3. D 4. D

三、判断题

1. × 2. × 3. √ 4. √

四、简答及计算题

1. 力的概念：力是物体间的相互机械作用，这种作用使物体的运动状态发生变化，或使物体发生变形。

   力的三要素：大小、方向、作用点。
2. 图中的 CD 杆是二力杆，其余不是。
3. 根据力的可传性原理，只适用于刚体沿作用线滑移而不能移至线外；力的平移原理，可以平移在作用平面内任意位置，但需附加一个相应的力偶。
4. 解：$\sum M_O(F)=M_O(F_1)+M_O(F_2)+M_O(F_3)+M_O(F_4)=0.514\text{N}\cdot\text{m}$

第一单元　杆件的静力分析阶段性统测试卷3

一、填空题

1. 矢　力的大小　力的作用线　2. 光滑面　3. 主动力　约束反力　4. 力　力偶　5. 大小相等　方向相反　同一直线上　力的大小　力偶臂的长短　矩心位置

二、选择题

1. B　2. D　3. B　4. C

三、判断题

1. √　2. ×　3. ×　4. √　5. ×

四、简答及计算题

1. 两个公理中两个力大小相等，方向相反，且作用在同一直线上；但是二力平衡公理两个力作用于同一物体上，作用与反作用公理两力分别作用于这两个相互作用的物体上。
2. 三者在两力的位置和作用物体上有区别，具体是：力偶中两力是相互平行且作用于一个物体上；作用力与反作用力是共线但分别作用于两个物体上；二力平衡条件中两力共线且作用于一个物体上。
3. 步骤：1）确定研究对象，画出它的简图。

   2）进行受力分析，分析出研究对象上的主动力与约束反力，明确受力物体与施力物体。

   3）画出作用在研究对象上的全部主动力与约束反力。
4. 常见约束的类型有：1）柔性约束；2）光滑面约束；3）铰链约束；4）固定端约束。
5. 运用力矩平衡方程，可求得力 $\boldsymbol{F}_b$。

   $\sum M_O(F)=0, F_a a\cos30^\circ - F_b b=0$；

   $F_b=F_a a\cos30^\circ/b=1299\text{N}$。

第二单元　直杆的基本变形阶段性统测试卷1

一、填空题

1. 均匀　相等　2. 外力　3. 半圆柱面　4. 挤压　塑性　5. 扭矩　6. 相对转动

二、选择题

1. A　2. C　3. B　4. B　5. B　6. A

三、判断题

1. ×　2. √　3. √　4. ×　5. √　6. ×

四、简答及计算题

1. 1）剪切面积：$A = bL = 16 \times 100\text{mm}^2 = 1.6 \times 10^3\text{mm}^2$。
   2）挤压面积：$A_{jy} = hL/2 = 10 \times 100\text{mm}^2/2 = 500\text{mm}^2$。
2. 横截面上某点的切应力与该点至圆心的距离成正比，而且切应力在圆心处为零，圆周上最大。

第二单元　直杆的基本变形阶段性统测试卷 2

一、填空题

1. 作用在杆端的两外力（或合外力）等值、反向，且作用线与杆轴线重合　2. 正　负　3. 弹性变形　屈服阶段　强化阶段　缩颈阶段　4. 截面

二、选择题

1. B　2. A　3. B　4. B　5. D　6. A

三、判断题

1. ×　2. ×　3. ×　4. ×　5. ×　6. ×

四、简答及计算题

1. 榫头连接中，榫头发生剪切和挤压；齿轮与轴用键联接，键受到剪力和挤压力；铆接钢板中，铆钉受到剪力和挤压力等。
2. 外力偶 $M \approx 9550P/n$，$M_T = M = 11.46\text{N}\cdot\text{m}$。

第二单元　直杆的基本变形阶段性统测试卷 3

一、填空题

1. 内力　截面　2. 应变　3. 零　4. 屈服　5. 组合　6. 两作用力　相对错动

二、选择题

1. D　2. A　3. B　4. B　5. D

三、判断题

1. ×　2. √　3. ×　4. √　5. ×　6. ×　7. √　8. ×

四、简答题

1. 应力：构件在外力作用下，单位面积上的内力。
   应变：表示单位原长杆件变形的程度。
2. 措施：1）合理安排受力，降低最大扭矩。
   2）合理选用截面，提高抗扭刚度。
   3）在强度条件许可的条件下，选刚度大的材料。

第三单元　机械工程材料阶段性统测试卷 1

一、填空题

1. 其他更硬物体　布氏　洛氏　维氏　2. 0.45%　中碳钢　优质钢　碳素结构钢　3. 加热　保温　组织结构　性能　4. 正火　退火　淬火　回火　5. 大于 2.11%　灰铸铁　可锻铸铁　球墨铸铁　6. 冶炼　成品　铸造性　可锻性　焊接性　可加工性　7. 合金调质　淬火+高温回火　良好的综合力学　8. 渗碳　低温回火　9. 铜镍　锌　普通　特殊　10. YG

YT　YW　11. 热塑性塑料　热固性塑料

二、判断题

1. ×　2. ×　3. ×　4. √　5. √　6. √　7. ×　8. ×　9. ×　10. ×

三、选择题

1. C　2. C　3. D　4. A　5. B　6. C　7. C　8. B　9. D　10. D

四、名词解释

- Q235AF——下屈服强度为235MPa，质量等级为A级，脱氧方式为沸腾的普通碳素结构钢。
- 45——平均碳的质量分数为0.45%，质量等级为优质的碳素结构钢。
- 20CrMnTi——平均碳的质量分数为0.20%，Cr、Mn、Ti的质量分数均小于1.5%的合金渗碳钢。
- KTH370－12——最低抗拉强度为370MPa，最小断后伸长率为12%的黑心可锻铸铁。
- H70——铜的质量分数为70%的普通黄铜。

五、简答题

1. 铸铁的优良性能包括：良好的铸造性、耐磨性、减振性、可加工性和低的缺口敏感性。
2. 回火是将淬火钢重新加热到低于727℃的某一温度，保温一定时间，然后空冷到室温的热处理工艺。

   回火的目的：消除残余应力，防止变形和开裂；调整工件硬度、强度、塑性和韧性，达到使用性能要求；稳定组织与尺寸，保证精度；改善和提高可加工性。回火分为低温回火、中温回火和高温回火。
3. 热处理1：预备热处理，包括退火或正火。

   作用：消除轧制过程中产生的内应力，为以后的加工做好组织准备。

   热处理2：最终热处理，包括淬火＋中温回火。

   作用：获得高的弹性和屈服强度，适当的韧性，为制作弹簧做好组织准备。

第三单元　机械工程材料阶段性统测试卷2

一、填空题

1. 使用性能　工艺性能　2. 断后伸长率　断面收缩率　好　3. 硫　磷　磷　4. 碳素工具　高碳　高级优质　5. 不锈耐酸钢　耐热钢　耐磨钢　6. 高速　硬度　高耐磨性　热硬性　7. 片状石墨　去应力退火　表面淬火　8. 高　9. 强度　硬度　耐磨性　10. 淬火　中温回火　11. 淬火　高温回火　12. 锡　铅　铝　13. 通用塑料　工程塑料　特种塑料

二、选择题

1. C　2. B　3. A　4. A　5. D　6. C　7. C　8. A　9. B　10. A　11. D　12. A

三、判断题

1. ×　2. ×　3. ×　4. ×　5. ×　6. ×　7. ×　8. ×　9. √　10. ×

四、名词解释

1. 疲劳强度：金属材料在无限多次交变载荷作用下抵抗破坏的能力。
2. 热硬性：金属材料在高温下保持高硬度的能力。
3. 钢的热处理：指采用适当的方式将钢或钢制工件进行加热、保温、冷却，以获得预期的组织结构与性能的工艺。

五、简答题

1. 退火是将工件加热到适当温度，保持一定时间，然后缓慢冷却的热处理工艺。
退火的目的如下：
1）降低钢的硬度，提高塑性，改善其可加工性和压力加工性能。
2）细化晶粒，均匀钢的组织，为以后热处理做准备。
3）消除工件的残余应力，稳定工件尺寸，防止变形或开裂。
2. 淬硬性指淬火后钢所能达到的最高硬度；淬透性指淬火后工件获得淬硬层深度的能力。
淬硬性取决于钢的含碳量，淬透性主要取决于钢的化学成分和淬火冷却方式。
3. 热处理1：球化退火，因为T12是高碳钢，可防止产生网状渗碳体。
目的：适当降低T12钢的硬度，有利于改善可加工性，消除锻造后产生的内应力，为后续热处理做好准备。
热处理2：淬火加低温回火。
目的：淬火得到所需的硬度和耐磨性，低温回火消除淬火产生的内应力。

第三单元 机械工程材料阶段性统测试卷3

一、填空题

1. 静载荷 永久变形 断裂 2. 硫 磷 硅 锰 3. 高硬度 高耐磨性 4. 淬火加中温回火 回火托氏体 淬火加低温回火 5. 抗氧化性 较高强度 6. 铸造性能 耐磨性 减振性 低的缺口敏感性 7. 渗碳体 硬而脆 8. 铁素体可锻铸铁 珠光体可锻铸铁 9. 塑性 韧性 10. 碳素钢 退火 11. 硬度 耐磨性 塑性 韧性 12. 形变铝合金 铸造铝合金 13. 塑料 橡胶 胶粘剂 陶瓷材料 复合材料 14. 两种或两种以上 优点 性能

二、判断题

1. √ 2. × 3. × 4. √ 5. × 6. × 7. × 8. × 9. × 10. ×

三、选择题

1. D 2. C 3. A 4. D 5. C 6. B 7. D 8. B 9. C 10. C

四、名词解释

- T10A——平均碳的质量分数为1.0%的高级优质碳素工具钢。
- 3Cr2W8V——平均碳的质量分数为0.3%，Cr的质量分数为2%，W的质量分数为8%，V的质量分数小于1.5%的热挤压模。
- QT700－2——最低抗拉强度为700MPa，最低断后伸长率为2%的球墨铸铁。
- YT5——碳化钛的质量分数为5%的钨钴钛类硬质合金。
- HPb59－1——铅的质量分数为1%，铜的质量分数为59%，其余含量为锌的铅黄铜。

五、简答题

1. 钢的热处理是指采用适当的方式将钢或钢制工件进行加热、保温、冷却，以获得预期的组织结构与性能的工艺。它包括加热、保温、冷却三个阶段。
2. 变形铝合金可分为防锈铝合金、硬铝合金、超硬铝合金、锻铝合金。
铸造铝合金又可分为铝硅合金、铝铜合金、铝镁合金和铝锌合金。
3. 热处理1：正火，目的是消除锻造后产生的内应力，细化晶粒，为以后热处理做好准备。

热处理2：调质，目的是得到良好的综合力学性能。

热处理3：感应淬火，目的是表面质量好，具有高硬度、高耐磨性，而心部仍然保持调质后所得到的性能。

第四单元　联接阶段性统测试卷1

一、填空题

1. 轴径　2. 矩形　渐开线　三角形　3. 摩擦力防松　机械防松　4. 普通螺纹　管螺纹　矩形螺纹　梯形螺纹　锯齿形螺纹　5. 接合　分开

二、选择题

1. B　2. B　3. C　4. C　5. B　6. C　7. B

三、判断题

1. √　2. ×　3. √　4. ×　5. ×　6. √

四、简答题

1. “键B”表示平头普通平键，8表示键高，“12×30”表示键宽×键长，“GB/T 1096”表示国标。

2. 见下表。

名称	功用联系	功用区别
联轴器	连接两轴，使其共同回转传递转矩，有时也作为传动系统中的安全装置	只能在两机器都停止转动后才可将两轴接合或分离
离合器		工作中可以随时接合或分离两轴

3. 键联接的主要作用：轴和轴上零件间的周向固定并传递转矩；有时可作为导向零件。

   键联接的类型：松键联接（平键、半圆键、花键联接）；紧键联接（楔键、切向键联接）。

第四单元　联接阶段性统测试卷2

一、填空题

1. 键联接　销联接　2. 两侧面　上下面　3. 螺钉　螺栓　双头螺柱　4. 螺纹大径　管子内径　5. 弹性柱销　弹性套柱销　轮胎式　6. 圆盘　圆锥式

二、选择题

1. C　2. C　3. A　4. A　5. D　6. D　7. C

三、判断题

1. √　2. √　3. √　4. ×　5. √　6. ×

四、简答题

1. 由轴径（公称直径 d）查表确定截面尺寸 $b \times h$；再由轮毂长度 L_1 选择键长 L，使 L 略短于 L_1（5～10mm），而且 L 符合标准长度系列。

2. 常用螺纹联接的防松措施有摩擦防松和锁住防松两类；止动垫片属于锁住防松。

3. 飞轮应用了超越离合器的原理，俗称棘轮。

第四单元 联接阶段性统测试卷3

一、填空题

1. 键B GB/T 1096 20×12×63 2. 连接 定位 安全 3. 33° 3° 4. 联接 传动 5. 滑块 齿式 万向 6. 圆盘 圆锥式

二、选择题

1. C 2. D 3. A 4. C 5. D 6. A 7. B

三、判断题

1. √ 2. × 3. × 4. × 5. × 6. √

四、简答题

1. 花键联接一般分为矩形花键、渐开线花键、三角形花键三种。
   1）矩形花键：加工方便，可用磨削获得高精度，应用广泛。
   2）渐开线花键：从它的加工方法可得到高精度、齿根厚、强度高的性能，常用于重载及尺寸较大的联接。
   3）三角形花键：键齿细小，常用于轻载、直径较小或薄壁零件与轴的联接。
2. 由于双头螺柱没有头部，无法将旋入端紧固，常采用螺母对顶或螺钉与双头螺柱对顶的方法来装配。

第五单元 机构阶段性统测试卷1

一、填空题

1. 点 线 2. 同一平面 相互平行的平面 3. 旋转运动 往复直线运动 4. $a+d \leqslant b+c$ 杆 a 5. 曲线 直线 6. 凸轮 从动件 机架

二、选择题

1. C 2. A 3. D 4. D 5. B 6. D 7. B

三、判断题

1. √ 2. × 3. × 4. √ 5. × 6. ×

四、简答题

1. 步骤如下：
   1）观察机构的运动情况，找出原动件、从动件和机架。
   2）由相连两构件之间的相对运动性质和接触情况，确定各个运动副的类型。
   3）由机构实际尺寸和图样大小确定合适的长度比例尺（=实际长度/图示长度）。
   4）用线条将同一构件上的运动副连接起来，即完成机构运动简图。
2. 见下表。

类　型	机构中演化的部件	特　点
曲柄滑块机构	摇杆改成滑块	将滑块的往复直线运动与曲柄的连续转动相互转化
导杆机构	曲柄滑块机构中的曲柄变为机架	滑块沿导杆移动并作平面运动
摇杆滑块机构	滑块为机架	摇杆摆动，相对杆往复移动
曲柄摇块机构	原连杆为机架	滑块只能绕点摆动

3. 特点：1）便于准确地实现给定的运动规律。
   2）机构简单紧凑，便于设计。
   3）凸轮机构可以高速启动，动作准确可靠。
   4）由于凸轮机构是高副接触，又不易于润滑，容易磨损，故传递动力不宜过大。
   5）凸轮轮廓曲线不易于加工。

第五单元　机构阶段性统测试卷2

一、填空题

1. 从动件　机架　2. 直接接触　相对运动　3. 机架　曲柄　连杆　4. 行程速比系数　5. 行程　6. 盘形　移动　圆柱　圆锥

二、选择题

1. B　2. A　3. C　4. A　5. C　6. B　7. D　8. A

三、判断题

1. ×　2. √　3. ×　4. √　5. √　6. ×

四、综合题

1. 使两构件直接接触而又能产生一定相对运动的连接称为运动副。运动副可分为低副和高副。
2. 机构：由许多构件组成且之间具有确定的相对运动。
   “死点”位置：在曲柄摇杆机构中，取摇杆作为主动件，当摇杆处于两极限位置时，连杆与曲柄共线，使整个机构处于静止状态时所处的位置。
3. 急回特性指的是曲柄作等速转动时，摇杆来回摆动的速度不同，其空回行程平均速度大于工作行程平均速度。
   急回特性的程度可用来回摆动的速度比值来表达，机构有无急回特性与极位夹角 θ 有关。当 $\theta=0$ 时，$K=1$，机构无急回特性；当 $\theta>0$，$K>1$ 时，具有急回特性，且 θ 越大，K 值越大，急回特性越明显。
4. 见下表。

应用实例	内燃机配气机构	自动车床走刀机构	靠模车削机构
类型	盘形、平底、直动凸轮机构	圆柱、曲面、摆动凸轮机构	移动、滚子、直动凸轮机构

第五单元　机构阶段性统测试卷3

一、填空题

1. 构件　运动副　2. 螺旋副　转动副　3. 曲柄摇杆机构　4. 双曲柄机构　曲柄摇杆机构　双摇杆机构　5. 尖顶　滚子　平底　6. 基圆　7. 棘轮机构　槽轮机构　间歇齿轮机构

二、选择题

1. D　2. C　3. A　4. C　5. B　6. A

三、判断题

1. √　2. ×　3. √　4. ×　5. √　6. ×　7. √

四、综合题

1. 机构是由许多构件组成且之间具有确定的相对运动。

机器一般由机构组成；机构不能代替人的劳动做功或进行能量转换，主要用于传递或转变运动的形式。

2. 运动副：使两构件直接接触而又能产生一定相对运动的连接。
   基圆半径：以凸轮的最小半径所作的圆称为基圆，该半径称为基圆半径。
   间歇运动机构：将主动件的连续运动转换为从动件的周期性时动时停的机构，称为间歇运动机构。
3. 凸轮机构有等速运动规律和等加速等减速运动规律；等速运动规律适用于低速、轻载或有特殊需要的凸轮机构中，等加速等减速运动规律适用于中低速场合及从动件质量小的场合。

第六单元 机械传动阶段性统测试卷1

一、填空题

1. 摩擦 啮合 2. 120° 3. 帘布芯 线绳芯 帘布芯 4. 顶胶 底胶 包布 抗拉体 包布 5. 打滑 破坏 安全保护 6. 传动 起重 牵引 7. 内链板 外链板 销轴 套筒 8. 平面齿轮传动 空间齿轮传动 9. 48 300mm 10. 2 600r/min 11. 同侧 分度圆弧长 12. 大端模数 大端压力角 13. 法向模数 法向压力角 螺旋角 方向 14. 蜗杆 蜗轮 蜗杆 空间交错 15. 周转轮系

二、判断题

1. × 2. × 3. × 4. √ 5. √ 6. √ 7. √ 8. √ 9. × 10. ×

三、选择题

1. C 2. B 3. C 4. C 5. C 6. A 7. B 8. B 9. C 10. C

四、综合分析题

1. 由于传动带工作一段时间后，会产生永久变形使带松弛，使初拉力减小而降低带传动的工作能力，因此需要重新张紧传动带，提高初拉力。带传动的张紧采用两种方法，即调整中心距和使用张紧轮。
2. 链传动的失效形式有：链板的疲劳断裂，套筒、滚子的疲劳点蚀，销轴和套筒胶合，链条脱落和链条过载拉断5种。
3. $n_2 = n_1/i = 300\text{r/min}$，$a = m(z_1+z_2)/2$，解得 $z_1 = 40$，$z_2 = 80$。
   $p = m = 12.56\text{mm}, d_{a1} = m(z_1+2) = 168\text{mm}$。
4. $i_{16} = (z_2z_4z_6)/(z_1z_3z_5) = 168$
   $n_6 = n_1/i_{16} \approx 5.7\text{r/min}$，方向向右。

第六单元 机械传动阶段性统测试卷2

一、填空题

1. 中间挠性件 摩擦力 运动和动力 2. 轮缘 轮辐 轮毂 3. 啮合 4. 啮合型 啮合作用 梯形齿 5. 梯形 两侧面 6. 截面为B型 基准长度 7. 传动要平稳 承载能力强 8. 闭式齿轮传动 半开式齿轮传动 开式齿轮传动 9. 垂直于 10. 失效 轮齿折断 齿面点蚀 齿面磨损 齿面胶合 齿面塑性变形 11. 仿形法 展成法 12. 模数 齿数 压力角 13. 疲劳折断 过载折断 14. 摩擦角 15. 螺纹升角 效率 16. 模数 压力角

17. 从动　主动

二、判断题

1. √　2. ×　3. ×　4. √　5. ×　6. √　7. √　8. ×　9. ×　10. ×

三、选择题

1. D　2. A　3. B　4. C　5. B　6. C　7. A　8. C　9. C　10. C

四、综合分析题

1. V带轮的结构形式根据带轮直径决定。一般小带轮，即 $d<150$mm 时制成实心式；中带轮，$d=150\sim450$mm 时制成腹板式或孔板式；大带轮，即 $d>450$mm 时可制成轮辐式结构。
2. 链传动的润滑方式有人工定期用油壶或油刷给油、滴油润滑、油浴润滑或飞溅润滑、压力润滑。
3. 1）$n_2=n_1/i=150$r/min，$p=m$，解得 $m=6$mm。
   2）$a=m(z_1+z_2)/2$，解得 $z_1=40$，$z_2=60$。
   3）$d_{a1}=m(z_1+2)=132$mm，$d_{f2}=m(z_2-2.5)=345$mm。
4. 1）轮系的传动比 $i_{18}=n_1/n_8=(z_2z_4z_6z_8)/(z_1z_3z_5z_7)=(80\times60\times50\times60)/(40\times20\times25\times3)=240$。
   2）$n_8=n_1/i_{18}=4320/240$r/min $=18$r/min。
   3）z_8轮的转向为顺时针。

第六单元　机械传动阶段性统测试卷3

一、填空题

1. 摩擦力　摩擦　2. 顶胶　底胶　包布　抗拉体　抗拉体　包布　3. 开口销式　弹性锁片（卡簧式）　过渡链节式　4. 3　摩擦力　5. 2　6、分度圆　20°　7. 400r/min　50　8. 52mm　9. 开式传动　硬齿面闭式传动　10. 分度圆　11. 平行　12. 小　大　13. 齿面点蚀　14. 160　400　15. 仿形法　展成法　17　16. 蜗杆传动自锁　17. 70r/min　18. 空间交错　19. 轴　整体式　齿圈式　螺栓联接式　镶铸式　20. 惰轮

二、判断题

1. √　2. ×　3. ×　4. ×　5. ×　6. √　7. √　8. ×　9. √　10. √

三、选择题

1. D　2. C　3. B　4. C　5. D　6. B　7. A　D　8. A　9. A　10. B

四、综合分析题

1. 自行车是增速运动，因为人的作用力能产生的转速比较低，要增速才能达到要求。摩托车是发动机产生动力，转速高，所以是减速运动。
2. $i_{12}=D_1/D_2=2.5$，$n_2=n_1/i_{12}=580$r/min。
3. $d_{a1}=m(z_1+2)$，解得 $m=4$mm。
   $a=m(z_1+z_2)/2$，解得 $z_2=82$。
   $d_2=m(z_2+2)=336$mm，$d_{f2}=m(z_2-2.5)=318$mm。
4. $n_6=n_1(z_1z_3z_5)/(z_2z_4z_6)=800\times(16\times20\times4)/(32\times40\times40)$r/min $=20$r/min，重物向上移动。

第七单元　支承零部件阶段性统测试卷1

一、填空题

1. 转动零件　运动和动力　2. 直　曲　软（挠性）　3. 磨损　冷却　吸振　4. 整体式　剖分式　5. 径向　轴向　6. 标准　内圈　外圈　滚动体

二、选择题

1. B　2. C　3. A　4. B　5. C　6. D　7. B　8. C

三、判断题

1. ×　2. ×　3. ×　4. √　5. √　6. √

四、综合题

1. 由于轴的失效多为疲劳损坏，所以要有足够的强度；较小的应力集中敏感性；良好的可加工性。
   常见的材料有碳素钢、合金钢、球墨铸铁和高强度铸铁。
2. 按所受载荷的方向分为向心轴承、推力轴承、向心推力轴承。
   按轴系和拆装需要分为整体式、对开式。
3. 公差等级为5级，内径为115mm，直径系列为特轻系列，宽度系列为宽系列的调心滚子轴承。
   圆柱滚子轴承中窄系列，内径为50mm。
   圆锥滚子轴承中窄系列，内径为60mm。

第七单元　支承零部件阶段性统测试卷2

一、填空题

1. 轴颈　轴身　轴肩　轴环　2. 轴向　周向　3. 非承载区　4. 向心　推力　向心推力　5. 类型代号　尺寸系列代号　内径代号　6. 圆柱滚子

二、选择题

1. C　2. D　3. B　4. B　5. A　6. C　7. A　8. D

三、判断题

1. √　2. ×　3. ×　4. ×　5. √　6. √　7. √

四、简答题

1. 轴上零件的固定形式有轴向固定和周向固定两种。
   轴向固定有：弹性挡圈、套筒、轴肩、轴环等；周向固定有：键、销、紧定螺钉等。
2. 1——倒角，便于导向及避免擦伤零件配合表面。
   2——圆角，消除和减小应力集中，提高轴的疲劳强度。
   3——螺尾退刀槽，便于退出刀具，保证加工到位及装配时相配合零件的端面靠紧。
3. 失效形式有：磨粒磨损、刮伤、疲劳剥落、腐蚀、咬粘（胶合）。

第七单元　支承零部件阶段性统测试卷3

一、填空题

1. 紧定　2. 装配　加工　3. 碳素钢　合金钢　球墨铸铁　4. 润滑脂　润滑油　润滑脂

5. 整体式 剖分式 调心式 6. 调心滚子 30 7. 角接触球轴承

二、选择题

1. C 2. D 3. B 4. D 5. B 6. A 7. C

三、判断题

1. × 2. √ 3. √ 4. × 5. √ 6. ×

四、简答题

1. 1）轴的受力合理，以利于提高轴的强度和刚度。
   2）安装在轴上的零件，要能牢固而可靠地相对固定（轴向、周向固定）。
   3）轴上结构便于加工、拆装和调整。
   4）尽量减少应力集中，并节省材料、减轻质量。
2. 润滑的目的是减少摩擦和磨损，降低功率消耗，冷却，防锈，吸振。
   常见的润滑剂有润滑油、润滑脂和固体润滑剂。
3. 选用滚动轴承时，主要考虑1）轴承承载大小、方向和性质；2）轴承的转速；3）经济性；4）考虑某些特殊要求。
4. 主要有摩擦阻力小、起动灵敏、效率高、可用预紧法提高支承刚度与旋转精度、润滑简便、互换性强、抗冲击能力较差、高速有噪声、轴承径向尺寸大、寿命比滑动轴承低等特点。

第八单元 机械的节能环保与安全防护阶段性统测试卷

一、填空题

1. 润滑 冷却 密封 矿物性润滑剂 植物性润滑剂 动物性润滑剂 2. 润滑油 润滑脂 3. 温度 越小 越好 4. 闪点 安全指标 凝点 最低 5. 种类 牌号 6. 润滑剂 工作介质 静密封 动密封 7. 废水 废气 固体废弃物 8. 安全制度建设 采取安全措施

二、选择题

1. D 2. B 3. D 4. A 5. D

三、判断题

1. √ 2. √ 3. √ 4. √ 5. × 6. ×

四、简答题

1. 主要有：1）手工加油润滑；2）滴油润滑；3）油环润滑；4）油浴和飞溅润滑；5）喷油润滑；6）压力强制润滑。
2. 毡圈密封结构简单，易于更换，成本较低，适用于轴线速度 $v<10\text{m/s}$、工作温度低于125℃的轴上，常用于脂润滑轴承的密封，轴颈表面粗糙度值 Ra 不大于0.8μm。唇形密封圈密封效果好，易装拆，主要用于轴线速度 $v<20\text{m/s}$、工作温度低于100℃的油润滑的密封。
   缝隙沟槽密封结构为提高密封效果，常在轴承盖孔内制有几个环形槽，并充满润滑脂，适用于干燥、清洁环境中脂润滑轴承的外密封。
3. 主要有：1）定点；2）定质；3）定量；4）定期；5）定人。

第九单元 液压传动阶段性统测试卷1

一、填空题

1. 液体 压力 2. 动力 执行 控制 辅助 动力 执行 3. 机械 压力 动力 4. 负载 流量 5. 活塞 柱塞 摆动 6. 方向控制阀 压力控制阀 流量控制阀 7. 3 4 8. 溢流 安全保护 9. 节流阀 调速阀 10. 压力 调速 方向 11. 活塞两侧有效作用面积差 单出杆液压缸

二、选择题

1. D 2. D 3. C 4. A 5. A 6. A 7. C 8. D 9. A 10. D

三、判断题

1. √ 2. × 3. × 4. × 5. √ 6. × 7. × 8. √ 9. √ 10. √

四、分析、计算题

1. 液压传动系统主要由以下四部分组成：

1）动力元件：液压泵或气源装置，其功能是将原电动机输入的机械能转换成流体的压力能，为系统提供动力。

2）执行元件：液压缸或气缸、液压马达或气压马达，它们的功能是将流体的压力能转换成机械能，输出力和速度（或转矩和转速），以带动负载进行直线运动或旋转运动。

3）控制元件：它们的作用是控制和调节系统中流体的压力、流量和流动方向，以保证执行元件达到所要求的输出力（或力矩）、运动速度和运动方向。

4）辅助元件：保证系统正常工作所需要的辅助装置，包括管道、管接头、油箱或储气罐、过滤器和压力计等。

2. 刀具自动交换装置应能满足：1）换刀时间短；2）刀具重复定位精度高；3）识刀、选刀可靠，换刀动作简单；4）刀库容量合理，占地面积小，并能与主机配合，使机床外观完整；5）刀具装卸、调整、维护方便。

3. a：溢流阀；b：减压阀；c：顺序阀；

d：三位四通电磁换向阀；e：单向阀；f：调速阀。

4. ①：定量泵；②：溢流阀；③：电磁阀；④：液压缸；⑤：调速阀。

表4-4 题4表

电磁铁 动作	1DT	2DT	3DT
快进	+	+	−
工进	−	+	−
快退	+	−	+
停止	−	−	−

第九单元 液压传动阶段性统测试卷2

一、填空题

1. 流量 平均流速 2. 液流连续性原理 静压传递原理 3. 动力部分 执行部分 控制部分 辅助部分 4. 机械能 液压能 能量转换 动力 5. 液压能 机械能 能量 执行 6. 活塞式 柱塞式 摆动式 7. 单向阀 换向阀 减压阀 顺序阀 节流阀 调速阀

8. 定压　溢流　安全保护　9. 溢流阀　减压阀

二、选择题

1. C　2. D　3. D　4. B　5. B　6. D　7. B　8. A　9. C　10. D

三、判断题

1. ×　2. ×　3. √　4. ×　5. ×　6. ×　7. ×　8. ×　9. ×　10. √

四、分析、计算题

1. a. 如图4-16所示。b. 如图4-17所示。c. 如图4-18所示。

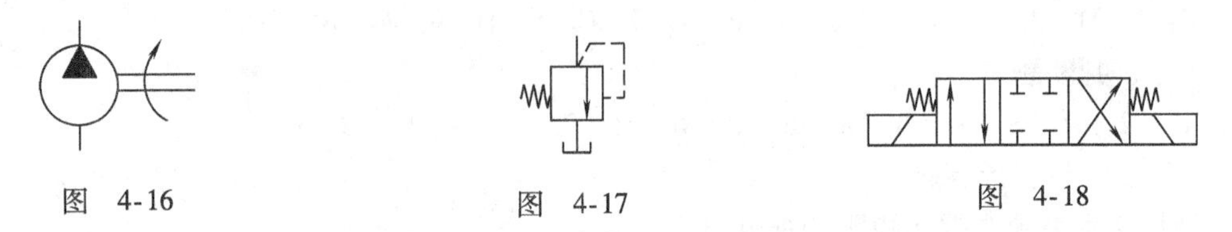

图　4-16　　图　4-17　　图　4-18

2. 与其他形式的传动系统相比，液压传动具有以下几个方面的显著优点。

1）质量轻、体积小：即单位重量输出功率大，因而使得机械质量轻、结构紧凑。如一个液压系统能简单、有效地将力从千分之几牛顿放大到数万牛顿输出。通常泵和液压马达单位功率的重量指标是发电机和电动机的1/10，而且随着液压系统工作压力的提高，这一特点将更加突出。

2）动作迅速，换向快：与电力系统相比，液压马达比电动机有较高的力矩—惯量比。液压马达的力矩—惯量比是20，而电动机是2，所以其加速性能较强，液压马达可实现高频正反转。

3）可实现无级调速，调速范围大，且运动平稳，不易受外界负载的影响，这是一般机械传动所无法实现的。液压传动的调速范围可达1000:1。

4）可实现恒力和恒转矩运行。不管速度怎样变化，它总能提供一个恒力或恒转矩，无论工作输出量是以每小时几厘米还是每分钟几百厘米的速度运动，或是每小时几转还是每分钟几千转的转速运行，都能保持恒力或恒转矩。

5）液压系统借助安全阀等可自动实现过载保护，同时以液压油为介质，相对运动表面间可自行润滑，故使用寿命长。

液压传动也有其自身的缺点：如液压油比较脏，并且要完全消除泄漏是不可能的，外泄会造成环境污染并造成液压油的浪费，内泄会降低传动效率；液压元件制造精度要求高，因而目前液压系统成本较高；液压油黏度受温度影响大，在高温和低温环境下传动性能受影响。

3. 1）$F_1 = 5880\text{N}$；2）$P = 5.88\text{MPa}$；3）$G = 29400\text{N}$；4）$P = 3.92\text{MPa}$，$F_1 = 3920\text{N}$。

4. 1）①：过滤器，②：单向定量泵，③：溢流阀，④：液压缸，⑤：三位四通电磁换向阀，⑥：二位二通电磁换向阀，⑦：调速阀，⑧：二位二通电磁换向阀。

2）由换向回路、限压回路、调速回路和卸荷回路组成。

3）见表4-5。

表4-5 题4表

动作＼电磁铁	1DT	2DT	3DT	4DT
快进	+	−	+	−
工进	+	−	−	−
快退	−	+	+	−
原位停止	−	−	−	+

第九单元 液压传动阶段性统测试卷3

一、填空题

1. 压力 2. 执行 转矩 转速 3. 一 偏心距 4. 中位（滑阀）机能 5. 机械 液压动力 大气 外界负载 6. 斜盘倾角 7. 活塞式液压缸 柱塞式液压缸 摆动式液压缸 8. 实 3 9. 方向 压力 流量 10. 液压 弹簧 11. 方向 压力 速度 12. 蓄能器 过滤器 油箱 压力表

二、选择题

1. D 2. B 3. C 4. D 5. D 6. C 7. C 8. D 9. D 10. C

三、判断题

1. √ 2. × 3. × 4. × 5. √ 6. √ 7. √ 8. √ 9. × 10. ×

四、分析、计算题

1. 相同点：都是利用控制压力与弹簧力相平衡的原理，改变滑阀移动的开口量，通过开口量的大小来控制系统的压力。其结构大体相同，只是泄油路不同。

   不同点：1）溢流阀通过调定弹簧的压力控制进油路的压力，保证进口压力恒定，出油口与油箱相连，泄漏形式是内泄式，常闭，进出油口相通，进油口压力为调整压力，在系统中的连接方式是并联，起限压、保压、稳压的作用。2）减压阀通过调定弹簧的压力控制出油路的压力，保证出口压力恒定，出油口与减压回路相连，泄漏形式为外泄式，常开，出口压力低于进口压力，出口压力稳定在调定值上，在系统中的连接方式为串联，起减压、稳压作用。3）顺序阀通过调定弹簧的压力控制进油路的压力，而液控式顺序阀由单独油路控制压力，出油口与工作油路相接，泄漏形式为外泄式，常闭，进出油口相通，进油口压力允许继续升高，实现顺序动作时串联，作卸荷阀用时并联，不控制系统的压力，只利用系统的压力变化控制油路的通断。

2. a 图 $p_1 = 4.4 \times 10^6$Pa，b 图 $p_1 = 5.5 \times 10^6$Pa，c 图 $p_1 = 0$。

3. 1）必须具有密闭容积；2）密闭容积要能交替变化；3）吸油腔和压油腔要互相隔开，并且有良好的密封性。

4. 见表4-6。

表 4-6 题 4 表

动作 \ 电磁铁	1YA	2YA	3YA	4YA
快 进	+	−	−	−
一工进	+	−	+	−
二工进	+	−	+	+
快 退	−	+	+	−
停 止	−	−	−	−

第十单元 气压传动阶段性统测试卷 1

一、填空题

1. 空气压缩机 机械能 压力能 压力能 机械能 各种动作并对外做功 2. 压缩空气 压力 油分 水分 3. 压缩空气 40 液态水滴 油滴 4. 灰尘 杂质 水分 5. 容积型压缩机 速度型压缩机 工作压力 流量 6. 流向 压力 流量 方向控制阀 压力控制阀 流量控制阀 7. 除油 除水 除尘

二、选择题

1. C 2. A 3. A 4. D 5. C

三、判断题

1. √ 2. × 3. √ 4. × 5. √ 6. × 7. × 8. √ 9. √ 10. ×

四、简答题

1. 压缩空气的特点：清晰透明，输送方便，没有特殊的有害性能，没有起火危险，不怕超负荷，能在许多不利环境下工作，空气资源取之不尽。
2. 压缩空气净化设备一般包括后冷却器、油水分离器、储气罐、干燥器。后冷却器安装在空气压缩机出口管道上，它使压缩空气中的油雾和水蒸气达到饱和并使其大部分凝结成滴而析出。油水分离器安装在后冷却器后的管道上，作用是分离压缩空气中所含的水分、油分等杂质，使压缩空气得到初步净化。储气罐的主要作用是储存一定数量的压缩空气，减少气源输出气流脉动，增加气流连续性，进一步分离压缩空气中的水分和油分。干燥器的作用是进一步除去压缩空气中含有的水分、油分、颗粒杂质等，使压缩空气干燥。
3. 蓄能器的功用：1）作为辅助动力源；2）系统保压；3）应急能源；4）缓和冲击压力；5）吸收脉动压力。
4. 空气过滤器的作用：将压缩空气中的液态水、液态油滴分离出来，并滤去空气中的灰尘和固体杂质，但不能除去气态的水和油。
   空气过滤器的工作原理：一般过滤器滤芯是由纤维介质、滤网、海绵等材料组成的，压缩空气中的固体、液体微粒（滴）经过过滤材料的拦截后，凝聚在滤芯表面（内外侧），积聚在滤芯表面的液滴和杂质经过重力的作用沉淀到过滤器的底部再经自动排水器或人工排出。
5. 气马达在使用中必须得到良好的润滑。一般在整个气动系统回路中，在气马达控制阀前设置油雾器，并按期补油，使油雾混入空气后进入气马达，从而达到充分润滑。
   在使用气缸时应注意环境温度为 −35 ~ +80℃；安装前应在 1.5 倍工作压力下进行试验，

不应漏气；装配时所有工作表面应涂以润滑脂；安装的气源进口处必须设置油雾器，并在灰尘大的场合安装防尘罩；安装时应尽可能让活塞杆承受轴线上的拉力载荷；在行程中若载荷有变化，应该使用输出力充裕的气缸，并附设缓冲装置；多数情况下不使用满行程。

第十单元 气压传动阶段性统测试卷2

一、填空题

1. 压缩空气 能量传递 信号传递 2. 空气压缩机 储气罐 后冷却器 3. 气源装置 执行元件 控制元件 辅助元件 4. 机械能 气体压力能 5. 低压 中压 高压 超高压 6. 40℃ 水蒸气 变质油雾 7. 单作用 双作用 固定式 轴销式 8. 容积 容积变化 叶片式 活塞式 齿轮式 9. 方向控制阀 压力控制阀

二、选择题

1. C 2. C 3. B 4. A 5. C

三、判断题

1. √ 2. × 3. √ 4. √ 5. × 6. √ 7. × 8. √ 9. × 10. √

四、简答题

1. 气压传动除具有操纵控制方便，易于实现自动控制、中远程控制、过载保护等优点外，还具有工作介质处理方便，无介质费用、无泄漏、不污染环境、无介质变质及无需补充等优势。其缺点是空气的压缩性极大限制了气压传动的功率，一般工作压力较低，总输出力不宜大于10～40kN，且工作速度稳定性较差。
2. 常用的气马达是容积式气马达，它利用工作腔的容积变化来做功，分叶片式、活塞式和齿轮式等类型。
3. 储气罐的作用是储存一定数量的压缩空气；消除压力波动，保证输出气流的连续性；调节用气量，以备发生故障和临时需要应急使用；进一步分离压缩空气中的水分和油分。
4. 车门关闭过程中如果碰到障碍物，便会推动先导阀8，此时压缩空气经阀8把控制信号通过阀3送到阀4的a侧，使阀4向车门开启方向切换，可以起到防夹的作用。
5. 连接顺序：分水滤气器→减压阀→油雾器。

   注意事项：

   1）部分零件使用PC（聚碳酸酯）材质，禁止接近或在有机溶剂环境中使用。PC杯的清洗须用中性清洗剂；2）使用压力请勿超过其使用范围；3）当出口风量明显减少时，应及时更换滤芯。

第十单元 气压传动阶段性统测试卷3

一、填空题

1. 压力能 机械能 气缸 气马达 2. 直线运动 回转运动 3. 方向 压力 流量 4. 弹簧式 重锤式 气体式 5. 压力和流量 净化程度 6. 后冷却器 油水分离器 储气罐 干燥器 7. 节流阀 单向节流阀 排气节流阀 通流面积 8. 分水滤气器 减压阀 油雾器 9. 气压元器件 管路 方向控制 压力控制 速度控制

二、选择题

1. B 2. C 3. C 4. A 5. C

三、判断题

1. √ 2. × 3. × 4. × 5. √ 6. √ 7. × 8. √ 9. × 10. √

四、简答题

1. 在压缩空气中，不能含有过多的油蒸气，不能含有灰尘等杂质，以免阻塞气压传动元件的通道；空气的湿度不能过大，以免在工作中析出水滴，影响正常操作；对压缩空气必须进行净化处理，设置除油和水、干燥、除尘等净化辅助设备。
2. 气动控制阀可分为方向控制阀、压力控制阀和流量控制阀三大类。
   方向控制阀：通过改变气体的方向，以满足系统对气动元件运动方向的控制。
   压力控制阀：用来控制系统中压缩气体的压力，以满足系统对不同压力的需要。
   流量控制阀：通过调节压缩空气的流量实现对气动执行元件运动速度的控制。
3. 空气过滤器用于对气源的清洁，可过滤压缩空气中的水分，避免水分随气体进入装置。减压阀可对气源进行稳压，使气源处于恒定状态，可减小因气源气压突变对阀门或执行器等硬件的损伤。油雾器可对机体运动部件进行润滑，可以对不方便加润滑油的部件进行润滑，大大延长机体的使用寿命。
4. 突出特点：1）可以无级调速；2）能够正转也能反转；3）工作安全，不受振动、高温、电磁、辐射等影响，适用于恶劣的工作环境，在易燃、易爆、高温、振动、潮湿、粉尘等不利条件下均能正常工作；4）有过载保护作用，不会因过载而发生故障；5）具有较高的起动力矩，可以直接带载荷起动；6）功率范围及转速范围较宽；7）操纵方便，维护检修较容易；8）使用空气作为介质，无供应上的困难，用过的空气不需处理，放到大气中无污染，压缩空气可以集中供应，远距离输送。
5. 空气干燥器的作用是进一步除去压缩空气中含有的水分、油分和颗粒杂质等，使压缩空气干燥，主要用于对气源质量要求较高的气动装置，如气动仪表等。

统测综合测试卷1

一、填空题

1. 附加一力偶　原力对该点的矩　2. 静　永久变形　断后伸长率　断面收缩率　3. 半径最大　垂直　4. 内圈　外圈　滚动体　保持架　5. 周向　轴向　降低或停止　高　6. 渗碳体　团絮状　7. 锌　响铜　8. 统一　同一素线上　9. 增大摩擦力　机械　10. 10 ~ 15mm　11. 急回运动　死点　12. 主动件　13. 执行　流量

二、单项选择题

1. A 2. B 3. C 4. B 5. D 6. C 7. C 8. C 9. A 10. B

三、判断题

1. × 2. √ 3. √ 4. √ 5. × 6. √ 7. √ 8. × 9. √ 10. ×

四、分析、计算题

1. $d_{a1} = m_1(z_1 + 2) = 44\text{mm}$，解得 $m_1 = 2\text{mm}$。
   $d_{a2} = m_2(z_2 + 2) = 124\text{mm}$，解得 $m_2 = 2\text{mm}$
   $d_{a3} = m_3(z_3 + 2) = 139.5\text{mm}$，解得 $m_3 = 2.25\text{mm}$

因为 $\alpha_1=\alpha_2=\alpha_3$，$m_1=m_2\neq m_3$，所以齿轮1和齿轮2能啮合，$a=m(z_1+z_2)/2=80\text{mm}$。

2. 化学热处理是将工件放在适当的活性介质中加热、保温、冷却，使一种或几种元素渗入钢件表层，以改变钢件表层的化学成分、组织和性能的热处理工艺。化学热处理方法有渗碳、渗氮、碳氮共渗、渗金属等。

3. 1）以图4-19为研究对象，作受力图，计算两杆内力，列方程：

$\Sigma \boldsymbol{F}_i=0\quad F_{NAC}+F_{NAC}-G=0$

$\Sigma M_A\ (\boldsymbol{F}_i)\ =0\quad -600G+900F_{NBD}=0$

解方程：$F_{NAC}=40\text{kN}$，$F_{NBD}=20\text{kN}$

2）根据拉伸强度，选择截面尺寸：

$A_{AC}\geqslant F_{NAC}/[\sigma]=400\text{mm}^2$

$A_{BD}\geqslant F_{NBD}/[\sigma]=200\text{mm}^2$

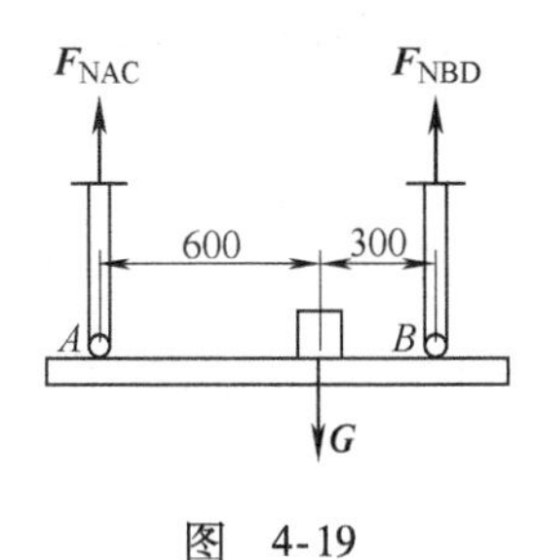

图　4-19

4. 梁 AB 受力分析如图4-20所示。

$$F_A=F_B=3\text{kN}$$

由截面法知各作用点的弯矩为：

$M_{wA}=0$

$M_{wC}=3\text{kN}\cdot\text{m}$

$M_{wD}=4\text{kN}\cdot\text{m}$

$M_{wE}=3\text{kN}\cdot\text{m}$

$M_{wB}=0$

作弯矩图如图4-20所示。

由弯矩图知：$|M_{wmax}|=4\text{kN}\cdot\text{m}$

$W_Z\geqslant|M_{wmax}|/\ [\sigma]\ =4\times10^6/9\text{mm}^2$

$W_Z=bh^2/6$

因 $h/b=3$，所以 $W_Z=1.5b^3$

得 $b=66.7\text{mm}$，取 $b=67\text{mm}$，得 $h=201\text{mm}$

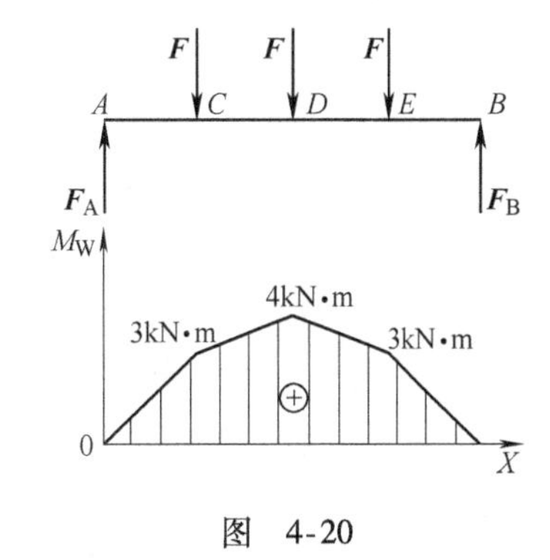

图　4-20

5. 传动系统的传动比：

$$i=\frac{z_2z_4z_6z_8}{z_1z_3z_5z_7}=\frac{40\times60\times45\times36}{30\times30\times45\times4}=24$$

蜗轮 z_8 的转速：$n_8=n_1/i=960/24\text{r/min}=40\text{r/min}$

重物 $\boldsymbol{G}$ 移动的速度：$v=\pi Dn_8=3.14\times250\times40\text{mm/min}=3140\text{mm/min}=31.4\text{m/min}$，重物 $\boldsymbol{G}$ 往下运动。

统测综合测试卷2

一、填空题

1. 加热　保温　冷却　组织结构和性能　2. 火焰淬火　感应淬火　3. 2.11%　灰铸铁　可锻铸铁　灰铸铁　最低抗拉强度　4. 蜗杆　蜗轮　机架　5. 周向固定　轴向固定　6. 等速　等加速等减速　7. 槽轮　8. 大端　法向　9. 摩擦　啮合　10. 曲柄　连杆　11. 孔　过盈　12. 油液　变化　压力

二、单项选择题

1. A 2. C 3. A 4. B 5. A 6. B 7. A 8. C 9. D 10. C

三、判断题

1. × 2. × 3. × 4. √ 5. × 6. √ 7. × 8. × 9. × 10. √

四、分析、计算题

1. $a = m(z_1 + z_2)/2 \Rightarrow z_1 + z_2 = \dfrac{2a}{m} = \dfrac{2 \times 240}{5} = 96$

$i = z_2/z_1 \Rightarrow z_2 = 3z_1$ 解得 $z_1 = 24$，$z_2 = 72$

$d_1 = mz_1 = 5 \times 24\text{mm} = 120\text{mm}$，$d_2 = mz_2 = 5 \times 72\text{mm} = 360\text{mm}$

$d_{f1} = m(z_1 - 2.5) = 5 \times 21.5\text{mm} = 107.5\text{mm}$，$d_{f2} = m(z_2 - 2.5) = 5 \times 69.5\text{mm} = 347.5\text{mm}$

$p = \pi m = 3.14 \times 5\text{mm} = 15.7\text{mm}$

2. 蜗轮的转速 n_6：

$n_6 = n_1(z_1z_3z_5)/(z_2z_4z_6) = 800 \times (16 \times 20 \times 4)/(32 \times 40 \times 40)\text{r/min} = 20\text{r/min}$，重物向上移动。

3. 以 AB 及重物作为研究对象；

进行受力分析，画出受力图，如图 4-21 所示；

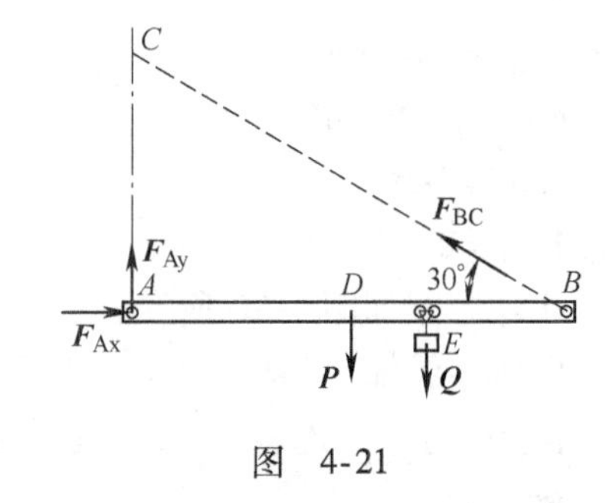

图 4-21

列平衡方程：

$\sum F_x = 0$，$F_{Ax} - F_{BC}\cos 30° = 0$

$\sum M_A(F) = 0$，$F_{BC}AB\sin 30° - PAD - QAE = 0$

$\sum M_B(F) = 0$，$PDB + QEB - F_{Ay}AB = 0$

解得：

$$F_{Ax} = 15.01\text{kN}$$
$$F_{Ay} = 5.33\text{kN}$$
$$F_{BC} = 17.33\text{kN}$$

4. $\tau_{max} = 34.2\text{MPa} < [\sigma]$，强度足够，若换成实心轴，轴径为 $d = 50\text{mm}$。

5. 可分为：1）螺栓联接：结构简单，装拆方便，适用于被联接件厚度不大且能够从两面进行装配的场合。

2）双头螺柱联接：适用于被联接件之一较厚，不宜制作通孔及需要经常拆卸的场合。

3）螺钉联接：适用于被联接件之一较厚，不宜制作通孔且不需要经常拆卸的场合，因多次装拆会使螺纹孔磨损。

4）紧定螺钉联接：固定两零件的相对位置，用于传递不大的横向力或转矩。

统测综合测试卷 3

一、填空题

1. 心轴 转轴 传动轴 2. 布氏硬度试验法 洛氏硬度试验法 维氏硬度试验法 3. 力为零 力臂为零 4. 应力 应变 5. 工作介质 液体的压力 能量 6. 化学成分 淬火冷却方式 7. 形变铝合金 铸造铝合金 8. 刚性联轴器 弹性联轴器 安全联轴器 9. 平均碳

的质量分数　质量等级为高级优质钢　10. 棘轮机构　槽轮机构　11. 大径为20mm，螺距为2mm的普通细牙螺纹　12. 截面为A型　基准长度为2500mm　13. 曲柄摇杆机构　双曲柄机构　双摇杆机构

二、单项选择题

1. D　2 . B　3. C　4. A　5. C　6. B　7. C　8. C　9. B　10. A

三、判断题

1. √　2. ×　3. ×　4. √　5. √　6. ×　7. √　8. ×　9. ×　10. ×

四、分析、计算题

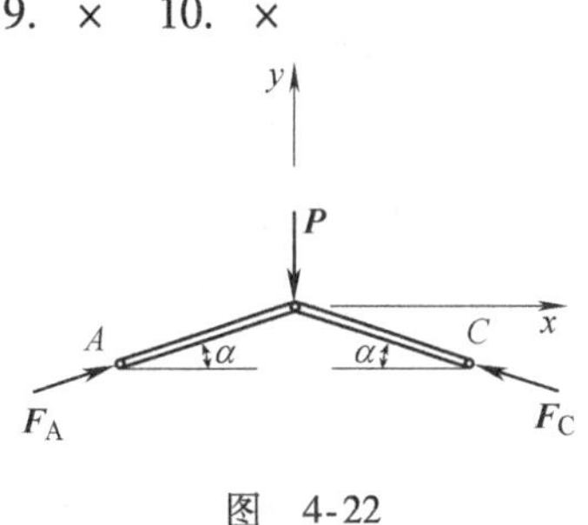

图　4-22

1. 1）画受力图如图4-22所示。

列平衡方程$\sum \boldsymbol{F}_x=0$　$F_A\cos\alpha-F_C\cos\alpha=0$

$\sum \boldsymbol{F}_y=0$　$F_A\sin\alpha+F_C\sin\alpha-P=0$

解得：$F_A=F_C=P/(2\sin\alpha)=1/(2\times0.14)\text{kN}=3.59\text{kN}$

2）画滑块C的受力图，如图4-23所示。

列平衡方程$\sum \boldsymbol{F}_x=0$　$F'_C\cos\alpha-Q'=0$

$\boldsymbol{F}'_C$与$\boldsymbol{F}_C$是一对大小相等、方向相反的作用力与反作用力。

故$Q'=P\cos\alpha/(2\sin\alpha)$

而$\boldsymbol{Q}'$与压紧工件的力$\boldsymbol{Q}$也是一对大小相等、方向相反的作用力与反作用力。

故$Q=P\cos\alpha/(2\sin\alpha)=(1\times0.99)/(2\times0.14)\text{kN}=3.56\text{kN}$

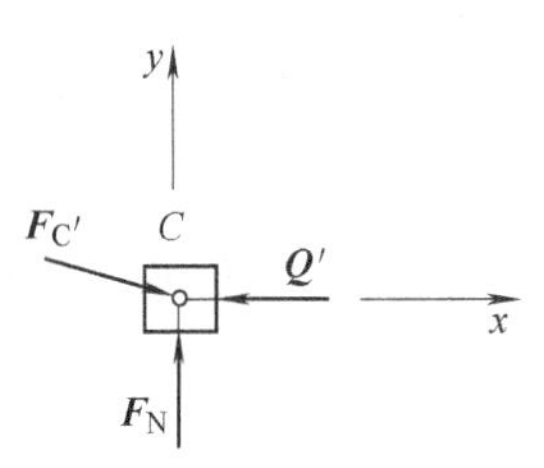

图　4-23

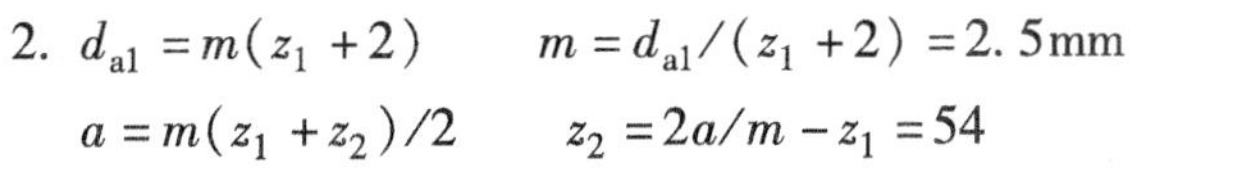

2. $d_{a1}=m(z_1+2)$　　$m=d_{a1}/(z_1+2)=2.5\text{mm}$

$a=m(z_1+z_2)/2$　　$z_2=2a/m-z_1=54$

$d_1=mz_1=2.5\times39\text{mm}=97.5\text{mm}$　　$d_2=mz_2=2.5\times54\text{mm}=135\text{mm}$

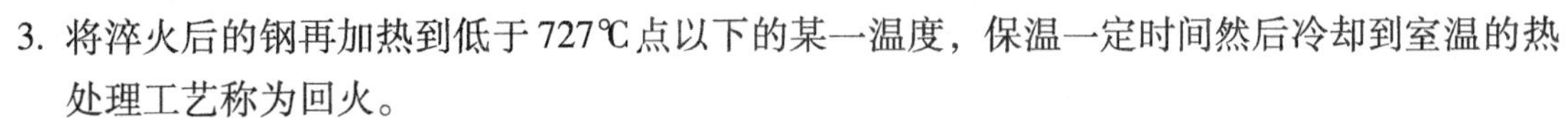

3. 将淬火后的钢再加热到低于727℃点以下的某一温度，保温一定时间然后冷却到室温的热处理工艺称为回火。

回火的目的：减少或消除工件淬火时产生的内应力，稳定组织，以满足工件使用所需的性能。

回火的分类：1）低温回火；2）中温回火；3）高温回火。

4. 1）轮系的传动比$i_{18}=n_1/n_8=(z_2z_4z_6z_8)/(z_1z_3z_5z_7)$

$=(80\times60\times50\times60)/(40\times20\times25\times3)=240$

2）$n_8=n_1/i_{18}=4320/240\text{r/min}=18\text{r/min}$

3）z_8轮的转向为顺时针方向。

5. 1）求支座反力，如图4-24所示。

$F_A=-5\text{kN}$（方向向下）　　$F_B=25\text{kN}$

2）画出弯矩图，如图4-25所示。

由弯矩图可知，危险截面在B截面上。

$M_{\text{wmax}}=10\text{kN}\cdot\text{m}$

3）设计轴的直径。

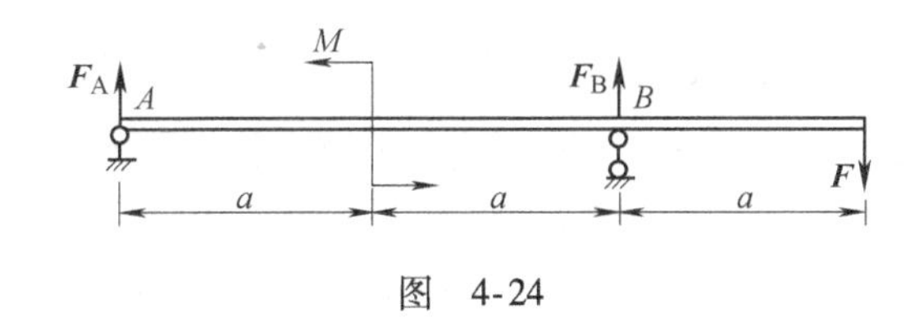

图　4-24

$$\sigma_{max}=\frac{M_{wmax}}{W_z}\leqslant[\sigma]$$

即：$\frac{10\times10^6}{0.1d^3}\leqslant16$

得 $d\geqslant184.2\text{mm}$，取 $d=185\text{mm}$。

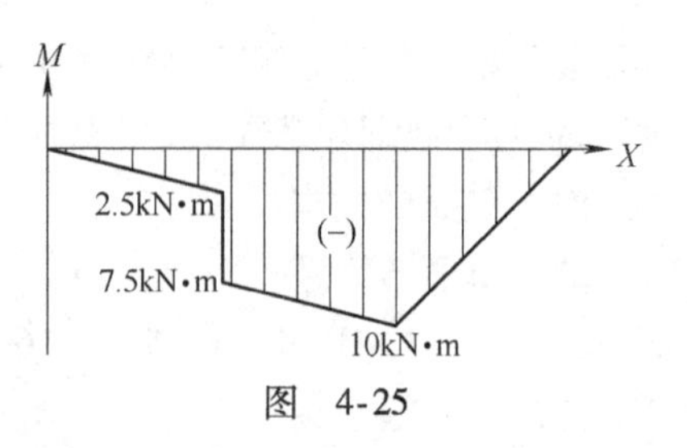

图 4-25

统测综合测试卷4

一、填空题

1. 冲击载荷　不被破坏　2. 开式　半开式　闭式　3. 本身动连接　弹性元件的弹性变形　4. 摇杆　加装飞轮　惯性　5. 加热　保温　冷却　正火　6. 调整中心距　使用张紧轮　7. 形状　大小　8. 力矩　矩心　9. 齿面磨损　齿面点蚀　10. 400mm　11. 牙嵌离合器　摩擦离合器　安全离合器　12. 高副　低副　13. 曲柄摇杆　槽轮

二、单项选择题

1. D　2. B　3. C　4. C　5. A　6. D　7. D　8. B　9. C　10. B

三、判断题

1. √　2. ×　3. √　4. √　5. ×　6. ×　7. ×　8. √　9. √　10. ×

四、分析、计算题

1. 1）以梁 AD 为研究对象，A、B 处反力构成力偶，如图 4-26 所示。

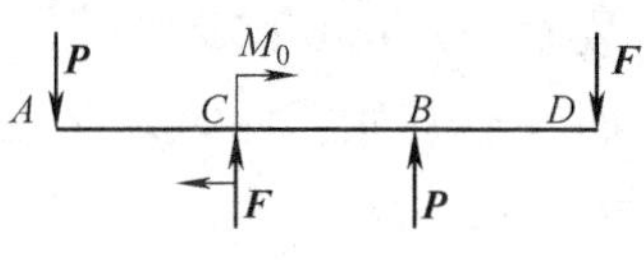

图 4-26

$\sum M_i=0\qquad 2aP-2aF-M_0=0$

解得：$P=175\text{N}$

则：$M_A=M_D=0$

$M_{C1}=-Pa=-175\times0.1\text{N}\cdot\text{m}=-17.5\text{N}\cdot\text{m}$

$M_{C2}=M_{C1}+M_0=(-17.5+25)\text{N}\cdot\text{m}=7.5\text{N}\cdot\text{m}$

$M_B=-Fa=-50\times0.1\text{N}\cdot\text{m}=-5\text{N}\cdot\text{m}$

各点弯矩如图 4-27 所示。

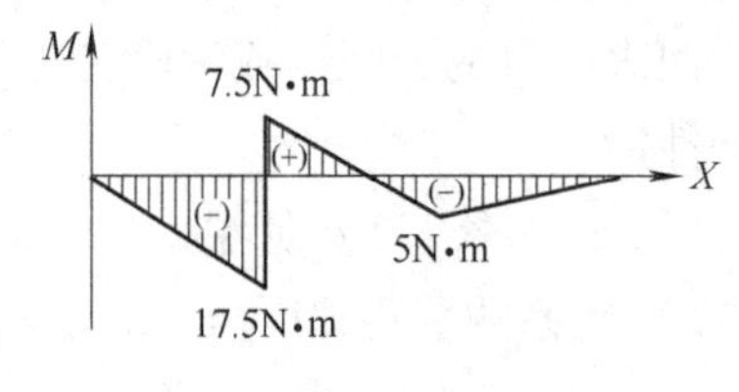

图 4-27

2）$|M_{max}|=M_{C1}=17.5\text{N}\cdot\text{m}$

由 $\sigma_{max}=\frac{M_{max}}{W_Z}\leqslant[\sigma]$，得 $W_Z\geqslant\frac{M_{max}}{[\sigma]}$

$\because W_Z=\frac{bh^2}{6}=\frac{b(3b)^2}{6}=\frac{3b^3}{2}$

$\therefore \frac{3b^3}{2}\geqslant\frac{M_{max}}{[\sigma]}\qquad \therefore b\geqslant5.8\text{mm}$

取　$b=6\text{mm}$，则 $h=18\text{mm}$

2. 1）以整体为研究对象，作受力图，如图 4-28 所示。

2）列方程：$\sum \boldsymbol{F}_{ix}=0\quad F_{bx}-F_a=0$

$\sum \boldsymbol{F}_{iy}=0\quad F_{by}-G-P=0$

$\sum M_b(\boldsymbol{F}_i)=0\quad F_a\times h-G\times a-P\times b=0$

3）解方程：$F_{bx}=22\text{kN}\quad F_{by}=50\text{kN}\quad F_a=22\text{kN}$

3. 周向固定的形式主要有：键联接、过盈配合、销钉联接和紧定螺钉联接。

4. 应用场合：1）工作转速特别高的轴承；2）承受极大的冲击和振动载荷的轴承；3）要求特别精密的轴承；4）装配工艺要求轴承部分的场合；5）要求径向尺寸小的轴承。

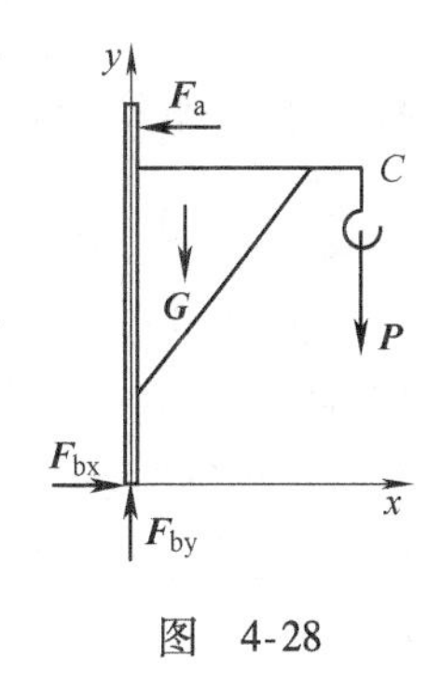

图　4-28

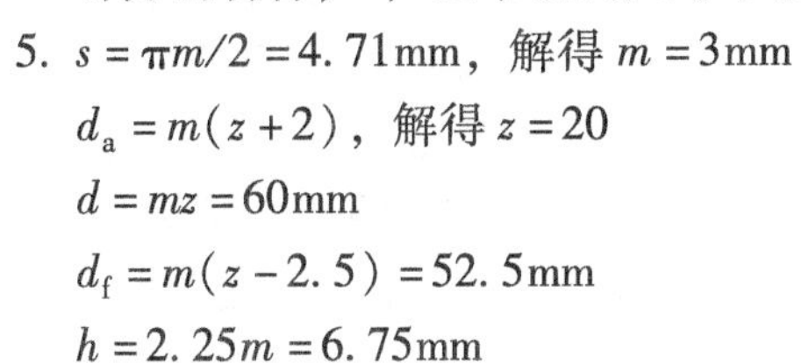

5. $s=\pi m/2=4.71\text{mm}$，解得 $m=3\text{mm}$

$d_a=m(z+2)$，解得 $z=20$

$d=mz=60\text{mm}$

$d_f=m(z-2.5)=52.5\text{mm}$

$h=2.25m=6.75\text{mm}$

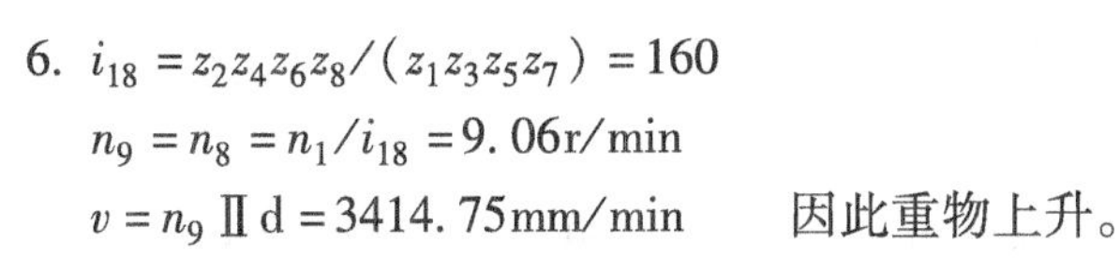

6. $i_{18}=z_2z_4z_6z_8/(z_1z_3z_5z_7)=160$

$n_9=n_8=n_1/i_{18}=9.06\text{r/min}$

$v=n_9\,\text{Ⅱ}\,\text{d}=3414.75\text{mm/min}$　　因此重物上升。

统测综合测试卷 5

一、填空题

1. 碳素工具钢　高碳　高级优质　2. QT500－7　3. 伸长　缩短　4. 轴力　杆长　材料的弹性模量　5. 双摇杆机构　反向双曲柄机构　移动　槽轮　6. 粉碎　成型　7. 轴　间隙　8. 传递动力　轴径　9. 复杂　较重　10. 1.5%　淬火加低温回火　11. 套筒滚子链　齿形链　12. 相反　13. 较大　较远　14. 节流阀　调速阀

二、单项选择题

1. C　2. B　3. B　4. C　5. C　6. A　7. B　8. C　9. B　10. B

三、判断题

1. √　2. ×　3. ×　4. √　5. √　6. ×　7. ×　8. ×　9. ×　10. ×

四、分析、计算题（40 分）

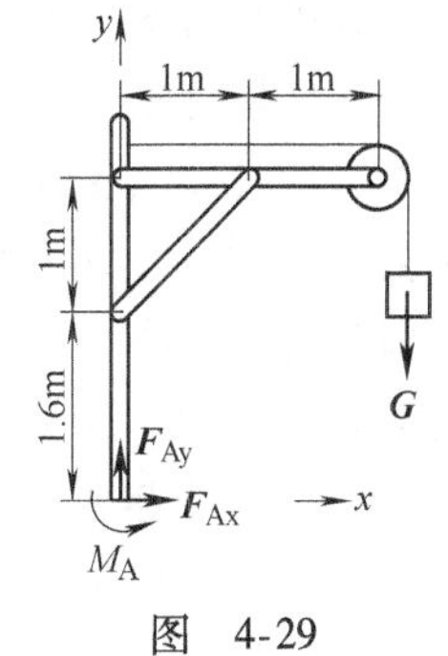

图　4-29

1. 以支架和滑轮构成的物体系为研究对象，受力如图 4-29 所示。

$\sum F_{ix}=0$　　$F_{Ax}=0$

$\sum F_{iy}=0$　　$F_{Ay}-G=0$

$\sum M_A(F_i)=0$　　$M_A-2.1G=0$

解得：$F_{Ax}=0$

$F_{Ay}=400\text{N}$

$M_A=840\text{N}\cdot\text{m}$

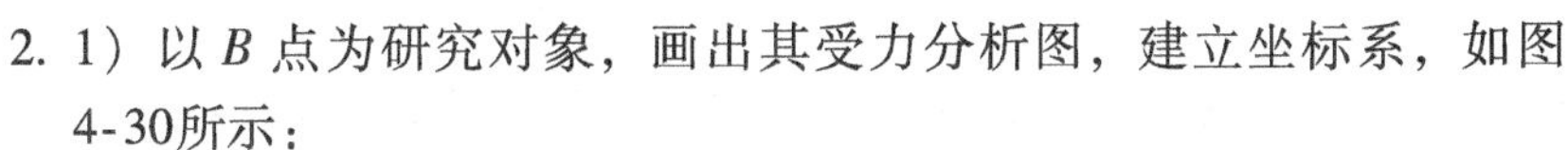

2. 1）以 B 点为研究对象，画出其受力分析图，建立坐标系，如图 4-30所示：

列平衡方程：$F_{NAB}\cos30°-F_{NBC}=0$

$F_{NAB}\sin30°-W=0$

解得：$F_{NAB}=2W$，$F_{NBC}=\sqrt{3}W$

2）AB 杆所受的轴力：$F_{N1}=F_{NAB}$

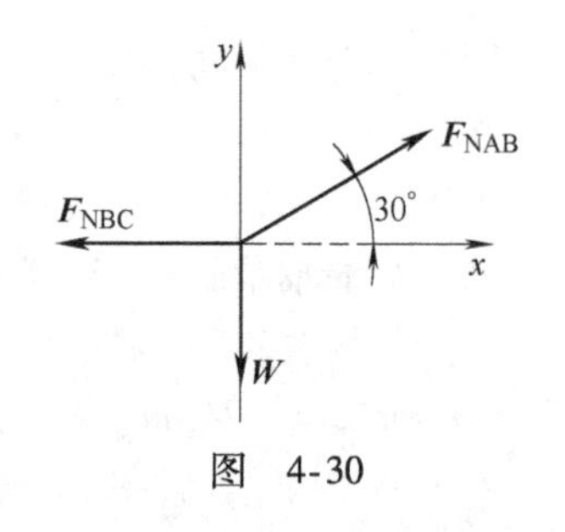

图 4-30

AB 杆所受的应力：$\sigma_{AB}=\dfrac{F_{NAB}}{A_1}\leqslant[\sigma]_1$

$F_{NAB}=2W\leqslant[\sigma]_1\cdot A_1=8\times10^6\times100\times10^{-4}\text{kN}=80\text{kN}$

则：$W\leqslant40\text{kN}$

BC 杆所受的轴力：$F_{N2}=F_{NBC}$，$F_{N2max}=\sqrt{3}\times40\text{kN}$

AB 杆所受的最大应力：$\sigma_{BC\max}=98.97\text{MPa}$

BC 杆的最小许用应力：$[\sigma]_2\geqslant\sigma_{BCmax}=98.97\text{MPa}$

3. 1）1——倒角，便于导向及避免擦伤零件配合表面；2——圆角，消除和减小应力集中，提高轴的疲劳强度；3——螺尾退刀槽，便于退出刀具，保证加工到位及装配时相配合零件的端面靠紧。

   2）以便一次装夹后用铣刀切出。

   3）避免装配时和齿轮轮毂发生干涉，保证轴向定位可靠。

4. 1）$n_6=n_1\times(z_1z_3z_5)/(z_2z_4z_6)=900\times(2\times32\times40)/(60\times32\times60)\text{r/min}=20\text{r/min}$

   2）输出轴 n_6 方向向下。

5. 1）$i_{12}=\dfrac{z_2}{z_1}=\dfrac{60}{20}=3$

   $a=\dfrac{m}{2}(z_1+z_2)=\dfrac{3}{2}(20+60)\text{mm}=120\ \text{mm}$

   2）由 $\dfrac{d_{w2}}{d_{w1}}=\dfrac{60}{20}$

   $\dfrac{1}{2}(d_{w1}+d_{w2})=122$

   得：$d_{w1}=61\text{mm}$，$d_{w2}=183\text{mm}$

统测综合测试卷 6

一、填空题

1. 磨合阶段　稳定磨损阶段　剧烈磨损阶段　2. 运动　零件　3. HRA　HRB　HRC　4. 静止匀速直线　5. 剪切与挤压变形　扭转变形　弯曲变形　6. 凸轮　从动件　机架　7. 600mm　5　8. 弹簧垫圈防松　双螺母防松　9. 轴　间隙　10. 键宽　轴径　11. 曲柄摇杆　槽轮　12. 带拨盘的圆柱销　连续回转　13. 温差　14. 摩擦角

二、单项选择题

1. D　2. D　3. D　4. B　5. C　6. C　7. A　8. B　9. D　10. A

三、判断题

1. √　2. ×　3. ×　4. √　5. ×　6. ×　7. √　8. ×　9. √　10. √

四、分析计算题

1. 画出杆 OA、AB、BO_1 的受力图，如图 4-31 所示。

   1）以 OA 杆为研究对象，列平衡方程

   $\sum M_i=0\quad 0.4\sin30F_A'-M_1=0$

   解得：$F_A'=5\text{N}$

2）根据作用力与反作用力定理

$F_B{}' = F_B = F_A = F_A{}' = 5\text{N}$

3）以 O_1B 杆为研究对象，列平衡方程

$\sum M_i = 0 \quad M_2 - 0.6F_B{}' = 0$

解得：$M_2 = 3\text{N} \cdot \text{m}$

图　4-31

2. 铅丝受到的剪力为 F_Q。

$\sum M_B(\boldsymbol{F}) = 0 \quad 200P - 50F_Q = 0$

解得：$F_Q = 4P$

剪切应力应超过剪切极限应力：$\tau = F_Q/A \geqslant 100 \quad P \geqslant 100 \times 1/4 \times 3.14 \times 3^2/4\text{N} = 177\text{N}$

3. $p = \pi m = 18.84\text{mm} \qquad m = 6\text{mm}$

$i_{12} = n_1/n_2 = z_2/z_1 = 1280/320 \qquad a = m(z_1 + z_2)/2 = 315\text{mm}$

得 $z_1 = 21$，$z_2 = 84$

$d_1 = mz_1 = 6 \times 21\text{mm} = 126\text{mm} \qquad d_{f1} = m(z_1 - 2.5) = 6 \times (21 - 2.5)\text{mm} = 111\text{mm}$

4. 轮系的传动比为：

$i = z_2z_4z_6z_8z_{10}/(z_1z_3z_5z_7z_9)$

$= 50 \times 40 \times 20 \times 18 \times 22/(2 \times 1 \times 40 \times 26 \times 46)$

$= 165.6$

轮系中各轮转向如图 4-32 所示。

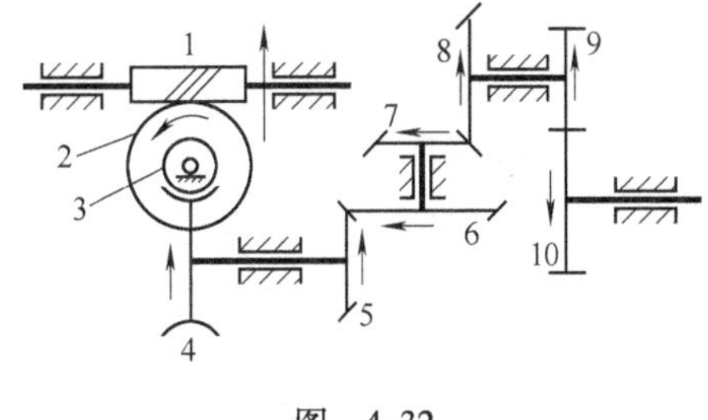

图　4-32

5. 因为 $a + b = 210\text{mm} < c + d = 220\text{mm}$，满足杆长之和条件，且 a 杆为最短杆，d 杆为机架，所以为曲柄摇杆机构。

若取 b 杆为机架，也可得到曲柄摇杆机构；若取 a 杆为机架，可得到双曲柄机构；若取 c 杆为机架，可得到双摇杆机构。

6. 淬硬性是指钢经淬火后能达到的最高硬度，它主要取决于钢中的含碳量。

淬透性是指钢经淬火获得淬硬层深度的能力，它主要取决于钢的化学成分和淬火冷却方式。

统测综合测试卷 7

一、填空题

1. 刚体　形状和大小　2. 许用应力　等强度梁　3. 合金渗碳　0.20%　渗碳＋淬火＋低温回火　4. 锥形制动器　带状制动器　盘式制动器　5. AD 杆或 BC 杆　双摇杆　双曲柄　6. 强度　硬度　塑性　韧性　7. 摩擦力　YZABCDE　E　8. 轴向　周向　9. 水　油　10. 溢流稳压　起安全保护作用　11. 35　球体　12. 溢流阀　减压阀

二、单项选择题

1. D　2. B　3. C　4. B　5. C　6. C　7. D　8. C　9. C　10. B

三、判断题

1. ×　2. ×　3. √　4. √　5. ×　6. √　7. √　8. ×　9. √　10. √

四、分析、计算题

1. 正火是将钢加热到适当温度，保持一定时间，然后出炉空冷的热处理工艺。正火的目的

是细化组织，用于低碳钢，可提高硬度并改善可加工性；用于中碳钢和性能要求不高的零件，可代替调质处理；用于高碳钢可消除网状碳化物，为球化退火做好组织准备。

2. 取 AB 杆为研究对象，画受力图，建立坐标系，如图 4-33 所示。

图 4-33

列平衡方程：

$\sum F_{iy}=0 \qquad F_{Ay}+P-Q=0 \qquad$ ①

$\sum M_A(F_i)=0 \qquad M_A-M+PL_{AB}-QL_{AC}=0 \qquad$ ②

解①式得：$F_{Ay}=-50N$

把 $F_{Ay}=-50N$ 代入②式

得：$M_A=-250N\cdot m$（负号表示与图示方向相反）

3. $d_f=m(z-2.5) \qquad m=5mm$

$d_a=m(z+2)=5\times 27mm=135mm \qquad d=mz=5\times 25mm=125mm$

$s=\pi m/2=3.14\times 5/2mm=7.85mm \qquad d_b=d\cos\alpha=mz\cos\alpha=117.5mm$

4. $i_{19}=z_2z_4z_5z_7z_9/(z_1z_3z_4z_6z_8)=34\times 21\times 57\times 42\times 35/(17\times 19\times 21\times 21\times 1)=420$

$n_9=n_1/i_{19}=1470/420r/min=3.5r/min$ 转向为顺时针方向。

5. 1）画受力图，如图 4-34 所示。

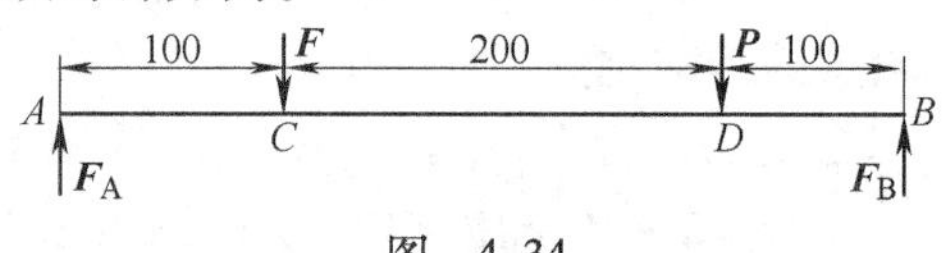

图 4-34

2）列方程，求支座反力。

$$\begin{cases}\sum F_y=F_A-F-P+F_B=0\\ \sum M_A=-100F-300P+400F_B=0\end{cases}$$

解得 $\begin{cases}F_A=4.8kN\\ F_B=6.4kN\end{cases}$

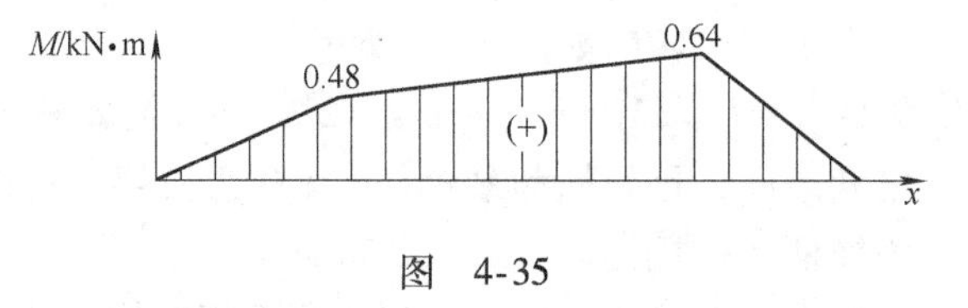

图 4-35

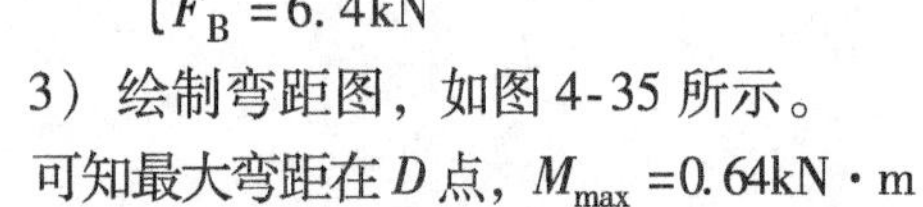

3）绘制弯距图，如图 4-35 所示。

可知最大弯距在 D 点，$M_{max}=0.64kN\cdot m$

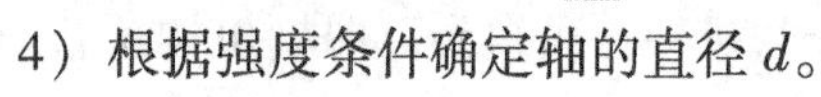

4）根据强度条件确定轴的直径 d。

$W_Z\doteq 0.1d^3$，则 $0.1d^3\geqslant\dfrac{M_{max}}{[\sigma]}$

$$d\geqslant\sqrt[3]{\frac{0.64\times 10^6}{0.1\times 100}}mm=\sqrt[3]{64\times 10^3}mm=40mm$$

所以取齿轮轴直径 $d=40mm$。

统测综合测试卷 8

一、填空题

1. 杆长 轴力 弹性模量 2. 基圆 抛物线 柔性 3. 螺纹零件 拆卸 4. 齿轮轴 实体式齿轮 腹板式齿轮 轮辐式齿轮 5. 9SiCr CrWMn 6. 中温回火 7. 拉杆拆卸器 8. 强度 塑性 硬度 韧性 9. 合金调质钢 调质处理 10. 化学成分 淬火冷却方式 11. 轴力 扭矩 12. 方向 压力 流量 13. 极限应力

二、单项选择题

1. B 2. B 3. B 4. A 5. D 6. D 7. C 8. D 9. B 10. C

三、判断题

1. √ 2. × 3. √ 4. × 5. √ 6. √ 7. × 8. × 9. √ 10. ×

四、分析、计算题

1. 要使跑车不翻倒，应使作用在送料机上的所有力满足平衡条件。送料机所受的力如图4-36所示，即：物料重$\boldsymbol{Q}$，跑车A、操作架D和所有附件总重为$\boldsymbol{P}$，轨道对跑车的约束反力为$\boldsymbol{F}_E$和$\boldsymbol{F}_F$。当物料车满载时，在临界状态下，$\boldsymbol{F}_E=0$，这时求出的P值是所允许的最小值。

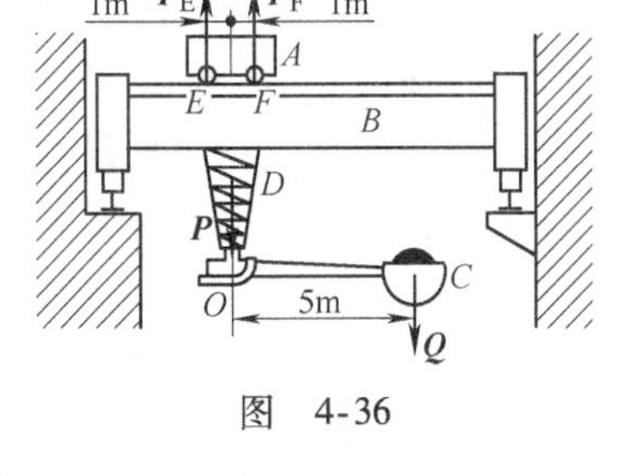

图　4-36

建立平衡方程式：

$\sum M_F(\boldsymbol{F})=0$　$P_{min}-4Q=0$　　解得：$P_{min}=60kN$

因此P至少应为60kN才能使料斗车满载时跑车不致翻倒。

2. 要使拉伸强度、剪切强度和挤压强度获得最合理值，必须使三者实际所受的应力均达到许用应力值，即：

$F_N/A_1=[\sigma]=120N/mm^2$　　$F_Q/A_2=[\tau]=90N/mm^2$　　$F_B/A_3=[R_m]=240N/mm^2$

因为$F_N=F_Q=F_B=F$，$A_1=\pi d^2/4$，$A_2=\pi dh$，$A_3=\pi D^2/4-\pi d^2/4$

所以$120\times\pi d^2/4=90\times\pi dh=240\times(\pi D^2/4-\pi d^2/4)$

即：$120\times\pi d^2/4=90\times\pi dh$

　　$120\times\pi d^2/4=240\times(\pi D^2/4-\pi d^2/4)$

由上式可得：$d:h=3:1=1:0.333$

　　　　　　$D:d=\sqrt{3}:\sqrt{2}=1.225:1$

所以$D:d:h=1.225:1:0.333$

3. 轴的结构应满足：1）轴的受力合理，有利于提高轴的强度和高度；2）轴相对于机架和轴上零件相对于轴的定位准确，固定可靠；3）轴便于加工制造，轴上零件便于装拆和调整；4）尽量减小应力集中，并节省材料、减轻质量。

4. 由$h=2.25m=9mm$，解得：$m=4mm$

$d_a=m(z+2)=136mm$　解得：$z=32, d=mz=4\times32mm=128mm$

$d_f=m(z-2.5)=4\times(32-2.5)mm=118mm$

5. 1）$n_6=n_1z_1z_3z_5/(z_2z_4z_6)=24r/min$

2）移动速度$v=n_6\pi D=7.54m/min$

3）转向向下。

统测综合测试卷9

一、填空题

1. 动力部分　传动部分　执行部分　2. 选择截面尺寸　确定许可载荷　3. 铜　锌　特殊　4. 0.25%　0.25%～0.60%　5. 模数　压力角　6. 矩形螺纹　管螺纹　7. 齿面点蚀　齿面磨损　齿面胶合　轮齿折断　8. 定位　错动　9. 曲柄摇杆　摇杆　10. 轮系　定轴轮系　周转轮系　11. 轴与轴上零件的固定　传递动力　12. 溢流阀　减压阀　顺序阀

二、单项选择题

1. A　2. C　3. C　4. D　5. B　6. A　7. B　8. B　9. C　10. C

三、判断题

1. ×　2. ×　3. √　4. ×　5. ×　6. ×　7. ×　8. ×　9. √　10. √

四、分析、计算题（40 分）

1. 1）减压阀能保持出油口压力基本不变，而溢流阀是保持进油口压力基本不变。

   2）减压阀的主阀芯是三节杆，而溢流阀的阀芯是两节杆。

   3）减压阀的进、出油口均有压力，所以先导阀部分的泄油不能像溢流阀那样流入回油口，而必须从阀的外部单独接回油箱。

   4）在常态下主阀阀芯的阀口位置不同，减压阀是开口的，而溢流阀是关闭的。

2. 取 AB 杆为研究对象，画受力图，如图 4-37 所示。

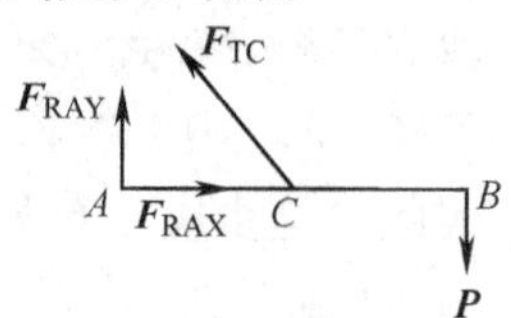

图 4-37

   1）建立坐标系

$$F_{TC}=\sqrt{3}G \qquad F_{Ax}=\frac{\sqrt{3}}{2}G \qquad F_{Ay}=\frac{G}{2}$$

   2）列平衡方程：

$\sum F_{ix}=0 \qquad F_{RAx}-F_{Tc}\cos\alpha=0$ ①

$\sum F_{iy}=0 \qquad F_{RAy}+F_{Tc}\sin\alpha-P=0$ ②

$\sum M_{Fi}=0 \qquad F_{Tc}\sin\alpha-2.5F=0$ ③

因为 $\sin\alpha=3/5 \qquad \cos\alpha=4/5$

解③式得 $\qquad F_{Tc}=5\text{kN}$

把 $F_{Tc}=5\text{kN}$ 代入式①和式②

得 $F_{RAx}=4\text{kN}$，$F_{RAy}=-1.8\text{kN}$（负号表示与图示方向相反）

3. 1）传动比 $i_{12}=n_1/n_2=840/280=3$

   2）

列方程：$\begin{cases}\dfrac{z_1}{z_2}=\dfrac{n_2}{n_1}\\ a=\dfrac{1}{2}(z_1+z_2)m\end{cases}$

代入数值：$\begin{cases}\dfrac{z_1}{z_2}=\dfrac{280}{840}\\ 270=\dfrac{1}{2}\times5(z_1+z_2)\end{cases}$

得：$z_1=27$，$z_2=81$

   3）$d_1=mz_1=5\times27\text{mm}=135\text{mm} \qquad p=\pi m=3.14\times5\text{mm}=15.7\text{mm}$

4. 1）该轮系为定轴轮系。

   2）$n_4=\dfrac{z_1z'_2z'_3n_1}{z_2z_3z_4}=\dfrac{1\times20\times18}{40\times30\times54}\times1440\text{r/min}=8\text{r/min}$

   3）轮 4 的转向向左。

5. 求得 $M_{max}=0.24\text{kN}\cdot\text{m}$，抗弯截面系数 $W_z=1800\text{mm}^3$

   梁的最大工作应力为：$\sigma_{max}=133\text{MPa}<[\sigma]=140\text{MPa}$

   所以压板强度足够。

统测综合测试卷 10

一、填空题

1. 冲击载荷　摆锤冲击　2. 碳素结构　中碳　优质　3. 力偶　扭矩　4. 31400N　53000N　5. 大端模数　压力角　6. 啮合　摩擦　7. Y　8. 接触点　相反　9. 整体式　剖分式　10. 球球化　11. 油　水　12. 碳钢　合金钢　13. 球化剂　孕育剂　14. 套筒滚子链　齿形链　15. 进油口　系统压力

二、单项选择题

1. B　2. C　3. B　4. A　5. C　6. D　7. B　8. B　9. C　10. D

三、判断题

1. ×　2. √　3. ×　4. ×　5. ×　6. ×　7. √　8. √　9. ×　10. √

四、分析、计算题（40 分）

1. 在静载荷作用下或温度变化不大时，螺纹联接不会自行松脱，而在冲击、振动、受变载荷作用或被联接件有相对转动等，螺纹联接可能逐渐松脱而失效，因此必须防松。
   防松措施有：1）靠摩擦力防松；2）机械防松；3）冲边防松；4）粘结防松。

2. CD 为二力杆，所以 $\boldsymbol{F}_D$ 为 45°方向。

   以 BD 杆为研究对象，受力如图 4-38 所示。

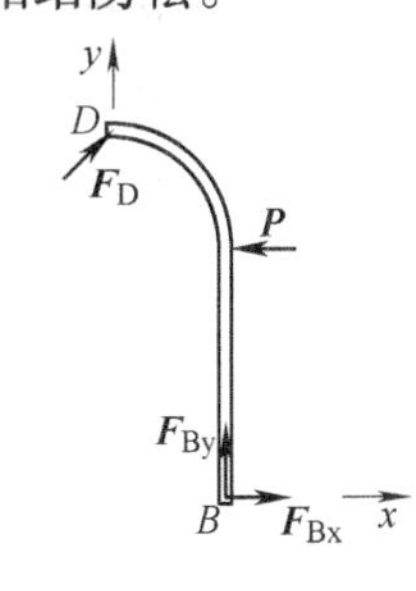

图　4-38

   $\sum \boldsymbol{F}_{ix}=0 \qquad F_D\cos45° - P + F_{Bx}=0$　①

   $\sum \boldsymbol{F}_{iy}=0 \qquad F_D\sin45° + F_{By}=0$　②

   $\sum M_B(\boldsymbol{F}_i)=0 \qquad 200P - 200\sqrt{2}F_D=0$　③

   解得：$F_D=70.7\text{N} \qquad F_{Bx}=50\text{N} \qquad F_{By}=-50\text{N}$

   以整个物体系为研究对象，受力如图 4-39 所示。

   $\sum \boldsymbol{F}_{ix}=0 \qquad F_{Ax}+F_{Bx}-P=0$　①

   $\sum \boldsymbol{F}_{iy}=0 \qquad F_{Ay}+F_{By}=0$　②

   $\sum M_A(\boldsymbol{F}_i)=0 \qquad 200P+200F_{By}+M_A=0$　③

   解得：$F_{Ax}=50\text{N} \qquad F_{Ay}=50\text{N} \quad M_A=-10\text{N}\cdot\text{m}$

   $\therefore F_{Bx}=50\text{N} \qquad F_{By}=-50\text{N}$（负号表示 F_{By} 的实际方向与图示假定方向相反）

   $F_{Ax}=50\text{N} \qquad F_{Ay}=50\text{N} \qquad M_A=-10\text{N}\cdot\text{m}$（负号表示 M_A 的实际方向与图示假定方向相反）

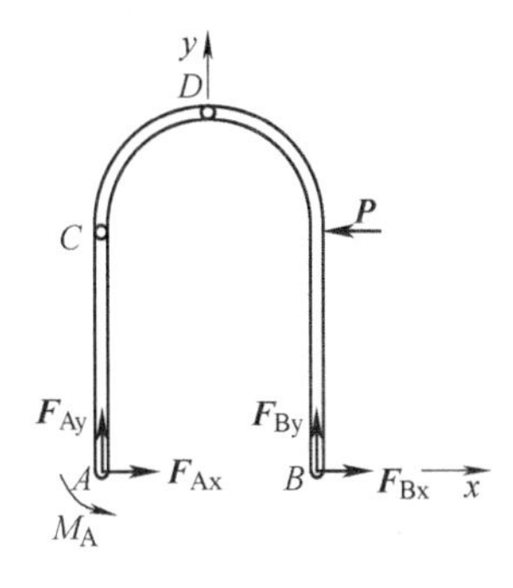

图　4-39

3. 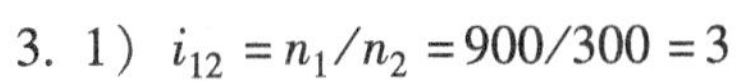
   1）$i_{12}=n_1/n_2=900/300=3$

   2）$z_1m+z_2m=400 \qquad z_1:z_2=1:3$

   求得：$z_1=20$，$z_2=60$

   $d_{a1}=m(z_1+2)=110\text{mm}$，$d_{a2}=m(z_2+2)=310\text{mm}$

4. AB 杆受弯曲变形，两杆受力图如图 4-40 所示。

   $M_{W\max}=M_{WC}=Pl_{BC}=200\times600\text{N}\cdot\text{m}=120\text{N}\cdot\text{m}$

   由 $\sigma_{\max}=\dfrac{M_{W\max}}{W_Z}=\dfrac{M_{W\max}}{0.1d_{AB}^3}\leqslant[\sigma]$

   得 $d_{AB}\geqslant22.9\text{mm}$

   所以取 $d_{AB}=23\text{mm}$。

以 AB 杆为研究对象　　$\sum M_A(\boldsymbol{F}_i)=0$

$F_C l_{AC} - P l_{AB} = 0$　　$F_C = 2600\text{N}$

CD 杆是二力杆，受轴向压缩。

由 $\sigma = \dfrac{F_N}{A_{CD}} = \dfrac{F'_C}{A_{CD}} = \dfrac{F_C}{\dfrac{\pi d_{CD}^2}{4}} \leqslant [\sigma]$

得 $d_{CD} \geqslant 5.8\text{mm}$

所以取 $d_{CD} = 6\text{mm}$。

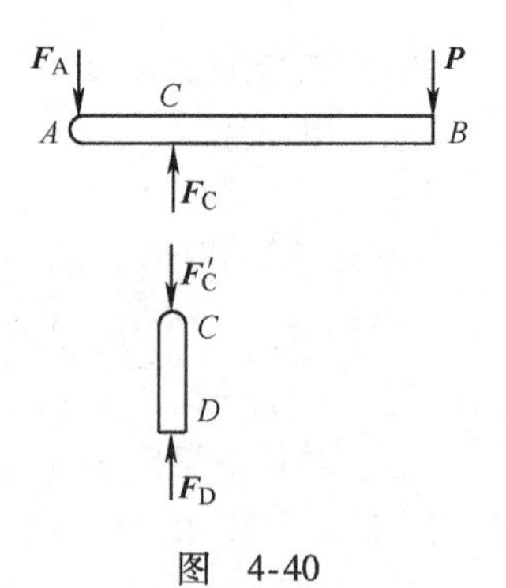

图　4-40

5. z_1 齿轮的转速为 n_1，$n_1 = \dfrac{125}{250}n = 0.5 \times 1450\text{r/min} = 725\text{r/min}$

$a = m(z_1 + z_2)/2$ 得 $z_1 = 20$

$i_{16} = z_2 z_4 z_6/(z_1 z_3 z_5) = \dfrac{60 \times 60 \times 80}{20 \times 30 \times 2} = 240$

$n_6 = \dfrac{n_1}{i_{16}} = \dfrac{725}{240}\text{r/min} = 3.02\text{r/min}$

重物移动的距离　　$L = \pi D n_6 = 3.14 \times 260 \times 3.02\text{mm} = 2466\text{mm}$

电动机向右转动，如图 4-41 所示。

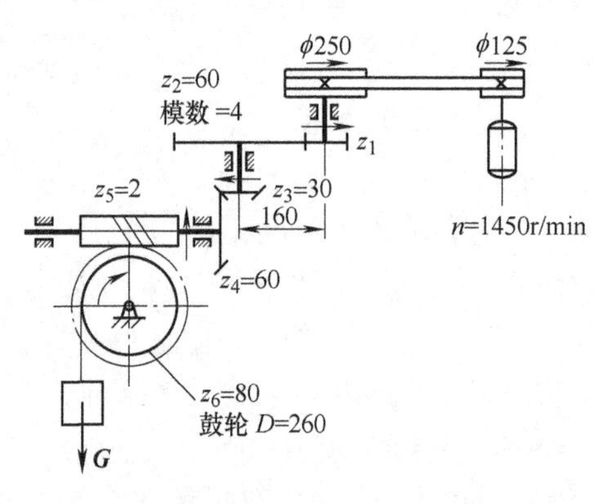

图　4-41

第三部分　高职考试

高等职业技术教育招生考试模拟试卷 1

一、填空题

1. 力矩　矩心　2. 正　3. 加热　保温　冷却　正火　4. 支承轴　推力　向心推力　5. 公称直径为 30mm　螺距为 2mm　中顶径公差带代号为 5g6g　6. 心轴　转轴　传动轴　7. 屈服强度　抗拉强度　8. 提高　下降　9. 外循环　内循环　10. 2　11. 过渡链节式　12. 自锁　13. 溢流阀　减压阀　顺序阀　单向阀　换向阀

二、单项选择题

1. C　2. A　3. D　4. A　5. D　6. D　7. C　8. D　9. B　10. D

三、判断题

1. × 2. × 3. × 4. × 5. × 6. √ 7. × 8. √ 9. × 10. ×

四、问答、计算题

1. 评分标准：①求支反力，画出弯矩图得 3 分；②合理设置截面得 2 分；③列出抗弯强度条件公式得 3 分；④结论正确得 2 分。

1）求支反力，画出弯矩图（图略）。

由静力学平衡方程得 $\Sigma M_B = 0$

$2.5F_A - 2F = 0$

$F_A = \dfrac{2F}{2.5} = 160\text{kN}$

由分析得，最大弯矩值在 C 处

$|M_{max}| = M_C = 0.5 \times 103 F_A = 80 \times 10^6\text{N} \cdot \text{mm}$

2）由分析得，如图 4-42 所示梁竖放时，其抗弯截面系数较横放时大，其值为

$W_Z = \dfrac{ab^2}{6} = \dfrac{4a^3}{6} = \dfrac{2a^3}{3}$

此时为合理放置。

图　4-42

3）由抗弯强度条件公式得

$\dfrac{M_{max}}{W_Z} \leqslant [\sigma]$，$W_2 \geqslant \dfrac{M_{max}}{[\sigma]}$

$\because\ W_Z = \dfrac{2a^3}{3}$　　$\therefore\ \dfrac{2}{3}a^3 \geqslant \dfrac{M_{max}}{[\sigma]}$

$\because\ a \geqslant \sqrt[3]{\dfrac{3 \times 80 \times 10^6}{2 \times 120}}\text{mm} = \sqrt[3]{10^6}\text{mm} = 100\text{mm}$

得 $b = 2a = 200\text{mm}$

因此截面尺寸 a 为 100mm，b 为 200mm。

2. $m = d_a/(z+2) = 6\text{mm}$　　（3 分）

$d = mz = 6 \times 32\text{mm} = 192\text{mm}$　　（3 分）

3. $n_7 = n_6 = n_1 = \dfrac{z_1 z_2' z_3' z_5}{z_2 z_3 z_4 z_6} = 100 \times \dfrac{20 \times 15 \times 18 \times 1}{40 \times 60 \times 18 \times 40}\text{r/min} = 0.3125\text{r/min}$　　（3 分）

$v_8 = n_7 \pi m z_7 = 0.3125 \times 3.14 \times 3 \times 20\text{mm/min} = 58.9\text{mm/min}$　　（3 分）

齿条向上移动。（2 分）

4. 每个图 3 分。

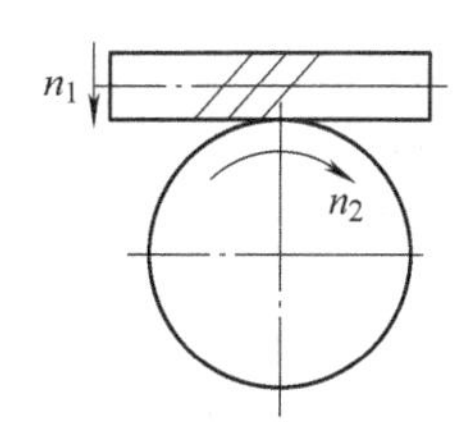

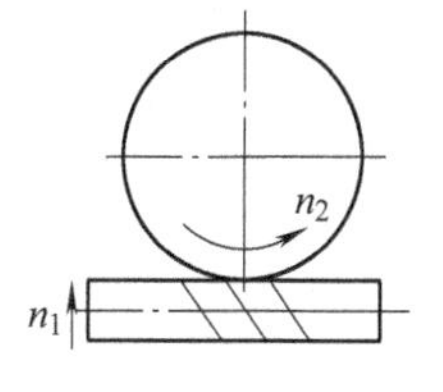

图　4-43

5. 评分标准：①指出每一个名称得1分，共5分；②轴向固定：轴肩、轴端挡圈得2分；周向定位：平键得2分；③第三小题回答正确得1分。

1）1——轴承，2——齿轮，3——套筒，4——轴承盖（端盖），5——轴端挡圈。

2）半联轴器经左侧轴肩右侧轴端挡圈实现轴向固定；周向固定通过平键联接来实现。

3）使齿轮与套筒有效接触，以确保齿轮在轴上的固定而无窜动。

高等职业技术教育招生考试模拟试卷2

一、填空题

1. 大小　方向　作用点　2. 机械　液压　机械　3. 碳素工具钢　低合金刃具钢　高速钢　高速钢　4. 弯矩　5. 模数相等　压力角相等　6. 凸轮机构　棘轮机构　槽轮机构　7. 螺距　8. 直轴　曲轴　软轴　9. 最短　整周转动　10. 工艺性能　物理性能　化学性能　力学性能　11. 运动相反　12. 拉杆拆卸器　13. 碳钢　合金钢

二、单项选择题

1. B　2. D　3. B　4. B　5. B　6. D　7. B　8. C　9. C　10. B

三、判断题

1. ×　2. √　3. ×　4. √　5. ×　6. ×　7. √　8. √　9. √　10. ×

四、问答、计算题

1. 1）画受力图，如图4-44所示。（2分）

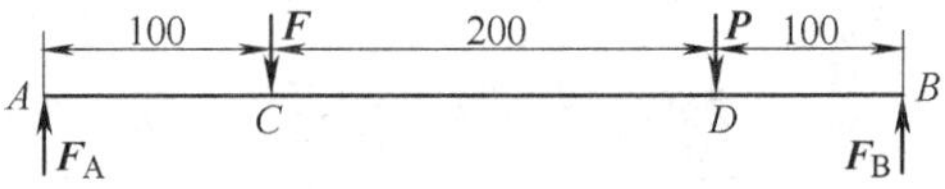

图 4-44

2）列方程，求支座反力。

$$\begin{cases}\sum F_y = F_A - F - P + F_B = 0 \\ \sum M_A = -100F - 300P + 400F_B = 0\end{cases} \quad (2分)$$

$$解得\begin{cases}F_A = 4.8\text{kN} \\ F_B = 6.4\text{kN}\end{cases} \quad (1分)$$

3）绘制弯矩图，如图4-45所示。（2分）

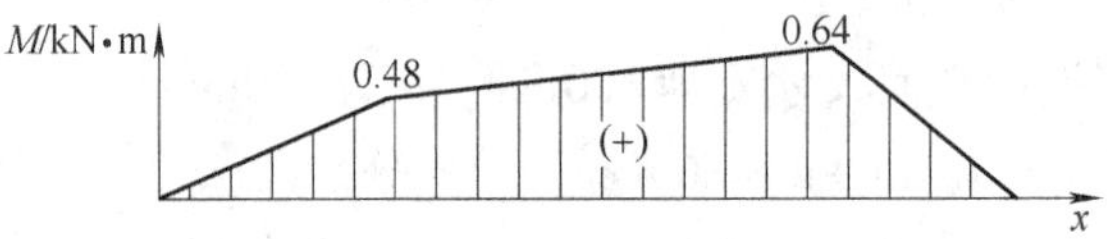

图 4-45

最大弯矩在 D 点，$M_{max} = 0.64\text{kN}\cdot\text{m}$

4）根据强度条件确定轴的直径 d

$W_Z = 0.1d^3$　（1分）

则　$0.1d^3 \geqslant \dfrac{M_{max}}{[\sigma]}$　（1分）

$$d \geqslant \sqrt[3]{\frac{0.64\times10^6}{0.1\times100}}\text{mm} = \sqrt[3]{64\times10^3}\text{mm} = 40\text{mm} \quad (1分)$$

所以轮轴直径 $d = 40\text{mm}$。

2. 1）$\because i = \dfrac{n_1}{n_2} = 4 \quad \therefore n_2 = \dfrac{n_1}{4} = \dfrac{1600}{4}\text{r/min} = 400\text{r/min}$　（2分）

2）$\because i = \dfrac{z_2}{z_1} = 4 \quad \therefore z_2 = 4z_1$

$\because a = \dfrac{m(z_1 + z_2)}{2} = 120\text{mm} \quad \therefore z_1 + z_2 = 80$

得：$z_1=16$，$z_2=64$ （3分）

3）分度圆直径$d_1=mz_1=(3\times16)\ \text{mm}=48\text{mm}$ （1分）

$d_2=mz_2=(3\times64)\ \text{mm}=192\text{mm}$ （1分）

齿根圆直径$d_{f1}=m(z_1-2.5)=[3\times(16-2.5)]\text{mm}=40.5\text{mm}$ （1分）

$d_{f2}=m(z_2-2.5)=[3\times(64-2.5)]\text{mm}=184.5\text{mm}$ （1分）

齿距 $p_1=p_2=\pi m=(3.14\times3)\ \text{mm}=9.42\text{mm}$ （1分）

3. $n_{\text{IV}1}=n_1\dfrac{z_1z_5z_{10}}{z_2z_6z_9}=\left(1440\times\dfrac{18\times40\times20}{54\times35\times60}\right)\text{r/min}=182.86\text{r/min}$ （2分）

$n_{\text{IV}2}=n_1\dfrac{z_1z_4z_{10}}{z_2z_7z_9}=\left(1440\times\dfrac{18\times25\times20}{54\times45\times60}\right)\text{r/min}=88.89\text{r/min}$ （2分）

$n_{\text{IV}3}=n_1\dfrac{z_1z_3z_{10}}{z_2z_8z_9}=\left(1440\times\dfrac{18\times30\times20}{54\times45\times60}\right)\text{r/min}=106.67\text{r/min}$ （2分）

4. 淬硬性是指钢经淬火后能达到的最高硬度，主要取决于钢中的碳含量，碳含量越高，获得的硬度越高。(3分)

淬透性是指钢经淬火获得淬硬层深度的能力，淬透性越好，淬硬层越厚。淬透性主要取决于钢的化学成分和淬火冷却方式。(3分)

5. 1）轴的受力合理，有利于提高轴的强度和刚度。(1分)

2）轴相对于机架和轴上的零件相对于轴的定位准确，固定可靠。(1分)

3）轴便于加工制造，轴上零件便于装拆和调整。(1分)

4）尽量减小应力集中，并节省材料、减轻质量。(1分)

6. 液压传动的工作原理以油液作为工作介质，依靠密封容积的变化来传递运动，依靠油液内部的压力来传递动力。(2分)

液压传动系统除油液外，还必须由动力部分、执行部分、控制部分和辅助部分组成。(2分)

高等职业技术教育招生考试模拟试卷3

一、填空题

1. 滚子链 齿形链 2. 溢流阀 3. 压缩空气为工作介质进行能量传递和信号传递 4. 正最大处 5. 弹性 屈服 强化 局部变形 6. 铁（铁与碳） 2%（2.11%） 7. 普通 优质 8. 黄铜 青铜 9. 矩形螺纹 梯形螺纹 锯齿形螺纹 10. 牙嵌离合器 摩擦离合器 安全离合器 11. 低副 高副 12. 凸轮 从动件 13. 曲柄摇杆 槽轮 14. 模数 压力角

二、单项选择题

1. A 2. B 3. C 4. A 5. C 6. C 7. B 8. B 9. C 10. C

三、判断题

1. √ 2. × 3. √ 4. √ 5. √ 6. √ 7. × 8. √ 9. × 10. √

四、问答、计算题

1. 评分标准：1）研究对象正确得2分；2）受力图正确得2分；3）坐标合理得1分；4）列平衡方程得3分；5）结论完整得2分。

以两根钢管C和D为研究对象，受力如图4-46所示。

$\Sigma \boldsymbol{F}_{ix}=0$ $\quad F\cos30°-2W\sin30°=0$

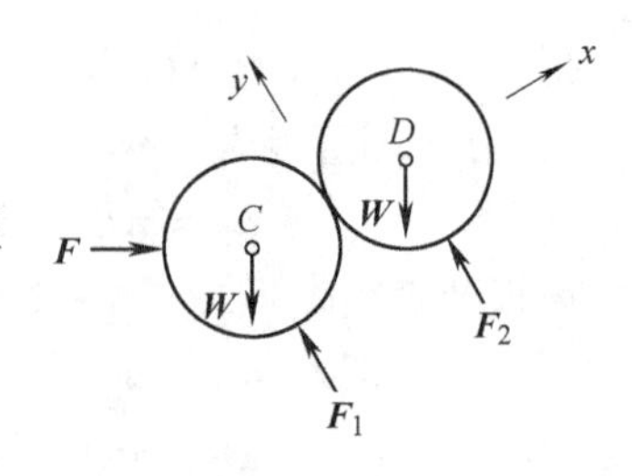

图 4-46

解得：$F=4.6\text{kN}$

所以管子作用在立柱上的压力 $F'=F=4.6\text{kN}$。

2. 评分标准：画出弯矩图得 5 分，写对公式得 2 分，计算正确得 3 分。

$P_{max}=1080\text{N}$，弯矩图如图 4-47 所示。

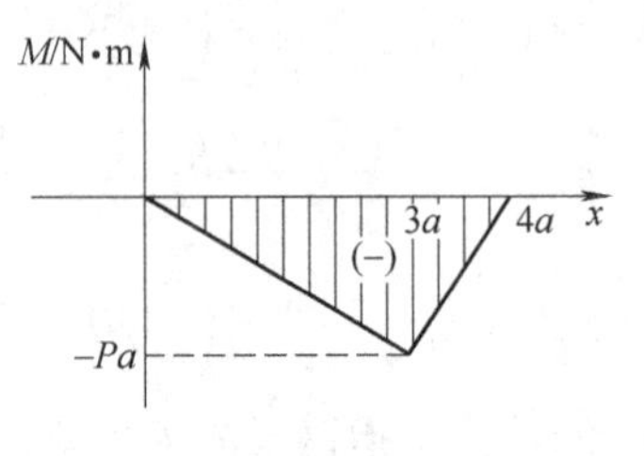

图 4-47

3. 1）$d_{a2}=m(z_2+2)=408\text{mm}$，$m=4\text{mm}$　（2 分）

$a=m(z_1+z_2)/2=310\text{mm}$，$z_1=5$　（2 分）

2）$d_{f1}=m(z_1-2.5)=210\text{mm}$　（1 分）

3）$d_{a1}=m(z_1+2)=228\text{mm}$　（1 分）

4. 轮系的传动比为

$i=z_2z_4z_6z_8z_{10}/(z_1z_3z_5z_7z_9)$

$=50\times40\times20\times18\times22/(2\times1\times40\times26\times46)$

$=165.5$　（4 分）

轮系中各轮转向如图 4-48 所示（2 分）。

5. 淬硬性是指钢经淬火后能达到的最高硬度，主要取决于钢中的碳含量，碳含量越高，获得的硬度越高；淬透性是指钢经淬火获得淬硬层深度的能力，淬透性越好，淬硬层越厚，淬透性主要取决于钢的化学成分和淬火冷却方式。

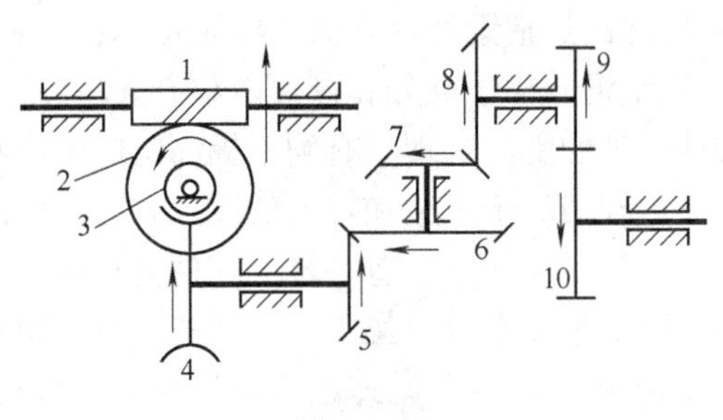

图 4-48

6. 溢流阀的主要作用是保持系统压力的恒定和防止液压系统过载，起安全保护作用。

减压阀的作用是用来降低液压系统中某一油路的压力，以满足执行机构的需要。

高等职业技术教育招生考试模拟试卷 4

一、填空题

1. 接触点　相反　2. 轴力　扭矩　3. 静载荷　永久变形　4. 工具　高碳　高级优质　5. 退火　团絮状　6. 变形铝合金　铸造铝合金　7. 铜　YW　8. 联接　传动　9. 螺尾退刀槽　中心孔　10. 开口销式　弹簧夹式　11. 急回特性　12. 执行　节流阀　调速阀　13. 中温回火　14. 调整中心距　使用张紧轮　15. 9CrSi　CrWMn

二、单项选择题

1. A　2. A　3. A　4. D　5. B　6. B　7. B　8. B　9. C　10. B

三、判断题

1. √　2. √　3. ×　4. ×　5. √　6. ×　7. ×　8. √　9. √　10. ×

四、问答、计算题

1. 评分标准：1）两个受力图各 1 分，共 2 分；2）两组平衡方程各 3 分，共 6 分；3）结果正确得 2 分。

以 CD 杆为二力杆，所以 $\boldsymbol{F}_D$ 为 45°方向。

以 BD 杆为研究对象，受力如图 4-49 所示。

$\Sigma \boldsymbol{F}_{ix}=0 \qquad F_D\cos45°-P+F_{Bx}=0$　①

$\Sigma \boldsymbol{F}_{iy}=0 \quad F_D\sin45°+F_{By}=0$　②

$\Sigma M_B(\boldsymbol{F}_i)=0 \qquad 200P-200\sqrt{2}F_D=0$　③

解得：$F_D=70.7\text{N} \qquad F_{Bx}=50\text{N} \qquad F_{By}=-50\text{N}$

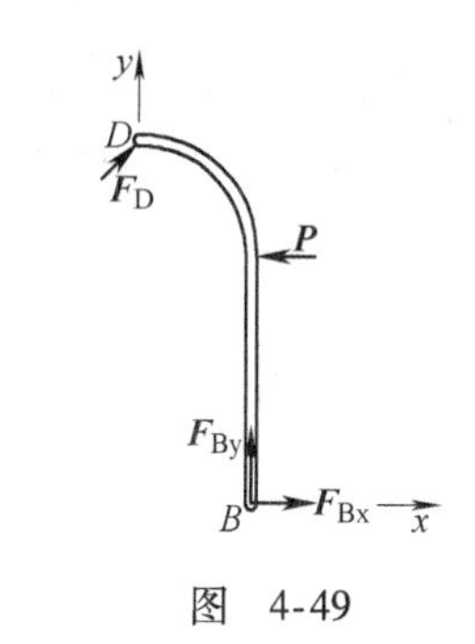

图　4-49

以整个物体系为研究对象，受力如图 4-50 所示。

$\Sigma \boldsymbol{F}_{ix}=0 \qquad F_{Ax}+F_{Bx}-P=0$　①

$\Sigma \boldsymbol{F}_{iy}=0 \qquad F_{Ay}+F_{By}=0$　②

$\Sigma M_A(\boldsymbol{F}_i)=0 \qquad 200P+200F_{By}+M_A=0$　③

解得：$F_{Ax}=50\text{N} \qquad F_{Ay}=50\text{N} \qquad M_A=-10\text{N}\cdot\text{m}$

$\therefore F_{Bx}=50\text{N} \qquad F_{By}=-50\text{N}$

$F_{Ax}=50\text{N} \qquad F_{Ay}=50\text{N} \qquad M_A=-10\text{N}\cdot\text{m}$

负号表示 F_{By} 和 M_A 的实际方向与图示假定方向相反。

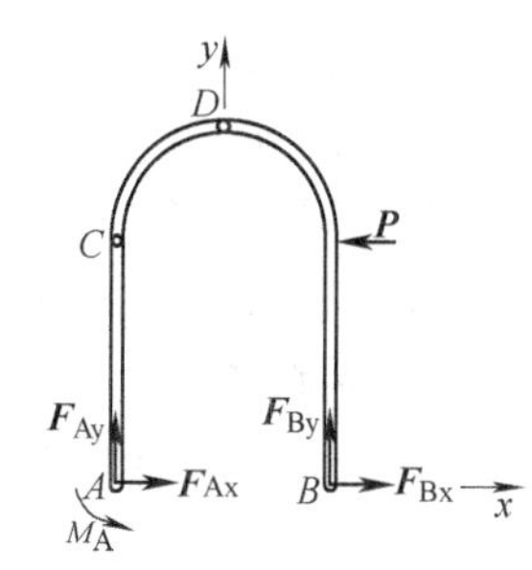

图　4-50

2. 1）求支座反力。

取简支梁 AB 为研究对象画受力图，如图 4-51 所示。

选取 Axy 坐标系，列平衡方程

$\Sigma \boldsymbol{F}_{iy}=0 \qquad F_A+F_B-F=0$

$$\Sigma M_A(\boldsymbol{F})=0 \qquad -F\frac{L}{2}+F_BL=0$$

$F_A=10\text{kN} \qquad F_B=10\text{kN}$

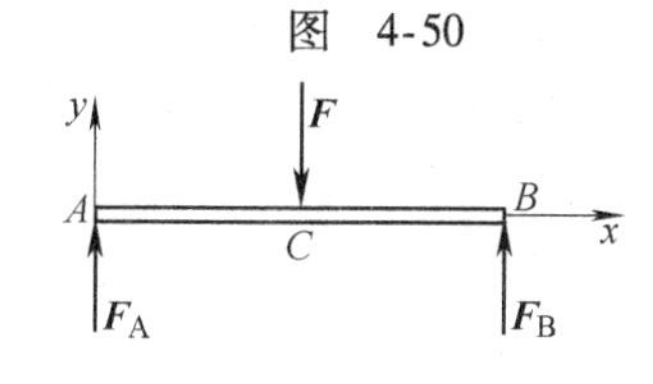

图　4-51

2）绘制弯矩图如图 4-52 所示，并求最大弯矩值。

A 截面　$x=0 \qquad M_{\omega_A}=0$

$$C\text{ 截面}\quad x=\frac{L}{2} \qquad M_{\omega_C}=F_A\frac{L}{2}=40\text{kN}\cdot\text{m}$$

$$B\text{ 截面}\quad x=L \qquad M_{\omega_B}=F_AL-F\frac{L}{2}=0$$

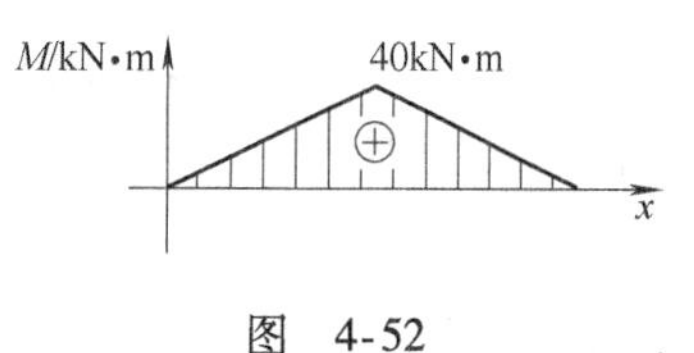

图　4-52

则　$M_{\omega_{max}}=|M_{\omega_C}|=40\text{kN}\cdot\text{m}$

3）进行强度校核：

$$\sigma_{max}=\frac{M_{\omega_{max}}}{\omega_z}=\frac{40\times10^6}{7\times10^5}\text{MPa}=57.14\text{MPa} \qquad \sigma_{max}<[\sigma]$$

所以该简支梁强度足够。

（计算出支座反力得 2 分，绘出弯矩图得 2 分，计算出最大弯矩值得 2 分，最后结果得 4 分）

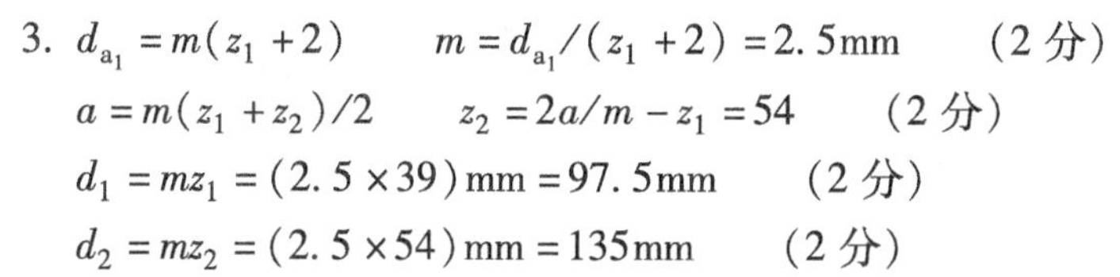

3. $d_{a_1}=m(z_1+2) \qquad m=d_{a_1}/(z_1+2)=2.5\text{mm}$　（2 分）

$a=m(z_1+z_2)/2 \qquad z_2=2a/m-z_1=54$　（2 分）

$d_1=mz_1=(2.5\times39)\text{mm}=97.5\text{mm}$　（2 分）

$d_2=mz_2=(2.5\times54)\text{mm}=135\text{mm}$　（2 分）

4. 1）$i_{19}=z_2z_4z_5z_7z_9/(z_1z_3z_4z_6z_8)=34\times57\times42\times35/(17\times19\times21\times1)=420$　（2 分）

2）$n_9=n_1/i_{19}=1470/420\text{r/min}=3.5\text{r/min}$　（2 分）

转向为顺时针方向。（2 分）

5. 答：轴的结构应满足：1）轴的受力合理，有利于提高轴的强度和刚度；2）轴相对于机架和轴上零件相对于轴的定位准确，固定可靠；3）轴便于加工制造，轴上零件便于装拆和调整；4）尽量减少应力集中，并节省材料、减轻质量。（6分，每一点1.5分）

高等职业技术教育招生考试模拟试卷5

一、填空题

1. 工具　高碳　2. QT500－7　3. 伸长　缩短　4. 槽轮　5. 移动　6. 粉碎　成型　烧结　7. 孔　过盈　8. 键宽　轴径　9. 复杂　较重　10. 1.5%　淬火＋低温回火　11. 套筒滚子链　齿形链　12. 相反　13. 模数　压力角　14. 节流阀　调速阀　15. 摇杆　两　曲柄　连杆　16. 双曲柄

二、单项选择题

1. C　2. C　3. B　4. A　5. C　6. A　7. B　8. C　9. C　10. D

三、判断题

1. √　2. ×　3. ×　4. √　5. √　6. √　7. ×　8. √　9. ×　10. ×

四、问答、计算题

1. 评分标准：①受力图，共2分；②两组平衡方程各2分，共4分；③结果正确得2分。

AB 杆的受力图如图4-53所示。

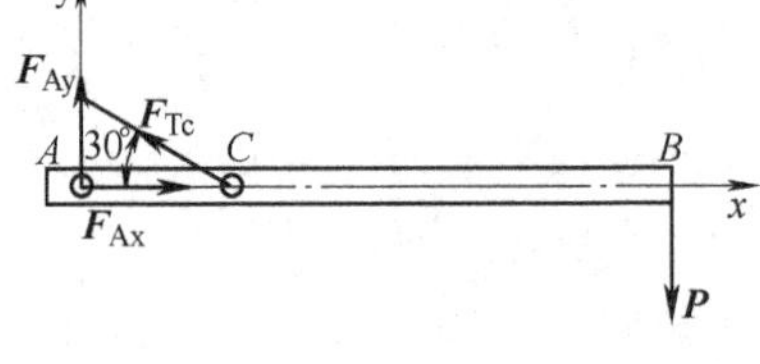

图　4-53

根据平衡方程

$\sum M_A = 0 \qquad 1000F_{TC}\sin30° = 2500P$

$F_{TC} = 5P = 10\text{kN}$

$\sum \boldsymbol{F}_x = 0 \qquad F_{Ax} - F_{TC}\cos30° = 0$

$\sum \boldsymbol{F}_y = 0 \qquad F_{Ay} + F_{TC}\sin30° - P = 0$

解得：

$F_{Ax} = 8.66\text{kN}$

$F_{Ay} = -3\text{kN}$（方向与图示相反）

绳子的拉力为10kN，铰链 A 点的约束反力为 $F_{Ax} = 8.66\text{kN}$，$F_{Ay} = 3\text{kN}$

2. 评分标准：①画1—1截面图得1分，F_{N1} 正确得1分；②画2—2截面图得1分，F_{N2} 正确得1分；③拉应力、压应力正确各2分。

1）1—1截面作受力图，如图4-54所示。

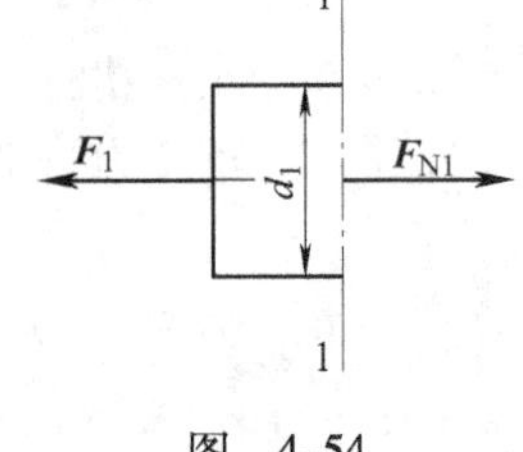

图　4-54

由平衡条件得：$F_{N1} = F_1 = 60\text{kN}$

2—2截面作受力图，如图4-55所示。

由平衡条件得：$F_{N2} = F_1 - F_2 = -90\text{kN}$

2）1—1截面应力

$$\sigma_1 = \frac{F_{N1}}{\frac{\pi d_1^2}{4}} = \left(\frac{4 \times 60 \times 10^3}{20^2\pi}\right)\text{MPa} = 190.99\text{MPa}\text{（拉应力）}$$

2—2截面应力

$$\sigma_2=\frac{F_{N2}}{\frac{\pi d_2^2}{4}}=\left(\frac{-4\times90\times10^3}{30^2\pi}\right)\text{MPa}=-127.32\text{MPa}$$（压应力）

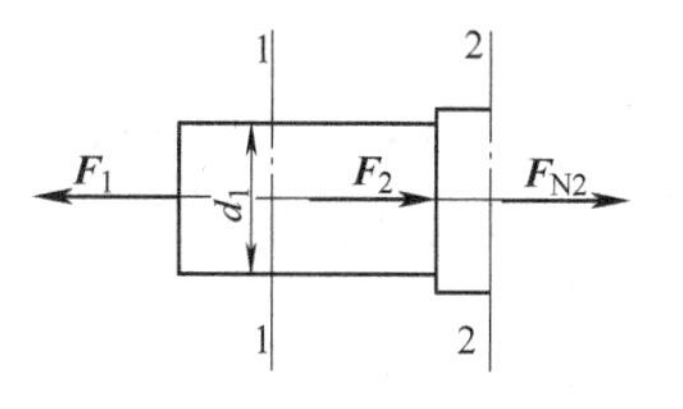

图 4-55

3. 评分标准：①正火概念正确得 3 分；②正火目的正确得 5 分。

正火是指将钢加热到适当温度，保持一定时间后出炉空冷的热处理工艺。

正火的目的是细化组织，用于低碳钢可提高硬度，改善可加工性；用于中碳钢和性能要求不高的零件，可代替调质处理；用于高碳钢可消除网状碳化物，为球化退火做好组织准备。

4. 评分标准：①传动比正确得 4 分；②n_4 正确得 2 分，移动距离正确得 2 分；③转向判断正确得 2 分。

1）$i_{14}=\frac{n_1}{n_4}=\frac{z_2z_4}{z_1z_3}=\frac{60\times80}{30\times2}=80$

2）$n_4=n\frac{125}{250i_{14}}=1450\times\frac{1450}{250\times80}\text{r/min}=9.06\text{r/min}$

重物每分钟提升距离 $L=\pi n_4D=3.14\times9.06\times260\text{mm}=7396.6\text{mm}$

3）重物向上移动。

5. 评分标准：①齿轮 1 的模数正确得 1.5 分；②齿轮 2 的模数正确得 1.5 分；③啮合条件正确得 2 分；④结论正确得 1 分。

由 $d_{a1}=(z_1+2)m_1$ 得，$m_1=\frac{69}{21+2}\text{mm}=3\text{mm}$

由 $h_2=2.25m_2$ 得，$m_2=\frac{6.75}{2.25}\text{mm}=3\text{mm}$

因为 $m_1=m_2$，且压力角 $\alpha_1=\alpha_2=20°$

所以两齿轮能正确啮合。

高等职业技术教育招生考试模拟试卷 6

一、填空题

1. 传动 2. 屈服强度 抗拉强度 3. 零 常数 4. 滚动轴承 球化退火 淬火 + 低温回火 5. 向心 6. 静止 匀速直线 7. 滑动轴承 滚动轴承 8. 凸轮 从动件 机架 高 9. 打滑 安全保护 10. 相反 相同 11. 220mm 80 22.5mm 12. 节流 13. 轮系 定轴轮系 周转轮系 14. 压力 进口

二、单项选择题

1. C 2. D 3. D 4. B 5. A 6. D 7. A 8. C 9. B 10. B

三、判断题

1. × 2. √ 3. × 4. √ 5. × 6. × 7. × 8. × 9. √ 10. √

四、问答、计算题

1. 退火：提高球墨铸铁的塑性和韧性，改善可加工性，消除内应力。(2 分)

正火：提高球墨铸铁的强度和耐磨性。(2 分)

调质处理：获得较好的综合力学性能。（2 分）

等温淬火：获得高硬度、高强度，又有足够韧性的较高综合力学性能。（2 分）

2. 1）若成为双曲柄机构，需满足 $l_{min}+l_{max} \leqslant l'+l''$（$l'$和 l''为另外两杆长度），且 AD 最短。

当 $30mm < l_{AB} < 50mm$ 时，需满足 $30mm+50mm \leqslant l_{AB}+35mm$ $\therefore 45mm \leqslant l_{AB} < 50mm$

当 $l_{AB} \geqslant 50$ 时，需满足 $30mm + l_{AB} \leqslant 35mm+50mm$　　$\therefore 50mm \leqslant l_{AB} \leqslant 55mm$

综上，要成为双曲柄机构，需满足 $45mm \leqslant l_{AB} \leqslant 55mm$　（4 分）

2）成为双摇杆机构，且 AD 为机架，需满足 $l_{min}+l_{max} > l'+l''$

当 $l_{AB} < 30mm$ 时，需满足 $50mm + l_{AB} > 30mm+35mm$　　$\therefore 15mm < l_{AB} < 30mm$

当 $30 \leqslant l_{AB} < 50mm$ 时，需满足 $30mm+50mm > l_{AB}+35mm$　　$\therefore 30mm \leqslant l_{AB} < 45mm$

当 $l_{AB} > 50mm$ 时，需满足 $30mm + l_{AB} > 35mm+50mm$ 且 $l_{AB} \leqslant 30mm+35mm+50mm$

$\therefore 55mm < l_{AB} \leqslant 115mm$

综上，要成为双摇杆机构，需满足 $15mm < l_{AB} < 45mm$ 或 $55mm < l_{AB} \leqslant 115mm$　（4 分）

3. 1）$n_{max} = n_1 \dfrac{\text{大主动轮齿数连乘积}}{\text{小从动轮齿数连乘积}} = 1000 \times \dfrac{220 \times 26 \times 22 \times 30}{360 \times 30 \times 20 \times 25} \text{r/min} = 699.1\text{r/min}$（3 分）

2）主轴转一周，齿条转数 $n = \dfrac{28}{32} n_{主轴} = 1 \times \dfrac{28}{32} \text{r/min} = 0.875\text{r/min}$

齿条移动的距离 $L = \pi nmz = 0.875 \times 3.14 \times 2 \times 14mm = 77mm$　（3 分）

移动方向向左。　（2 分）

4. 1）以梁为研究对象，受力如图 4-56 所示。

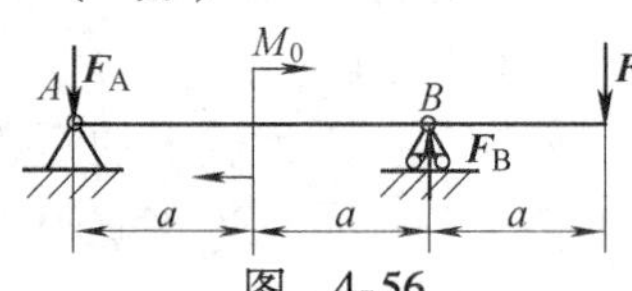

图 4-56

$\sum M_B(\boldsymbol{F}_i) = 0$　　$2aF_A - M_0 - Fa = 0$　　$\therefore F_A = 150N$　（2 分）

$\sum \boldsymbol{F}_i = 0$　　$F_B - F_A - F = 0$　　$\therefore F_B = 200N$　（2 分）

2）如图 4-57 所示。

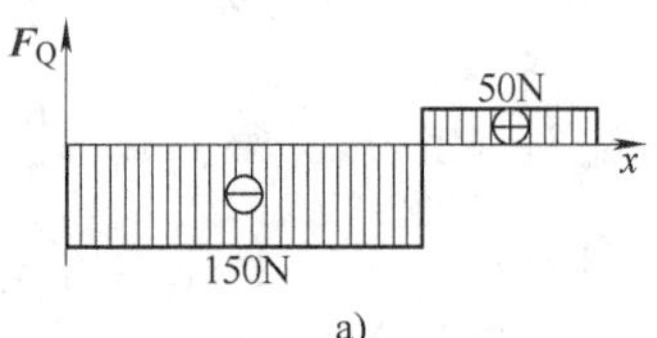

a)

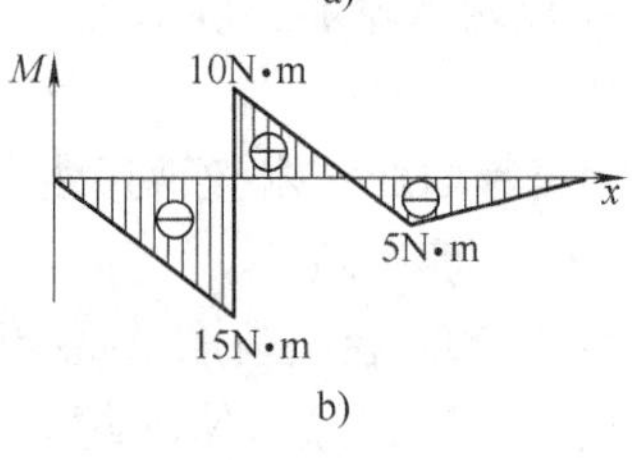

b)

图 4-57

a）剪力图　b）弯矩图

5. 铆钉受力如图 4-58 所示。　（1 分）

1）铆钉受剪切。

$P_1 \leqslant [\tau] A_1 = [\tau] \dfrac{\pi d^2}{4} = 90 \times \dfrac{3.14 \times 4^2}{4} \text{N} = 1131\text{N}$　（2 分）

2）铆钉受挤压。

$P_2 \leqslant [\sigma_{jy}] A_2 = [\sigma_{jy}] dt = 250 \times 4 \times 3\text{N} = 3000\text{N}$　（2 分）

3）板受拉伸，铆钉孔处最危险，以此处确定载荷。

$P_3 \leqslant [\sigma] A_3 = [\sigma](b-d)t = 150 \times (16-4) \times 3\text{N} = 5400\text{N}$　（2 分）

综上，取 $P_{max} = 1131\text{N}$　（1 分）

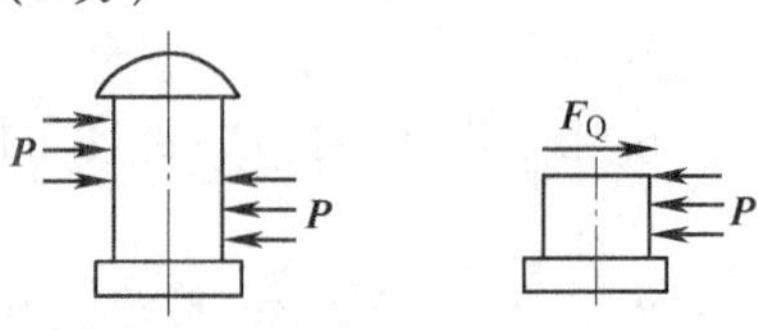

图 4-58

参考文献

[1] 郁兆昌. 金属工艺学 [M]. 北京：高等教育出版社，2004.

[2] 李世维. 机械基础 [M]. 北京：高等教育出版社，2004.

[3] 顾晓勤. 工程力学 [M]. 北京：机械工业出版社，2004.

[4] 顾淑群. 机械基础 [M]. 北京：人民邮电出版社，2006.

[5] 顾淑群. 机械基础练习册 [M]. 北京：高等教育出版社，2000.

[6] 机械工程师手册编委会. 机械工程师手册 [M]. 3 版. 北京：机械工业出版社，2007.

[7] 栾学钢. 机械基础、机械设计基础实训指导 [M]. 3 版. 北京：高等教育出版社，2002.